电站锅炉操作技术

主　　编　梁国安

编写人员　周洪生　马培峰

　　　　　徐　忠

主　　审　唐佑秀

中国计划出版社

图书在版编目（CIP）数据

电站锅炉操作技术/梁国安主编．—北京：中国计划出版社，2012.10（2018.11重印）

ISBN 978-7-80242-806-5

Ⅰ．①电…　Ⅱ．①梁…　Ⅲ．①火电厂－锅炉－操作　Ⅳ．①TM621.2

中国版本图书馆CIP数据核字（2012）第227768号

电 站 锅 炉 操 作 技 术

梁国安　主编　唐佑秀　主审

中国计划出版社出版

网址：www.jhpress.com

地址：北京市西城区木樨地北里甲11号国宏大厦C座3层

邮政编码：100038　电话：（010）63906433（发行部）

新华书店北京发行所发行

三河富华印刷包装有限公司印刷

787mm×1092mm　1/16　21.5印张　490千字

2012年10月第1版　2018年11月第3次印刷

ISBN 978-7-80242-806-5

定价：48.00元

前　　言

近十年来，随着国民经济的快速发展，我国电力行业发展迅猛，电站锅炉数量快速增长。目前，我国有些省份电站锅炉已近千台，电站锅炉司炉作业人员已达万人。这些司炉作业人员的操作水平对锅炉安全、经济运行至关重要。为此，国家对司炉作业人员实行了行政许可制度，司炉工须经培训、考核，取得特种设备作业人员证书后方可独立操作锅炉。2009 年 12 月 29 日，国家质检总局颁布了《锅炉安全管理人员和操作人员考核大纲》（TSG G6001—2009），该大纲对司炉作业人员考核内容增加了实际操作技能考试的规定和要求。然而，目前市场上还没有针对电站锅炉实际操作技能考核的书籍，不能适应当前对司炉作业人员进行操作培训、考试的要求和实际需要。为此，我们组织了有关专家、学者编写了《电站锅炉操作技术》一书。

本书围绕电站锅炉作业人员应该掌握的实际操作技能这根主线，重点阐述了锅炉作业人员必备的基础知识；详细介绍了我国典型电站锅炉的参数、结构布置和主要设备；系统介绍了电站锅炉点火、停炉和正常运行调整的具体程序和操作要求，以及辅机操作程序和要求；全面分析了电站锅炉事故和故障发生的主要原因，介绍了现场应急处置措施。这些内容对电站锅炉作业人员实际操作培训、考核具有较强的针对性和实用性。

参加本书编写和审定的人员均为长期从事锅炉监察检验、运行技术管理方面的专家或资深教学人员，具有深厚的锅炉专业理论基础和较丰富的实践经验。

全书内容详实，深入浅出，通俗易懂，重点突出，且操作性实用性强，既可作为电站锅炉司炉作业人员实际操作技能培训和考核的教材，也可作为电站锅炉管理人员和有关技术人员的参考资料。

本书的编写得到了南京华宇出版工作室曹宝荣、吴茂林、许顺生、施斌、谢中南等同志的大力支持和帮助，在此表示衷心感谢。刘瑞华、夏崇林、张洪岩、何君华、张宝明、王国兴、侯立存等同志参加了本书的审稿工作，徐州电力高级技工学校对本书的出版给予了大力支持，一并表示感谢。

由于编者水平有限，时间仓促，书中定有不足之处，敬请读者批评指正。

编　者

2012 年 8 月

目　　录

第一章　电站锅炉基础知识

第一节　概　　述

锅炉是利用燃料燃烧释放的热能，对水或其他介质进行加热，获得规定压力、温度和品质的蒸汽、热水或其他工质的设备。锅炉出口介质为蒸汽的锅炉叫蒸汽锅炉。蒸汽锅炉按用途划分，一般分为电站锅炉和工业锅炉。电站锅炉是指电力工业中专门用于生产电能的发电锅炉，包括热、电联产锅炉；而国民经济其他工业部门使用的锅炉，则通常称为工业锅炉。

我国锅炉的生产和管理已逐步走上规范化和法制化的轨道。国务院颁发的《特种设备安全监察条例》对特种设备生产（含设计、制造、安装、改造、维修）、使用、检验检测及其监督检查等环节作出了规定，这是我国开展锅炉等特种设备安全工作的根本法律依据。特种设备安全监督管理等部门在此基础上制定的《蒸汽锅炉安全技术监察规程》、《电力工业锅炉压力容器安全规程》等一系列规章、规范、标准，为我国锅炉安全工作提供了具体的法规和技术依据。

一、电站锅炉的地位和作用

发电方式因利用能源的不同，分为火力发电、水力发电、地热发电、风力发电、太阳能发电和原子能发电等。目前，世界上大多数国家，包括我国在内，主要采用火力发电。火力发电的主要设备由锅炉、汽轮机、发电机组成。锅炉是三大主机之一，作为火力发电的基础设备在我国发电机组中具有重要的地位和作用。

锅炉是火力发电厂的主要设备，如图1-1所示。燃料送入锅炉后，在锅炉炉膛中燃烧，产生的热量将水加热，水逐渐变成饱和蒸汽。饱和蒸汽在锅炉的过热器中，进一步被加热后，成为具有一定压力和温度的过热蒸汽。过热蒸汽通过管道送至汽轮机，在汽轮机内膨胀产生高速汽流。高速汽流冲动汽轮机的转子，并带动发电机的转子一起旋转。发电机利用导体切割磁力线产生感应电流的原理发出电能。蒸汽在汽轮机中做完功以后，排入凝汽器，并在其中被循环水泵送来的冷却水冷却，而凝结成水，称之为凝结水。凝结水经凝结水泵升压后，流经低压加热器并被加热后，再进入除氧器。在除氧器中，凝结水被抽汽管道从汽轮机中抽出的蒸汽进行再加热，提高水温并除去水中的氧，由给水泵升压后，经过高压加热器进一步提高温度后送回锅炉。发电厂这一过程周而复始地进行着，电能也就源源不断地产生出来。

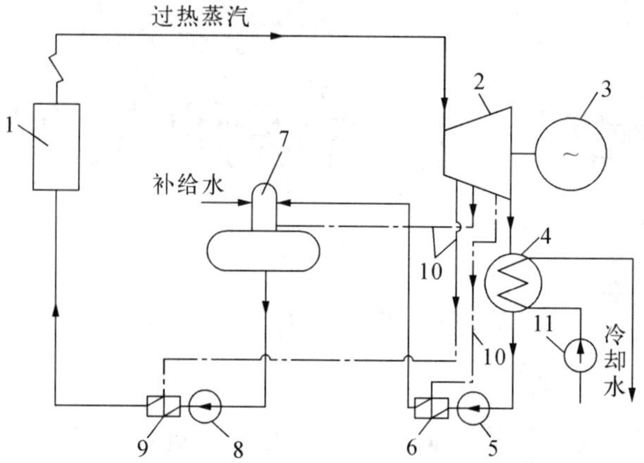

图 1-1 火力发电厂的生产过程示意图

1—锅炉 2—汽轮机 3—发电机 4—凝汽器 5—凝结水泵
6—低压加热器 7—除氧器 8—给水泵 9—高压加热器
10—汽轮机抽汽管 11—循环水泵

由上可知，火力发电厂的生产过程是一个能量转换的过程，这个能量转换过程是通过锅炉、汽轮机和发电机来实现的。其中，锅炉是火力发电厂能量转换的首要环节。锅炉在完成从燃料的化学能到蒸汽的热能的转换过程中，生产并根据需要供给汽轮机相应数量和规定质量的蒸汽。由于火力发电厂的能量转换过程是连续进行的，因而运行中锅炉设备一旦发生故障，必将影响到整个电能生产的正常进行。此外，由于锅炉运行耗用大量燃料，因而其工作效能的好坏对整个电厂的经济性关系极大。由此可见，锅炉在火力发电厂生产过程中不仅地位、作用十分重要，而且系统复杂、运行工况恶劣、安全要求高。

二、主要技术指标

（一）主要技术、经济指标

锅炉作为一种特种设备，有表明其特性的技术和经济指标。技术指标包括锅炉的参数和输出介质的量（容量）；经济指标主要指锅炉效率，又叫锅炉热效率。

1. 锅炉容量

锅炉容量是反映锅炉生产能力大小的基本数据。锅炉每小时产生的蒸汽量称为锅炉蒸发量。锅炉在设计运行条件下的最大连续蒸发量（MCR），叫做锅炉容量，用 D 来表示，单位是 t/h。锅炉容量一般为汽轮机设计条件下铭牌功率所需进汽量的 108%～110%。

2. 锅炉参数

锅炉参数是指锅炉输出介质的“状态参数”，简称参数。锅炉参数主要指两个：一是输出介质的压力，二是输出介质的温度。

锅炉蒸汽参数一般是指过热器出口处的过热蒸汽的压力和温度。对于再热蒸汽锅炉，蒸汽参数还包括再热蒸汽的压力和温度。锅炉蒸汽参数是体现锅炉产品特性的基本数据。

蒸汽压力用符号 p 来表示，单位是 MPa。垂直均匀作用在单位面积上的力称为压强。

工程上有的以压力表示大小，实际上是压强。压力的测量有两种方法：一种以压力等于零作为测量起点测得的压力，称为绝对压力，用符号 $P_{绝}$ 来表示；另一种是以当时当地的大气压作为测量起点测得的压力，也就是压力表测量出来的数据，称为表压力，用符号 $P_{表}$ 来表示。我国锅炉所用的压力都是表压力。表压力的计算公式为 $P_{绝}=P_{表}+1$ 个大气压。

锅炉产品铭牌上标明的压力，是这台锅炉的额定工作压力，也就是表压力。司炉人员操作锅炉时要严格监视控制锅炉压力，并使之维持稳定。锅炉运行时的正常汽压通常是锅炉的设计压力，锅炉压力应控制在允许的变化范围内：中压锅炉为±0.05 MPa，高压锅炉为±0.1 MPa，高压以上锅炉一般为±0.2 MPa。

蒸汽温度用符号 t 表示，单位是℃，它标志蒸汽的冷热程度。

3. 锅炉效率及锅炉的净效率

锅炉效率又叫锅炉热效率，是指锅炉每小时的有效利用热占输入锅炉全部热量的百分数，用 η 来表示。大型电厂锅炉的效率一般在 90%以上，而工业锅炉的效率为 50%～80%。

锅炉的净效率是指扣除锅炉机组运行时的自用能耗(热能和电耗)以后的锅炉效率。

(二) 安全技术指标

锅炉的安全技术指标用来衡量锅炉运行的可靠性。锅炉运行时，安全技术指标不能进行专门测量，而需要用间接指标来衡量。通常有三个间接指标：

1. 连续运行小时数

锅炉的连续运行小时数是指锅炉两次检修之间的运行小时数。国内一般大、中型电站锅炉的平均连续运行小时数在 4 000 h 以上，而大型电站锅炉则应在 7 000 h 左右。

2. 事故率

事故率是指因事故停用小时数占总运行小时数和事故停用小时数之和的百分比。

$$\text{事故率}=\frac{\text{事故停用小时数}}{\text{总运行小时数}+\text{事故停用小时数}}\times 100\%$$

3. 可用率

可用率是指总运行小时数和总备用小时数之和占统计期间总小时数的百分比。

$$\text{可用率}=\frac{\text{总运行小时数}+\text{总备用小时数}}{\text{统计期间总小时数}}\times 100\%$$

锅炉的事故率和可用率一般是按一个适当长的周期来计算，我国火力发电厂通常以一年为一个统计周期。目前国内比较好的锅炉安全技术指标是：事故率约为 1%，可用率约为 90%。另据国外有关统计资料表明，随着机组容量的增大，锅炉的可用率呈下降趋势。

三、分类和型号

(一) 分类

电站锅炉有多种分类方法，常用的有以下几种：

① 按燃烧方式分类，分为室燃炉、旋风炉、流化床炉（沸腾炉）、层燃炉等。

② 按燃用燃料分类，分为燃煤锅炉、燃油锅炉、燃气锅炉等。

③ 按工质流动特性分类，分为自然循环锅炉、强制循环锅炉等（强制循环锅炉又可分为直流锅炉、控制循环锅炉、复合循环锅炉）。

④ 按锅炉额定蒸汽压力分类，分为低压锅炉（$p\leqslant 2.5$ MPa）、中压锅炉（3.8 MPa$\leqslant p<$5.3 MPa）、次高压锅炉（5.3 MPa$\leqslant p<$9.8 MPa）、高压锅炉（9.8 MPa$\leqslant p<$13.7 MPa）、超高压锅炉（13.7 MPa$\leqslant p<$16.7 MPa）、亚临界压力锅炉（16.7 MPa$\leqslant p<$22.1 MPa）、超临界压力锅炉（22.1 MPa$\leqslant p<$26 MPa）、超超临界锅炉（$p\geqslant$26 MPa）。

⑤ 按燃煤锅炉排渣方式分类，分为固态排渣炉、液态排渣炉等。

⑥ 按锅炉容量（MCR）分类，分为小型锅炉（MCR＜220 t/h）、中型锅炉（MCR＝220～440 t/h）、大型锅炉（MCR≥670 t/h）等。

⑦ 按锅炉型式分类，锅炉分为Π型锅炉、T 型锅炉、Γ 型锅炉（又叫倒 L 型锅炉）、U 型锅炉等。

⑧ 按通风方式分类，分为平衡通风锅炉（－50～－200 Pa）、微正压锅炉（200～400 Pa）和增压锅炉（1～1.5 MPa）等。

电站锅炉的类型不同，其锅炉容量等参数也不相同。我国大多数电厂使用的电站锅炉容量、参数和类型见表 1－1。

表 1－1　我国主要电厂锅炉的类型、容量及参数

容量（t/h）	蒸汽压力（MPa）	过热和再热蒸汽温度（℃）	给水温度（℃）	汽轮发电机功率（MW）	锅炉类型	
35	3.8	450	150 或 170	6	中压	自然循环、燃煤、链条炉排、供热锅炉
75	5.30	485	150	12	中压	自然循环、循环流化床、燃煤、供热锅炉
220 或 240	9.8 或 9.81	540	215	50	高压	自然循环、循环流化床（或室燃炉）、燃煤、供热锅炉
410	9.8	540	215	100	高压	自然循环室燃炉，燃煤
400	13.7	555 和 555	240	125	超高压	自然循环锅炉或直流锅炉，燃煤或燃油一次中间再热
670	13.7	540 和 540	240	200	超高压	自然循环锅炉，燃煤或燃油，室燃炉或旋风炉，一次中间再热
1 025	16.7 或 18.3	540 和 540	270 或 278	300	亚临界压力	自然循环或控制循环锅炉或直流锅炉，燃煤，一次中间再热

续　表

容量 (t/h)	蒸汽压力 (MPa)	过热和再热蒸汽温度(℃)	给水温度 (℃)	汽轮发电机功率(MW)	锅炉类型	
2 008	18.3	541 和 541	278	600	亚临界压力	控制循环锅炉，燃煤，一次中间再热
1 900	25.4	541 和 569	286	600	超临界压力	直流锅炉，燃煤，一次中间再热(引进机组)
3 099	27.56	605 和 603	299	1 000	超超临界压力	直流锅炉，燃煤，一次中间再热(引进机组)

（二）型号

JB/T1617—1999 规定了电站锅炉型号的编制办法。电站锅炉的型号一般用四组字码表示，其表达形式如下：

△△－□□□/○○○－×××/×××－◇☆

①　②　③　④　⑤　⑥

六种序号分别为：

①——制造厂代号。如 HG 为哈尔滨锅炉制造厂，SG 为上海锅炉制造厂，DG 为东方锅炉制造厂，BG 为北京锅炉制造厂，WG 为武汉锅炉制造厂等。

②——锅炉容量，即锅炉的最大连续蒸发量 MCR(t/h)。

③——额定蒸汽压力(MPa)。

④——过热蒸汽温度(℃)。

⑤——再热蒸汽温度(℃)。

⑥——燃料代号和设计序号。如 M 为燃煤，Y 为燃油，Q 为燃气，T 为其他燃料，MY 为煤油两用，YQ 为油气两用。如果锅炉是原型设计，其设计序号可不予标出。

如：DG－1025/18.2－540/540－M2，表示东方锅炉制造厂生产的燃煤锅炉，其容量为 1 025 t/h，过热蒸汽压力为 18.2 MPa，过热蒸汽温度 540℃，再热蒸汽温度 540℃，第二次改型设计。

又如：SG－3099/27.46－605/603－M545，表示由上海锅炉制造厂引进 Alstom-Power 公司的技术生产的燃煤锅炉，其容量为 3 099 t/h，过热蒸汽压力为 27.46 MPa，过热蒸汽温度 605℃，再热蒸汽温度 603℃，生产标号为 545。

对于没有再热器的锅炉，则只用以上①②③⑥四组字码表示，如 HG－410/9.8－M1，表示哈尔滨锅炉厂生产，容量为 410 t/h，过热蒸汽压力为 9.8 MPa，燃煤，第一次设计的锅炉。

四、受压元件用材和金属监督

电站锅炉的安全十分重要。为了提高锅炉运行的安全性，相关人员不仅要有高度的责任意识，而且必须具有较扎实的专业知识。锅炉运行过程的启停阶段和改变工况运行时，要认真执行电站锅炉各受热面安全运行的各项有效措施，并要加强运行监视和调整。除此以外，还要了解电站锅炉用材(主要是指锅炉用钢)等方面的知识。

(一) 锅炉受压元件材料要求

1. 基本要求

国家质量监督检验检疫总局颁布的《蒸汽锅炉安全技术监察规程》明确规定了锅炉使用材料的基本要求，主要是：

① 锅炉受压元件所用的金属材料及焊接材料等应当符合有关国家标准和行业标准。材料制造单位必须保证材料质量，并提供质量保证书。金属材料和焊缝金属在使用条件下应具有足够的强度、韧性、伸长性以及良好的抗疲劳性能和抗腐蚀性能。

② 受压元件用钢板和钢管的制造单位应当按照国家规定取得相应的制造许可证书。

2. 性能要求

根据国家质检总局的相关规定，锅炉受压元件用材的性能，必须符合以下要求：

① 锅炉受压元件和与受压元件焊接的承载构件钢材应当是镇静钢。

② 锅炉受压元件用钢材室温夏比冲击吸收能量 KV_2 不低于 27 J。

③ 钢板的室温断后伸长率 A 应当不小于 18%。

3. 选用

锅炉用钢板、钢管、锻件、铸钢件、铸铁件、紧固件、拉撑件和焊接材料的选用，国家质检总局在《蒸汽锅炉安全技术监察规程》中已有明确的规定，应严格按照相关规定执行。

(二) 火力发电厂金属监督的范围

根据火力发电厂《金属技术监督规程(DL438－2000)》的规定，金属监督的范围是：

① 工作温度大于或等于 450℃的高温金属部件(含过热蒸汽管道、高温再热蒸汽管道、过热器管、再热器管、联箱、阀壳和三通)，以及与过热蒸汽管道相联的小管道。

② 工作温度大于或等于 435℃的导汽管。

③ 工作压力大于和等于 3.82 MPa 的锅筒。

④ 工作压力大于和等于 5.88 MPa 的承压汽水管道和部件(含水冷壁管、省煤器管、联箱和给水管道)。

⑤ 300 MW 以上机组低温再热蒸汽管道。

⑥ 汽轮机大轴、叶轮、叶片及发电机大轴、护环、风扇叶。

⑦ 工作温度大于或等于 435℃的汽缸、汽室、过热蒸汽门。

（三）常用金属检验方法

对钢的化学成分和组织结构缺陷，可以通过一定的方法进行鉴别。电厂常用的鉴别方法主要包括化学成分分析法、金相分析法、蠕变测量和无损探伤以及机械性能试验等。光谱分析主要是用来鉴定金属材料的化学成分。由于光谱分析法操作十分简单，分析速度快，所以在电厂中应用很广。无损探伤是在不损伤金属材料的前提下探测金属内部缺陷的试验方法。此法可作为原材料的质量检验，也可以用来分析事故发生后材料内部缺陷的变化。电厂中常用的有磁粉探伤、超声波探伤、着色探伤和射线探伤等。金相分析主要是用来分析金属材料内部的组织结构和宏观缺陷。机械性能试验主要是测定金属材料的强度、塑性、硬度和冲击韧性。

第二节　燃料及燃烧

火力发电厂是利用燃料燃烧将化学能转换成热能，用热能加热介质，将具有规定参数的介质输送到汽轮机从而发电的。所以燃料是火力发电厂的原始能源，燃料燃烧是火力发电过程中的首要环节。

一、锅炉燃料

电站锅炉常用的燃料有煤、油、气，其中煤的使用最为广泛。

（一）煤

1. 煤的组成及性质

煤的组成及各成分的性质，可用元素分析方法和工业分析方法进行测定及研究。由于元素分析方法复杂，需用设备昂贵，研究结果对现场锅炉运行的指导意义不大，所以电站锅炉对燃料一般只作工业分析。

（1）煤的化学成分

煤所含的化学元素，也称为化学成分，是锅炉燃烧计算和研究煤的特性的重要依据。煤含碳（C）、氢（H）、氧（O）、氮（N）、硫（S）等5种化学元素，以及水分（M）和灰分（A）两种物质。这些化学成分的性质如下：

① 碳（C）。碳是煤中主要的可燃元素，也是煤的基本成分。它在煤中的含量约为40％～85％。随着煤碳化程度的提高，煤中碳的含量逐渐增加。煤的含碳量越高，其发热量也越高。每千克碳完全燃烧时可放出约32 830 kJ的热量。若不完全燃烧，则仅能放出9 260 kJ的热量。煤中的碳有两种不同的形态，一部分与氧、氢、氮、硫等元素结合成具有挥发性的有机化合物，其余部分呈单质状态，称为固定碳（FC）。固定碳要在较高的温度下才能着火燃烧。因此，煤中固定碳的含量越高，着火、燃烧就越困难。

② 氢（H）。氢是煤中发热量最高的元素。它在煤中的含量一般为3％～6％。煤的地

质年龄越长，氢含量越少。每千克氢燃烧生成水蒸气时可放出约 119 600 kJ 的热量。氢气极易着火，燃烧迅速，故燃料含氢越多，越易着火燃烧。

③ 硫(S)。煤中的硫有三种形态，即有机硫(So)、黄铁矿硫(Sp)和硫酸盐硫(Ss)。前两种硫可以燃烧，称为可燃硫(Sc)，后一种硫不能燃烧，并入灰分。硫在煤中的含量一般为2%以下，每千克可燃硫燃烧放出 9 030 kJ 的热量。但燃烧生成的SO_2将会造成环境污染和锅炉尾部受热面低温腐蚀。在燃烧高硫煤时，应采取燃料脱硫和烟气脱硫等措施，以减轻造成的危害。因此，硫是一种有害元素。

④ 氧(O)和氮(N)。氧和氮是煤中的杂质。燃料中的氧，部分与氢、碳结合成化合状态，部分呈游离状态，其含量变化较大。燃料中氮的含量不多，燃烧时有少量转变为NO_x，造成大气污染。

⑤ 水分(M)。水是煤中的主要杂质，对于锅炉运行，是一种有害成分。各种煤的水分含量差别很大，少的仅 2%左右，多的可达 50%～60%。通常说的煤的水分叫做煤的全水分M_t，包括表面水分M_f和固有水分M_{inh}。表面水分M_f也叫外部水分或外在水分，主要是在开采、运输、贮存过程中受雨露冰雪等影响而形成的，可以通过自然干燥除去。要除去煤的固有水分，必须将煤加热至 105℃(对褐煤为 145℃)并保持一定时间才可以。由于水分的存在，不仅煤中的可燃成分含量相对减少，而且煤燃烧时水分蒸发还要吸收热量，所以煤的实际发热量会降低。水分多的煤不易点燃，因而会导致燃烧过程推迟，燃烧温度降低，增加不完全燃烧热损失、排烟热损失和引风机耗电量，还可能降低磨煤机出力，造成制粉系统的堵塞。

⑥ 灰分(A)。灰是煤的主要杂质。燃料完全燃烧后，其中不可燃矿物质形成的残渣称为灰分。煤中的灰分含量一般为 10%～35%，劣质煤的灰分含量可高达 50%左右。煤中的灰分含量多，对锅炉的安全经济运行很不利。这是因为：一是当煤中的灰分含量多时，煤中的可燃成分含量相对减少，煤的发热量就低；二是在燃烧过程中，灰分会妨碍可燃物与氧的接触，增加煤着火和燃尽的困难，造成燃烧不稳，燃烧损失增大；三是灰粒随着烟气一起流动时，会造成锅炉受热面的磨损，还可能造成堵灰和高温腐蚀；四是在高温下熔化的灰若粘结在受热面上，形成焦渣，就会影响传热，严重时将威胁锅炉的安全运行；五是灰分含量多时，锅炉运行中排除灰渣带走的热量也多，造成热损失增加；六是灰分从烟囱和排渣系统排出，还会污染环境。

(2) 煤的工业分析

煤的工业分析即是按规定的条件通过对煤样进行干燥、加热和燃烧，测定煤中的水分(M)、挥发分(V)、固定碳(FC)和灰分(A)的含量。这些成分是煤在炉内的燃烧过程中分解的产物。因此，煤的工业分析能更直接地表明煤的品质及燃烧特性，同时也是发电用煤分类的重要依据。

煤的工业分析过程如下：

首先是干燥。把煤试样放在温度为 105～110℃的干燥箱内，恒温干燥约 2～3 h。干燥所失去的质量占原煤样的质量百分比即为该煤的水分值(全水分)。

其次是隔绝空气加热。煤样失去水分后，将其放入带盖的坩埚中，置于 900℃高温电炉内隔绝空气继续加热，保持约 7 min，煤样中的有机物不断分解释放挥发性气体。

因气体挥发而失去的质量占原煤样的质量百分数，即为该煤的挥发分值。因此，挥发分是指失去水分的煤样，隔绝空气加热至一定温度时，煤中有机物分解释放出的挥发性气体。挥发分不是以固有形态存在于煤中，挥发分的组成成分主要是可燃气体，如CO、H_2、H_2S、C_nH_m等；还有少量的不可燃气体，如O_2、CO_2、N_2等。因此，挥发分很容易着火。挥发分着火后会对煤的未挥发部分进行强烈的加热，促使其迅速着火燃烧。同时挥发性气体释放后，煤变得比较疏松，孔隙较多，增大了煤的燃烧面积，会加速煤的燃烧过程。所以，挥发分多的煤种容易着火，燃烧速度快，易于完全燃烧，能获得较高的燃烧效率；而挥发分较少的煤，着火困难，不易完全燃烧。因此，挥发分是煤的燃烧特性的一个主要数据，也是对电厂用煤进行分类的主要依据。

最后是焦炭的灼烧。煤样除去水分和挥发分后，剩余下来的煤的固体部分，称为焦炭。焦炭是由固定碳和灰分组成的。将焦炭在空气中加热到(815±10)℃灼烧(不出现火焰)，到质量不发生变化时取出来冷却，这时焦炭失去的质量就是固定碳的质量，剩余部分则是灰的质量。这两个质量占煤样原质量的百分数，就是固定碳和灰分在煤中的成分含量。

2. 煤成分的分析基准

为了确切地反映煤的特性，不仅要了解煤的成分，而且还要知道分析煤的成分时煤所处的状态。由于煤中的灰分和水分的含量随着开采、运输、贮存及气候条件的变化而变化，所以同一种煤，当其处于不同状态时，分析得出的成分含量百分数是不同的。煤成分的分析基准是指测定煤的成分百分含量时，煤所处的状态或测试条件。目前采用的分析基准有：收到基、空气干燥(分析)基(简称“空干燥”)、干燥基、干燥无灰基四种。

(1) 收到基

收到基是指煤运到电厂煤场时的实际应用状态，以此为基准分析得到的煤的成分，称为收到基成分，用角标“ar”来表示。

收到基成分是锅炉燃料实际应用的成分，在锅炉设计、实验和进行燃烧计算时，必须使用。

采用元素分析法分析，煤的收到基成分的组成方程式为：

$$C_{ar}+H_{ar}+O_{ar}+N_{ar}+S_{ar}+A_{ar}+M_{ar}=100\%$$

采用工业分析法分析，煤的收到基成分的组成方程式为：

$$FC_{ar}+V_{ar}+A_{ar}+M_{ar}=100\%$$

式中：C_{ar}，H_{ar}，O_{ar}，N_{ar}，S_{ar}，A_{ar}，M_{ar}，FC_{ar}，V_{ar}分别为碳、氢、氧、氮、硫、灰分、全水分、固定碳、挥发分的收到基百分数含量。

(2) 空干基

以在实验室内经过自然风干后与空气湿度达到平衡状态的煤为基准分析而得到的成分，称为空气干燥分析基成分(又称空干基)，用角标“ad”来表示。与煤的收到基比较，它已去除掉外在水分。

采用元素分析法分析，煤的空干基成分的组成方程式为：

$$C_{ad}+H_{ad}+O_{ad}+N_{ad}+S_{ad}+A_{ad}+M_{ad}=100\%$$

采用工业分析法分析，煤的空干基成分的组成方程式为：

$$FC_{ad}+V_{ad}+A_{ad}+M_{ad}-100\%$$

这里很显然，$M_{ad}=M_{inh}\neq M_{ar}$。

(3) 干燥基

以去除全水分状态的煤为基准分析而得到的成分，称为干燥基成分，用角标“d”来表示。

采用元素分析法分析，煤的干燥基成分的组成方程式为：

$$C_d+H_d+O_d+N_d+S_d+A_d=100\%$$

采用工业分析法分析，煤的干燥基成分的组成方程式为：

$$FC_d+V_d+A_d=100\%$$

(4) 干燥无灰基

以假想的无水无灰状态的煤为基准分析而得到的成分，称为干燥无灰基，用角标“daf”来表示。

采用元素分析法分析，煤的干燥无灰基成分的组成方程式为：

$$C_{daf}+H_{daf}+O_{daf}+N_{daf}+S_{daf}=100\%$$

采用工业分析法分析，煤的干燥无灰基成分的组成方程式为：

$$FC_{daf}+V_{daf}=100\%$$

以上四种基准成分中，干燥无灰基成分最为稳定。因此，煤的干燥无灰基成分能更准确地反映出煤的特性。据此，煤中的挥发分就以干燥无灰基 V_{daf} 表示，以此来表明煤的燃烧特性和划分煤的种类。

煤的组成成分及各基准间的相互关系可以转换，也即换算系数，如图 1-2 所示。

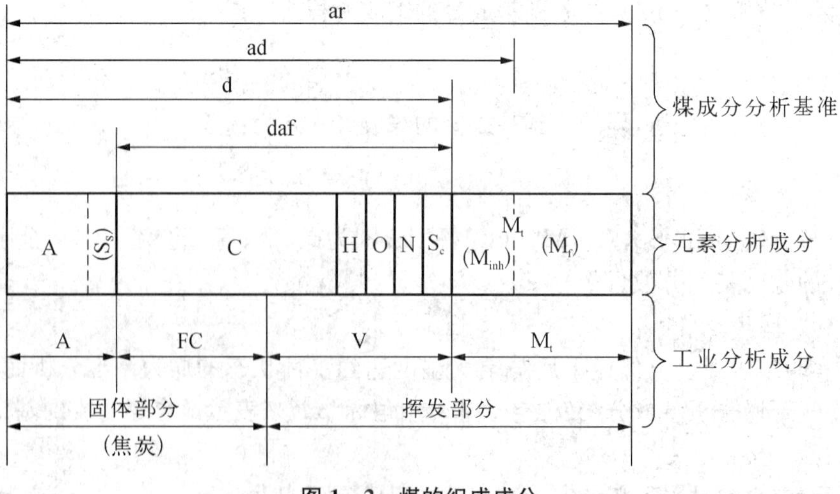

图 1-2 煤的组成成分

煤的各种基准成分之间，可以利用表 1 - 2 所标出的系数进行计算。由一种基准成分换算成另一种基准成分时，只需乘以一个换算系数即可。

表 1 - 2　不同基准成分的换算系数

已知基准＼欲求基准	收到基 ar	空干基 ad	干燥基 d	干燥无灰基 daf
收到基 ar	1	$\frac{100-M_{ad}}{100-M_{ar}}$	$\frac{100}{100-M_{ar}}$	$\frac{100}{100-M_{ar}-A_{ar}}$
空干基 ad	$\frac{100-M_{ar}}{100-M_{ad}}$	1	$\frac{100}{100-M_{ad}}$	$\frac{100}{100-M_{ad}-A_{ad}}$
干燥基 d	$\frac{100-M_{ar}}{100}$	$\frac{100-M_{ad}}{100}$	1	$\frac{100}{100-A_{d}}$
干燥无灰基 daf	$\frac{100-M_{ar}-A_{ar}}{100}$	$\frac{100-M_{ad}-A_{ad}}{100}$	$\frac{100-A_{d}}{100}$	1

3. 煤的主要特性

煤的主要特性包括煤的发热量、灰的性质、煤的可磨性及磨损性等。这些特性是通过工业分析来进行测定的，它们与锅炉及其制粉系统的工作有直接的关系。

(1) 煤的发热量

① 概念。发热量是煤的主要特性之一。单位质量的煤完全燃烧时所放出的热量，称为煤的发热量。它用 Q 表示，单位为 kJ/kg。

煤的成分有不同的分析基准，因而也有不同基准的发热量，通常采用的是收到基发热量 Q_{ar}。煤的各种基准的发热量之间也可通过表 1 - 2 中的系数进行换算。

② 分类及计算。发热量有高位和低位之分。当 1 kg 煤完全燃烧生成的水蒸汽全都凝结成水时煤所放出的热量，称为煤的高位发热量，通常用 Q_{gr} 来表示。当 1 kg 煤完全燃烧生成的水蒸汽未凝结成水时，煤所放出的热量，称为煤的低位发热量，通常用 Q_{net} 来表示。

由此可见，高、低位发热量之间的差别在于是否包括燃烧生成的水蒸气所包含的那部分汽化潜热。锅炉运行中，由于在通常的排烟温度(110～160℃)下，烟气中的水蒸气不会凝结，汽化潜热不能释放出来，因此实际能被锅炉利用的只是煤的低位发热量。在我国锅炉技术中通常都采用低位发热量 Q_{net}。低位发热量的计算公式为：

$$Q_{net,ar}=Q_{gr,ar}-2\,510\left(\frac{9H_{ar}}{100}-\frac{M_{ar}}{100}\right)=Q_{gr,ar}-225.9H_{ar}-25M_{ar}\quad(\text{kJ/kg})$$

煤的发热量一般为 12 545～29 270 kJ/kg，但也有低至 8 363 kJ/kg 左右的。煤的发热量以氧弹热量计测量为准，也可根据煤的元素分析成分用门捷列夫公式得出近似的数字，其计算公式如下：

$$Q_{gr,ar}=339C_{ar}+1\,255H_{ar}+109(S_{ar}-O_{ar})\quad(\text{kJ/kg})$$

$$Q_{net,ar}=339C_{ar}+1\,030H_{ar}+109(S_{ar}-O_{ar})-25M_{ar}\quad(\text{kJ/kg})$$

③ 折算标准煤和折算成分。

a. 折算标准煤。这里的标准煤，指的是收到基低位发热量为 29 271 kJ/kg 的煤。

各种煤的发热量差别很大，在发电厂或锅炉负荷不变时，当燃用低发热量的煤时，煤耗量就大，而燃用高发热量的煤时，煤耗量就小。因此，不能只用煤耗量的大小来比较各发电厂或锅炉的经济性，而必须将煤的实际耗量折算为标准煤后，才能进行比较。实际煤耗量可用下式折算为标准煤：

$$B_n = \frac{BQ_{\mathrm{net,ar}}}{29\,271}$$

式中 B_n——标准煤耗量(kg/h)；

B——实际煤耗量(kg/h)；

$Q_{\mathrm{net,ar}}$——实际使用的煤的收到基低位发热量(kJ/kg)。

对应于每千瓦·时电能的标准煤耗量，称为标准煤耗率 b_n。若机组(或发电厂)的发电功率为 P(kW)，则标准煤耗率：

$$b_n = \frac{B_n}{P} \quad (\mathrm{kg/(kW \cdot h)})$$

b. 折算成分。这里的折算成分，指的是对应于 4 187 kJ/kg 发热量的煤的成分。

煤中的水分、灰分、硫分对煤的燃烧和锅炉的运行都有不利的影响。但如果只看其含量的质量百分数，就不能正确估价它们对锅炉的各种危害程度。如一台锅炉在同一负荷下，分别燃用灰分相同，但发热量不同的两种煤时，发热量低的煤耗量就大，带入炉内的灰分也多，危害也大。因此，为准确反映水分、灰分、硫分对锅炉工作的影响，需要将它们的含量与煤的发热量联系起来，进行成分的折算，从而便于比较。

折算成分与实际成分的关系如下：

$$\mathrm{A_{ar,zs}} = 4\,187\,\frac{\mathrm{A_{ar}}}{Q_{\mathrm{net,v,ar}}} \quad (\%)$$

$$\mathrm{M_{ar,zs}} = 4\,187\,\frac{\mathrm{M_{ar}}}{Q_{\mathrm{net,v,ar}}} \quad (\%)$$

$$\mathrm{S_{ar,zs}} = 4\,187\,\frac{\mathrm{S_{ar}}}{Q_{\mathrm{net,v,ar}}} \quad (\%)$$

当煤的折算成分 $\mathrm{A_{ar,zs}}>4\%$、$\mathrm{M_{ar,zs}}>8\%$和 $\mathrm{S_{ar,zs}}>0.2\%$时，分别称为高灰、高水和高硫煤。

(2) 灰的性质

灰的性质主要是指它的熔融性。灰的熔融性影响炉内运行工况。灰的熔融性就是指煤中灰分熔点的高低。当炉内温度达到或超过灰分的熔点时，固态的灰分将逐渐变成熔融状态。融化的灰分具有黏性，当它未得到及时冷却而与受热面接触时，就会黏附在受热面上形成结渣(也称结焦)。受热面上结渣会导致传热恶化，影响正常的水循环，严重时将威胁固态排渣锅炉的正常运行。但对于液态排渣锅炉炉膛的熔渣段，灰渣保持熔化的流动状态，却有利于从炉底排渣孔顺利排出。

关于灰分的熔融性质，目前一般是用试验方法来确定。即把灰样做成一定尺寸的等底边三角形锥体(底边长 7 mm，高 20 mm)，然后把灰锥放在可以调节温度、充有适量还原性介质的电炉中逐渐加热，随着灰的温度逐渐升高，灰锥的形态也在不断变化。图 1-3 所示灰锥的三种形态，是其变化过程中具有代表性的形态。这三种形态时灰锥的温度分别称之为变形温度、软化温度和液化温度。

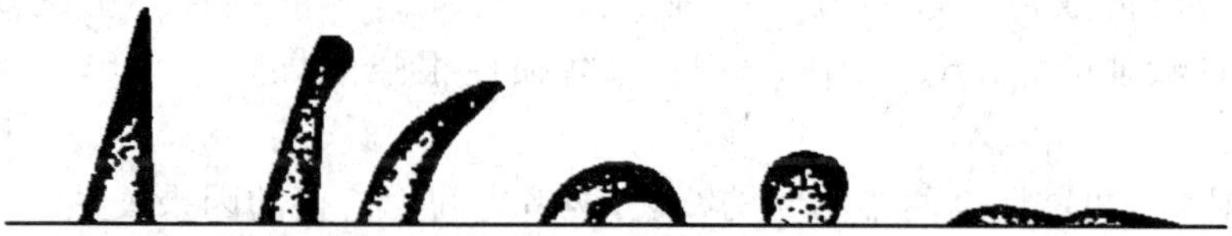

图 1-3 测定灰熔点时灰锥的几种形态

所谓变形温度是指灰锥尖端变圆或开始弯曲时的温度，用字母“DT”表示；所谓软化温度是指灰锥尖端弯曲而触及锥底平面或整个锥体变成球体时的温度，用字母“ST”表示；所谓液化温度是指灰锥完全熔融成液态并能流动时的温度，用字母“FT”表示。

DT、ST、FT 是煤灰熔融性的三个主要特征温度，可用来判断所用煤种在炉内燃烧过程中结渣的可能性。其中当灰的 ST－DT＝100～200℃时称为短渣；当灰的 ST－DT＝200℃时称为长渣。各种煤的灰熔点一般为 1 100～1 600℃。

锅炉通常用 ST 代表灰分的熔点。一般认为，灰粒温度低于软化温度 ST 时，在受热面上只能形成疏松的弱黏结性灰渣，易脱落；当灰粒或积灰温度高于 ST 时，灰将以黏聚性较强的渣型粘附于受热面上；灰层表面温度进一步升高时，就可能形成熔融渣。另外液化温度 FT 与变形温度 DT 的差值也与灰渣形态有关。为避免炉膛出口处结渣，一般要求炉膛出口烟温至少要比 ST 低 50～100℃。

关于煤的灰熔点。不仅不同的煤有不同的灰熔点，就是同一种煤其灰熔点也不是固定不变的。影响灰熔点的因素很多，主要与灰成分及其含量有关，其次是受周围介质的影响。灰分的组成很复杂，由于各成分对灰熔融性的影响不同，故成分不同灰熔点也不同。当其周围介质性质改变时，也会使灰熔点发生变化。

(3) 煤的可磨性及磨损性

煤的可磨性和磨损性主要影响锅炉制粉系统的运行。如果煤的这方面的指标控制不好，不但会影响锅炉经济性，而且还会影响其安全性。

① 煤的可磨性。由于煤的机械强度不同、脆性不同，煤磨制成煤粉的难易程度也就不同。为了表示煤磨制成煤粉的难易程度，必须测定煤的可磨系数。其目的在于估算锅炉运行时磨煤机的实际出力、电耗以及制粉设备的磨损情况。我国以前采用的是前苏联全苏热工研究所的测定方法。用 $K_{ВТИ}$表示煤可磨系数。而目前采用的是哈氏可磨性指数 HGI，是利用哈氏(Harggrove)试验机测定的。其方法是取 50 g 风干的试样煤送入研磨机粉碎后，测得通过孔径为 74 μm 筛子的煤粉质量 m(g)，计算哈氏可磨性指数的公式是 $HGI=13+6.93m$。HGI 值越小，表明该煤种越难磨。比较前苏联热工研究所的测定方法，两者的关系是 $K_{ВТИ}=0.0034(HGI)^{1.25}+0.61$。

我国原煤的可磨系数 $K_{BTИ}$一般在 0.8～2.0 范围内，通常认为 $K_{BTИ}$<1.2 为难磨煤，$K_{BTИ}$>1.5 为易磨煤。

② 煤的磨损性。制粉系统在运行时，磨煤设备会受到磨损。煤对金属磨损的强弱程度，用煤的磨损指数 K_e来表示。K_e值越大，煤对金属部件的磨损越强烈。磨损指数 K_e不仅可以衡量煤对金属磨损的程度，而且关系到磨煤机型式的选择与磨煤机金属磨耗率。煤的磨损指数是通过实验方法确定的。$K_e<2$，为磨损性不强的煤；$K_e=2\sim3.5$，为磨损性较强的煤；$K_e>3.5\sim5$，为磨损性很强的煤；$K_e>5$，为磨损性极强的煤。

煤的磨损性与可磨性是两个不同的特性，两者之间无直接的因果关系。试验证明，容易被磨碎的煤，其 HGI 值大，而其磨损性不一定就弱；反之，亦然。

4. 动力煤的分类

锅炉用煤称为动力煤。动力煤通常以煤的干燥无灰基挥发分 V_{daf}含量为主要依据进行分类，大致分为无烟煤、贫煤、烟煤、褐煤等几类。

(1) 无烟煤

无烟煤 $V_{daf}<10\%$，俗称白煤。其特点是有明亮的黑色光泽，机械强度较高，密度较大，不易研磨，无焦结性；埋藏年代长，碳化程度最高，含杂质少；燃烧时有很短的蓝色火焰。由于这种煤挥发分低，故不易着火，贮存时不会自燃。

(2) 贫煤

贫煤 $V_{daf}=10\%\sim19\%$。其特点是挥发分较低，不易点燃，燃烧时火焰短，不焦结。故其燃烧特性比较接近于无烟煤，而其碳化程度却接近烟煤。

(3) 烟煤

烟煤 $V_{daf}=19\%\sim40\%$。其特点是外表呈灰黑色，有光泽，质地松软，大多数烟煤具有一定的焦结性；碳化程度次于无烟煤；挥发分高，容易着火燃烧，火焰长，发热量较高。某些烟煤含氢较多，其发热量甚至超过无烟煤；但有的劣质烟煤杂质较多，灰分含量高达 50%，故燃烧困难。

(4) 褐煤

褐煤 $V_{daf}>40\%$。其特点是挥发分含量高，碳化程度低，易点燃并容易自燃，火焰长，灰分和水分含量都较高；发热量低，无焦结性；外表呈棕褐色，质软易碎。

火力发电厂用煤质量执行 GB7562—87《发电用煤质量标准》。此标准按 VAMST 指标排列方式表达。它可以概括发电厂用煤的全部属性，如表 1－3 所示。例如煤质牌号为 V4A1M1S3T2－1，表明其代表的煤种 V_4 为中高挥发分烟煤；A_1 为低灰分煤；M_1 为常水分煤；S_3 为高硫分煤；T_2－1 为不结渣煤。

表 1－3　发电用煤国家分类标准

分类指标	煤种名称	等级	代号	分级界限	辅助分类指标界限值	鉴定方法
挥发分 V_{daf}	超低挥发分无烟煤	特级	V_0	≤6.5%	$Q_{net,ar}>23$ MJ/kg	

续　表

分类指标	煤种名称	等级	代号	分级界限	辅助分类指标界限值	鉴定方法
挥发分 V_{daf}	低挥发分无烟煤	1级	V_1	>6.5%~10%	$Q_{net,ar}$>21.0 MJ/kg	煤的工业分析方法，煤中发热量测定方法
	低中挥发分贫煤	2级	V_2	>10%~19%	$Q_{net,ar}$>18.5 MJ/kg	
	中挥发分烟煤	3级	V_3	19%~27%	$Q_{net,ar}$>16.5 MJ/kg	
	中高挥发分烟煤	4级	V_4	27%~40%	$Q_{net,ar}$>15.5 MJ/kg	
	高挥发分煤、褐煤	5级	V_5	>40%	$Q_{net,ar}$>11.5 MJ/kg	
灰分 A_d[A_{zs}]	低灰分煤	1级	A_1	≤24%[≤5%]		煤的工业分析方法，煤中灰分测定方法
	常灰分煤	2级	A_2	24%~34% [>5%~7%]		
	高灰分煤	3级	A_3	34%~46% [7%~13%]		
	超高灰分煤	4级	A_4	>46%[>13%]		
外在水分 M_f	常水分煤	1级	M_1	≤8%	V_{daf}≤40%	煤中全水分的测定方法
	高水分煤	2级	M_2	8%~12%		
	超高水分煤	3级	M_3	12%		
全水分 M_t	常水分煤	1级	M_1	≤22%	V_{daf}=40%	
	高水分煤	2级	M_2	22%~40%		
	超高水分煤	3级	M_3	40%		
全硫 $S_{t,d}$[S_{zs}]	低硫煤	1级	S_1	≤1%[≤0.2%]		烟中全硫的测定方法
	中硫煤	2级	S_2	1%~3% [0.2%~0.55%]		
	高硫煤	3级	S_3	>3%[>0.55%]		
煤灰熔融性 ST	不结渣煤	1级	ST2-1	1 350℃ 不限	$Q_{net,ar}$>12.5 MJ/kg $Q_{net,ar}$=12.5 MJ/kg	煤灰熔融性的测定方法
	易结渣煤	2级	ST2-2	≤1 350℃	$Q_{net,ar}$>12.5 MJ/kg	

注：煤的粒度分类为(洗)末煤小于13 mm，(洗)混末煤小于25 mm，中煤、洗混煤小于50 mm。

除以上几类煤种外，还有洗中煤、泥煤、煤矸石、油页岩等。但这些燃料的发热量很低，杂质多，燃烧很困难。因此，今后加强对这些燃料的开发利用是我国的一项基本能源政策。

5. 煤粉性质

目前，煤粉锅炉仍是我国火力发电厂的主力炉型。煤粉是由原煤磨制而来，其性质和原煤有很大的不同。煤粉很细小，在锅炉炉膛内不但燃烧迅速，而且易燃尽。但同样，煤粉很膨松、流动性强，在锅炉运行中，如果控制不好，也极易出现煤粉爆炸等事故。所以，掌握煤粉的性质，是保证煤粉锅炉安全经济运行的基本要求。

(1) 煤粉的物理性质

煤粉锅炉使用的煤粉是由原煤经过制粉设备磨制而来的。它是由各种尺寸和形状不规则的颗粒组成。其颗粒尺寸一般在 1 000 μm 以下，其中大多数为 20～60 μm。

煤粉具有以下物理性质：一是刚磨制出来的煤粉是疏松的，堆积密度约为 0.45～0.5 t/m^3，随着存放时间的延长，易压紧成块，堆积密度可增大到 0.7～0.9 t/m^3。二是干的煤粉能吸附大量的空气，煤粉颗粒之间被空气隔开，具有很好的流动性，易于同气体混合成气粉混合物用管道输送。但另一方面，因煤粉的流动性也容易引起制粉系统的漏粉和煤粉自流现象，会给锅炉运行调节造成困难。

(2) 煤粉的自燃与爆炸

气粉混合物在制粉系统的管道中流动时，煤粉可能因某些原因从气流中分离出来，并沉积在死角处，由于缓慢氧化产生热量，温度逐渐升高，而温度升高又会加剧煤粉的进一步氧化，最后温度达到煤的着火点而引起煤粉的自燃。

当煤粉和空气混合至一定浓度时，如有明火接近或煤粉沉积物的自燃，则会引起煤粉的爆炸，造成设备损坏和人身事故。

影响煤粉爆炸的因素有以下几个方面：

① 挥发分含量。一般挥发分含量高的煤粉易爆炸，挥发分含量低的煤粉不易爆炸。当 $V_{daf}<10\%$（无烟煤）时无爆炸危险。

② 煤粉细度。煤粉越细，越容易自燃和爆炸。因此，对于挥发分含量高的煤种不易磨得过细。粗煤粉爆炸的可能性较小，如颗粒尺寸大于 0.1 mm 的烟煤煤粉几乎不会发生爆炸。所以，制粉系统在运行时，应根据不同的煤种调节煤粉细度。

③ 煤粉浓度。煤粉在空气中的浓度为 1.2～2.0 kg/m^3时，爆炸的危险性最大，大于或小于该浓度时爆炸的可能性较小。但在实际运行中煤粉是很难避免出现危险浓度的，所以制粉系统必须加装防爆装置。

④ 输送煤粉气体中的含氧量。输送煤粉的气体中的含氧量越大，越容易爆炸。所以，对于挥发分含量高的煤粉，可以采取在输送介质中掺入惰性气体（一般是烟气）的方法来降低含氧量，以防止爆炸。

⑤ 气粉混合物的温度。温度越高越易爆炸，低于一定温度时则无爆炸的危险。制粉系统运行时，应严格控制磨煤机出口气粉混合物的温度，如表 1－4 所示。

⑥ 煤粉自燃及其他火源。煤粉无自燃、无明火时，不会发生爆炸。有爆炸危险的气粉混合物，只有在遇到明火时才能引起爆炸。

(3) 煤粉自燃的防止措施

为防止制粉系统煤粉爆炸，应根据具体情况从多方面采取措施。除根据影响煤粉爆炸

表 1-4 磨煤机出口气粉混合物温度限值

<table>
<tr><th>测点位置</th><th colspan="2">用空气干燥</th><th colspan="2">用烟气、空气混合干燥</th></tr>
<tr><td rowspan="3">风扇磨煤机直吹式制粉系统，分离器后</td><td>贫廋煤</td><td>150℃</td><td colspan="2" rowspan="3">烟煤、褐煤和页岩 108℃</td></tr>
<tr><td>烟煤</td><td>130℃</td></tr>
<tr><td>褐煤和页岩</td><td>100℃</td></tr>
<tr><td rowspan="2">钢球磨煤机中间储仓式制粉系统，磨煤机后</td><td>贫廋煤</td><td>130℃</td><td>褐煤</td><td>90℃</td></tr>
<tr><td>烟煤和褐煤</td><td>70℃</td><td>烟煤</td><td>120℃</td></tr>
<tr><td>中速磨煤机制粉系统，分离器后</td><td colspan="4">当 $V_{daf}=12\%\sim14\%$时，120～70℃</td></tr>
</table>

的具体因素，采取相应的措施外，还可以采取其他的补充措施。如：制粉系统中的煤粉管道在安装时应具有一定的倾角；不采用水平煤粉管道；煤粉管道应无死角；气粉混合物的流速不应太低；防止易燃易爆物品混入煤中；严禁对运行中的煤粉管道进行焊接等等。

(4) 煤粉的颗粒特性

煤粉细度和煤粉的均匀性是表明煤粉颗粒特性的重要指标，也是在锅炉运行中，应重点监视的参数。

① 煤粉细度。煤粉细度是指煤粉颗粒粗细的程度。它是表示煤粉颗粒特性的数据之一，是衡量煤粉品质的主要指标。煤粉经过专门的筛子筛分后，剩余在筛子上的煤粉量占筛分前煤粉总质量的百分数，就叫做煤粉细度。它用 R_x 来表示：

$$R_x=\frac{a}{a+b}\times100\%$$

式中 a——筛子上剩余的煤粉质量；

b——通过筛子的煤粉质量；

x——筛孔尺寸(μm)。

由此可知，在筛子上面剩余的煤粉越多，其 R_x 值越大，则煤粉越粗。常用筛子规格和煤粉细度见表 1-5。

表 1-5 常用煤粉筛子的规格及煤粉细度的表示法

筛号(每厘米的孔数)	6	8	12	30	40	60	70	80
筛孔宽度/μm	1 000	750	500	200	150	100	90	75
煤粉细度表示	R_1	R_{750}	R_{500}	R_{200}	R_{150}	R_{100}	R_{90}	R_{75}

这里需要指出的是，在电厂的实际应用中，对烟煤和无烟煤，煤粉细度只用 R_{90} 和 R_{200} 表示；燃用褐煤时，则应用 R_{200} 和 R_{500} 表示。如果只有一个数值来表示煤粉细度，则常用 R_{90}。

煤粉细度直接关系到整个锅炉机组运行的经济性。煤粉过粗，在炉膛内不易完全燃烧，则未燃烧热损失(主要是 q_4)会增大；煤粉细，对着火和完全燃烧虽然有利，但制粉设备的电耗(q_p)和金属磨损消耗(q_M)将增加。因此，在锅炉运行中，煤粉细度应当有一个最佳值，使总损失最小，机组的经济性才高。这个最佳值就是经济细度。所谓经济细度就是指

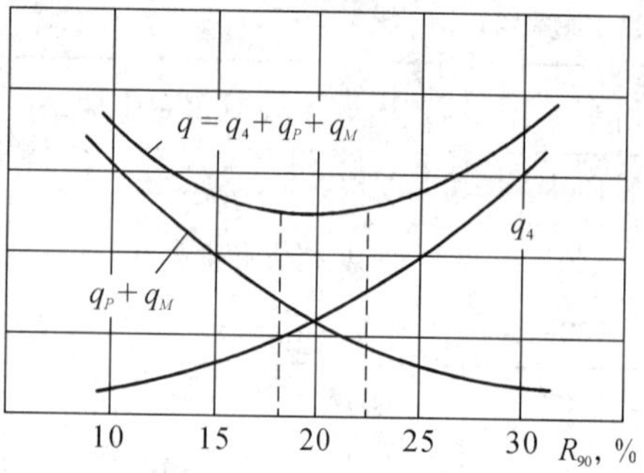

图 1-4　煤粉经济细度的确定

当燃烧热损失、制粉电耗和金属磨耗之和（$q=q_4+q_p+q_M$）为最小时的煤粉细度。图 1-4 表明了煤粉经济细度的确定方法。经济细度通常都是一个范围，即图 1-4 中两条虚线之间表示的部分。另外，煤粉的经济细度因煤种、制粉设备和燃烧设备型式不同而异，应通过运行调整试验来确定。

② 煤粉的均匀性。煤粉的均匀性是衡量煤粉品质的另一个重要指标。因为煤粉的颗粒特性仅用煤粉细度来表示是不全面的，还需要看煤粉的均匀性。如果说煤粉细度是从质量上衡量煤粉的颗粒特性，那么，煤粉的均匀性就是从颗粒数上衡量煤粉的颗粒特性。如果甲乙两种煤粉，其 R_{90} 相同，但甲种煤粉留在筛子上的煤粉中较粗的颗粒比乙种多，而通过筛子的煤粉中较细的颗粒也比乙种多，则乙种煤粉较甲种煤粉均匀。由于粗颗粒多，不完全燃烧损失大；细颗粒多，则磨制时的电耗和金属磨耗大，因此燃用甲种煤的经济性较差。

煤粉的均匀性可以用均匀性指数 n 来表示。$n>1$ 时过粗和过细的煤粉都比较少，中间尺寸的多，煤粉的颗粒分布就比较均匀。反之，$n<1$ 时过粗和过细的煤粉都比较多，中间尺寸的少，煤粉的均匀性较差。所以，n 值一般要求接近于 1。不同制粉设备所制煤粉的 n 值可参考表 1-6。

表 1-6　不同制粉设备所制煤粉的 n 参考值

磨煤机型式	粗粉分离器型式	n 值	磨煤机型式	粗粉分离器型式	n 值
筒型球磨机	离心式	0.8～1.2	风扇磨	惯性式	0.7～0.8
	回转式	0.95～1.1		离心式	0.8～1.3
中速磨煤机	离心式	0.86		回转式	0.8～1.0
	回转式	1.2～1.4			

（二）燃料油

发电厂燃用的油主要是石油经提取汽油、煤油、柴油后剩下的残留物——重油和渣油；此外还有锅炉点火及助燃使用的燃油。其化学成分和煤一样，都是由 C、H、O、N、S、灰分(A)及水分(M)组成的。

重油和渣油中碳的含量为 84%～87%，氢的含量为 12%～14%，水分和灰分等杂质很少，发热量为 42 000 kJ/kg，很容易着火和燃烧，是一种优质燃料。重油和渣油在燃烧时，几乎不存在炉内结渣和受热面磨损的问题；且加热到一定温度就能流动，输送控制很方便。但其含硫量大，燃烧后易产生 SO_2 和 SO_3，使受热面腐蚀；燃烧产生的灰分很少且很细，故受热面的积灰现象比烧煤的锅炉严重；同时，因重油和渣油易着火，所以要严格管理，注意防火。

燃油主要用于锅炉点火、低负荷和其他原因引起燃烧不稳时的助燃。

燃料油的主要特性有以下几点：

1. 黏度

黏度是表示油流动时产生阻力的大小，是反映油流动性能的指标。黏度大，流动性差；黏度小，流动性好。油的黏度用运动黏度 v 表示。重油在常温下黏度很大，所以为便于输送和保证雾化质量，锅炉在使用重油时，必须加热到 100℃左右，使油的运动黏度小于 $29.5\times10^{-6}\ m^2/s$。

2. 凝固点

液态油温降低，发生凝固时的温度，称凝固点。凝固点高的油将增加输送和管理的困难。重油的凝固点不是一个固定值，我国重油的凝固点一般在 15℃以上。

3. 闪点和燃点

提高油温会加速油气的挥发，当油面上的油气和空气混合到某一比例时，若有明火接近油面，就会发生短暂的蓝色火焰，此时的最低温度，称为闪点。重油的闪点较高，一般为 80～130℃之间。对油持续加热，到一定温度后油会着火燃烧。能使重油持续燃烧时的最低温度，称为燃点或着火点。油的燃点一般要比它的闪点高 20～30℃。

闪点和燃点表明了油的着火燃烧性能。它们是重要的安全性指标，对油的贮存和运输安全关系极大。闪点和燃点越低，发生着火甚至爆炸的危险性就越大。

二、煤粉燃烧

煤粉在锅炉炉膛内燃烧是一个复杂的物理和化学反应过程。如何保证煤粉能够安全地、最大可能地多放出热量，一直是煤粉燃烧的一个值得研究的重要课题。

（一）煤粉在炉膛内的燃烧过程

煤粉的燃烧就是把原煤磨成煤粉，用空气送入炉内在悬浮状态下进行燃烧。

煤粉在炉膛内的燃烧过程，大致分为三个阶段：着火阶段、燃烧阶段和燃尽阶段。其过程是：煤粉颗粒由输送它们的空气喷入炉内后，受到炉内火焰、高温烟气的加热，温度升高，开始把水分蒸发掉然后温度再升高，煤中的挥发分开始释放出来，并在煤粉颗粒周围燃烧放热；煤粉进一步加热，在释放出挥发分后，煤粉颗粒就会变成高温的焦炭颗粒，并进一步燃烧，直到燃尽为止。煤粉在炉内燃烧按煤粉火炬的行程可划分三个区域，即着火区、燃烧区、燃尽区，但三个区域没有明显的分界面。具体讲，燃烧器出口附近为着火区；炉膛中心与燃烧器附近同一标高的区域或稍高的区域属于燃烧区；高于燃烧区直至炉膛出口的区域则为燃尽区。

1. 着火

煤粉是由空气输送到炉膛进行燃烧的，输送煤粉的空气必然与煤粉一起受到加热。当温度升高到比煤的着火温度高些时，煤才能着火，原因是煤粉空气混合物较难点燃，这是煤粉燃烧的特点之一。

煤粉进入炉膛被加热后，首先是其中水分蒸发，接着进行热分解、释放出挥发分，挥发分与空气混合成可燃混合物。随着加热过程的进行，可燃混合物和煤粉温度继续升高，挥发分继续释放出来，当达到某一温度时，可燃混合物开始着火燃烧。通常把挥发分开始着火燃烧的温度，称为煤粉的着火温度或着火点。不同煤种着火点是不同的。一般含挥发分较多的煤，着火点低，容易着火；反之，着火点较高。煤的着火点可以用煤粉气流着火温度测试设备测得。几种常用煤种煤的着火点见表1-7所示。

表1-7　几种常用煤种煤的着火点

煤　　种	着火点(℃)	煤　　种	着火点(℃)
褐煤　$V_{daf}=50\%$	550	烟煤　$V_{daf}=20\%$	840
烟煤　$V_{daf}=40\%$	650	贫煤　$V_{daf}=14\%$	900
烟煤　$V_{daf}=30\%$	750	无烟煤　$V_{daf}=4\%$	1 000

煤粉气流进入炉膛后，受到两个热源的加热：一是高温烟气；二是高温火焰。其中，前者是主要的。所以，要使煤粉气流着火迅速，必须要有大量的热烟气及时混入煤粉气流中。

煤粉气流喷入炉膛后，在距燃烧器口不远处应能迅速着火。若着火太迟，则会推迟整个燃烧过程，致使煤粉来不及完全燃烧就离开了炉膛，增大了燃烧损失，而且火焰中心上移，又导致炉膛上部或出口受热面结渣，过热蒸汽温度偏高。若着火太早，则会烧坏燃烧器，也可能导致燃烧器周围结渣。所以，煤粉气流着火应有合适的着火距离(指着火点离燃烧器喷口处的距离)，运行时如何掌握应根据具体的燃烧设备等条件，通过试验来确定。

2. 燃烧

煤粉气流着火后就强烈燃烧。在焦炭燃烧的最初阶段，燃烧反应十分迅速和剧烈，形成炉膛燃烧中心(火焰中心)，大量放热 并超过水冷壁吸热，故锅炉中心区温度迅速提高，形成炉膛的燃烧高温区。该区温度往往在1 600℃左右。随着燃烧过程的进行固定碳数量减少，氧浓度急剧降低，大部分可燃质已燃烧完毕。因此，为了尽快地完成煤粉的燃烧放热，必须在炉膛内保持足够的高温，同时应加强煤粉气流的混合。

3. 燃尽

煤粉气流强烈燃烧后，剩余少量的碳在燃尽区继续燃烧，但因温度较低，氧气供应不足，所以燃烧速度减慢，放热量减少，燃尽区温度下降；而燃尽区温度下降又使燃烧速度减慢，故燃尽区中可燃质虽然少，但所需的燃烧时间长。为了使煤粉完全燃烧，必须保证火焰有足够的长度，也就是使煤粉在高温炉膛中有足够的停留时间，这就要求锅炉要有足够大的锅炉容积。据有关资料表明，97%的可燃质是在1/4的燃烧时间内燃尽的，而剩余少量的3%的可燃质的燃尽却需用3/4的燃烧时间。

(二) 煤粉气流的燃烧速度

燃烧速度是指单位时间内烧掉的燃料量。煤粉的燃烧速度，关键是碳的燃烧速度。

1. 影响因素

煤粉气流的燃烧速度的快慢主要取决于以下两方面的因素：

一是碳和氧的化学反应速度。化学反应速度随温度升高、反应物质浓度的加大和反应空间总压力的提高而加快，其中温度的影响最大。实验证明，常温下每升高10℃，化学反应速度将增加2～4倍。

二是氧气的供应速度。供氧速度既取决于氧的浓度、反应空间的总压力，也取决于氧向碳表面的混合扩散速度。氧浓度越大，说明单位容积内氧分子数越多；反应空间总压力提高，则单位容积内氧分子数增加，这都会使碳单位表面接触氧分子数增加，供氧速度加快。因此氧向碳表面的混合扩散速度与炉内气体的扩散情况或者说氧与碳的混合情况有关。若氧气能及时迅速地扩散到碳表面，氧气的供应速度就快。实际上，在炉内燃烧过程中，反应物的浓度、炉膛压力等变化较小，可暂不考虑，因此碳的燃烧速度主要与温度及供氧速度这两个条件有关。

2. 影响因素间的关系

化学反应速度和氧气的供应速度相互影响，并同时对燃烧速度产生影响。当炉温较高时，化学反应速度较快，消耗的氧气就比较多。但若不及时供给氧气，反应区内的氧气浓度就会降低，那么实际的化学反应速度就可能放慢，因而导致整个燃烧速度放慢。在这种情况下，燃烧速度就取决于氧气的供应速度。反之，当炉温较低但供氧条件较好时，燃烧速度则主要取决于化学反应速度。由此可见，煤粉气流最终的燃烧速度，决定于化学反应和氧气供应两个速度中的较慢者。

从以上两方面因素对燃烧速度的影响来看，燃烧过程通常处于以下三种工况：

① 动力燃烧工况。当温度较低时（低于 1 000℃），氧气的供应速度相对较大，燃烧速度主要取决于化学反应速度，而化学反应速度又与温度有关。这种燃烧工况称为动力燃烧工况。这时，加快燃烧速度的有效措施是提高炉内温度。

② 扩散燃烧工况。当温度较高时（高于 1 400℃），氧气供应速度相对较小，燃烧速度主要取决于炉内混合供氧情况，这种燃烧工况称为扩散燃烧工况。此时，加快混合，提高气流与碳粒的相对速度或减小碳粒直径，都可提高燃烧速度。

③ 过渡燃烧工况。介于上述两种燃烧工况的中间温度区，氧的供应速度与化学反应速度比较接近，燃烧速度同时受化学反应条件与扩散混合条件的影响，这种燃烧工况称为过渡燃烧工况。这时，若要提高燃烧速度，既要提高温度，又要加强碳粒与氧气的混合。

需要指出的是，在煤粉锅炉中，粗颗粒煤粉在燃烧高温区可能接近扩散燃烧工况，但在燃烧中心以外，煤粉却是处在过渡区甚至动力区中燃烧。

（三）煤粉燃烧程度和完全燃烧的必要条件

1. 煤粉燃烧程度

煤粉燃烧程度即煤粉燃烧完全的程度。它可以用燃烧效率 η_{rs} 来表明，$\eta_{rs}=100-(q_3+q_4)$。燃烧效率越高，则燃烧产物（包括烟气和灰渣）中的可燃质越少，燃烧损失（q_3+q_4）就越小，也就是说煤粉燃烧完全的程度越高。

由于煤粒中有矿物杂质，在燃烧过程中会生成灰，灰会附在碳粒表面，形成灰层包裹碳粒，妨碍氧向碳粒表面扩散，或者使碳粒的外部反应表面积减少，因而使燃烧速度受到影响，碳的燃尽就比较困难。

2. 煤粉完全燃烧的必要条件

煤粉在炉内的燃烧应在保证稳定燃烧的前提下，做到既迅速又完全，才能保证锅炉出

力和锅炉效率。为此,必须具备以下条件:

(1) 相当高的炉膛温度

燃烧是一种复杂的化学反应过程,随着温度的提高,反应过程也会迅速、强烈。在一定的温度范围内,炉温越高,燃烧越迅速,越有利于煤粉的燃烧。从燃烧整个过程看,都需要高温条件,着火区周围的温度高,可以促使煤粉着火很快;在燃烧阶段形成的炉膛火焰中心温度高,则燃烧迅速而强烈;燃尽阶段温度也不宜低,否则少量残炭仍不能燃烧完全。对于燃用难于着火、燃烧的煤种,除用热风送粉外,还应将燃烧器区的一部分水冷壁用耐火材料遮盖,形成燃烧带(又叫卫燃带),以提高该区温度,利于着火迅速。

(2) 合适的空气量

每千克煤粉完全燃烧所需要的理论空气量,能计算出来,但炉膛中不能保证每一个可燃质分子都充分接触到氧气,这将造成不完全燃烧损失。为了使煤颗粒完全燃烧,实际供应的空气量要大于理论空气量。但实际空气量大于理论空气量过多,又会导致排烟量过大而增大排烟热损失,还会降低炉温,影响煤粉着火和燃烧。因此,送入炉膛的空气量应保持在最佳范围内,也就是指各项热损失达到最小时的空气量。

(3) 煤粉与空气的良好混合

为了使煤粉气流更快地加热到煤粉颗粒的着火温度,不能把煤粉燃尽所需空气一次性都与煤粉混合,而是应该用其中一部分空气运载煤粉,这一部分空气称一次风,其余的空气则称为二次风和三次风。

因此,在锅炉的燃烧技术上,多采用"两次混合燃烧"。第一次混合是指煤粉由一次风送入炉内的混合,即煤粉进入炉膛后,由于高温烟气的混入和炉膛辐射热的共同作用,其温度达到着火点时,开始着火燃烧,因而一次风中的氧很快被消耗。第二次混合是二次风以高于一次风的速度喷入炉内,与煤粉混合形成强烈扰动,冲破或减少炭粒表面的烟气层和灰壳,将氧气强行扩散到炭粒的表面,与炭粒充分接触,迅速燃烧。

(4) 足够的燃烧时间

燃烧反应虽然十分迅速,但总需要一定的时间。煤粉从燃烧器喷口喷出到炉膛出口的时间,一般在 2～3 s。由于在这段时间内煤粉在炉内必须完全燃掉,那么煤粉在炉内的停留时间,就应该满足煤粉完全燃烧的时间要求,这样才能保证煤粉在离开炉膛之前完全燃烧。

煤粉在炉内的停留时间主要取决于炉膛容积和单位时间内炉膛内产生的烟气量。所以,炉膛的容积是保证燃烧时间的一个重要条件。

(四) 影响煤粉气流着火与燃烧的因素

煤粉锅炉在长期的运行中,人们对影响煤粉燃烧的因素的研究越来越深入。影响煤粉气流着火与燃烧的因素主要有以下几方面:

1. 燃料性质

燃料的成分中,对煤粉气流着火与燃烧影响最大的是以下几种:

① 挥发分的影响。燃料成分中对煤粉气流着火与燃烧影响最大的是挥发分含量 V_{daf}。

挥发分低的煤着火温度高，煤粉气流进入炉膛后，加热到着火温度所需要的热量较多，时间比较长，而且燃烧完全所需的时间也长。

② 灰分的影响。煤中的灰分在着火和燃烧过程中要大量吸热，这不但会推迟煤粉气流的着火，使着火稳定性差，而且会降低炉温，同时灰层对焦炭的燃尽也起阻碍作用。因此燃尽需要的时间长且不易烧透。

③ 水分的影响。煤的水分多时，着火温度随之增加。同时水分蒸发、加热要消耗热量，使炉内烟温降低，使烟气对煤粉气流的对流加热以及火焰对煤粉气流的辐射加热都减弱，这对着火显然是不利的。

2. 煤粉细度

煤粉越细，进行燃烧反应的表面积越大，而煤粉颗粒本身的热阻越小，加热升温快，着火过程所需时间短，而且容易燃烧完全。另外，煤粉的均匀性对燃烧也有影响，均匀性差，粗颗粒就多，完全燃烧程度就会降低。

3. 煤粉气流的初温

煤粉气流的初温高，可以减少着火热，因而着火速度就快，这对燃烧过程是有利的。

4. 空气量

进入炉膛的空气量过大，炉膛温度下降，对着火、燃烧都不利。反之，进入炉膛的空气量过小，则燃烧不完全。因此保证适当的空气量是燃烧完全的重要条件。

5. 一次风与二次风的配合

在风量的配合上，一次风量愈大，需要的着火热愈多，会使着火推迟，并影响煤粉的完全燃烧。一次风量较小，则煤粉气流着火较快。但一次风量太小，煤粉着火燃烧初期得不到足够的氧气，将限制燃烧的发展。因此，一次风量以能够满足挥发分的燃烧为原则。通常一次风量大小是用一次风率来表示的，它是指一次风量占燃烧总风量的百分比。一次风率主要决定于燃煤种类和制粉系统形式，其推荐值见表 1－8。

表 1－8　一次风率的推荐值(%)

煤种 / 制粉系统	无烟煤	贫　煤	烟　煤		褐　煤
			$V_{daf}\leqslant 30\%$	$V_{daf}>30\%$	
乏气送粉		20～25	25～30	25～35	20～45
热风送粉	20～25	20～25	25～40		

需要注意的是，在风速配合上，二次风速一般均大于一次风速。二次风速比较高，才能使空气与煤粉充分混合。但是二次风速不应比一次风速大得太多，否则会迅速吸引一次风，使二次风与煤粉气流混合提前，以致影响着火。一次风速对煤粉气流着火过程也有一定影响，一次风速高，煤粉气流的容积流量大，需要的着火热就多，会使着火推迟；一次风速低则着火较早，但一次风速过低会引起燃烧器喷口过热烧坏以及煤粉管道堵粉等故障。由此可见，适宜的一次风速、二次风速主要与煤种和燃烧器型式有关。针对煤种和燃烧器型式的不同，其一次风速、二次风速的推荐值也不同，具体见表 1－9。

表1-9　一次风、二次风速的推荐值(m/s)

燃烧器型式＼煤种		无烟煤	贫煤	烟煤	褐煤
旋流燃烧器	一次风	14～16	16～20	20～25	20～26
	二次风	15～22	20～25	30～40	25～35
直流燃烧器（固态排渣锅炉）	一次风	20～25	20～26	25～35	18～30
	二次风	45～55	45～55	40～55	40～60

另外，还有一点要注意，二次风混入一次风的时间要合适。如果在煤粉气流着火前就混入，就等于增加了一次风量，使着火地点延后；如果二次风过迟混入，又会使煤粉气流着火后缺氧，造成不完全燃烧。所以，二次风应在煤粉气流刚着火后就立即混入。

总之，二次风的混入应及时、均匀、强烈，才能使煤粉混合充分，燃烧迅速而完全。一次风、二次风混合的情况可通过燃烧器的合理结构和布置以及一次风速、二次风速的合理选择来实现。燃烧器的尺寸也影响着火的稳定性。燃烧器出口截面愈大，煤粉气流着火时离开喷口的距离就愈远，使着火距离拉长。从这一点来看，采用尺寸较小的小功率燃烧器代替大功率燃烧器是合理的。这是因为小尺寸燃烧器既增加了煤粉气流着火的表面积，同时也缩短了着火扩展到整个气流截面所需要的时间。

6. 炉内温度

保持合理的较高的炉内温度，可以提高化学反应速度，有利于对煤粉的加热，使着火时间提前，因此对煤粉气流的着火和燃烧都是有利的。

炉内温度与锅炉负荷直接相关。锅炉负荷降低时，由于燃煤量减小，炉膛平均温度会降低，因而着火区的温度也会降低，低到一定程度时，就会危及着火的稳定性，甚至引起灭火。

7. 燃烧时间

燃烧时间对煤粉燃烧完全程度影响很大。燃烧时间的长短决定于炉膛容积的大小，一般来说，容积越大，则煤粉在炉膛中的流动时间越长。除此之外，燃烧时间的长短还与炉膛火焰充满程度有关，火焰充满程度差，就等于缩小了炉膛容积，因而煤粉在炉膛中停留的时间就会缩短。

（五）强化煤粉气流燃烧的措施

强化煤粉气流的燃烧，关键在于强化燃烧的各个阶段。对于着火阶段，一方面是减少着火热，另一方面是加强煤粉气流的混合加热，提高着火区的温度水平；对于燃烧阶段除应加强混合供氧外，又要保持炉膛高温；对于燃尽阶段，主要是保证必要的燃烧时间，加强混合，尽量维持较高的烟温。具体强化措施主要有：

1. 提高一次风温

在燃用难着火的无烟煤、部分贫煤和劣质煤时，应适当提高空气预热器出口的热风温度并采用热空气作为一次风来输送煤粉，即采用热风送粉。

2. 保持适当的空气量并限制一次风量

保持适当的风量，使提供给锅炉的空气量既有利于着火和燃烧，又有利于提高锅炉效率。在煤粉燃烧时，首先着火的是挥发分和空气所组成的可燃混合物。为了使可燃混合物的着火条件有利，必须保持适当的氧气浓度。因此，一次风应满足挥发分燃烧的需要，保证燃烧过程的发展。在此基础上，一次风量小些可加强煤粉的着火。

近年来开发的浓淡型煤粉燃烧器，正是采用"浓粉流"提高了煤粉浓度，相当于减少了一次风量，使煤粉进入炉膛后着火较快，再迅速点燃"淡粉流"，因而加快了整个煤粉气流的着火速度。

3. 选择适当的气流速度

选择适当的气流速度时要注意两个问题：一是对挥发分高的煤，由于易着火，一次风速应适当高一些，以免着火离燃烧器太近而烧坏燃烧器；对难着火的煤，一次风速应适当低一些，使煤粉气流在着火区得到充分加热。二是二次风速应高于一次风速。提高二次风速，可提高煤粉与空气的相对速度，增强混合，强化燃烧。因此针对不同的燃烧器应保持合理的一次风速、二次风速比。

4. 合理送入二次风

二次风应符合煤种和燃烧的需要，最好在煤粉气流着火后，按燃烧过程的发展分期、分批送入，以减轻温度比烟温低得多的二次风大量混入对燃烧区温度产生的影响。这样才能既保证正常稳定的着火，又能使煤粉与空气混合充分，达到燃烧完全。二次风的分期、分批送入，可通过燃烧器的合理结构和布置以及一次风、二次风速的合理选择来实现。

5. 在着火区保持高温

为了提高着火区的温度水平，可在着火区采取以下方法：

一是敷设卫燃带。就是将燃烧器附近的水冷壁用耐火材料遮盖起来，以减少水冷壁的吸热，从而使着火区保持较高温度，改善着火条件。

二是增加着火区的回流烟气量。这一点可通过燃烧器的合理结构来实现。我国近年来开发的一些新型燃烧器能较好地达到这一要求。如：钝体直流燃烧器，由于在一次风喷口加装了三角形钝体，当煤粉一次风气流流过钝体时，通过内回流区不断卷吸炉内高温烟气。这样就在射流中心增加了高温热源，形成了对煤粉气流的内外加热，提高了着火区的温度水平，改善了着火条件。再如：煤粉预燃室燃烧器，由于该设备预燃室中一次风粉混合气流的旋转形成强烈的回流，把高温烟气引回到一次风根部，因而保持了着火区的高温。同时，在预燃室中又有较高的煤粉浓度，因而有利于煤粉的着火和燃烧。

6. 选择适当的煤粉细度

对于难着火燃烧的煤种，应将煤粉磨得更细些；对于易着火的煤种，煤粉可粗些。

7. 强化燃烧阶段

煤粉燃烧时，燃烧中心一般位于扩散区。在燃烧中心，应设法加强煤粉与空气的混合，而且火焰尾部应维持足够高的温度。

8. 合理组织炉内空气动力工况

合理组织炉内空气动力工况的措施，主要是通过燃烧调整改善火焰在炉内的充满程度，以增大炉膛的有效容积，延长煤粉在炉内的停留时间。

（六）锅炉空气量

1. 理论空气需要量

燃料燃烧所需要的氧，一般都取自空气。空气中氧的含量，按体积计为空气的21%，按重量计为空气的23.2%。理论空气需要量（简称理论空气量）是指燃料燃烧计算中，1 kg（或 1 Nm^3）燃料完全燃烧而燃烧产物中又没有多余的氧存在的所需要的空气量，用 V^O（Nm^3/kg）表示。

2. 实际空气需要量

燃料在炉内燃烧时，由于许多因素的影响，不可能与空气理想混合。为了使燃料在炉内能够完全燃烧，实际供给的空气量 V^K（简称实际空气量）必须大于理论空气量 V^O。

过量空气系数就是指实际空气量与理论空气量之比，用 α 表示。即

$$\alpha = \frac{V^K}{V^O} \quad (\alpha > 1)$$

显然

$$V^K = \alpha V^O \quad (Nm^3/kg)$$

过量空气量是指实际空气量与理论空气量的差值，用 ΔV 表示。即

$$\Delta V = V^K - V^O = (\alpha - 1)V^O \quad (Nm^3/kg)$$

由公式 $V^K = \alpha V^O$ 可知：相同成分的燃料，由于 V^O 相同，α 的大小就与 V^K 成正比例关系。所以 α 可表明实际空气量 V^K 的大小。如：$\alpha = 1.25$，表明燃料实际供给的空气量 $V^K = 1.25V^O$。

3. 过量空气系数的计算

对于运行锅炉，可根据烟气成分分析结果计算过量空气系数。过量空气系数的计算公式如下：

不完全燃烧时

$$\alpha = \frac{1}{1 - \frac{79}{21}\left[\frac{O_2 - 0.5CO}{100 - (RO_2 + O_2 + CO)}\right]}$$

完全燃烧时

$$\alpha = \frac{1}{1 - \frac{79}{21}\left[\frac{O_2}{100 - (RO_2 + O_2)}\right]}$$

上述两式，只有在燃料成分中 N_{ar} 很小的情况下，计算误差才较小。式中 RO_2、O_2、CO

等，均为通过烟气分析测定出来的烟气成分数据。

当燃煤不要求计算精确的 α 数值时，可用下面的简化公式求得：

$$\alpha = \frac{21}{21 - O_2}$$

由此式可知，当完全燃烧时，α 随 O_2 增大而增大。故通过监视烟气中的 O_2 值，同样可达到监视和控制入炉实际空气量的目的。而且烟气中的过量氧 O_2 与 α 的关系受煤种变化的影响很小。目前电厂锅炉已普遍采用氧量表来监测烟气中的含氧量 O_2。

电厂锅炉正常运行时，炉膛出口处的过量空气系数 α 一般用 α'' 表示，各种煤的 α'' 如表 1－10所示。它与燃烧设备、燃烧方式、燃料种类及运行条件有关系。

表 1－10　炉膛出口处的过量空气系数 α'' 参考值

炉型	燃料	α''
固态排渣煤粉炉	无烟煤、贫煤 烟煤、褐煤	1.25 1.20
液态排渣煤粉炉	无烟煤、贫煤、烟煤、褐煤	1.15～1.20(单室炉) 1.10～1.15(双室炉)
旋风炉	无烟煤、贫煤、烟煤、褐煤	1.10～1.20
燃油炉、燃气炉	重油、天然气、石油气	1.15
链条炉	无烟煤、贫煤 烟煤、褐煤	1.50 1.30

4. 漏风系数的计算

由于煤粉锅炉一般都采用负压运行，也就是炉内压力略低于大气压力，在锅炉炉膛和烟道的不严密处就有可能漏入外界的冷空气，从而使过量空气沿炉内烟气流程逐渐增大。

锅炉烟气通道出、进口处烟气的过量空气系数之差(即空气通道进、出口处空气量的差值)与理论空气量之比，称为该通道的漏风系数，用 $\Delta\alpha$ 表示。

若设某段烟气通道出口处烟气的过量空气系数为 α''，进口处烟气的过量空气系数为 α'，则漏风系数 $\Delta\alpha$ 可由下列公式求得：

$$\Delta\alpha = \alpha'' - \alpha'$$

或

$$\Delta\alpha = \frac{V_k'' - V_k'}{V^0}$$

式中　V_k'——指某段烟气通道进口处的空气量；

V_k''——指某段烟气通道出口处的空气量。

在锅炉正常运行中，炉膛及烟道各区段允许的漏风系数极限值应根据锅炉制造厂的规定控制，具体数值可参考表 1－11。

表 1－11　额定蒸发量下锅炉烟道各处的漏风系数 $\Delta\alpha$ 参考值

烟道名称	结构特性	$\Delta\alpha$	烟道名称	结构特性	$\Delta\alpha$
固态排渣炉膛	带有金属护板	0.05	直流锅炉过渡区		0.03
	不带金属护板	0.10	省煤器每一级	$D>50$ t/h	0.02
液态排渣炉膛		0.05	空气预热器	$D>50$ t/h，管式每一级	0.03
燃油、燃气炉膛	带有金属护板	0.05		$D>50$ t/h，回转式	0.20
	不带金属护板	0.08		板式每一级	0.10
负压旋风炉		0.03	除尘器	$D>50$ t/h，电气式	0.10
凝渣管		0			
屏式过热器		0		旋风式、多管式	0.05
对流过热器		0.03	炉后烟道	钢制的每 10 m 长	0.01
再热器		0.03		砖砌的每 10 m 长	0.05

注：D 为锅炉蒸发量。

需要指出的是，由于空气预热器内空气的压力远远大于烟气的压力，从空气侧漏到烟气侧的空气量要多些，所以此处的漏风系数就大些。

【例题】　已知某燃煤锅炉，运行中空气预热器前烟气中的氧量 O_2' 为 3.5%，空气预热器出口处烟气中的氧量 O_2'' 为 7%，又知这台锅炉的理论空气需要量 V^O 为 5.5 Nm^3/kg，求这台锅炉空气预热器的漏风系数及漏风量是多少？

解　$$\Delta\alpha = \alpha_{KY}'' - \alpha_{KY}' = \frac{21}{21 - O_2''} - \frac{21}{21 - O_2'}$$

$$= 0.3$$

$$\Delta V = \Delta\alpha \cdot V^0 = 0.3 \times 5.5 = 1.65(Nm^3/kg)$$

所以这台锅炉空气预热器的漏风系数为 0.3，漏风量为 1.65 Nm^3/kg。查表 1－11 可知，此空气预热器漏风超标。

第三节　锅 炉 热 平 衡

锅炉的热平衡是指锅炉正常工作时，输入锅炉的热量等于锅炉输出的热量。输入锅炉的热量，一般认为就是燃料燃烧所放出的热量；锅炉输出的热量则可以分为两部分：一部分是使水变成过热蒸汽所吸收的热量，这部分热量通常称为锅炉的有效利用热量；另一部分就是锅炉在生产中由于各种原因不可避免地损失掉的热量。如果把燃料在锅炉内燃烧所放出的热量（即输入锅炉的热量）看做是 100%，锅炉有效利用热量和各项热损失加起来同样是 100%，这样以百分数表示的锅炉热平衡方程式为：

$$q_1 + q_2 + q_3 + q_4 + q_5 + q_6 = 100\%$$

式中　q_1——单位时间内锅炉有效利用热量占输入热量的百分数(%)，即锅炉热效率；

q_2——单位时间内锅炉排烟热损失占输入热量的百分数(%)，即排烟热损失率；

q_3——单位时间内锅炉化学不完全燃烧热损失占输入热量的百分数(%)，即气体未完全燃烧(或称化学不完全燃烧)热损失率；

q_4——单位时间内锅炉机械不完全燃烧热损失占输入热量的百分数(%)，即机械不完全燃烧(或称固体未完全燃烧)热损失率；

q_5——单位时间内锅炉锅炉炉体的散热损失占输入热量的百分数(%)，即散热损失率；

q_6——单位时间内锅炉灰渣物理热损失占输入热量的百分数(%)，即灰渣物理热损失率。

研究锅炉热平衡的目的是通过对锅炉热平衡的试验、计算、分析，确定燃料燃烧的热量有多少被有效利用，有多少转变为热损失，这些损失又表现在哪些方面。同时，由此还可以计算出锅炉热效率和燃料消耗量，从而可以鉴定锅炉设计、安装、改造和运行的好坏，并找到降低各种损失、提高锅炉效率的措施。

一、锅炉热效率的计算

锅炉效率又叫锅炉热效率，是指锅炉单位时间内有效利用热占输入锅炉全部热量的百分数，用 η_{g1} 表示。因此，锅炉热效率计算公式可以表示为：

$$\eta_{g1} = q_1 = \frac{Q_1}{Q_r} \quad (\%)$$

式中　η_{g1}——锅炉热效率(%)；

Q_1——有效利用热量(kJ/kg)；

Q_r——输入锅炉的热量(kJ/kg)。

又由 $q_1 + q_2 + q_3 + q_4 + q_5 + q_6 = 100\%$，可得

$$\eta_{g1} = q_1 = 100 - (q_2 + q_3 + q_4 + q_5 + q_6) \quad (\%)$$

用前式计算锅炉热效率的方法，通常被称为正平衡法，用此方法计算出来的锅炉热效率叫正平衡热效率；用后式计算锅炉热效率的方法，通常被称为反平衡法；用此方法计算出来的锅炉热效率叫反平衡热效率。目前发电厂常用反平衡法计算锅炉热效率，因为用正平衡法计算热效率的过程比较麻烦，所得出的结果还往往出现较大的误差。而用反平衡法计算热效率时就方便和准确得多。另外，在用反平衡法计算热效率时，必须先求出各项热损失的大小，这就有利于对各项热损失进行分析，以便找出减少这些损失的措施，提高锅炉的热效率。

二、锅炉热量的有效利用

从锅炉热平衡的观点，为了更好地研究锅炉的能量转换，必须对输入锅炉的热量、锅炉的有效利用热量和各种热损失进行计算。

1. 输入锅炉的热量

输入锅炉的热量 Q_r 包括燃料收到基低位发热量 $Q_{ar,net}$、燃料的物理显热、雾化重油所用

蒸汽带入的热量。物理显热的数值很小,可以忽略不计;如果不是烧油的炉子,一般情况下输入锅炉的热量就可以视为燃料的收到基低位发热量,即:

$$Q_r \approx Q_{net,ar}$$

2. 锅炉有效利用热量

锅炉有效利用热量包括过热蒸汽吸收的热量、饱和蒸汽吸收的热量以及排污水带走的热量。当排污率小于2%,排污水带走的热量很少,可忽略不计。这时锅炉有效利用热量可用下式计算:

$$Q_1 = D_{gq}(h''_{gq} - h_{gs}) + D_{zq}(h''_{zq} - h'_{zq}) \quad (\text{kJ/kg})$$

式中 D_{gq}、D_{zq}——过热蒸汽、再热蒸汽的流量(kg/h);

h''_{gq}、h''_{zq}——过热器、再热器出口过热蒸汽焓(kJ/kg);

h_{gs}——给水的焓(kJ/kg)。

3. 锅炉各项热损失

(1) 机械不完全燃烧热损失 q_4

机械不完全燃烧热损失的计算公式为:

$$q_4 = \frac{Q_4}{Q_r} \times 100\%$$

式中 Q_4——机械不完全燃烧损失的热量(kJ/kg)。

对于运行中的煤粉炉,通常采用灰平衡法方法计算机械不完全燃烧热损失 q_4,即根据飞灰量、炉渣量以及飞灰和炉渣中残留的可燃物含量百分数来计算 q_4 大小。公式为:

$$q_4 = \frac{32\,892 A_{ar}}{Q_r}\left(\frac{\alpha_{fh} C_{fh}}{100 - C_{fh}} + \frac{\alpha_{lz} C_{fh}}{100 - C_{lz}}\right)$$

式中 32 892——灰中残留可燃物的发热量(kJ/kg);

C_{fh}、C_{lz}——飞灰和炉渣中可燃物含量百分数,由取样分析确定;

α_{fh}、α_{lz}——飞灰和炉渣中的灰占总灰量的份额,其值可按表1-12选取。

表1-12 锅炉灰平衡推荐值

锅炉型式			α_{fh}	α_{lz}
固态排渣煤粉炉			0.95	0.05
液态排渣炉	开式炉膛	无烟煤	0.85	0.15
		贫煤	0.80	0.20
		烟煤	0.80	0.20
		褐煤	0.70~0.80	0.20~0.30
	半开式炉膛	无烟煤	0.85	0.15
		贫煤	0.80	0.20
		烟煤	0.70~0.80	0.20~0.30
		褐煤	0.60~0.80	0.30~0.40
	闭式炉膛		0.40~0.50	0.50~0.60
卧式旋风炉			0.10~0.15	0.85~0.90

在设计锅炉时，不应计算机械不完全燃烧热损失，只应按炉子型式及煤种根据热力计算标准选取。

(2) 化学不完全燃烧热损失 q_3

化学不完全燃烧热损失的计算公式为：

$$q_4 = \frac{Q_3}{Q_r} \times 100\%$$

式中　Q_3——化学不完全燃烧损失的热量(kJ/kg)。

化学不完全燃烧热损失又等于烟气中所有可燃气体的发热量之和，但由于 H_2 和 CH_4 的量在烟气中含量极少，所以只考虑烟气中的 CO 量。这时 q_3 的计算式为：

$$q_3 = \frac{56.3CO(C_{ar} + 0.375S_{ar})}{Q_r(RO_2 + CO)} \times (100 - q_4) \quad (\%)$$

式中　CO——由烟气分析测得的干烟气中一氧化碳容积含量百分数(%)；

RO_2——由烟气分析测得的干烟气中二氧化碳和二氧化硫之和的容积含量百分数(%)；

$(100-q_4)$——为修正系数，是考虑燃烧过程中由于机械不完全燃烧热损失，使部分燃料没有生成烟气，因而对干烟气容积应进行的修正。

根据我国几十种煤种的统计，化学不完全燃烧热损失的简化的经验计算公式如下：

$$q_3 = 3.23CO\alpha''_L \times \frac{100 - q_4}{100} \quad (\%)$$

式中　CO——由烟气分析测得的干烟气中一氧化碳容积含量百分数(%)；

α''_L——为炉膛出口的过量空气系数。

(3) 排烟热损失 q_2

排烟热损失 q_2 的计算公式为：

$$q_2 = \frac{Q_2}{Q_r} \times 100\% \quad (\%)$$

式中　Q_2——排烟损失的热量(kJ/kg)。

如果不用外来热源加热燃料和空气，也不用蒸汽雾化燃油，排烟热损失应等于排烟热焓与冷空气热焓之差。烟气的容积与热焓是根据完全燃烧这一假定状态计算的。由于部分燃料不能完全燃烧，则燃料所需空气量、燃烧后生成的烟气容积和热焓均减少。所以，在实际计算时要对上述焓差进行修正。因化学不完全燃烧热损失很小，因此一般仅就机械不完全燃烧热损失 q_4 进行修正。排烟热损失 q_2 的简化经验计算公式为：

$$q_2 = \frac{\lambda'(\theta_y - t_k)}{CO_2} \times \left(1 - \frac{q_4}{100}\right) \quad (\%)$$

式中　λ'——与煤质有关的系数，一般取 0.70；

θy——排烟温度(℃)；

t_k——冷空气温度(℃)；

CO_2——排烟中 CO_2 容积含量百分数(%)。

(4) 散热损失 q_5

额定蒸发量 D_e 下的散热损失 q_5^e 可由图 1－5 中的曲线查得。如果需要求出锅炉在非额定蒸发量下的散热损失,则可按下式计算:

$$q_5 = q_5^e \frac{D_e}{D} \quad (\%)$$

式中 q_5^e——锅炉额定蒸发量时的散热损失(%);

D_e——锅炉的额定蒸发量;

D——锅炉的实际蒸发量(t/h)。

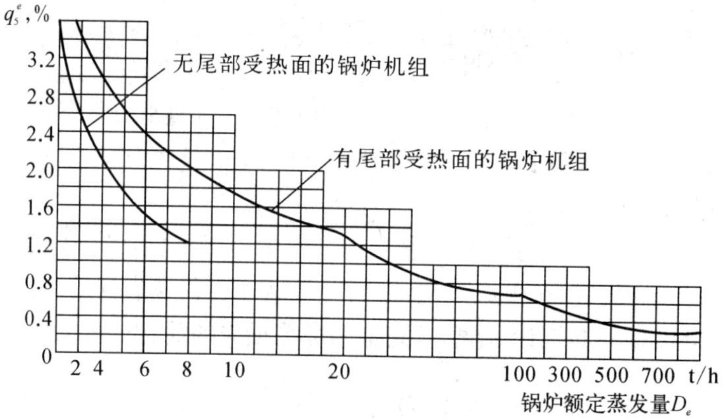

图 1－5 锅炉在额定蒸发量下的散热损失

(5) 灰渣物理热损失 q_6

灰渣物理热损失的计算公式为:

$$q_6 = \frac{Q_6}{Q_r} \times 100 \quad (\%)$$

式中 Q_6——灰渣物理损失的热量(kJ/kg)。

也可以用下面的经验公式计算:

$$q_6 = \frac{A_{ar}}{100} \alpha_{lz} (C_{lz}\theta) \quad (kJ/kg)$$

式中 $(C_{lz}\theta)$——炉渣在温度为 θ 时的焓(kJ/kg);

θ——炉渣温度(℃),固态排渣时 θ=600℃;液态排渣时 θ=FT+100℃。其中FT为灰渣的熔化温度。

由以上两式又得

$$q_6 = \frac{A_{ar} \alpha_{lz} (C_{lz}\theta)}{Q_r} \quad (\%)$$

三、锅炉的经济性分析

为了提高锅炉热效率,节约燃料,增加锅炉工作的经济性,必须对影响锅炉热效率的各项因素进行分析。从锅炉反平衡热效率的计算公式可知，影响锅炉热效率的因素有排烟热损失、化学不完全燃烧热损失、机械不完全燃烧热损失、散热损失和灰渣物理热损失。如果锅炉在运行中，能采取有效的方法尽量降低这些热损失，也就相当于提高了锅炉热效率。下面对影响这几项热损失的因素加以分析，从而寻求减低各种热损失、提高锅炉效率的有效措施。

1. 排烟热损失 q_2

在室燃炉的各项热损失中，排烟热损失是其中最大的一项，约为 4%～8%。

影响排烟热损失 q_2 大小的主要因素是排烟容积和排烟温度。排烟容积大、排烟温度高则排烟热损失大。在一般情况下，当排烟温度每升高 10～15℃时，q_2 约增加 1%。

降低排烟温度，可以降低排烟热损失。但是将排烟温度降得过低是不合理的，也是不允许的。因为降低排烟温度，势必增加锅炉尾部受热面积，这不但增加了钢材耗量，同时，也增加了排烟侧的流动阻力，运行中要多耗电能。另外，为减轻尾部受热面的低温腐蚀，特别是当燃用含硫量较大的燃料时，排烟温度应保持高些。所以，合理的排烟温度应通过技术经济比较来确定。近代大中型锅炉的排烟温度通常为 110～160℃。

降低炉内过量空气系数，可以减少排烟容积，从而减少排烟热损失。但过量空气系数过低，又会增大化学不完全燃烧热损失 q_3 和机械不完全燃烧热损失 q_4，所以，最合理的过量空气系数应按 q_2、q_3、q_4 之和为最小值的原则来选取。q_2、q_3、q_4 三者之和为最小值时的过量空气系数称为最佳过量空气系数。

锅炉运行中，漏风会使排烟容积增大，并使漏风处以后所有的受热面传热减弱。而炉膛下部的漏风还会使排烟温度升高，从而增加排烟热损失。因此，应尽量减少炉膛及烟道各处的漏风，以降低排烟热损失。

当受热面积灰、结渣和结垢时，会使传热减弱、排烟温度升高，造成排烟热损失增大。因此，应及时吹灰、打焦和清除结垢，保持受热面内外清洁，以降低排烟热损失。

2. 化学不完全燃烧热损失 q_3

影响化学不完全燃烧热损失的主要因素有：过量空气系数、挥发分含量、炉膛温度及炉内空气动力工况等。

当燃用挥发分含量多的燃料时，如果过量空气系数过小，将使燃烧因氧气不足而增大化学不完全燃烧热损失。但过量空气系数过大，又会降低炉膛温度，因为 CO 在低于 800～900℃时很难燃烧，所以也会增大化学不完全燃烧热损失。

炉内空气动力工况关系到可燃气体是否能得到充足的氧，因而也影响到化学不完全燃烧热损失 q_3 的大小。炉内空气动力工况除了与炉膛结构、喷燃器型式及布置方式有关外，还与运行工况和操作水平有关。可以看出，在锅炉运行中，为了减小化学不完全燃烧热损失，保持适当的过量空气系数和较高的炉内温度以及稳定的负荷，并组织好炉内空气动力工况，使燃料与空气实现充分混合是很重要的。

3. 机械不完全燃烧热损失 q_4

影响机械不完全燃烧热损失的主要因素有：燃烧方式、燃料性质、炉膛结构、锅炉负荷、运行工况和操作水平等。

对于室燃炉，由于飞灰占燃料的总灰分的份额较大，所以飞灰不完全燃烧热损失是主要的。

燃料中的灰分越少，挥发分越多，煤粉越细，则 q_4 就越小。炉膛结构及喷燃器布置合理，使煤粉在炉内有充足的停留时间和良好的空气动力条件，锅炉负荷及运行工况稳定，操作人员能进行正确的运行调节，保持适当的过量空气系数，火焰中心位置正确并充满整个炉膛，则机械不完全燃烧热损失就会变小。

4. 散热损失 q_5

影响 q_5 的主要因素有：锅炉容量、炉体的外表面积、水冷壁和炉墙结构、周围空气温度和空气流动状况、锅炉负荷变化等。

一般来说，锅炉容量越大，外表面积也越大，因而散热损失绝对值就越大。但从热损失的计算公式可以看出，当锅炉容量增大时，燃料消耗量大致成正比例增加，而锅炉的外表面积和炉膛温度等，并不随锅炉容量的增大成正比例的增加。这样，相对于单位蒸发量（或单位燃料消耗量）的锅炉外表面积是减少的，所以，锅炉容量越大，散热损失就越小。

若水冷壁和炉墙结构严密紧凑，保温良好，锅炉周围空气温度高且流动缓慢，则散热损失就小。

5. 灰渣物理热损失 q_6

影响灰渣物理热损失的因素主要有：燃料中的灰分含量、炉渣占总灰分的份额和排渣方式等。

如果燃料中的灰分含量大，炉渣占总灰分的份额就大，则炉渣物理热损失也大；同时，液态排渣方式的锅炉炉渣温度高，并且炉渣占总灰分的份额也大，因此 q_6 较大。

四、锅炉净效率及经济小指标

锅炉的经济性可以用锅炉效率来表示。由于每个电厂在发电过程中，锅炉会不可避免的自用一部分能量，所以更准确地表示锅炉效能的办法，是在锅炉效率的基础上减去其自用的能量，从而得出的净值。同时，在锅炉运行中，为了提高锅炉的净效率，也相应地对锅炉运行中的一些指标进行特别的要求和考核，这些指标就叫锅炉的经济小指标。下面就介绍这方面的知识。

（一）锅炉净效率

锅炉的净效率能够全面反映锅炉的工作经济性。锅炉的净效率就是指在求得锅炉效率 η_{gl} 的基础上，扣除锅炉机组运行时的自用能耗（热能和电耗），所得到的锅炉效率。用符号 η_j 表示。其公式为：

$$\eta_j = \eta_{gl} - \Delta\eta$$

式中，$\Delta\eta$ 为自用能耗（热能和电耗）折算成热量后占输入锅炉热量的百分数。可用下式计算：

$$\Delta\eta = \frac{D_{zs}(h_{zs} - h_{gs}) + D_{zq}(h_{zq} - h_{gs}) + 29\,271 N_z b_{bz}}{B\boldsymbol{Q}_r} \times 100\%$$

式中 D_{zs}——自用水流量(如排污水等)(kg/h)；

D_{zq}——自用汽流量(如用蒸汽吹灰等)(kg/h)；

h_{zs}、h_{zq}、h_{gs}——自用水、自用汽及给水的焓(kJ/kg)；

N_z——自用电耗(如磨煤机、各种风机用电)(kW·h/h)；

b_{bz}——生产 1 kW·h 电的标准煤耗量,(kg/(kW·h))；

B——锅炉的实际燃料消耗量 (kg/h)；

Q_r——输入锅炉的热量(kJ/kg)。

(二) 锅炉的经济小指标

在锅炉操作过程中开展经济小指标竞赛,竭力提高锅炉运行的经济性,是电站锅炉操作的重要任务之一。电站与锅炉热效率有关的经济小指标有排烟温度、氧量值(二氧化碳值)、一氧化碳值、飞灰可燃物、炉渣可燃物等。分别介绍如下。

1. 机械不完全燃烧热损失

锅炉燃烧产物中,飞灰可燃物含量和炉渣可燃物含量决定了 q_4 大小。对于固态排渣煤粉炉,炉渣的数量较少,而且炉渣中的未燃尽的碳粒也比飞灰中的少,因此通常计算时,炉渣可燃物含量可以忽略不计。飞灰可燃物 C_{fh} 与 q_4 的关系用以下公式表示:

$$q_4 \approx 0.95 \times 32\,892 \times \frac{A_{ar}}{Q_r} \times \frac{C_{fh}}{100 - C_{fh}} \quad (\%)$$

需要说明的是,当煤种一定,A_{ar}、Q_r 均为常数,q_4 仅与 C_{fh} 有关。

2. 排烟热损失

锅炉的排烟温度及烟气中的氧量值(或 CO_2 值)是决定排烟热损失大小的两个因素。因为氧量值(或 CO_2 值)可换算成过量空气系数,所以,根据过量空气系数和排烟温度,用下面的近似计算公式就可以算出:

$$q_2 = (k_1 \alpha_y - k_2) \frac{\theta y - t_k}{100} \cdot \frac{100 - q_4}{100} \quad (\%)$$

式中 k_1——$3.5 + 0.02M_{ar,zs}$；

k_2——分两种情况:无烟煤和贫煤,$k_2 = 0.35 + 0.055M_{ar,zs}$;烟煤和褐煤,$k_2 = 0.49 + 0.055M_{ar,zs}$。其中 $M_{ar,zs} = 4\,187 \times M_{ar}/Q_{ar,net}$；

θ_y——排烟温度(℃)；

t_k——冷空气温度(℃)；

α_y——排烟处过量空气系数。

3. 一氧化碳

锅炉燃烧生成的烟气中的一氧化碳的含量,决定了其化学不完全燃烧热损失的大小。它们之间的近似关系表示如下:

$$q_3 \approx 3.2\alpha \cdot CO \quad (\%)$$

式中 α、CO 分别是在锅炉烟道同一测点测出的过量空气系数和 CO 的容积百分含量。

4. 锅炉效率

由以上经济小指标，可以计算出 q_2、q_3、q_4 的大小。q_5、q_6 的大小可以根据经验取值，这样就可以根据反平衡法计算出 q_1，即锅炉效率。

一般情况下，应将以上近似计算结果，绘制成线算图。有了各项小指标后，从线算图上就可以查出各项热损失，从而得到锅炉效率。

5. 燃料消耗量

锅炉运行中，每小时实际耗用的燃料量，称为锅炉的实际燃料消耗量，用 B 表示，单位是 kg/h。其计算公式为：

$$B = \frac{Q}{\eta Q_r} \quad (\mathrm{kg/h})$$

锅炉在实际运行中，无论燃烧是多么的完全，总有一小部分燃料未能参加燃烧反应。这一小部分未能参加燃烧的燃料所造成的损失，就是机械不完全燃烧热损失 q_4。实际参加燃烧反应的燃料量称为计算燃料消耗量 B_j。其计算公式为：

$$B_j = B(1 - q_4) \quad (\mathrm{kg/h})$$

对于锅炉的计算，当进行燃烧所需空气量和烟气容积的计算时，应按计算燃料消耗量 B_j进行计算；当进行燃料运输系统和制粉系统的计算时，应按实际燃料消耗量 B 进行计算。

第四节　安全保护与控制装置

锅炉的安全附件、报警和保护装置、自动控制装置是保证锅炉安全经济运行所必备的设备。

一、锅炉的安全附件

锅炉的安全附件主要是指安全阀、压力表和水位计。

（一）安全阀

锅炉的汽包、过热器、再热汽、启动分离器等部件上均装有安全阀。为避免各部位的安全阀同时开启而排出过多的蒸汽造成工质的浪费，安全阀分为控制安全阀和工作安全阀。控制安全阀的开启压力低于工作安全阀的开启压力，它首先开启发出超压信号。汽包锅炉，通常把上述两种安全阀的排汽点都装在过热器出口的集汽联箱上，但启动冲量（即压力信号）可分别来自汽包和过热器出口，这样，在安全阀动作向空排汽时，就能使过热器始终有蒸汽流过而得到冷却，以保证过热器的安全。

1. 安全阀的作用

安全阀是锅护的一种保护性附件。其作用是当锅炉中的蒸汽压力超过规定值时，安全阀自动开启，排出一部分蒸汽，使汽压降低，待汽压恢复正常后再自动关闭，防止锅炉因汽压过高而发生爆炸事故。

2. 安全阀的结构

安全阀按结构可以分成四类：静重式安全阀、弹簧式安全阀、杠杆安全阀和脉冲式安全阀。由于静重式安全阀一般只用于压力为 0.1 MPa 以下的锅炉，所以，这里就不作介绍，只简要介绍其他三种安全阀的结构及原理。

(1) 弹簧式安全阀

弹簧式安全阀的结构是由阀体、阀座、阀芯、阀盖、阀杆、弹簧、弹簧压盖、调节螺丝、销子及阀帽、提升手柄等部件组成，如图 1-6 所示。

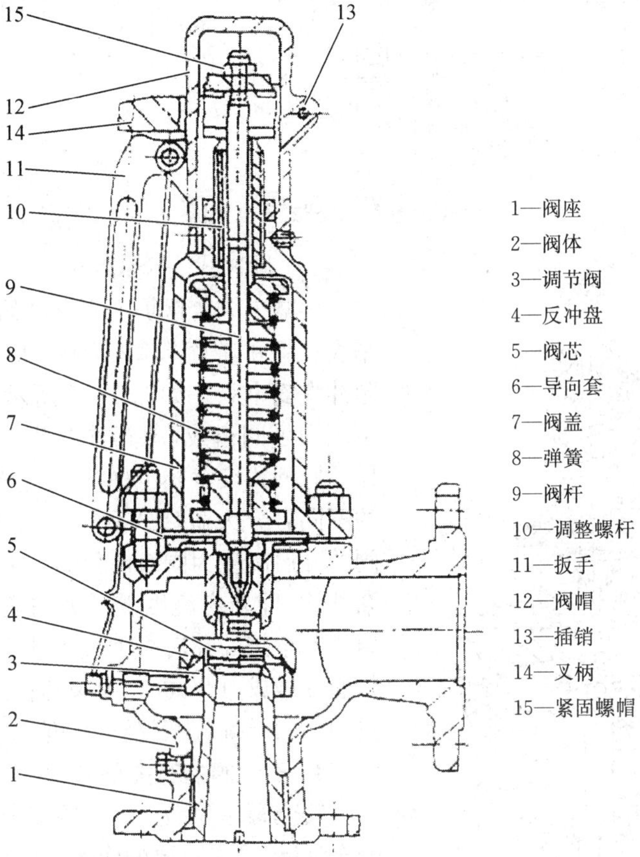

图 1-6　弹簧式安全阀

弹簧式安全阀的工作原理是：弹簧式安全阀在阀芯上加载的是弹簧，当锅炉汽压作用于阀芯，弹簧即产生向上的推力。通过弹簧的调整螺丝，调整加压在阀芯上的作用力。当蒸汽压力超过弹簧的压紧力时，阀芯将被顶起，从而排汽泄压；当锅炉蒸汽压力下降到一定值时，阀芯借助弹簧力又压在阀座上。

(2) 杠杆式安全阀

杠杆安全阀的结构如图 1-7 所示。它由阀体、阀芯、阀座、杠杆、重锤、限位螺钉等组成。其工作原理是：重锤通过杠杆作用加载于阀芯上。当锅炉内的蒸汽压力超过阀芯上的压力时，阀芯被顶起，蒸汽开始排出。反之阀芯就关闭。重锤距离阀芯越远，向下作用的力就越大。因此，杠杆式安全阀的开启压力是靠调节重锤与支点间的距离来控制的。安全阀的开启压力确定以后，可利用杠杆原理计算出重锤和支点间的距离，从而确定重锤的位置。

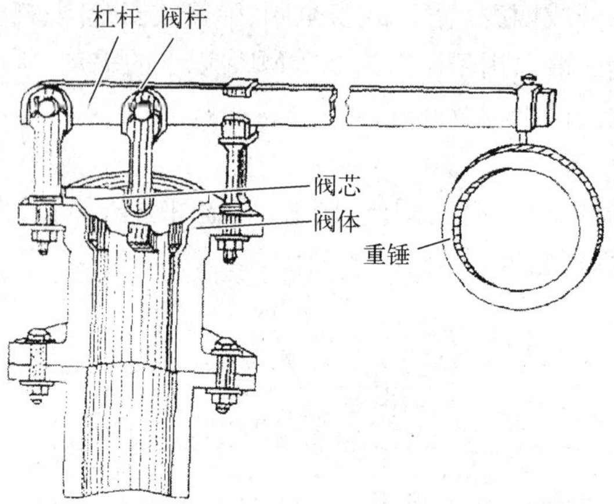

图 1－7 杠杆式安全阀图

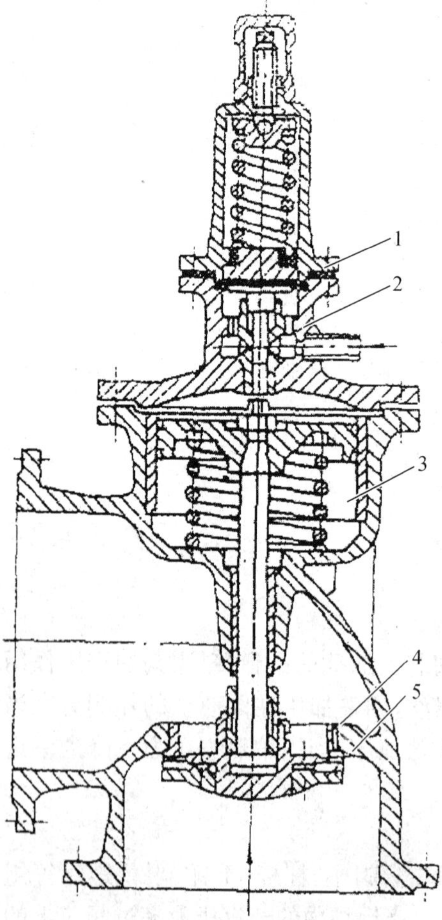

图 1－8 脉冲式安全阀

1—隔膜 2—副阀芯 3—活塞缸 4—主阀座 5—主阀芯

(3) 脉冲式安全阀

为减少单台锅炉上安全阀的使用数量，避免采用大重锤和强力弹簧安全阀，大容量锅炉广泛采用脉冲式安全阀。如图 1－8 所示，脉冲式安全阀由主阀和副阀组成，副阀首先动作，从而驱使主阀动作。脉冲式安全阀也称冲量式安全阀，按开启高度的不同可分为微启式和全启式两类。微启式安全阀的开启高度为阀座内径的 1/40～1/20，通常做成渐开式，即开启高度随压力的变化而逐渐变化；全启式安全阀的开启高度大于或等于阀座内径的 1/4，通常做成急开式的，即阀芯在开启过程中的某一瞬间突然起跳，达到全开高度。

3. 安全阀的有关要求

安全阀作为锅炉的重要安全附件，对保证锅炉安全运行，具有重要的作用。中华人民共和国国家质量监督检验检疫总局颁布的特种设备安全技术规范《蒸汽锅炉安全技术监察规程》，对安全阀的安装、装置、选用、排放、校验等都有严格的规定。具体要求如下：

(1) 基本要求

安全阀制造许可、产品型式试验及铭牌等技术要求应当符合《安全阀安全技术监察规程》(TSG ZF001)规定。

(2) 装设部位要求

对于电站蒸汽锅炉，每台锅炉至少应装设两个安全阀，包括锅筒和过热器安全阀。另外，下列位置也应当装设安全阀：

① 可分式省煤器出口处、再热器出口处，以及直流锅炉的外置式启动分离器上。

② 直流蒸汽锅炉的过热蒸汽系统中，在任两级间的连接管道截止阀前。

③ 多压力等级余热锅炉中，每一压力等级的锅筒和过热器上。

④ 装有容量为100%旁路的直流锅炉，其高压旁路使用组合一体的安全旁路三用阀（减温、减压、安全）时，可以只在再热器设置安全阀，安全旁路三用保护控制应当可靠。再热器安全阀的排放量应为全部三用阀的流量和其喷水量之和。

（3）选用要求

① 蒸汽锅炉的安全阀应当采用全启式弹簧安全阀、杠杆式安全阀或者控制式安全阀（脉冲式、气动式、液动式和电磁式等），选用的安全阀应当符合《安全阀安全技术监察规程》（TSG ZF001）的有关技术标准的规定。

② 对于额定工作压力小于或者等于0.1 MPa的蒸汽锅炉，可以采用静重式安全阀或者水封式安全装置。热水锅炉上设有水封安全装置时，可以不装安全阀；水封式安全装置的水封管内径应当根据锅炉的额定蒸发量（额定热功率）和额定工作-压力确定，不小于25 mm，同时不应当装设阀门，并且有防冻措施。

（4）排放量的确定及要求

① 排放量的确定。蒸汽锅炉安全阀流道直径应当大于或者等于20 mm。排放量应当按照安全阀制造单位提供的计算公式及数据计算，也可按照《安全阀一般要求》GB/T 12241中公式计算，或者按照以下公式和数据计算：

$$E = 0.235A(10.2P + 1)K$$

式中　E——安全阀的理论排放量(kg/h)；

P——安全阀入口处的蒸汽压力（表压）(MPa)；

A——安全阀的流道面积(mm^2)，可用 $A = \pi d^2/4$ 计算。其中 d 为安全阀的流道直径(mm)；

K——安全阀入口处蒸汽比容修正系数，按照公式 $K = K_p K_g$ 计算。其中 K_p 为压力修正系数，K_g 为过热修正系数（K、K_p、K_g 按照表1-13选用和计算）。

表1-13　安全阀入口处各修正系数

p(MPa) \ K		K_p	K_g	$K = K_p K_g$
$p \leqslant 12$	饱和	1	1	1
	过热	1	$\sqrt{V_b/V_g}$（注6-1）	$\sqrt{V_b/V_g}$（注6-1）
$p > 12$	饱和	$\sqrt{2.1/(10.2p+1)V_g}$	1	$\sqrt{2.1/(10.2p+1)V_g}$
	过热		$\sqrt{V_b/V_g}$（注6-1）	$\sqrt{2.1/(10.2p+1)V_b}$

注：表中：$\sqrt{V_b/V_g}$ 亦可以用 $\sqrt{1\,000/(1\,000+2.7T_g)}$ 代替；V_g：表示过热蒸汽比容，m^3/kg；V_b：表示饱和蒸汽比容，m^3/kg；T_g：表示过热度，℃。

② 排放量的要求。蒸汽锅炉锅筒(锅壳)上的安全阀和过热器上的安全阀的总排放量，应当大于额定蒸发量；对于电站锅炉，应当大于锅炉最大连续蒸发量，并且在锅筒(锅壳)和过热器上所有的安全阀开启后，锅筒(锅壳)内的蒸汽压力不应当超过设计时的计算压力的1.1倍。再热器安全阀的排放总量，应当大于锅炉再热器最大设计蒸汽流量。并且过热器和再热器出口处安全阀的排放量，应当能够保证过热器和再热器有足够的冷却；直流蒸汽锅炉外置式启动分离器的安全阀排放量，应当大于直流蒸汽锅炉启动时的产汽量；可分式省煤器安全阀的流道直径由锅炉制造单位确定。

(5) 压力整定的要求

安全阀的压力整定应当按照下述原则确定：

① 蒸汽锅炉安全阀整定压力应当按照表1-14的规定进行调整和校验。锅炉上应当有一个安全阀按照表中较低的整定压力进行调整。对有过热器的锅炉，过热器上的安全阀应当按照较低的整定压力调整，以保证过热器上的安全阀先开启。

表1-14 蒸汽锅炉安全阀整定压力

额定工作压力(MPa)	安全阀整定压力	
	最 低 值	最 高 值
≤0.8	工作压力加0.03 MPa	工作压力加0.05 MPa
0.8<p≤5.9	1.04倍工作压力	1.06倍工作压力
>5.9	1.05倍工作压力	1.08倍工作压力

注：表中的工作压力，系指安全阀装置地点的工作压力，对于控制式安全阀是指控制源接出地点的工作压力。

② 直流蒸汽锅炉过热器系统安全阀最高整定压力，不应当高于1.1倍安装位置的过热器工作压力。

③ 可分式省煤器、再热器、直流蒸汽锅炉外置式启动分离器的安全阀整定压力，为装设地点工作压力的1.1倍。

④ 直流蒸汽锅炉过热蒸汽系统中任两级间的连接管道上装有截止阀时，装于截止阀前的安全阀整定压力，应当按照过热蒸汽系统出口安全阀最高整定压力进行整定。

(6) 启闭压差的要求

安全阀的启闭压差一般应当为整定压力的4%～7%，最大不超过10%。当整定压力小于0.3 MPa时，最大启闭压差为0.03 MPa。

(7) 安装要求

① 安全阀应垂直地安装，引出管宜短而直。在安全阀与汽包、联箱之间不得装有阀门或取用蒸汽的引出管。蒸汽管道上的安全阀应布置在直管段上。

② 几个安全阀如共同装设在一个与汽包或联箱直通的总管上时，则此短管流通面积应大于与其相连的所有安全阀最小流通截面总和的1.25倍，首先起座的应为沿汽流方向的最后一只。

③ 安全阀应装设通到室外的排汽管。该排汽管应尽可能取直。每只安全阀宜单独使

用一根排汽管，排汽管上不应安装阀门等隔离装置。排汽管底部应有接到安全地点的疏水管，疏水管上不允许安装阀门，排汽管的固定方式应避免由于热膨胀或排汽反作用而影响安全阀的正确动作。

④ 无论冷态或热态都不得有任何来自排汽管外的外力施加到安全阀上。

⑤ 排汽管上装有消声器时，消声器应有足够的排放面积和扩容空间，并固定牢固。同时应注意检查消音器，防止堵塞、积水、结冰。

⑥ 排汽管和消声器均需有足够的强度。

⑦ 过热器和再热器出口处安全阀的排放量，应保证过热器和再热器有足够的冷却。

(8) 装置要求

① 基本要求。安全阀上必须有保证安全的装置，其基本要求如下：

a. 静重式安全阀要有防止重片飞脱的装置。

b. 杠杆式安全阀应有防止重锤自行移动的装置和限制杠杆越位的导架。

c. 弹簧式安全阀要有防止随便拧动调整螺丝的装置。

d. 脉冲式安全阀接入冲量的导管应保温。导管上的阀门全开后，以及脉冲管上的疏水阀门开度经调整以后，都应有防止误开(闭)的措施。导管内径不得小于 15 mm。

e. 压缩空气控制的气室式安全阀必须配备可靠的除油、除湿供气系统及可靠的气阀控制电源，能够正常连续地供给压缩空气。

f. 安全阀应有防止人员烫伤的防护装置。

② 控制式安全阀的装置要求。控制式安全阀应当有可靠的动力源和电源，并且符合以下要求：

a. 脉冲式安全阀的冲量接入导管上的阀门，应当保持全开并且加铅封。

b. 用压缩空气控制的安全阀，应当有可靠的气源和电源。

c. 液压控制式安全阀，应当有可靠的液压传送系统和电源。

d. 电磁控制式安全阀，应当有可靠的电源。

③ 蒸汽锅炉安全阀排汽管装置的要求。

a. 排汽管应当直通安全地点，并且有足够的流通截面积，保证排汽畅通，同时排汽管应当予以固定，不应当有任何来自排汽管的外力施加到安全阀上。

b. 安全阀排汽管底部应当装有接到安全地点的疏水管，在疏水管上不应当安装阀门。

c. 两个独立的安全阀的排汽管不应当相连。

d. 安全阀排汽管上如果装有消音器，其结构应当有足够的流通截面积和可靠的疏水装置。

e. 露天布置的排汽管如果加装防护罩，防护罩的安装不应当妨碍安全阀的正常动作和维修。

④ 可分式省煤器和热水锅炉的安全阀排水管装置的要求。热水锅炉和可分式省煤器的安全阀应当装设排水管(如果采用杠杆安全阀应当增加阀芯两侧的排水装置)，排水管应当直通安全地点，并且有足够的排放流通面积，保证排放畅通。在排水管上不应当装设阀门，并且应当有防冻措施。

(9) 校验要求

① 在用锅炉的安全阀每年至少校验一次。校验一般在锅炉运行状态下进行。如果现场校验有困难或者要对安全阀进行修理,可以在安全阀校验台上进行。

② 新安装的锅炉或者在安全阀检修、更换后,应校验其整定压力和密封性。

③ 安全阀经过校验后,应当加锁或者铅封。校验的安全阀在搬运或者安装过程中,不能摔、砸、碰撞。

④ 控制式安全阀应当分别进行控制回路可靠性试验和开启性能检验。

⑤ 安全阀整定压力、密封性(在安全阀校验台上进行时,只有整定压力和密封性)等检验结果应当记入锅炉技术档案。

(10) 安全阀运行使用要求

① 锅炉运行中对安全阀应当定期进行排放试验。电站锅炉安全阀的试验间隔不大于1个小修间隔。对控制式安全阀,使用单位应当定期对控制系统进行试验。

② 锅炉运行中安全阀不允许随意解列,不得任意提高安全阀的整定压力或者使安全阀失效。

4. 安全阀常见故障、原因及排除方法

安全阀常见的故障有安全阀漏气、压力超过开启压力时安全阀不开启、压力不到开启压力时安全阀就开启等三种。安全阀常见故障发生的原因及排除的方法见表1-15。

表1-15 安全阀常见故障发生原因及排除方法

常见故障	发生故障的原因	排除故障的方法
漏　　气	① 阀芯与阀座接触面损坏 ② 阀芯与阀座接触面上有污物 ③ 杠杆安全阀的杠杆与支点的偏斜,使阀芯和阀座接触面受力不均 ④ 由于弹簧的平面不平行等原因造成阀芯与阀座接触不正 ⑤ 弹簧已疲劳 ⑥ 安全阀安装不竖直 ⑦ 排气管产生的过大应力加在阀上	① 对阀芯与阀座更换或研磨 ② 吹洗安全阀或拆下清洗 ③ 重新校准,并吹洗安全阀,使阀芯回到正常位置 ④ 用扳手抬起阀芯排气后复位,若仍然不行则应更换弹簧等有缺陷的元件 ⑤ 更换弹簧 ⑥ 重新校核安全阀的竖直 ⑦ 将排气管装置正确
压力超过开启压力,安全阀不开启	① 阀芯与阀座粘连 ② 调整不当,弹簧压得太紧或重锤向外移动 ③ 阀杆与外壳间隙过小,受热膨胀卡住 ④ 安全阀装得不正确,阀芯被卡住 ⑤ 进入安全阀的通道太狭或有阻挡物阻挡 ⑥ 盲板未去除,蒸气通道不通 ⑦ 安全阀与锅筒连接处装有截门 ⑧ 安全阀与锅筒间有取用蒸气的管道 ⑨ 杠杆上加重物 ⑩ 阀芯与阀座密封不好,因漏气使作用在阀芯上压力减少	① 进行人工排气吹洗若不行则需研磨 ② 重新调整 ③ 放大间隙 ④ 拆下安全阀,重新安装 ⑤ 去除阻挡 ⑥ 拆除盲板 ⑦ 拆除截门 ⑧ 拆除取用蒸气的管道 ⑨ 去除重物 ⑩ 消除漏气

续　表

常见故障	发生故障的原因	排除故障的方法
压力不到开启压力，安全阀开启	① 重锤向内移动 ② 弹簧失去弹性 ③ 弹簧压紧不够，调整压力不准确或调整螺栓松动	① 重新调整重锤并固定 ② 更换弹簧 ③ 重新调整弹簧压力并固定调整螺栓

5. 电磁泄压阀

电磁泄压阀不属于安全阀，但却与安全阀有相同的作用。由于它在锅炉上得到普遍使用，所以，仍值得我们去研究。

(1) 用途

电磁泄压阀是防止锅炉蒸汽压力超过规定值的保护装置。它在安全阀动作之前，首先开启，排出多余的蒸汽，以保证锅炉在规定压力下正常运行。同时，它还能减少安全阀的动作次数，延长安全阀的使用寿命。

(2) 结构及工作原理

电磁泄压阀的结构如图 1－9 所示。整套电磁泄压阀的结构是由主阀、控制阀、电磁线圈、APS 型控制器，PS 型三位控制开关和隔离阀等组成。

从图 1－10 中可以看出电磁泄压阀的工作原理是：控制器设有高压和低压两个压力开关，并由压力传感元件接受过热蒸汽管道的压力信号。当压力达到定值时，高压开关或低压开关动作，接通或断开电磁线圈，使阀门打开或关闭。三位控制开关带有“自动”、“手动”和“关断”三个位置，阀门可以由控制器接受过热蒸汽管道压力信号自动操作，也可以由运行人员在控制室通过三位开关手动操作。在锅炉正常运行时，来自过热蒸汽管道的蒸汽从主阀进口 A 入 B 室，然后通过主阀瓣和导向套之间的间隙流入 C 室，控制阀阀瓣在弹簧和 C 室蒸汽压力作用下，保持关闭状态，因此 H 室和 C 室内的压力相同，主阀瓣在弹簧的作用下处于关闭状态。当蒸汽压力上升到整定值时，控制器的高压压力开关动作，电磁线圈通电，电磁铁芯通过杠杆 27 将控制阀打开，蒸汽从 D 室迅速排开，C 室中的蒸汽压力降低，主阀瓣上部 B 室中的蒸汽压力大于主阀瓣下面的弹簧压力，使主阀打开，从而排除部分蒸汽。当压力降至阀门回座定值时，低压的压力开关动作，电磁线圈失电，控制阀回复到关闭位置，在主阀瓣下面再次建立蒸汽压力，将主阀关闭。

(二) 压力表

1. 作用

压力表是一种测量压力大小的仪表，常用来测量锅炉内介质的实际压力。锅炉运行人员根据压力表的指示数来调节燃烧，以适应负荷的变化，将锅炉压力控制在允许的范围内。

2. 结构与原理

锅炉上最常用的压力表是弹簧管式压力表，它由表盘、弹簧弯管、连杆、扇形齿轮、小齿轮、中心轴、指针等零件组成，如图 1－11 所示。

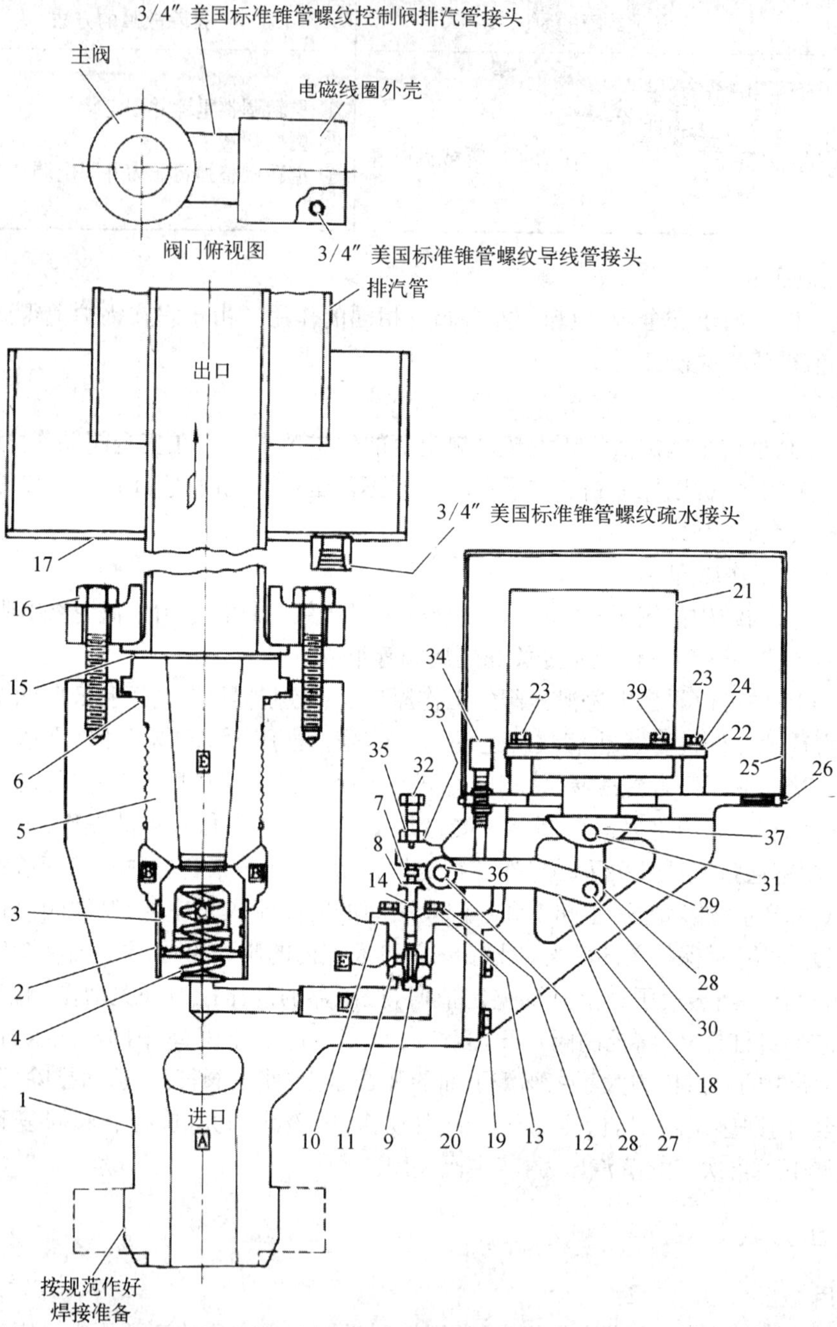

图 1-9　HPV 型电磁泄压阀结构图

1—阀体　2—导向套　3—主阀瓣　4—主阀瓣弹簧　5—阀座　6—阀座密封环　7—挡圈　8—控制阀防尘罩　9—控制阀瓣　10—控制阀导向套　11—控制阀密封环　12、16、19、23、39—螺栓　13、20、24—弹簧垫圈　14—控制阀弹簧　15—排汽管法兰密封垫　17—疏水盘　18—电磁线圈支架　21—电磁线圈　22—电磁线圈底座　25—电磁线圈罩壳　26—螺钉　27—杠杆　28、30、31、35、36、37、38—销子　29—连杆　32—调整螺栓　33—调整螺母　34—微型开关

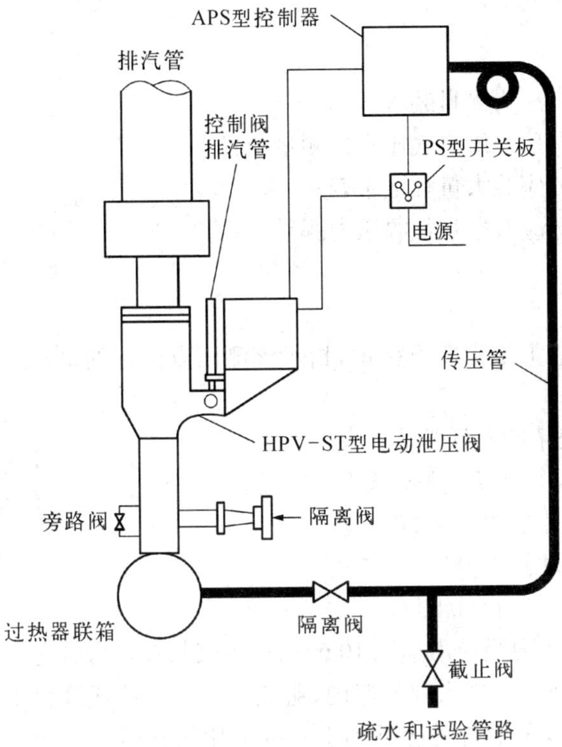

图 1-10　电磁泄压阀工作原理图

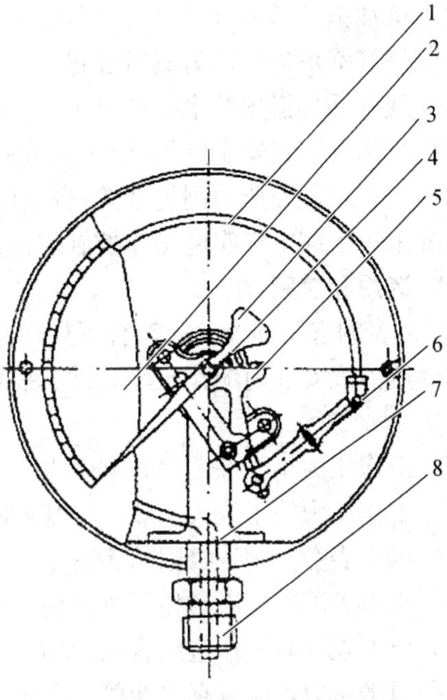

图 1-11　弹簧管式压力表

1—弹簧弯管　2—表盘　3—指针
4—中心轴　5—扇形齿轮　6—连杆
7—支撑座　8—管连头

该压力表弹簧管是由金属管制成，管子截面呈椭圆形，它的一端固定在支承座上，并与管接头相通；另一端是封闭的自由端，与连杆连接。连杆的另一端连接扇形齿轮，扇形齿轮又与中心轴上的小齿轮相连接。压力表的指针固定在中心轴上。当被测介质的压力作用于弹簧管的内壁时，弹簧管截面就有膨胀成圆形的趋势，从而由固定端开始逐渐向外伸张，也就是使自由端向外移动。经过连杆带动扇形齿轮与小齿轮转动，指针向顺时针方向偏转一个角度，这时指针在压力表表盘上指示的刻度值，就是锅炉内的压力值。锅炉压力越大，指针偏转角度也越大。当压力降低时，弹簧弯管欲恢复原状，通过游丝牵制，指针返回到相应的位置。当压力消失，弹簧弯恢复到原来的形状，指针也就回到零位。

3. 使用范围

锅炉的型号虽有不同，但每台锅炉至少应装有下列压力测量装置，其精度和校验间隔应符合国家计量法的有关规定。这些压力测量装置包括：

① 汽包压力测量装置，包括启动压力测量装置。

② 给水调节阀前、后压力压力测量装置。

③ 过热器进口、出口压力测量装置。

④ 再热器进口、出口压力测量装置。

⑤ 直流锅炉启动分离器压力测量装置。

⑥ 直流锅炉蒸发受热面出口截断阀前压力测量装置。

⑦ 燃油锅护送油、回油压力测量装置。

⑧ 燃气锅炉进气压力测量装置。

⑨ 强制循环锅炉炉水循环泵进口、出口压力测量装置。

⑩ 采用气室式安全阀的锅炉，应有控制用压缩空气压力的测量装置。

⑪ 炉膛负压和压力测量装置(有条件的应装大量程记录表)。

⑫ 采用压缩空气实施操作控制的锅炉，应有空气气源压力测量装置。

4. 选用和校验

压力表的选用和校验应符合下列规定：

① 压力表安装前应作校验，并在刻度盘上划出明显标记，指示该测压点允许的最高工作压力。

② 工作压力小于 2.45 MPa 时，压力表精度不低于 2.5 级。

③ 工作压力等于或大于 2.45 MPa 时，压力表精度不低于 1.5 级。

④ 压力表盘面刻度极限值为正常指示值的 1.5～2.0 倍。

⑤ 压力表刻度应考虑传压管液柱高度的修正值。

⑥ 压力表校验工作应结合大、小修进行，校验后铅封。

⑦ 弹簧压力表应有存水弯管。存水弯管内径应不小于 10 mm，压力表与存水弯管之间应装有阀门或旋塞。蒸汽或热水在其中冷却后再进入弹簧弯内，避免由于高温造成读数误差，甚至损坏表内的零件。存水弯管的内径，用铜管时应不小于 6 mm，用钢管时应不小于 10 mm。存水弯管的下部，最好装有放水旋塞，以便停炉后放掉管内积水。

5. 装置地点

压力表的装置地点应符合下列要求：

① 便于观察，表盘宜向前倾斜 15°。

② 采光、照明良好。

③ 不受高温影响，无冰冻可能，便于冲洗，尽量避免振动。

6. 停止使用条件

压力表有下列情况之一时，应停止使用：

① 有限止钉的压力表在无压力时，指针转动后不能回到限止钉处；没有限止钉的压力表在无压力时，指针离零位的灵敏值超过压力表规定的允许误差。

② 表面玻璃破碎或表盘刻度模糊不清。

③ 没有封印，封印损坏或超过校验有效期限。

④ 表内泄漏或指针跳动。

⑤ 其他影响压力表准确性的缺陷。

(三) 水位计

水位计是显示所测设备水位的测量仪表。其作用是用来指示所测设备内水位的高低。锅炉运行中，操作人员可以根据水位计显示的水位来监视锅炉水位，并控制锅炉水位在正常范围之内。需要说明的是，这里所介绍的水位计是专指汽包锅炉的汽包水位计。

1. 原理

水位计的工作原理和连通器相同。因为锅炉的汽包是一个大容器，水位计是一个小容器，当将它们连通后，两者的水位基本在同一高度上，水位计上显示的水位就近似为锅筒内的水位。

2. 结构

锅炉常用的水位计一般有玻璃管式、平板式、双色水位计，以及低地位和电接点式水位计。这里主要介绍前三种直读式就地水位计。

(1) 玻璃管式水位计

玻璃管式水位计主要由玻璃管、汽旋塞、水旋塞、放水旋塞等构件组成，如图 1－12 所示。图中三个旋塞的手柄都是向下的，表明汽旋塞和水旋塞都是通路，而放水旋塞关闭，这是水位计正常工作时的位置。

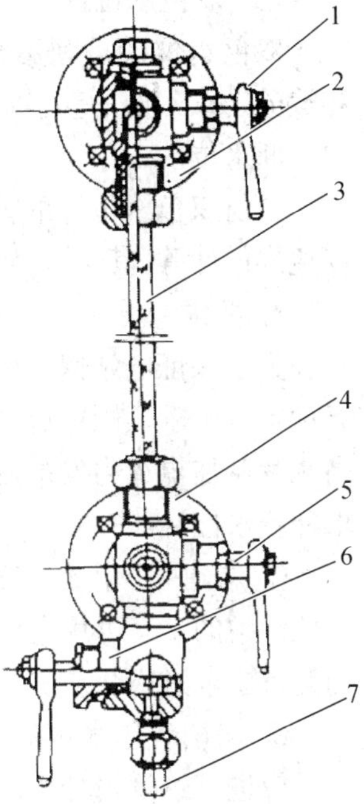

图 1－12　玻璃管式水位计

1—汽旋塞　2—接汽连管法兰　3—玻璃管　4—接水连管法兰　5—水旋塞　6—放水旋塞　7—放水管

在锅炉运行时，必须同时打开水位计的汽旋塞和水旋塞。如果不打开汽旋塞，锅水就会经水连管进入玻璃管内。但此时锅筒内的压力高于玻璃管内的压力，玻璃管内的水位必然高于锅筒内的实际水位，从而形成假水位；反之，如果不打开水旋塞，只打开汽旋塞，由于蒸汽不断冷凝，会使玻璃管内存满水，同样也会形成假水位。

水位计玻璃管中心线与上下旋塞的垂直中心线应互相重合，否则玻璃管受扭容易损坏。水位计应有防护罩，防止玻璃管炸裂伤人。为防止玻璃管破裂时汽水喷出伤人，最好配用带钢球的旋塞。当玻璃管破裂时，钢球受到汽水的冲力，自动关闭旋塞。

玻璃管式水位计结构简单，制造安装容易，拆换方便，但显示水位不够清晰，玻璃管容易破碎，适用于工作压力不超过 1.6 MPa 的小型锅炉。

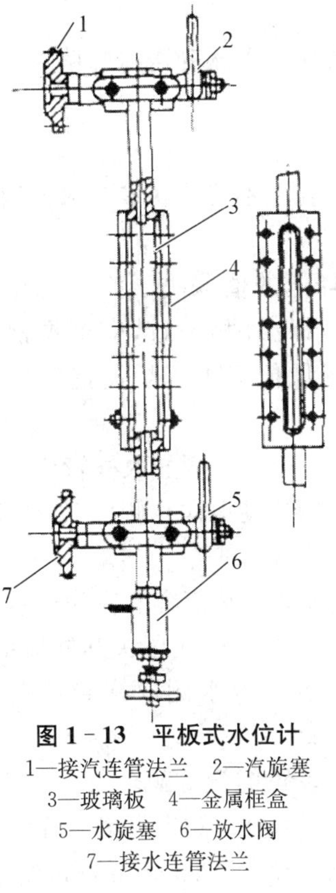

图 1－13　平板式水位计

1—接汽连管法兰　2—汽旋塞　3—玻璃板　4—金属框盒　5—水旋塞　6—放水阀　7—接水连管法兰

(2) 平板式水位计

平板式水位计有单面玻璃板和双面玻璃板两种。其结构主要由玻璃板、金属框盒、汽旋塞、水旋塞和放水旋塞等构件组成，如图 1－13 所示。

单面玻璃板水位计在金属框盒的前面镶有一块平板玻璃，接触面由石棉纸做衬垫，然后用螺丝将框盖压在框盒上，使框盖、框盒、衬垫和玻璃板紧密结合。在拧紧框盒螺丝时，应用扳手使每只螺丝的压紧度尽量相同，保证不渗漏。

在玻璃板的内表面刻有三角棱凹槽，由于光源在前面，光线通过凹槽产生折射作用，使水位计中蒸汽部分较亮，存水部分较暗，汽水分界线清晰可见。

双面玻璃板水位计在金属框盒的前后两面都镶有平板玻璃，光源一般放在后面，光线折射后使水位计中蒸汽部分较暗，而存水部分反而较亮，水位很容易看清。

平板式水位计结构虽较复杂，但安全可靠，显示水位清晰，所以应用广泛。

(3) 双色水位计

双色水位计是利用光学原理设计的，通过光的反射或透射作用，使水位计中无色的水和汽分别以不同的颜色显示。汽水分界面清晰醒目，即使在远距离或夜间操作时也能准确地判断水位。

目前双色水位计的种类很多，主要有透射式双色水位计（又称透射折射式）、透反射式双色水位计等，其中双色牛眼云母水位计使用较多。

3. 要求

为了保证电站锅炉的安全运行，根据原国家电力公司《防止电力生产重大事故的二十五项重点要求》（国电调[2002]138号）之“防止锅炉汽包满水和缺水事故”的有关规定，超高压及亚临界火力发电用汽包锅炉水位计应按以下要求配置，其他电站锅炉也应按照此要求配置水位计：

① 新建锅炉汽包应配备不少于2套就地水位计和3套差压式水位测量装置，2套就地水位计中的1套可用电极式水位测量装置替代。在役锅炉汽包可根据现场实际和新建锅炉的配置要求进行相应的配置。

② 锅炉汽包水位的调节、报警和保护，应分别取自3个独立的差压变送器的信号。该信号应进行过逻辑分析、判断和压力、温度修正。

③ 就地水位计可采用玻璃板式、云母板式、牛眼式。

④ 每个水位测量装置都应具有独立的取样孔，在同一取样孔上不得并联多个水位测量装置，以避免相互影响，降低水位测量的可靠性。

⑤ 就地水位计的零水位线应比汽包内的零水位线低，降低的值取决于汽包工作压力。若现役锅炉就地水位计的零水位线与锅炉汽包内的零水位线相一致，应根据锅炉汽包内的工作压力重新标定就地水位计的零水位线，具体降低值应由锅炉制造厂负责提供。

⑥ 汽、水取样管，应保证管道的倾斜度不小于100∶1。对于蒸汽一侧的取样管应使取样孔侧高，对于水侧取样管应使取样孔侧低，如图1-14所示。

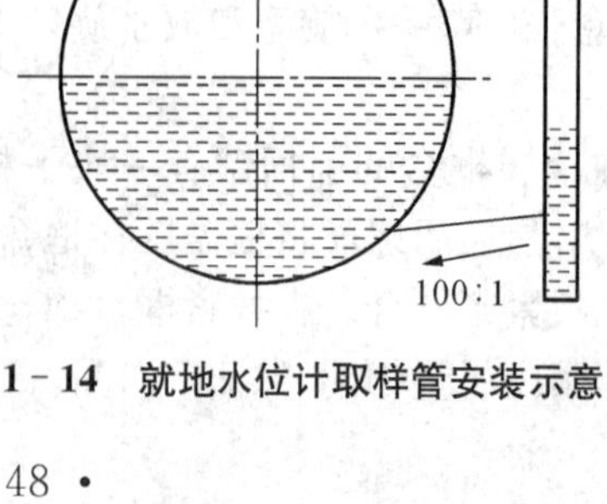

图1-14 就地水位计取样管安装示意图

⑦ 差压式水位测量装置的平衡容器应为单室平衡容器，即直径约100 mm的球体或球头圆柱体（容积为300～800 mL），容器前汽水侧取样管可有连通管。

⑧ 差压式水位测量装置的汽水侧取样管，应保证管道的倾斜度不小于100∶1。对于汽侧取样管应使取样孔侧低；对于水侧取样管应使取样孔侧高。如

图 1－15 所示。

⑨ 禁止在差压式水位测量装置的连通管中段开取样孔作为差压式水位测量装置的汽水侧取样点，如图 1－16 所示。

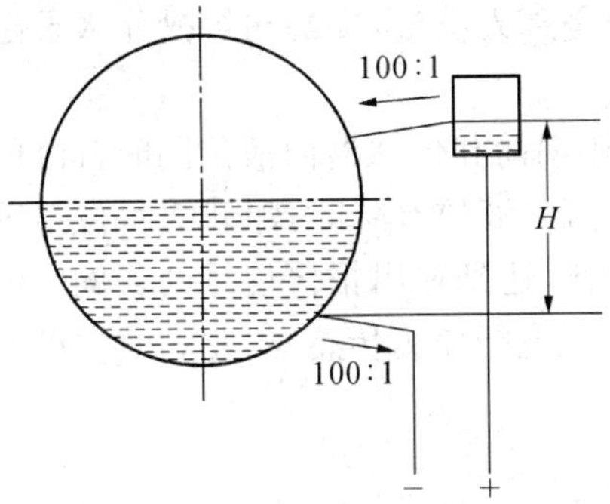

图 1－15　差压变送器取样管安装示意图

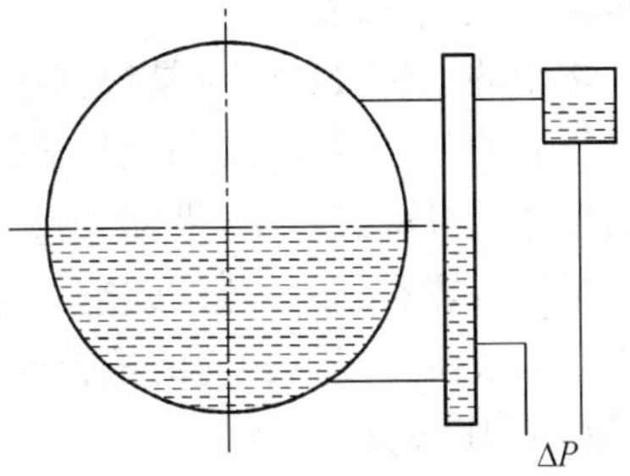

图 1－16　连通管中段开取样孔的示意图

⑩ 汽水侧取样管、取样阀门和连通管均应保温良好。差压式水位测量装置的平衡容器及容器下部形成参比水柱的管道不得保温。引到差压变送器的两根管道应平行敷设共同保温，并根据需要采取防冻措施。

4. 水位测量装置的运行和维护

水位测量装置的运行和维护应符合以下要求：

① 差压式水位测量装置进行温度修正，所选取的参比水柱平均温度应根据现场环境温度确定，并且应定期根据环境温度变化对修正回路进行设定。

② 锅炉启动前，应确保差压式水位测量装置参比水柱的形成，锅炉汽包水位的监视应以差压式水位测量装置显示值为准。

③ 定期核对额定汽压下差压式水位测量装置零水位与就地水位计的零水位，若其偏差过大，应以额定汽压下就地水位计的零水位为基准，校正差压水位测量装置的零水位。

二、锅炉的安全保护装置

锅炉的自动控制与安全保护装置决定了锅炉的安全经济性。它的作用主要是：当被监视对象的变化超过设定范围时，能主动限制监视对象并报警；当锅炉出现异常情况或操作失误时，安全（连锁）保护装置动作；当锅炉正常工作时，对控制对象进行自动调节，并对实时状态进行显示或检测。

锅炉的安全保护装置可以分成报警系统和连锁保护系统。锅炉实际运行时，各电站锅炉操作人员，应根据锅炉设备情况、设备制造厂要求及本厂自动保护系统的设置情况具体掌握，这里只做简要介绍。

（一）报警系统

锅炉的报警系统是由水位报警装置、超压报警装置和超温报警装置等组成，并辅以声光显示来达到报警的目的。

1. 水位报警

为防止发生缺水或满水事故,需装设高、低水位报警装置。当锅炉内的水位高于最高水位或低于最低水位时,水位报警器就自动发出报警声光信号,提醒司炉操作人员迅速采取措施,防止事故发生。

常用的水位报警装置是根据连通器的原理,利用锅筒和传感器内液位同时升降的原理设计制造的,分为浮球式和电极式两种。当传感器筒内液位升降时,浮球式水位报警装置中的浮球在升降过程中,带动相应位置上的触点动作,达到输出报警信号的目的。电极式水位报警装置利用水、蒸汽或空气导电率不同,用水位电极作为传感器,驱动液位继电器指示相应的液位并提供相应的报警或控制触点。

2. 超压报警

超压报警是通过压力控制器来实现的。在压力超过压力控制器上的设定点时,触点开关动作,从而触动中间继电器并驱动声光报警系统动作,达到报警的目的。

3. 超温报警

温度是锅炉的重要参数,对温度进行测量和控制是保证锅炉安全运行的重要手段。锅炉的超温报警分锅炉蒸汽温度报警和锅炉金属温度报警。一般采用温度控制器和声光信号组成超温报警装置。目前,电站锅炉大都采用温度测量值和锅炉制造厂规定的蒸汽温度值、金属温度值比较,如超限,DCS 控制系统就会发出报警。

(二) 连锁保护装置

1. 超压保护

锅炉超压保护装置有安全门、电磁泄压阀、过热器向空排汽门等。

① 安全门。安全门是防止锅炉超压的后备保护。安全门的动作压力比过热器向空排汽门和电磁泄压阀的动作压力高。

② 电磁泄压阀。当过热蒸汽压力升高至规定值时,电磁泄压阀自动打开;当过热蒸汽压力降至规定值时,电磁泄压阀自动关闭。

③ 过热器向空排汽门。过热器向空排汽门如果投入自动,当过热蒸汽压力升高至规定值时,过热器向空排汽门自动开启;当过热蒸汽压力降至规定值时,过热器向空排汽门自动关闭。

2. 汽包炉的汽包水位保护

汽包炉的汽包水位保护可以分为汽包水位高保护和汽包水位低保护。

(1) 汽包水位高保护

在汽包水位保护投入情况下,当汽包两侧监测水位任一值高至高一值时,DCS 控制系统发出高一值报警。当汽包两侧监测水位任一值高至高二值时,DCS 控制系统发出水位高二值报警,且当汽包水位高一值报警信号存在时,自动开启事故放水门;当水位高一值、高二值报警信号均消失时,自动关闭事故放水门。当汽包两侧监测水位均高至高三值时,DCS 控制系统内水位高三值报警,且当汽包水位高一值、高二值报警信号同时存在时,DCS 控制系统发出停炉信号,MFT 动作,紧急停炉,跳闸原因为汽包水位高。

(2) 汽包水位低保护

在汽包水位保护投入情况下，当汽包两侧监测水位均低至低一值时，DCS控制系统内发出水位低一值报警；当汽包两侧监测水位均低至低二值时，DCS控制系统内发出水位低二值报警；当汽包两侧监测水位均低至低三值时，DCS控制系统内发出水位低三值报警；且当汽包水位低一值、低二值报警信号同时存在时，DCS控制系统发出停炉信号，MFT动作，紧急停炉，跳闸首出原因为汽包水位低。

这里应该注意的是：

① 锅炉汽包水位保护在锅炉启动前应进行实际传动试验，严禁用信号短接方法进行模拟试验。

② 锅炉汽包水位保护的设置、整定值和延时值，随炉型和汽包内部部件不同而异，具体数值应由锅炉制造厂负责确定。

3. 磨煤机润滑油系统保护

当磨煤机油泵连锁投入时，单台油泵运行，运行油泵停不下来；运行泵跳闸，备用油泵自启；当油压低一值时，备用油泵自启；当润滑油压低于一值时，低油压报警，磨煤机开关合不上；当润滑油压低二值时，跳闸相应运行的磨煤机。

4. 仓储式制粉系统给粉组合电源连锁

当给粉组合电源连锁投入时，若运行的组合电源开关跳闸，则相应的备用电源自投。

5. 后备硬操手动紧急停炉保护

当DCS系统全部故障时，按下控制屏上后备硬操手动紧急停炉按钮，能够不经DCS系统，通过硬接线使运行中的相关设备直接跳闸。

6. 炉膛安全监控系统(FSSS)

炉膛安全监控系统(FSSS)作用是通过一系列的连锁条件，严格按照预定的逻辑顺序对燃烧设备的有关部件进行操作和控制，以保证锅炉炉膛的安全。不同的炉型，其功能不同。现以某直吹式制粉系统、控制循环锅炉为例，简述其功能：

(1) 炉膛吹扫功能

在锅炉启动前和停炉后都要对炉膛进行吹扫，炉膛吹扫的许可条件为：

① MFT跳闸，继电器柜电源监视正常。

② 无火检探测器故障。

③ 火检冷却风压力正常。

④ 无MFT条件。

⑤ 炉膛无火焰：无油火焰且无煤火焰。

⑥ 磨煤机全停。

⑦ 燃油角阀全关。

⑧ 至少一台引风机运行。

⑨ 至少一台送风机运行。

⑩ 所有辅助风挡板未全关。

⑪ 风量大于规定值(一般锅炉是30%)。

⑫ 一次风机(对于直吹式制粉系统)或给粉机、排粉机(对于仓储式制粉系统)全停。

⑬ 至少一台炉水泵运行(控制循环锅炉有此项)。

⑭ 两台空预器运行。

⑮ 油泄漏试验完成。

⑯ 给煤机全停。

⑰ 汽包水位正常。

(2) 油泄漏试验功能

为防止点火油泄漏进入炉膛,在冷炉点火前必须对油系统进行泄漏试验,在确认合格后才能进行点火。泄漏试验可以独立进行,也可以在炉膛吹扫时自动进行,并作为炉膛吹扫的连锁条件。

(3) 点火用油的启停及监控功能

炉膛安全监控系统(FSSS)能够监视控制点火用油的状态,并能启动、停止点火油路。

(4) 制粉系统的投切控制功能

制粉系统的投切控制功能包括给煤机、磨煤机、密封风风机、磨煤机出口挡板、热风门等设备的自动或手动投切。在启运或切除某一层煤粉时,首先必须投入对应的暖炉油枪。

(5) 火焰检测功能

单支油枪火焰检测装置用于暖炉油枪工作时监视每支油枪的火焰。当某一角油喷嘴阀开启而未着火时,对应的火焰检测器发出"无火焰"信号,把油喷嘴关闭。

对于正常运行时,煤粉火焰的监视亦采用单只燃烧器火焰检测方式。检测探头布置在相应的燃烧器上方,然后通过适当的逻辑设计,对整个炉膛的火焰信号进行判断,送出必要的"炉膛熄火"信号及正常燃烧信号。

(6) 主燃料跳闸(MFT)功能

当出现下列情况时,产生主燃料跳闸动作:

① 手动 MFT。

② 送风机全停。

③ 引风机全停。

④ 火检风机全停延时后。

⑤ 炉水循环泵全停延时后。

⑥ 全炉膛熄火。

⑦ 全燃料中断。

⑧ 一次风机全停且所有油层火焰信号全无。

⑨ 汽包水位大于最高水位延时后。

⑩ 汽包水位低于最低水位延时后。

⑪ 炉膛压力过高。

⑫ 炉膛压力过低。

⑬ 锅炉总风量小于规定值(一般锅炉为 25%)。

⑭ 汽机跳闸。

⑮ 发电机主保护动作。

(7) 自动减负荷(RB)

当锅炉主要辅机发生故障时，接受来自机炉协调控制方式系统 CCS 的自动减负荷 RB 信号，并按事先设计的顺序快速切除一定的燃料，同时维持锅炉带一定的负荷。

7. 锅炉辅机连锁保护

锅炉辅机连锁保护主要针对锅炉的重要辅机，包括引风机、送风机、一次风机(直吹式制粉系统专有，起到送粉的作用)、排粉机(仓储式制粉系统专有，起到送粉的作用)、磨煤机等的连锁与保护关系；当个别辅机故障时，锅炉辅机连锁保护装置的功能就是要尽量地把事故损失降低到最小，连锁并自动把相关的辅机停运，从而保证锅炉设备的安全。

由于锅炉辅机是转动机械，运行中会出现故障现象。不同机组锅炉辅机连锁保护系统程序不同，作为司炉操作人员应相当熟悉本厂的辅机连锁保护系统，不断提高锅炉运行水平，从而保证锅炉的安全运行。

三、锅炉的自动控制装置

1. 燃料量控制系统

燃料量控制系统是锅炉运行中，根据锅炉的负荷大小实现对燃料的控制。当燃料控制处于自动方式时，燃料量大小取决于一次风、二次风的总风量。目的是为了保证总风量总是大于或等于燃料安全燃烧所需的风量，使锅炉增加燃料量时总能保证有一定的富裕风量；当燃料控制处于手动方式时，可手动改变燃料量。

2. 磨煤机控制系统

磨煤机控制系统专指燃煤锅炉在运行中合理控制磨煤机运行的系统。这里以直吹式制粉系统为例介绍。流化床、链条炉等锅炉不属此类。

一般磨煤机控制系统包含下列子系统：

① 风量控制系统。一般煤粉锅炉，每层的二次风量是通过该层二次风箱挡板控制的(也有其他控制方式的)，通过控制二次风量，实现对该层总风量的控制。而锅炉总风量则是各层总风量之和。

② 给煤量控制系统。给煤量是通过控制给煤机转速实现的。当要求停止给煤时，给煤机停止，其转速为“0”。

③ 一次风量控制系统。一次风量是通过热风挡板来控制的。一次风量设定值是根据给煤机转速指令而定的。

④ 磨煤机出口温度控制系统。磨煤机出口温度是通过冷风门控制的。

3. 二次风压力控制系统

大型锅炉的二次风压力一般是通过对轴流式风机的进口叶片(又叫动叶)的控制来实现的；而对于采用离心式风机的锅炉，一般是通过对风机的进出口风门的控制或采用风机变速方式来调节二次风的。

4. 炉膛压力控制系统

对于采用轴流式引风机的大型锅炉，炉膛压力的控制一般是通过控制引风机进口静叶，继而控制引风量来实现的；而对于采用离心式引风机、送风机的锅炉，炉膛压力的控制一般是通过对引风机的进、出口风门的控制或采用风机变速方式来调节的。

由于送风量是影响炉膛压力的主要因素之一，所以，送风量控制指令，通常被作为控制引风量的前馈信号。

5. 给水控制系统

给水控制系统又叫给水自动调节系统，对于汽包炉又叫水位自动控制系统。其任务是在各种负荷条件下，控制给水量，使进入锅炉的给水量与送出的蒸汽量在数量上保持平衡。

汽包锅炉可以采用连续给水，根据锅炉的容量、负荷变化的速度和调节精度的要求，对锅炉水位进行连续调节。调节的方法是：

① 以锅炉水位信号作为单一被调参数的单冲量水位调节。

② 以锅炉水位和蒸汽流量这两个信号作为被调参数的双冲量水位调节。

③ 以锅炉水位、蒸汽流量和给水流量这三个信号作为被调参数的三冲量水位调节。

各种调节方式最终都是用调节给水调节阀的开度或给水泵运行台数及转速，来维持水位稳定的。锅炉水位是主参数，给水流量和蒸汽流量作为反馈和前馈的补充信号。三冲量给水控制较前两种给水控制稳定得多，能满足负荷多变、给水压力波动频繁等复杂情况，改善锅炉在扰动下的控制品质。

对于直流锅炉，给水量的变化直接影响到锅炉的负荷，同时也影响到锅炉的汽压、汽温。它的给水控制方式和汽包炉完全不同，要求也更高，但给水方法是相同的，就是根据锅炉负荷、汽压等要求，通过调节给水泵运行的台数或改变给水泵的转速来实现。

6. 过热蒸汽温度控制系统

过热蒸汽温度控制系统的任务是稳定过热蒸汽的温度。其汽温的调节方式有两种：一是蒸汽侧的调节，主要指喷水调节；二是烟气侧的调节，主要指烟气挡板调节、可调角度燃烧器调节。除此之外，还有烟气再循环调节等。但过热蒸汽温度的调节主要使用蒸汽侧的调节方法。

对于汽包炉，过热蒸汽温度是通过调节减温水量来控制的。一般汽包锅炉大都设有两级喷水减温装置，一级喷水减温装置作为粗调手段，二级喷水减温装置作为细调手段。

对于直流锅炉的过热蒸汽温度调节，一般是通过控制住中间点温度，把燃水比的调节作为粗调手段，把喷水调节作为细调手段来实现的。

7. 再热蒸汽温度控制系统

再热蒸汽温度控制系统的任务是稳定再热蒸汽温度。一般通过调节烟气挡板或可调角度燃烧器的角度等烟气侧的调节手段作为主要调节方法，而喷水减温调节或汽-汽热交换器（用过热蒸汽加热再热蒸汽来调节再热蒸汽温度的设备）调节等蒸汽侧的调节方法，只是作为辅助调节手段。当使用烟气侧的调节手段能够控制住再热蒸汽温度时，尽量不用喷水调节方法，因为这样会降低机组的循环热效率，降低机组效率。

8. 燃烧自动控制

燃烧的自动调节是在控制锅炉出口的参数为一定值的前提下，调节燃料量。同时，为了达到合理的燃烧，还必须对燃烧的品质加以控制，以保证燃烧的经济性。

四、锅炉安全保护和自动控制装置的配置要求

中华人民共和国国家质量监督检验检疫总局颁布的《蒸汽锅炉安全技术监察规程》，对于锅炉安全保护和自动控制装置的配置要求作了明确的规定，主要是：

① 每台锅炉都应有给水调节装置。额定蒸发量为 220 t/h 及以上的锅炉，还应设有燃烧、送风、炉膛负压、过热蒸汽温度及再热蒸汽温度的自动调节装置。200 MW 及以上的单元机组，应采用机炉协调控制方式进行负荷调节。

② 锅炉应有整套的监视装置。200 MW 机组宜采用微处理机作巡回检测和数据处理。300 MW 及以上机组宜采用小型计算机对机组的启动和安全经济运行的有关主要参数进行巡回监测、数据处理、事故追忆、屏幕显示、工况计算、报警和制表等。

③ 汽包锅炉应设缺水、满水保护。

④ 直流锅炉应有中间点温度高报警和断水保护装置。任何情况下当给水流量低于启动流量时应发出报警，锅炉进入纯直流运行状态后，中间点温度超过允许值时应发警报。给水断水时间超过制造厂规定的时间应自动切断送入炉膛的一切燃料。

⑤ 直流锅炉水冷壁应设超压保护装置。

⑥ 额定蒸发量 120 t/h 及以上的室燃锅炉应装设炉膛压力保护装置。炉膛压力越线时，主燃料跳闸。对于额定蒸发量 400 t/h 及以上锅炉，在炉膛灭火、保护动作后，应闭锁一切燃料，实现对锅炉的清扫。

⑦ 室燃锅炉应装有下列功能的连锁装置：

a. 全部吸风机跳闸时，自动切除全部送风机、一次风机、磨煤机、给煤机、给粉机。

b. 全部送风机跳闸时，自动切断全部一次风机、磨煤机、给煤机、给粉机。

c. 直吹式制粉系统一次风机全部跳闸时，自动切除全部磨煤机、给煤机，切断送入炉膛的一切燃料。

d. 燃油、燃气锅炉的燃油、燃气压力及其雾化工质压力低于规定值时，自动切断油、气。

⑧ 额定蒸发量 670 t/h 及以上锅炉应配有炉膛安全监控装置。该装置至少具有检测燃烧器或炉膛火焰、防止炉膛内爆或外爆、进行炉膛吹扫等功能。

⑨ 额定蒸发量 670 t/h 及以上锅炉应装设事故停炉保护。当跳闸条件出现时，保护系统能自动切断进入炉膛的一切燃料。跳闸条件应符合锅炉的技术规定。至少应包括炉膛灭火、炉膛正压过大或负压过大、燃料中断、锅水循环泵全部故障、汽包水位过高或过低、直流锅炉断水、炉膛通风、中断等。

⑩ 锅炉再热器应具备下列功能的保护装置：

a. 再热器出口汽温达到最高允许值时，主动投入事故喷水。

b. 锅炉再热器汽流中断时，应自动打开蒸汽旁路，自动降低锅炉燃烧率或自动采取其他措施以保证再热器金属壁温不超过最高许用温度。

⑪ 强制循环锅炉应有下列连锁和保护装置：

a. 锅水循环泵进出口差压保护。

b. 电动机内部水温高保护。

c. 炉水循环泵出口阀与泵的连锁装置。

⑫ 控制保护系统功能的在线维护和检查，不应影响控制保护整体的可靠性。强制性主燃料跳闸监测元件和线路，应与其他控制监视系统分开。连锁、保护系统应有防止电源中断或恢复时出现误动作的措施。

⑬ 锅炉操作盘上应设有必要的声、光报警信号，如火焰显示、水位、压力、温度高低以及各种保护等。

⑭ 循环流化床锅炉，除水位控制等常规装置外，应当设置风量与燃料连锁保护装置，当流化风量低于最小流化风量时，应当切断燃料供给。其他的监控、保护、连锁装置，根据设备特点及其特殊要求，由设计单位确定。

其他未尽事项，按照国家质量监督检验检疫总局颁布的《蒸汽锅炉安全技术监察规程》执行。

第五节　水处理及化学监督

一、锅炉用水及不良水质的危害

在火力发电厂中，水是传递能量的工质。为了保证机组的正常运行，对锅炉用水的质量有严格的要求，而且机组的蒸汽参数愈高，其要求也愈严格。在我国，炉型繁多，水质复杂，开展锅炉的水处理工作，必须因炉、因水制宜地选用行之有效的水处理方法。

1. 锅炉用水名称

锅炉用水主要是：

① 原水。也称生水，对于锅炉而言指未进行任何处理的水源水，一般指地下水、地表水或是自来水。

② 给水。进到锅炉内的水叫给水。它是指经过水处理后直接进到锅炉内的水。对于热水锅炉，给水称为补给水；对于发电锅炉，因有回收水，所以给水也称补给水，只是补给水占总水量的比例较小。

③ 锅水。锅水就是指锅炉内的水。

④ 排污水。锅炉为了改善锅水的品质而排掉的那一部分含盐或含杂质比较多的锅水称为排污水。

⑤ 生产回水。热电厂蒸汽经生产设备或采暖设备进行热交换冷却后返回锅炉的水，称为生产回水（又叫冷凝水）。

2. 锅炉用水水质不良造成的危害

进入锅炉或其他热交换器的水，如果水质不良，就会造成以下几方面的危害：

（1）热力设备结垢

如果进入锅炉或其他热交换器的水质不良，经过一段时间的运行后，就会在和水接触的受热面上，生成一些固体附着物，这些固体附着物称为水垢，这种现象称为结垢。结垢的速度与锅炉的蒸发量成正比。当然，如果品质不良的水进入高参数、大容量机组的水汽循环系统，就有可能在短时间内造成更大的危害。因为水垢的导热性能比金属差几百倍，这些水垢又易在热负荷很高的锅炉炉管内形成，这样会使结垢部位的金属管壁温度过热，引起金属强度下降，在管内压力作用下，就会发生管道局部变形，产生鼓包，甚至引起爆管等严重事故，从而影响锅炉的安全运行。

结垢不仅危害到锅炉的安全运行，而且还会影响整个发电厂的经济效益。其原因是：

① 如果汽轮机凝汽器内结垢，会导致凝汽器真空度降低，使汽轮机达不到额定出力，热效率下降；

② 如果加热器结垢，会使水的加热温度达不到设计值，以致使整个热力系统的经济性降低。而且热力设备结垢后还要及时清洗，因此增加了机组的停运时间，减少了发电量，增加了清洗、检修的费用，也增加了环保工作量等。

(2) 热力设备腐蚀

热力设备的运行常以水作为介质。如果水质不良，则会引起金属的腐蚀。由于金属材料与环境介质发生化学反应，而引起金属材料的破坏叫做金属的腐蚀。火力发电厂的给水管道、各种加热器、锅炉的省煤器、水冷壁、过热器和汽轮机凝汽器都会因水中含有溶解性气体和腐蚀介质而引起腐蚀。腐蚀不仅会缩短金属的使用寿命，而且由于金属腐蚀产物溶入水中，使给水杂质增多，从而又缩短了在热负荷高的受热面上的结垢过程，使结垢增多。结成的垢又会促进锅炉管壁的垢下腐蚀。这种恶性循环，会迅速导致爆管事故的发生，严重影响机组的安全运行。

(3) 过热器和汽轮机积盐

如果锅炉使用的水质不良，蒸汽的含盐量就会增多，随蒸汽带出的杂质就会沉积在蒸汽的流通部分，这种现象称为积盐。如果过热器管内壁积盐，会引起金属管壁过热，甚至爆管；如果汽轮机通流部分积盐，就会使通流部分的截面积减小，大大降低汽轮机的出力和效率。特别是对于高温、高压的大容量汽轮机，它的高压蒸汽通流部分的截面积本来就很小，所以少量的积盐就会大大增加蒸汽流通的阻力，使汽轮机的出力下降。当汽轮机积盐严重时，还会使汽轮机的轴向推力增大，增大了推力轴承的负荷，容易使隔板弯曲，造成事故和停机。

总结以上分析，水中杂质对水处理设备和热力设备的具体影响可以参考表 1－16。

表 1－16　水中杂质对设备的影响

序号	杂质名称	对设备影响
1	悬浮物	污染树脂，降低其交换性能，尤其对逆流再生设备影响较大
2	有机物	① 使阴离子交换树脂污染老化，降低交换容量及使用寿命 ② 进入锅炉后能造成汽水共腾，恶化蒸汽品质
3	游离氯	是氧化剂，能形成树脂的不可逆膨胀而使树脂损坏
4	溶解氧	可造成水处理系统和给水系统的腐蚀，但在高纯给水中进行中性水加氧处理，可形成一层保护膜，减缓对给水系统的腐蚀

续 表

序号	杂质名称	对设备影响
5	硅酸化合物	易在热力系统结垢,在汽轮机叶片上结垢析出,影响机组出力
6	碳酸盐化合物	在加热后能分解出二氧化碳,在给水系统造成二氧化碳腐蚀
7	钙镁盐类	能在强受热面上结出坚硬的水垢
8	钾钠盐类	能在过热器、汽轮机叶片上结盐
9	铜铁垢	进入离子交换树脂内不易再被交换出来;在锅炉水冷壁管上结垢又能造成溃疡性垢下腐蚀,严重影响锅炉安全运行
10	氨和铵盐	适量的氨对抑制系统中的二氧化碳腐蚀有好处,但量大后会造成对铜的腐蚀
11	硝酸、亚硝酸盐	能形成水冷壁及过热器的腐蚀

二、水质指标及水质标准要求

所谓水质,是指水和其中的一些杂质共同表现出来的综合特性。评价水质优劣的项目称为水质指标。

水质指标分为两类:一类为成分指标,它反映水中某种杂质的含量,主要针对一些离子或化合物,如钙离子、氯离子、硫酸根、溶解氧等;另一类为技术指标,它是为了描述水的某一方面特性而规定的指标,如总硬度、含盐量、悬浮物等。

国家质量监督检验检疫总局发布的《火力发电机组及蒸汽动力设备水汽质量》GB/T 1214,明确规定了火力发电机组及蒸汽动力设备的水汽质量标准,各电站也都有各自的蒸汽动力设备水汽质量标准,但一般要求各电站的水汽质量标准要高于国家所规定的水汽质量标准。

三、化学监督

1. 锅炉化学监督的任务

锅炉化学监督的任务是防止水汽系统和受压元件的腐蚀、结垢和积盐,保证锅炉安全经济运行。

2. 水、汽质量监督项目

水、汽质量监督就是用仪表或化学分析法,测定各种水和汽的质量,看其是否符合标准,以便必要时采取措施。其目的就是为了防止锅炉、汽轮机及其他热力系统的结垢、腐蚀和积盐。水、汽质量监督项目主要有以下几个方面:

(1) 给水质量监督项目

为了防止锅炉给水系统的腐蚀、结垢,保证给水水质合格,必须对给水进行监督。给水质量监督的项目有硬度、含油量、溶解氧、联胺、pH 值、含铁量和含铜量等,其监督目的包含几个方面。

① 监督给水硬度是为了防止锅炉给水系统生成钙、镁水垢。

② 监督水的含油量。如果给水中含有油，则当它被带进锅炉内后，会产生以下危害：

a. 油附着在炉管管壁上，易受热分解生成一种导热系数很小的附着物，使传热阻力增大管子壁温升高，危及炉管安全。

b. 促进炉水泡沫的形成，容易引起蒸汽品质的劣化。

c. 含油的细小水滴若被蒸汽携带到过热器内，还会因生成附着物，从而导致过热器管的过热损坏。

③ 监督水的溶解氧。在加氧处理工况下，若溶解氧含量过低或过高，都会引起给水系统和锅炉省煤器的腐蚀。

④ 监督水的过剩联胺量。在铵-联胺处理工况下，应监督给水中的过剩联胺量，以确保辅助除氧的效果。

⑤ 监督水的 pH 值。在加氧处理工况下，给水 pH 值过低会造成给水系统和省煤器系统的腐蚀，过高会增加凝结水精处理系统的负担。

⑥ 监督水的含铁量和含铜量。给水中的铜和铁腐蚀产物的含量是评价热力系统金属腐蚀情况的重要依据，所以必须对其进行监督。给水中全铁、全铜的含量高，不仅证明系统内发生了腐蚀，而且还会在炉管中生成铁垢和铜垢。

（2）蒸汽质量监督项目

蒸汽质量监督的目的是为了寻找蒸汽品质劣化的原因，判断蒸汽携带物在过热器中的沉积情况。监督项目主要是含钠量和含硅量。

① 含钠量。由于蒸汽中的盐类成分主要是钠盐，蒸汽含钠量可代表含盐量，所以含钠量是蒸汽监督指标之一。为了随时掌握蒸汽汽质的变化情况，还应投入在线检测仪表，进行连续测量并自动记录下来。

② 含硅量。若蒸汽中的硅酸含量超标，就会在汽轮机内，特别是在汽轮机的低压缸内沉积难溶于水的二氧化硅附着物，对汽轮机的安全运行有较大影响，所以，含硅量也是蒸汽汽质指标之一。

（3）凝结水质量监督项目

凝结水监督的项目主要是指硬度和溶解氧。其监督的目的在于：

① 对凝结水硬度的监督是为了掌握凝汽器的泄漏和渗漏情况。当凝结水硬度持高不下时，应及时采取相应措施，以防凝结水中的钙、镁离子大量进入锅炉系统。

② 对溶解氧的监督，是为了防止凝结水系统的腐蚀。凝结水溶解氧高的主要原因是从凝汽器或凝结水泵不严密处漏入空气。凝结水溶氧较大时会引起凝结水系统的腐蚀，使进入锅炉给水系统的腐蚀产物增多，影响水质、汽质。

对凝结水处理系统的监视，除正常监督凝结水质量外，还应监督凝结水经过处理后的凝结水质量。其监视的主要项目有：硬度、电导率、二氧化硅含量、含钠量、含铁量、含铜量等。其监视的目的是掌握凝结水处理装置的运行状态，以保证送往锅炉的水质良好。

3. 锅炉化学监督对管排、管材的要求

锅炉化学监督对管排、管材的具体要求如下：

① 锅炉制造厂供应的管排、管材及其部件、设备均应经过严格的清扫，内部不允许有存水、泥污和明显的腐蚀现象。

② 管子开口处均应用牢固的罩子封好。

③ 重要的部件和管排，应采取充氮气相缓蚀剂等保护措施。

④ 安装单位应按规定进行验收和保养。

⑤ 锅炉没有投入生产前，应对各受热面管排及管道系统做好停用保护、化学清洗和蒸汽吹扫等工作。

⑥ 管材、管排及设备部件封闭的密封罩，在施工前方可开启。

⑦ 汽包炉汽包内部汽水分离装置和清洗装置，出厂前应妥善包装、保管和防护，防止运输中碰撞变形，造成雨淋而发生腐蚀。

4. 锅炉化学监督对水质的要求

锅炉化学监督对水质有以下要求：

① 锅炉部件制造完毕进行水压试验后，应将存水排净、吹干，并要采取防腐措施，严禁锅炉水压试验后，不符合水质指标的存水进入锅炉水循环系统。

② 禁止锅炉进入质量不符合标准要求的水。

③ 机组不具备可靠化学水处理条件时，禁止启动锅炉。

④ 额定蒸汽压力为 9.8 MPa 及以上锅炉整体水压进行试验时，应采用除盐水，水质应满足三点要求：一是氯离子含量小于 0.2 mg/L；二是联氨或丙酮肟含量为 200～300 mg/L；三是 pH 值为 10～10.5(用氨水调节)。

5. 锅炉化学监督对新安装锅炉的要求

新安装的锅炉应进行化学清洗，清洗的范围按电力行业标准 DL/T889《电力基本建设热力设备化学监督导则》的规定执行，具体要求如下：

① 过热器整体清洗时，应有防止垂直蛇形管产生汽塞、铁氧化物沉淀和奥氏体钢腐蚀的措施。

② 未经清洗的过热器、再热器应进行蒸汽加氧吹洗。

③ 锅炉经化学清洗后，一般还应进行冷态冲洗和热态冲洗。

④ 新建锅炉化学清洗后应采取防腐措施，并尽可能缩短至锅炉点火的间隔时间，一般不应超过 20 d。

6. 锅炉化学监督对停用锅炉的要求

锅炉停止运行备用时，应按电力行业标准《火力发电厂停(备)用热力设备防锈蚀导则》DL/T956 的要求，采取有效的保护措施，具体要求如下：

① 采用湿法防腐时，冬季应有防冻措施。

② 锅炉安装、试运行阶段应按《电力基本建设热力设备化学监督导则》搞好化学监督。

7. 锅炉化学监督对锅炉使用单位的要求

锅炉运行单位应按电力行业标准《化学监督制度》SD246 和《火力发电厂水汽化学监督导则》DL/T561 的规定做好各项工作，具体要求如下：

① 建立加药、排污及取样等监督制度。

② 保持正常的锅内、炉外水工况。

③ 健全锅炉化学监督的各项技术管理制度和各种技术资料。

④ 进行热化学试验和汽水系统水质查定。

⑤ 努力降低汽水损失。

⑥ 水汽取样装置探头的结构型式和取样点位置应保证取出的水、汽样品具有足够的代表性，并应经常保持良好的运行状态（包括取样水温、水量及冷却器的冷却能力），以满足仪表连续监督的需要。

⑦ 锅炉采用喷水减温时，减温水质量应保证减温后的蒸汽钠离子、二氧化硅和金属氧化物的含量均符合蒸汽质量标准。

⑧ 饱和蒸汽中所含盐类在过热器管内聚集会影响过热器的安全运行，必要时应安排过热器反冲洗。

8. 锅炉化学监督对运行锅炉的要求

对运行锅炉化学清洗，应按电力行业标准《火力发电厂锅炉化学清洗导则》SD135 规定执行，具体要求如下：

① 应定期割管检查受热面管子内壁的腐蚀、结垢、积盐情况。

② 当受热面沉积物（按酸洗法计算）达到规定数值时，或锅炉化学清洗间隔时间超过表 1－17 中规定的极限值时，应安排锅炉的化学清洗。以重油作燃料的锅炉和液态排渣炉，应按高一级蒸汽参数标准要求。

表 1－17　锅炉化学清洗间隔

锅炉类型	工作压力（MPa）	沉淀物（g/m^2）	清洗间隔（年）
汽包锅炉	＜5.88	600～900	12～15
	5.88～12.64	400～600	10
	≥12.7	300～400	6
直流锅炉		200～300	4

③ 为防止锅炉的酸性腐蚀，当锅水 pH 值低于标准时，应查明原因采取措施。

④ 凝汽器有漏泄时应及时消除，并密切注意给水品质。一旦发现水冷壁向火侧内壁有腐蚀迹象时，应采取预防进一步发展为氢脆的措施。

⑤ 胀接锅炉锅水中的游离 NaOH 含量不得超过总含盐量（包括磷酸盐）的 20%。为了防止锅炉的碱性腐蚀，当采取协调磷酸盐处理时，锅水钠离子与磷酸根离子的比值，一般应维持在 2.5～2.8。

⑥ 采用酸洗法进行锅炉化学清洗时，应注意不锈钢部件（如节流圈、温度表套、汽水取样装置等）的防护，防止不锈钢的晶间腐蚀。

四、汽包炉提高蒸汽品质的途径

对于汽包炉，要获得洁净的蒸汽，除了对给水进行严格的炉外水处理，保证给水的品质，以从根本上减少带入锅炉的杂质数量外，还应针对蒸汽被污染的原因和具体影响因素，从以下几方面来提高蒸汽品质：一是进行汽水分离。即在汽包内装设汽水分离设备，以减少蒸汽对水分的机械携带。二是装设蒸汽清洗装置对蒸汽进行清洗，以减少蒸汽对盐分的选择性携带。三是进行锅炉排污，降低锅水的含盐量。四是锅内补充处理。

（一）汽水分离

在汽包内装设汽水分离设备进行汽水分离，可以显著地减少饱和蒸汽对水分的机械携带，提高蒸汽品质。

1. 汽水分离的基本原理

汽包内的汽水分离，起作用的是以下几种原理：

（1）重力分离

利用汽与水的密度不同，在重力作用下使水与汽分离。这种分离作用只要汽水混合物在一定高度的空间中，由下向上流动，就能自然地进行分离，故又称为自然分离。在汽包内，饱和蒸汽从蒸发面向汽包顶部引出管流动的过程中，就利用了这种分离作用使较大的水滴从蒸汽中被分离下来。

（2）离心分离

利用汽水混合物作旋转运动时产生的离心力进行分离。

（3）惯性分离

利用汽水混合物改变流向时产生的惯性力进行分离。

（4）水膜分离

当蒸汽带着水滴沿金属壁面流动时，水滴因附着力比蒸汽强，就会粘附在金属壁面上，形成水膜而与蒸汽分离。

锅炉在实际运行中，一般不是简单地只利用上述某一种作用原理，而是综合利用几种作用原理来实现汽水分离的。汽包内的汽水分离过程，通常分为两个阶段：一是粗分离阶段，又叫一次分离阶段。在这个阶段中将蒸汽中的大部分水分分离出来，并消除汽水混合物的动能。二是细分离阶段，又叫二次分离阶段。在这一阶段中，将蒸汽中的微细水滴作进一步的分离，以降低蒸汽的湿度，使之符合规定。

为保证蒸汽品质符合规定，应装设有效的汽水分离设备。对汽水分离设备性能的主要要求是：

① 分离效果要好，即分离效率要高。

② 尽可能地降低汽水混合物的动能，以减少水滴的飞溅和汽包水面的波动。

③ 能均衡汽包内的蒸汽流速，使之整体或局部的流速都不能过高，从而充分利用自然分离作用，减少蒸汽卷带水滴。

2. 汽水分离设备

现代汽包锅炉采用的汽水分离设备主要有旋流式分离器、蜗轮式分离器、波形板分离器和多孔板等几种。

（1）旋流式分离器

旋流式分离器简称旋流器，有的又称为旋风分离器或旋风子。

① 分类。旋流器有内置式和外置式两种。常用的是装设在汽包内的内置式旋流器，或

称为锅内旋流器，下面所介绍的也就是内置式的旋流式分离器。

② 结构及特点。内置式旋流器的结构，如图1－17所示。它由筒体、波形板顶盖、底板及导叶等部件组成。其主要部件是筒体，它用2～3 mm厚的钢板制成。顶盖是紧挨着筒体的上端安装的，顶盖本身是一个立式波形板分离器。在旋流器筒体下端装设底板和导向叶片，是为了使分离出的水分能较平稳地流入汽包水容积，同时防止蒸汽向下进入水容积中。为避免筒体上部的贴壁水膜被上升汽流撕破并带出水分，在筒体上端设有环形溢流通道（又叫溢流环），以便筒壁上部水膜能由此溢出并流入汽包水容积中。此外，为了防止旋流器的排水将蒸汽带入下降管，在筒底下部一般还装有托斗。

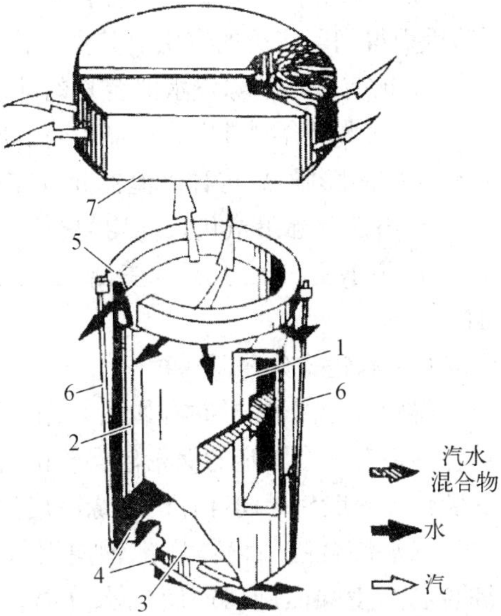

图 1－17　内置式旋流器

1—进口连接法兰　2—筒体 3—底板　4—导向叶片　5—溢流环　6—拉杆　7—波形板顶盖

在内置式旋流器的上端装设波形板分离器作为顶盖并使蒸汽径向引出，其目的是：

a. 因为筒内蒸汽旋转上升，流速是很不均匀的。但在内置式旋流器的上端装设波形板分离器作为顶盖并使蒸汽径向引出，就能使旋流器出口的汽流速度均匀，并使蒸汽平稳地流入汽包蒸汽空间。

b. 利用波形板分离器本身的分离作用进一步分离蒸汽中的水分。

c. 在旋流器的蒸汽端可增加一个阻力，使各旋流器的负荷分配比较均匀。

③ 工作原理。旋流器的工作原理是：从水冷壁出来的汽水混合物进入汽包后，通过汇流箱切向引入旋流器筒体，并在其中产生旋转运动。汽水混合物依靠离心力将大部分水滴抛向筒壁，水滴沿筒壁向下流动，经过筒体底部底板周围的导向叶片流入汽包水空间中。蒸汽则沿筒体中心旋转上升，经顶部的波形板分离器径向流出，进入汽包的蒸汽空间。蒸汽在筒体内上升的过程中，也利用重力分离作用将其中的一些水滴分离出来。蒸汽经过波形板顶盖时，靠水膜的附着力和惯性作用分离出来的水分，经其出口流至汽包水空间中。

④ 影响因素。影响内置式旋流器的分离效果的主要因素有以下两个方面：

a. 汽水混合物进入旋流器的速度。在一定范围内，速度越高，离心分离作用越强，分离效果越好。但旋流器的阻力也随之增加，而旋流器的阻力是水循环回路上升管系统阻力的一部分，因而汽水混合物进入旋流器的速度太高对水循环不利。一般推荐的内置式旋流器汽水混合物进口速度，在高压和超高压锅炉中为4～6 m/s，在中压锅炉中为5～8 m/s。

b. 内置式旋流器的个数。内置式旋流器单只出力不大，故所需旋流器的数量较多。它们在汽包内一般是沿轴线方向分两排平行布置，分为若干组，每组的几个旋流器与同一汇流箱连接。旋流器常采用交错反向布置，即相邻两个或两组旋流器内工质的旋转方向相反，以互相抵消其旋转动能，从而保持比较平稳的汽包水位面。

⑤ 优点。内置式旋流器综合利用了多种分离原理，是一种分离效果很好的一次分离设备，因而得到了广泛的应用。其主要优点是：

a. 能有效地消除汽水混合物的动能，并能允分利用动能进行汽水分离。

b. 汽水混合物进入旋流器后，汽与水成反向流动，蒸汽不从汽包水空间通过，不致引起汽包水空间膨胀，故这种旋流器允许在锅水含盐浓度较高的情况下工作。

c. 各旋流器沿汽包长度均匀布置，汽流分布也较均匀，能避免局部蒸汽流速过高。

d. 不承受内压力，只承受出入口工质间很小的压差，故可用薄钢板制成，金属耗量少，加工容易。

(2) 涡轮式分离器

涡轮式分离器的结构，如图 1-18 所示。它也装在汽包内。其结构特点是在分离器的筒体内装有一个固定的涡轮。涡轮由涡轮芯与螺旋形导向叶片(通常为 4 片)构成，涡轮的安装位置一般使导向叶片的下缘高出汽包正常水位约 30 mm。

汽水混合物由筒体底部轴向引入，经过蜗轮时，依靠螺旋形叶片的导向作用，汽水混合物产生强烈旋转而使汽水分离。水沿筒壁旋转向上，到顶部受顶盖的阻挡后从内筒与外筒之间的环形缝隙(排水夹层)中流入汽包水容积。蒸汽则由筒体中心部分旋转上升，经波形板顶盖作进一步分离后径向流出至汽包蒸汽空间。

这种分离器的分离效果与集汽短管的直径有直接的关系。若筒壁上部的水膜过厚，水环的内直径小于集汽短管直径时，则将有大量水分进入集汽短管被蒸汽带走。一般集汽短管与内筒的直径比为 0.8～0.85。

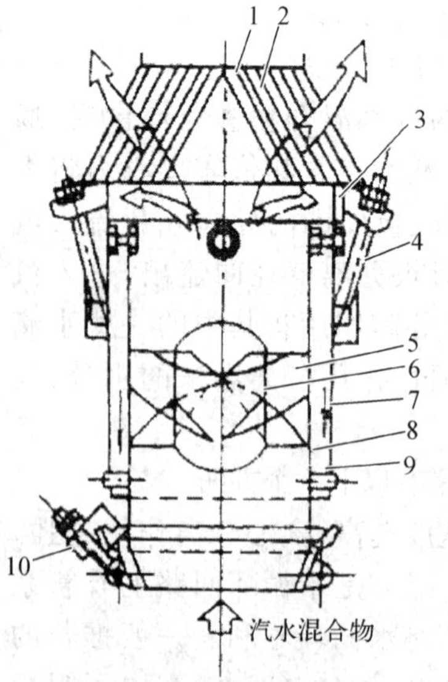

图 1-18 涡轮式分离器

1—梯形波形板顶罩 2—波形板
3—集汽短管 4、10—螺栓
5—固定螺旋形导向叶片 6—涡轮芯子
7—外筒 8—内筒
9—排水夹层

这种分离器同样具有很高的分离效率，但其阻力较大。涡轮式分离器目前用于我国部分引进技术生产的锅炉上。如 SG-1025/18.3 型控制循环锅炉的汽包内，即采用了 56 只涡轮式分离器。

(3) 波形板分离器

波形板分离器是由许多压制成的波形薄钢板保持一定的间距(约 10 mm)平行组装而成，如图 1-19 所示。固定波形板的边框用薄钢板或角钢制成。

汽水混合物进入汽包经过粗分离以后，蒸汽中仍带有许多细小水滴。细小的水滴因其质量轻，很难利用重力和离心力将其从蒸汽中分离出来，而利用附着力(粘附力)作用进行分离则效果较好。波形板分离器主要就是根据这种作用原理工作的。蒸汽流进波形板分离器时，被分成许多股汽流，在波形板之间作曲折流动的过程中，蒸汽中的水滴由于惯性力作用不断地碰撞波形板，并粘附于波形板壁面上形成水膜，而水膜又能粘附住蒸汽中的细小水滴，水膜沿波形板的板壁向下流动，在波形板的下端形成较大的水滴而落入汽包水容积中。所以，这种

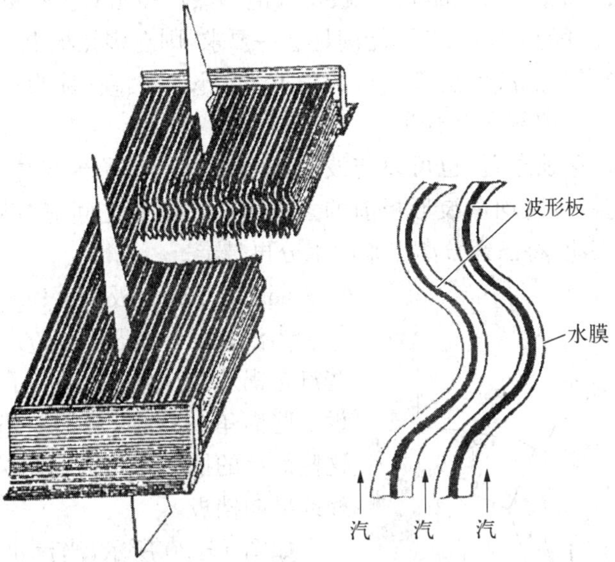

(a) 组装图 (b) 分离原理

图 1-19 波形板分离器

分离器能够聚集和除去蒸汽中带有的微细水滴，在高压以上的大容量锅炉中普遍用来作为细分离设备。

波形板分离器的分离效果与分离器中的蒸汽流速有很大关系。蒸汽流速不能过高，否则会将波形板上的水膜撕破，并将水滴带走，分离效果大大降低。此外，波形板分离器的疏水是否畅通对它的分离效率也有较大的影响。

波形板分离器可以水平布置，也可以立式布置。在水平波形板分离器中，蒸汽与水膜成平行相对流动。水平波形板分离器常与多孔板组装在一起布置在汽包内的顶部。在立式波形板分离器中，蒸汽与水膜成垂直交叉流动。立式波形版分离器常与内置式旋流器或涡轮式分离器联合布置并作为其顶盖。它单独布置时所占的空间位置较大。立式波形板分离器由于其汽、水流向互相垂直，蒸汽流不易撕破水膜，故其分离效果较好，允许的蒸汽流速也可较高。

(4) 顶部多孔板

在汽包内顶部饱和蒸汽引出管之前，通常装一多孔板，称为顶部多孔板(也叫集汽孔板或均汽孔板。

顶部多孔板一般是用 3～4 mm 厚的钢板制成，其上均匀地钻有许多小孔，孔径一般为 10 mm 左右。

装设顶部多孔板的目的是利用孔板的节流作用，使蒸汽沿汽包水平截面分布均匀，避免局部蒸汽流速过高而带水，改善重力分离的效果；同时它还能阻挡一部分小水滴，起到一定的细分离作用。

顶部多孔板的蒸汽穿孔速度要求不能过低，以对汽包各处的上升汽流产生一定的附加流动阻力。只有这样，才能促使汽包蒸汽空间各处的上升汽流速度均匀。为了防止汽包顶部因大量蒸汽被抽出而影响蒸汽品质，一般要求饱和蒸汽引出管入口处的蒸汽速度不得超过多孔板蒸汽穿孔速度的70%。若不能满足这一要求，则在多孔板上正对蒸汽引出管入口的部位可不开孔，或者在蒸汽引出管入口的正下方装设一挡板(称为盲板)，使上升蒸汽只能绕过盲板才能流进饱和蒸汽引出管。

顶部多孔板可以单独布置，也可以与波形板分离器一起配合布置。配合布置时，通常多孔板装在上面，这样可以均衡波形板前的蒸汽负荷。两者之间应保持一定的距离，以免穿过多孔板的高速汽流，将已经分离出来的水分再带走。

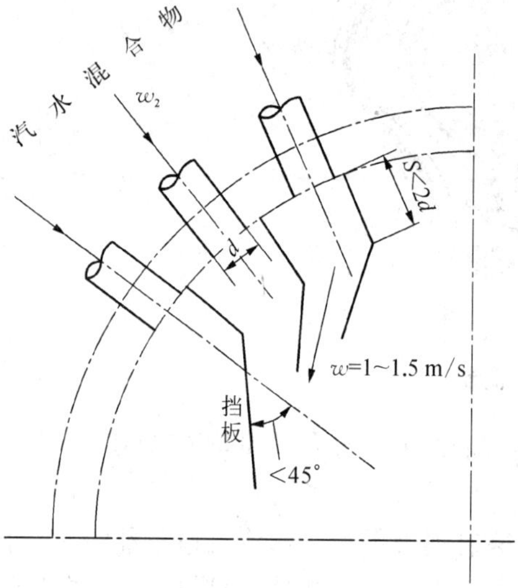

图1-20　简单分离器

(5) 简单分离板

当汽水混合物从汽包的蒸汽空间引入时，一些汽包锅炉在汽包内汽水混合物引入管管口处装设一些简单的挡板，从而对汽水进一步地分离。这些简单的挡板就称为简单分离板，也叫进口挡板或导向挡板。

如图1-20所示，当汽水混合物与简单分离板碰撞时，借助惯性力的作用，可使蒸汽中的一些水滴粘附于挡板上形成水膜，水膜向下流入水空间，实现汽水分离；同时，在蒸汽转向流动过程中，又能将一些水滴甩出而再次进行分离。所以，简单分离板不但可以进行汽水分离，而且还可以减弱汽水混合物的动能，减少水滴的飞溅，避免蒸汽二次带水。为了实现这种功能，要求简单分离板与汽流中心线之间的夹角应小于45°，蒸汽流速也不能太高，一般为1～1.5 m/s。

需要说明的是，现代汽包锅炉的汽包中，虽然不一定装有单独的简单分离板，但在某些分离元件上却体现了这种分离板的分离作用。

(二) 蒸汽清洗

1. 蒸汽清洗的目的和原理

汽水分离设备只能降低蒸汽机械携带的盐量，而无法减少蒸汽溶解携带的盐量。高参数蒸汽具有直接溶解盐分的能力，因此对于高压以上的锅炉只采用汽水分离的方法，是不能满足其对蒸汽品质的要求的，这就要求必须对蒸汽进行清洗。

(1) 蒸汽清洗的目的

蒸汽清洗简单地讲就是用清洗水(给水)清洗蒸汽。也就是使蒸汽与清洁的给水相接触，用给水去清除溶解在蒸汽中的盐分，从而减少蒸汽的选择性携带。蒸汽清洗的目的是减少直接溶解于蒸汽中的盐分，提高蒸汽的品质。

(2) 蒸汽清洗的原理

蒸汽清洗是利用给水与锅水之间含盐浓度有很大的差别，根据自由扩散的原理来实现的。锅炉正常运行时，锅炉给水连续不断地送至清洗孔板上，并在清洗孔板上形成一定厚度的水层。由水冷壁产生的蒸汽进入汽包经旋流器进行粗分离后，从清洗孔板下面的空间向上流动，穿过清洗孔板上的小孔，在清洗孔板上与给水接触，由于给水的含盐浓度比蒸汽小，则含盐浓度较高的蒸汽在清洁的清洗水层中发生物质扩散，使溶解在蒸汽中的盐分扩散到清洗水中，从而减少了直接溶解于蒸汽中的盐分。

需要说明的是，蒸汽清洗减少了蒸汽中的盐分，同时也减少了蒸汽机械携带的盐量。这是因为蒸汽清洗前蒸汽带出的是含盐浓度很高的锅水水滴，而清洗后蒸汽带出的则是比锅水清洁得多的清洗水水滴，所以，进行蒸汽清洗后，蒸汽的带盐量将显著减少，从而可以获得较清洁的蒸汽。

综上所述，蒸汽清洗就是利用锅水与给水的含盐浓度差来提高蒸汽品质，并依靠蒸汽在清洗水层中的物质扩散作用，使溶解在蒸汽中的盐分部分地转溶于清洗水中，从而减少溶解在蒸汽中的盐分。

2. 蒸汽清洗装置的结构

目前蒸汽清洗装置广泛应用的是穿层式（或叫水层式）。这种蒸汽清洗装置又分为钟罩式和平孔板式两种。

（1）钟罩式穿层清洗装置

如图 1－21(a)所示，钟罩式穿层清洗装置由槽形清洗板（或叫清洗槽）和钟形顶罩两部分组成。清洗槽上没有开孔，顶罩的部分板面上则开有一些小孔。相邻两块清洗槽之间的空隙正好被顶罩的未开孔部分所盖住，蒸汽不会直通上部蒸汽空间，而只能从此空隙进入清洗装置，在清洗槽与顶罩之间经两次转弯，穿过清洗水层及顶罩上的小孔，然后离开清洗装置。

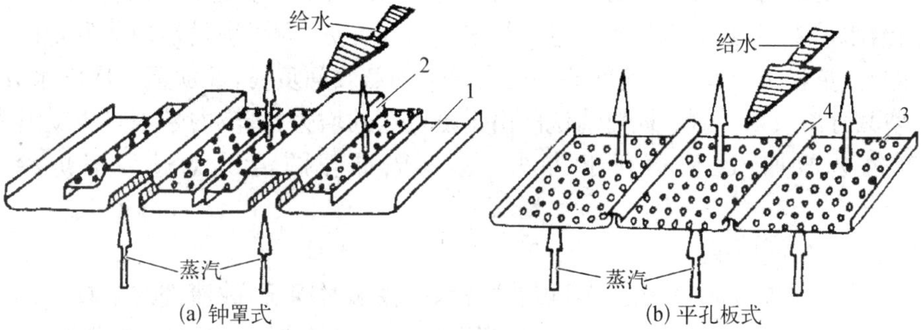

图 1－21　蒸汽穿层清洗装置

1—槽形清洗板　2—钟形顶罩　3—平孔板清洗板　4—U 形卡

实际运行证明，钟罩式穿层清洗装置工作可靠，效率也较高，但其结构比较复杂，阻力也较大，而且由于受开孔面积的限制，清洗面积较小，即蒸汽与清洗水的有效接触面积较小。

（2）平孔板式穿层清洗装置

如图 1－21(b)所示，平孔板式穿层清洗装置的清洗板是平孔板，即它由若干块平孔板组成，相邻平孔板之间用 U 形卡连接。在平孔板的四周焊有溢流挡板，以形成一定厚度的水层。平孔板用 2～3 mm 厚的薄钢板制成，其上钻有许多 5～6 mm 的小孔，开孔数根据平孔板小孔中流过的蒸汽流速的大小而定。

为了不会使清洗水从清洗板的小孔中漏下，必须保证清洗板上、下具有足够的压差来克服水的自重，亦即必须保证蒸汽具有一定的穿孔速度，以把水托住。但是蒸汽穿孔速度也不能过高，以免造成蒸汽大量携带清洗水。

这种清洗装置有两种给水方式，可以从清洗板的一端引入，也可以从中间引入，然后由两端流入汽包的水容积中。

平孔板式穿层清洗装置的结构简单，阻力损失小，清洗面积较大，清洗效果较好，故在高参数汽包锅炉中得到广泛应用。

3. 影响蒸汽清洗效果的因素

影响蒸汽清洗效果的主要因素是清洗水的品质和清洗水层厚度。

(1) 清洗水的品质

清洗水的品质越好，则清洗后蒸汽所带的盐分越少，清洗效果就越好。

清洗水的品质取决于清洗水的数量、给水的品质。清洗水量适中、给水品质越高，则清洗水的品质就越好。

当用给水作为清洗水时，清洗水的含盐量并不等于给水的含盐量。因为给水在引入清洗装置后与带盐的蒸汽接触，其含盐量会逐渐增加；当它离开清洗装置流入汽包水容积时，其含盐量增加到最大值。清洗水的含盐量一般取给水含盐量与清洗之后水的含盐量的平均值。

给水可以全部作为清洗水，也可以部分作为清洗水。给水全部作为清洗水时，清洗水的含盐浓度较小，清洗水的品质提高。但在高压以上的锅炉中一般都只采用部分给水作为清洗水，其余部分给水则直接引至汽包内下降管入口。这主要是因为高压以上锅炉的给水一般都具有一定的欠焓，当蒸汽穿过有欠焓的水层时，必有部分蒸汽发生凝结。所以作为清洗水的给水量越多，则蒸汽的凝结量也越多。由此可见，为了满足锅炉蒸发量的需要，锅炉的实际产汽量就必须增加。这就势必增大汽包的蒸发面负荷，并加重一次汽水分离设备的负担，使其分离效果变差。同时清洗前由于蒸汽量的增大，蒸汽的带水量也就增大，蒸汽的含盐量也会增加，这是不利于清洗的。一般推荐的清洗水量为锅炉给水量的40%～50%。

(2) 清洗水层的厚度

当清洗水层厚度太薄时，由于蒸汽与清洗水的接触时间短，故清洗效果较差；但当清洗水层过厚时，对改善清洗效果并不显著，反而可能使蒸汽的带水量增加，造成蒸汽含盐量增大，这对清洗也是不好的。所以，理想的的水层厚度应为50～70 mm。

需要说明的是，当锅炉给水品质良好，即给水带入锅炉的盐量很少，不进行蒸汽清洗也能满足蒸汽品质的要求时，在汽包内也可不装设蒸汽清洗装置。例如亚临界压力汽包锅炉，造成蒸汽被污染的原因主要是蒸汽带水和亚临界压力蒸汽对硅酸的直接溶解，蒸汽清洗的作用已不大，故很少采用蒸汽清洗装置。提高其蒸汽品质的办法主要是依靠提高给水品质和采用高效率的汽水分离设备来实现的。

(三) 锅炉排污

锅炉为什么要排污呢？其原因：一是进入汽包的给水无论多么清洁，总会带有一些盐分；二是当在锅水进行加药处理后，锅水中的结垢性物质会生成水渣；三是锅炉金属腐蚀，也会产生一些腐蚀产物。锅炉运行中，这些杂质只有少部分被蒸汽带走，而绝大部分会留在锅水中。随着锅水的不断蒸发浓缩，这些杂质的含量会逐渐增多，锅水的含盐浓度和水渣浓度也就不断增大，这不但会影响蒸汽品质，而且还会造成受热面结垢和腐蚀，影响锅炉的安全运行。因此必须将一部分含盐和含水渣浓度大的锅水排掉，才能保证锅水中杂质的含量维持在允许的范围内，从而保证蒸汽的品质。所以，锅炉排污是提高蒸汽品质的一个重要方法。

1. 锅炉排污的定义及分类

(1) 锅炉排污的定义

锅炉运行中，排出一部分含盐浓度大或含水渣浓度大的锅水的现象，叫做锅炉排污。

(2) 锅炉排污的分类及目的

锅炉排污分为定期排污和连续排污两种。

定期排污的目的是定期排除锅水中不溶解的沉淀杂质——水渣。定期排污的地点应选在沉淀杂质聚积最多的地方，即水渣浓度最大的部位。这一部位一般是在蒸发设备系统的最低部位——水冷壁下联箱。定期排污量的多少及间隔时间，主要视水汽品质由电厂化学部门来确定。当补给水量很大、水质较差时，排污量较大，排污的次数就较多；若补给水的水质较好，则排污量可以减小，排污的间隔时间也可加长。

连续排污的目的是连续排除锅水中溶解的部分盐分，使锅水的含盐量保持在规定的范围内，并维持一定的锅水碱度。连续排污的部位应在锅水含盐浓度最大的部位——通常是在汽包蒸发面附近。连续排污也能排出一些细小水渣和悬浮物等。连续排污管布置在汽包内的蒸发面附近，排污管上沿长度方向均匀地开有一些小孔，排污水即从小孔流入排污管，然后通过引出管排走。引出管上装有流量孔板和调节阀门等。连续排污量的大小是由调节阀门的开度控制，调节阀门的开度是由化学部门根据水汽品质来确定。

2. 盐量平衡关系及排污率

(1) 盐量平衡关系

锅炉排污量的大小应满足锅炉的盐量平衡关系。所谓盐量平衡关系是指当锅水含盐量保持定值时，给水带入锅炉的盐量应等于蒸汽从锅炉带出的盐量与排污水从锅炉带出的盐量之和。只要锅炉的排污量能满足这一平衡关系，锅水含盐浓度就能维持在规定的范围内。

根据盐量平衡关系可以确定锅炉排污量的大小。以 D、G_{gs}、G_{ps}表示锅炉的蒸发量、给水量和排污量，其单位是 kg/h；以 S_q、S_{gs}、S_{ps}、S_{ls}表示蒸汽、给水、排污水和锅水的含盐量，其单位是 mg/kg，则盐量平衡关系可用下式表示：

$$G_{gs}S_{gs} = DS_q + G_{ps}S_{ps}$$

因为

$$G_{gs} = D + G_{ps} \quad S_{ps} = S_{ls}$$

所以

$$(G + G_{ps})S_{gs} = DS_q + G_{ps}S_l$$

因此

$$G_{ps}=\frac{D(S_{gs}-S_q)}{S_{ls}-S_{gs}}$$

由于蒸汽带走的盐量与锅水的含盐量相比很小，即 S_q 的数值很小，若将其忽略不计，则上式可简化为下式：

$$G_{ps}=\frac{DS_{gs}}{S_{ls}-S_{gs}}$$

(2) 排污率

排污量的大小通常用排污率来表示。所谓排污率是指排污量占锅炉蒸发量的百分数，用字母 p 表示。其计算公式为

$$p=\frac{G_{ps}}{D}\times 100\%=\frac{S_{gs}}{S_{ls}-S_{gs}}\times 100\%$$

由此式可知，锅炉排污率的大小主要与给水品质和锅水品质有关。降低给水含盐量和提高排污水的含盐量，均可减少锅炉的排污率；反之，则排污率增大。

在锅水含盐量一定的情况下，提高给水品质，即降低给水含盐量，可以降低排污率，从而可以减少因排污造成的热量损失和工质损失。但排污率过低，会导致锅水含盐量逐渐增大，结果还会使蒸汽品质恶化。

在不提高给水品质的情况下，降低锅水含盐量，也可以提高蒸汽品质，但这必须要通过加大排污率才能实现，结果使排污损失增大。

由以上分析可知，为了保证蒸汽的品质，排污率不能太小；而同时为了不过分增加排污损失，以免影响电厂热效率，排污率也不能太大，所以应对排污率加以限制。我国规定锅炉最大允许排污率如表 1－18 所示。

表 1－18　电厂锅炉最大允许排污率(%)

补给水类别	凝汽式电厂	热 电 厂
除盐水或蒸馏水	1	2
软化水	2	5

为了防止锅内聚集水渣等杂质，锅炉最小排污率不应小于 0.3%。在锅炉运行中，实际所需的排污率应根据水质分析结果来确定。

(四) 锅内水处理

由于水处理技术的不断提高，目前在发电厂中已能获得质量很高的化学净水。但是，对于大容量锅炉，在受热面蒸发强度很高的情况下，锅水中的钙、镁离子的浓度，仍可能达到很大的数值，从而引起蒸发受热面管内结垢。为了防止这种现象的发生，现在广泛采用对锅水进行锅内补充处理的措施，这种处理即是锅内水处理。其原理是在锅水中加入一些专用的药剂，这些药剂的阴离子与给水中的钙、镁离子发生化学反应，从而生成难溶且不易粘附在受热面上的泥浆状沉淀物。这些沉淀物在锅炉排污的作用下，随着排污水而被排出

炉外。

锅炉锅内水处理常用的药剂是磷酸三钠 Na_3PO_4。它能使锅水中的钙、镁离子与磷酸根离子发生化学反应，生成难溶的磷酸钙和磷酸镁沉淀物。其化学反应式为：

$$3CaSO_4 + 2Na_3PO_4 \longrightarrow Ca_3(PO_4)_2 + 3Na_2SO_4$$

$$3MgSO_4 + 2Na_3PO_4 \longrightarrow Mg_3(PO_4)_2 + 3Na_2SO_4$$

在发电厂，上述磷酸盐处理的系统示意图如 1－22 所示。磷酸三钠是预先配制好的磷酸盐溶液，用单独的活塞式小容量加药泵直接送至汽包内的加药管。加药管上沿长度方向均匀地开有很多向下的小孔，药液即由小孔流入锅水中。考虑到加药后可能形成分散的磷酸盐泥渣，造成锅水表面起泡沫，故加药管不能装在靠近水位的地方，而应装在汽包水容积的下部下降管附近。需要说明的是对于大型的控制循环汽包炉，其加药的位置是在混合水箱处。

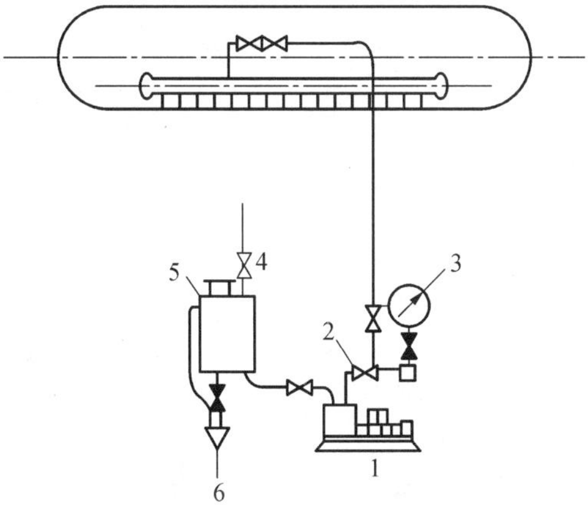

图 1－22　采用活塞式加药泵的锅内水处理系统

1—活塞式加药泵　2—止回阀　3—压力表　4—凝结水泵
5—配药箱　6—配药箱的排水管

复习思考题

1. 我国开展锅炉等特种设备安全工作的法律和技术依据是什么？
2. 简述火力发电厂的能量转化过程及你熟悉的火力发电厂的生产过程。
3. 锅炉的主要技术、经济和安全指标分别是哪些？
4. 解读锅炉型号：SG－3099/27.46－605/603－M545。
5. 根据锅炉的不同分类方式，解释你熟悉或你工作的锅炉分别属于哪种类型。
6. 煤的分析方法有哪几种？试简要分析煤的每种组成成分是如何影响锅炉的安全经济运行的？
7. 影响煤粉爆炸的因素有哪些？常采用的防止措施有哪些？

8. 煤粉在锅炉内完全燃烧的必要条件是什么？强化煤粉气流在锅炉内安全燃烧的措施有哪些？

9. 如何计算过量空气系数和漏风系数？计算漏风系数的目的是什么？

10. 锅炉的各项经济小指标有哪些？如何对锅炉进行热经济性分析？

11. 锅炉的安全附件有哪些？它们是如何保证锅炉安全运行的？

12. 锅炉的自动控制与保护装置决定了锅炉的安全性和经济性，它的作用主要有哪些？

13. 简述你所熟悉的锅炉的连锁保护系统和自动控制系统的种类和功能？

14. 简述电站锅炉受压元件使用材料的基本要求。

15. 简述锅炉水处理及化学监督的目的和任务。

16. 分别简述汽包炉和直流炉造成蒸汽被污染的原因及提高蒸汽品质的途径。

第二章　电站锅炉典型炉型

蒸汽锅炉按照水或水蒸气循环动力的不同，分为自然循环锅炉、控制循环锅炉、直流锅炉和复合循环锅炉，后三种锅炉统称为强制流动锅炉。

自然循环锅炉是指依靠炉外不受热的下降管中的水与炉内受热的上升管中的汽水混合物之间的密度差推动汽水循环的锅炉。

控制循环锅炉是指依靠下降管和上升管之间装设的锅水循环泵的压头推动水循环的汽包锅炉。

直流锅炉是指在给水泵压头作用下，水和汽水混合物按顺序一次通过加热、蒸发和过热，从而产生符合规定参数的蒸汽的锅炉。

复合循环锅炉是指依靠锅水循环泵的压头将蒸发受热面出口的部分或全部汽水混合物进行再循环的锅炉。它包括全部负荷下需投入锅水循环泵运行的全负荷复合循环锅炉，以及在低负荷下投入锅水循环泵运行，而高负荷时按直流工况运行的部分负荷复合循环锅炉。由于复合循环锅炉在我国使用极少，这里不作介绍。

第一节　自然循环锅炉

自然循环锅炉的显著结构特点是有汽包。在自然循环锅炉中，汽包、下降管、下联箱、蒸发受热面（有的还包括上联箱和汽水导管）构成水循环回路。下降管布置在炉外，不受热。蒸发受热面由布置在炉内的水冷壁管组成，也称之为上升管。上升管内汽水混合物的密度比下降管内水的密度小得多，工质（指锅炉内的水和汽水混合物，下同）正是依靠这种密度差而产生的动力保持循环流动的，不需消耗外力，所以叫自然循环。

链条炉及垃圾焚烧锅炉在电站锅炉总量中所占比例很小，这里仅对 35 t/h 链条炉和垃圾焚烧锅炉的主要特点作一介绍。

一、35 t/h 链条炉及垃圾焚烧锅炉

链条炉属层燃锅炉，早期在我国小电厂中有应用，目前主要应用在少数自备热电厂和工业锅炉中。垃圾焚烧锅炉在严格意义上讲应属于链条炉。随着我国环保事业的发展、工业垃圾和生活垃圾的处理的升级，近年来，垃圾焚烧锅炉在我国发展较快。

（一）35 t/h 链条炉

链条炉的显著特点是有一个可供固体燃料分层堆放，并在其上进行燃烧的炉排。在层

燃过程中绝大部分燃料在炉排上燃烧，只有一小部分细小颗粒煤被气流吹到炉膛中进行悬浮燃烧。链条炉与室燃炉相比，所燃用的燃料不需要特殊地磨细加工，只需对原煤进行粗碎或分选。

1. 链条炉的结构

35 t/h 链条炉是比较成熟的链条炉型。该类锅炉额定蒸发量 $D_e=35$ t/h；过热蒸汽压力主要有 3.9 MPa 和 4.5 MPa 两种。其主要结构如图 2－1 所示。它由本体设备及辅助设备组成。本体设备包括燃烧系统和汽水系统。汽水系统由汽包、水包、水冷壁、过热器、省煤器等组成；燃烧系统主要包括炉排、炉膛、抛煤机等。辅助设备包括碎煤设备、输煤设备、送风机、引风机等。

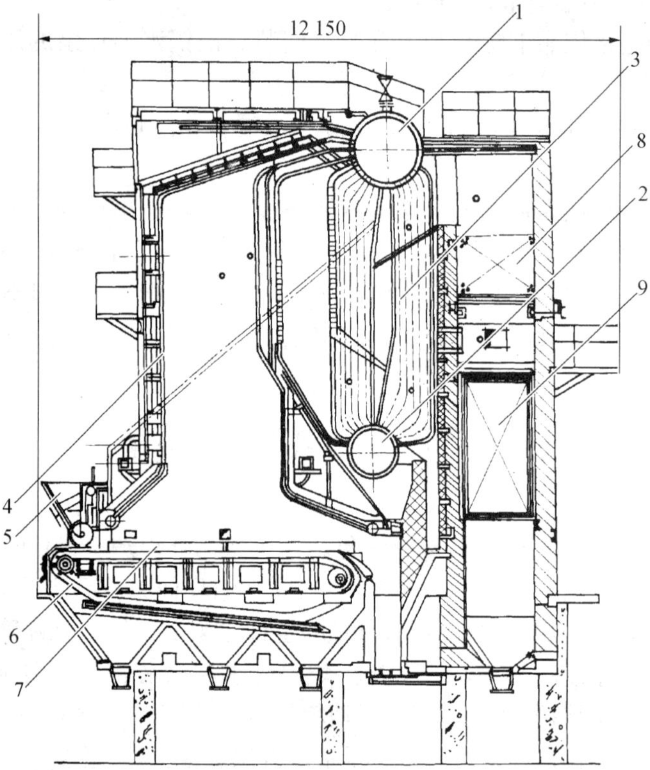

图 2－1　35 t 双锅筒链条锅炉图

1—汽包　2—水包　3—排管　4—水冷壁　5—煤斗　6—炉排　7—防焦箱　8—省煤器　9—空气预热器

2. 链条炉的特点

35 t/h 链条炉具有以下特点：

① 锅炉本身设计为双锅筒、链条炉排，结构紧凑，受热面积大，出力足、安全可靠。

② 炉膛内设有旋风燃尽室，降低了烟气含尘量，能使炽热的炭黑粒子进一步燃烧，提高锅炉热效率，降低烟气黑度，烟气排放浓度达到一类环保地区要求。同时由于烟气中一部分直径较大的灰粒在旋风燃尽室被分离出来，使进入对流管束的烟气含尘浓度降低，减轻了对流受热面的磨损，延长了锅炉的使用寿命。

③ 炉排采用鳞片式炉排和边炉排等技术，大大提高了锅炉运行的可靠性。

④ 采取密封型风室，双侧进风，炉排调风装置采用机械加工的锥面密封结构，因而提高了炉排调风的灵敏度。

⑤ 由于锅炉只需单层布置，锅炉房造价降低50%以上，锅炉房投资节约40%以上。

⑥ 可配套先进的分层燃烧装置及其他节能设备。

链条炉工作中，燃料从煤斗落到缓慢移动的炉排上，并且在运动中进行着火、燃烧的全过程，最后灰渣落入渣斗中。抛煤机链条炉是在链条炉的基础上发展而来的，是为了进一步增大链条炉的容量和效率。抛煤机的作用是把燃料均匀地播散到炉排的着火层上，炉排逆向播煤方向移动。抛煤机链条炉使燃料实现了层燃和悬浮燃烧两种燃烧过程。

3. 链条炉与煤粉炉的比较

链条炉与煤粉炉相比具有以下优点：

① 炉膛容积相对较小，辅助设备少，建设投资相对较少。

② 因省掉了一套设备复杂、耗电量大的制粉设备，因而运行中的厂用电量较少。

③ 设备及受热面磨损较轻，维护费用低。

④ 低负荷运行时稳定，尤其对供热负荷峰谷差较大的热力网适应性强。

但是层燃炉也有较明显的缺点：一是层燃炉受到炉排强度的限制，炉排结构布置上有较大的困难，限制了锅炉容量不能太大；二是由于燃烧某些煤种（如无烟煤、贫煤）困难，机械未完全燃烧热损失较大，也限制了层燃炉的发展。所以我国120 t/h以上的锅炉不再采用层燃炉。

4. 链条炉的排渣装置

炉排是层燃炉的主要设备，它的作用是用来支持燃烧所用的燃料并且通过它对炉内燃烧进行配风。链条炉炉排后部装有挡渣装置，其作用是：

① 延长灰渣在炉排后部的停留时间，促进灰渣中的可燃物进一步燃烧。

② 防止灰渣斗中的冷风进入炉内。

③ 可以连续或定期排渣。

④ 防止灰渣落入炉排后轴上（炉排末端转弯部位）和炉条之间的空隙。

挡渣装置是一种自动装置，由挡渣板和老鹰铁组成。当挡渣装置火床过长，发生跑火现象时，排渣装置有被烧坏的危险，因此在运行中必须严密监视。

5. 燃烧室炉拱

炉膛也叫燃烧室，是供燃料燃烧并进行放热的空间，它被炉排、炉墙、水冷壁所包围。炉拱又叫拱墙，是炉膛下部向炉内凸出的那部分炉墙。它的作用是：促进炉内气流的混合；组织局部的辐射热，加快燃料的着火燃烧。所以，在层燃炉中，尤其在移动炉排的炉子中，拱墙得到了广泛的应用。拱墙可以分为前后拱，前拱位于前墙的下部、炉排的上方；后拱位于后墙的下部、炉排的上方。前后拱各自深入炉内形成喉口，这对炉内气流的混合十分有利。前拱的主要作用是：利用烟气和燃料燃烧放出的辐射热，向刚入炉的燃料提供高温热源，促进新入炉的燃料（煤）加速着火和燃烧。前拱的结构形状有水平式、斜面式和抛物线式。斜面式在早期的链条炉中应用较多。抛物线式引燃作用最好，但结构复杂，造价高。后拱的作用是减少火床对水冷壁的直接辐射，保持燃尽阶段所需的温度，同时与前拱配合形成喉口，促进气流混合，促进燃料燃烧。所以，后拱一般也布置得低而长。

（二）垃圾焚烧锅炉

垃圾焚烧锅炉也是层燃炉，其汽水系统和其他层燃锅炉基本一致，只是容量不同。垃圾焚烧锅炉的燃烧系统，特别是炉排，与链条炉比有较大的区别。垃圾锅炉炉排大都使用往复推饲分层供风炉排装置，主要由炉排构架、分层供风炉排片和推动装置、传动机构组成。推动装置又叫推床，其作用是按一定的顺序推动垃圾，使进入垃圾锅炉的垃圾依次被与各级炉排相配合的推床推到下一级炉排上。炉排片两侧分层开有供风槽道，并且将其2片至8片一组紧固为一体后安装。炉排上有均匀分布的小孔，用于喷出垃圾燃烧使用的一次风。这样不仅可以保证沿着燃料层不同断面上燃料燃烧所需氧量，提高燃烧效率，而且各层空气由炉排片头部射出时，也对其进行了冷却，从而避免了炉排片头部烧损问题，有效提高了炉排片的使用寿命。垃圾在被炉排推送过程中受到燃烧器、炉膛辐射热及一次风的吹烘，水分迅速蒸发，从而着火燃烧。

二、220 t/h 级高压煤粉锅炉

220 t/h 级高温高压煤粉锅炉是我国早期的成熟炉型，常安装在热电厂中，与50 MW汽轮发电机组配合使用。下面以220/9.8型锅炉为例进行介绍。

（一）锅炉主要参数

锅炉的主要参数为：额定蒸发量220 t/h，过热蒸汽压力9.8 MPa，过热蒸汽温度540℃，给水温度220℃，排烟温度134.5℃，饱和蒸汽压力11.4 MPa，饱和蒸汽温度320℃，设计效率91.72%，总燃料消耗量32.37 t/h。

（二）主要部件和设备

该锅炉整体成Ⅱ型布置，单个汽包，循环方式为自然循环，排渣方式采用固态排渣，燃料采用煤粉。其结构如图2-2所示。

该锅炉主要由汽包、水冷壁、过热器、省煤器、空气预热器等部件和燃烧设备、构架平台等组成。

1. 汽包

汽包是锅炉的主要部件之一。它的作用：一是工质加热、蒸发、过热等3个过程的连接枢纽，保证锅炉正常的水循环；二是内部有汽水分离装置和连续排污装置，保证锅炉蒸汽品质；三是有一定水量，具有一定蓄热能力，缓和汽压的变化速度；四是汽包上有压力表、水位计、事故放水装置、安全阀等设备，保证锅炉安全运行。

汽包内径一般为1 600 mm，直段长度1 100 mm。当采用19Mn6材料时，壁厚为100 mm；采用BHW35材料时，壁厚为65 mm。该锅炉汽包以40只内置式旋风分离器作为一次分离设备，以顶部多孔板和波形板分离器作为二次分离设备，同时采用穿层式蒸汽清洗装置。

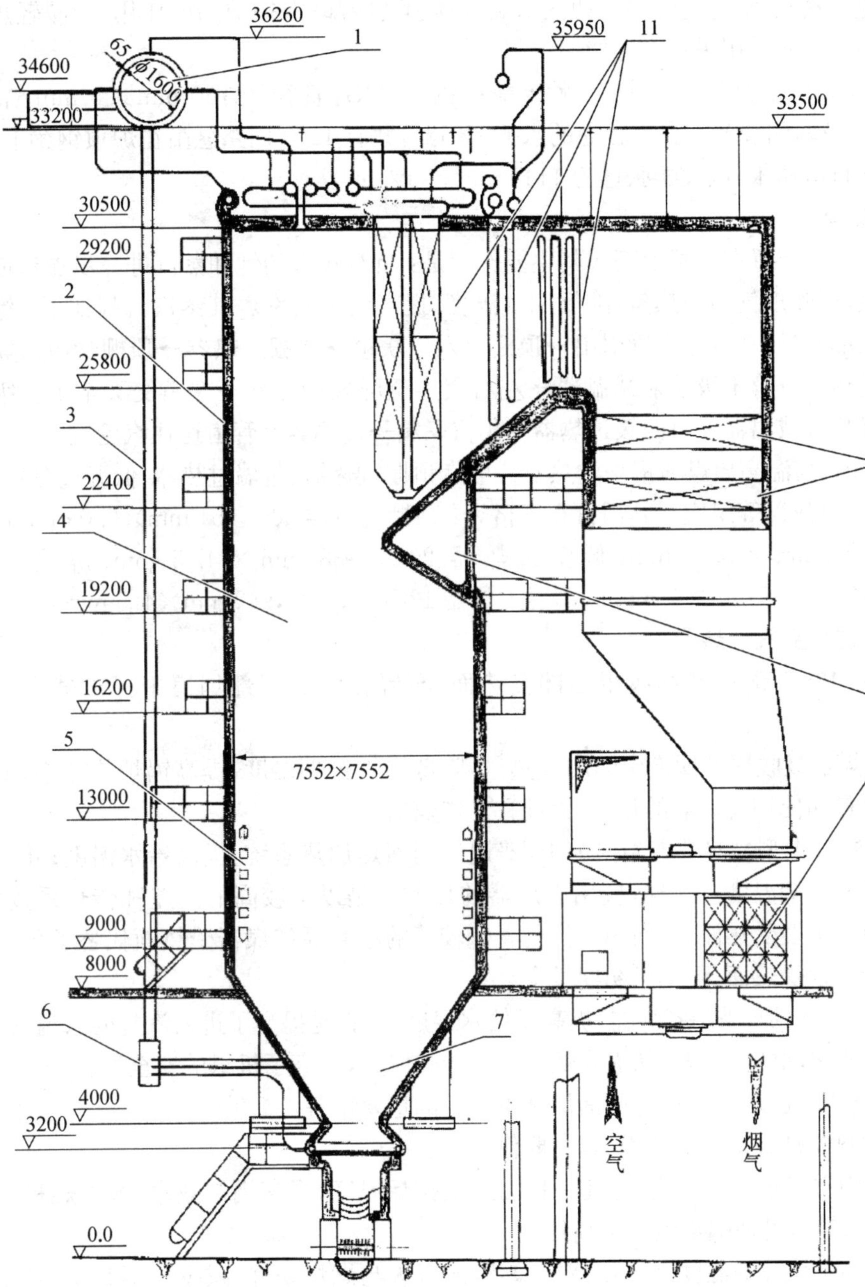

图 2-2　220/9.8 型锅炉整体结构图

1—汽包　2—水冷壁　3—下降管　4—炉膛　5—燃烧器　6—下联箱　7—冷灰斗　8—空气预热器　9—折焰角　10—省煤器　11—过热器

2. 水冷壁

水冷壁一般布置在炉膛四周。作为蒸发受热面，它的主要作用是：吸收炉内辐射热，将水加热成饱和蒸汽；水冷壁管内水和汽水混合物起到冷却、保护炉墙的作用，能减轻炉墙重量。电站锅炉一般采用膜式水冷壁。

220 t/h 级高温高压煤粉锅炉水冷壁用钢为 20G，管径为 ϕ60 mm×5 mm、节距为 80 mm。前后及两侧墙各有三个独立的水循环回路，共有 12 个回路悬吊在炉顶钢梁上，热态时可以向下自由膨胀，最大膨胀量为 114 mm。

3. 过热器

过热器一般布置在炉膛上部。其主要作用是：将汽包来的饱和蒸汽进一步加热使之成为过热蒸汽；回收烟气中的热量，降低烟气温度，提高锅炉效率。其蒸汽流程如下：饱和蒸汽自汽包上部通过 10 根连接管引出→顶棚管入口联箱→顶棚过热器→顶棚管出口联箱→低温对流过热器→第Ⅰ级喷射减温器→左右交叉至屏式过热器→左右交叉至第三级过热器→第Ⅱ级喷水减温器→第四级过热器→集汽联箱→过热蒸汽管道送往汽轮机。

220 t/h 级高温高压煤粉锅炉过热器一般有顶棚过热器、包墙过热器、低温过热器、屏式过热器、高温过热器等组成。其用材和规格为：顶棚过热器 20G，ϕ51 mm×5.0 mm；包墙过热器 20G，ϕ51 mm×5.0 mm；低温过热器 20G，ϕ38 mm×4.5 mm；屏式过热器 12Cr2MoWVB，ϕ42 mm×4.5 mm；高温过热器 12Cr1MoVG，ϕ42 mm×4.5 mm。

4. 省煤器、空气预热器

省煤器和空气预热器都属于尾部受热面，布置在锅炉尾部烟道中。省煤器主要作用是：

（1）省煤器吸收尾部烟道中的烟气热量，降低锅炉排烟温度，提高锅炉热效率，节约燃料。这也是最初使用省煤器的目的，因此称为省煤器。

（2）在现代大型高参数电站锅炉中，普遍使用回热加热系统，提高给水温度；并用空气预热器来降低排烟温度。这样，应用省煤器的目的则是以其较高的温差和传热系数传热，减少了水冷壁蒸发受热面，从而用廉价的管壁较薄的小管径省煤器受热面代替了部分较昂贵的水冷壁蒸发受热面，降低了初期投资。

（3）对于汽包炉，采用省煤器，提高了给水温度，也就是提高了进入汽包的水温，减少了汽包壁与给水之间的温度差，从而降低了汽包的热应力，提高了机组的安全性。

因此，省煤器已成为现代电站锅炉必不可少的重要设备。

空气预热器是最末级受热面，其主要作用有：

（1）利用空气吸收烟气热量，进一步的降低排烟温度，提高锅炉效率，节省燃料。排烟温度每降低 15℃，可使锅炉效率提高约 1%。

（2）提高了炉膛的温度水平，改善了燃料的着火与燃烧条件，减少了不完全燃烧损失，进一步提高锅炉效率。空气温度每上升 100℃，可使理论燃烧温度上升约 35～40℃。

（3）节省金属，降低锅炉造价。由于炉膛温度的上升，使炉膛辐射换热加强，在锅炉容量一定时，水冷壁可以少布置些。

（4）用热空气干燥煤粉，有利于制粉系统工作。

（5）改善了引风机的工作条件。排烟温度的降低使引风机的工作温度和电耗也随着降低，提高了引风机工作的可靠性和经济性。

5. 燃烧设备

煤粉锅炉的燃烧设备包括燃烧器、炉膛和点火装置。

燃烧器的作用是将燃料及燃烧所需要的空气送入炉膛，通过控制和调整炉内的空气动力场，使煤粉能迅速稳定地着火。同时，及时地供应空气，使燃料和空气充分混合，造成必须的燃烧强度，使燃料在炉内达到完全燃烧。为保证锅炉安全、经济运行，防止燃烧器烧坏，降低 NO_x 的生成，该锅采用直流燃烧器四角布置切圆燃烧方式，切圆的直径为 ϕ650 mm。

炉膛是由水冷壁包围起来供燃料燃烧的空间。合理的炉膛既能满足燃料能充分燃烧，又能满足水冷壁能最大限度地吸收热量。该炉炉膛采用 7 552 mm×7 552 mm 大切角正方型炉膛，煤粉在炉膛内燃烧后的烟气流经顶棚管、屏式过热器、高温过热器、低温过热器、省煤器、回转式空气预热器，再经除尘器除尘后由引风机经公共式烟囱排向大气。

点火装置的作用是锅炉启动点火和在非正常工况下喷油助燃。该炉点火装置采用的是重油喷嘴及电弧点火。它们装在燃烧器下排的二次风口内。

6. 构架、平台、门类

构架用来悬吊或支撑水冷壁、过热器、炉墙、平台、扶梯等的重量，因此构架不但要有足够的强度和刚度，并要求能保证一定的几何形状和大小尺寸；此外锅炉的构架在运行中不能受热、变形及产生附加应力，以防重大事故的发生。

平台通过托架固定在锅炉立柱上的结构，为适应不积水和防滑的要求，走道平台采用栅格钢板制成；为保证检修与操作平台安全和防止工具、零件下落，这部分平台采用花纹钢板制成。平台层间相隔 2～3 m，所有平台、扶手周围均设有安全栏杆，栏杆下部加装宽度为 100 mm 的护板。

防爆门门框为 1 250 mm×1 000 mm，门孔为 440 mm×510 mm。防爆门为水封式防爆门，设置开启压力为 980 Pa。

人孔门和检查门分别采用门框直径 ϕ590 mm、门孔直径 ϕ450 mm 的圆门，和看火孔的门框尺寸为 700 mm×340 mm，门孔直径 ϕ110 mm 的圆门。

三、400 t/h 级超高压煤粉锅炉

400 t/h 级超高压煤粉锅炉一般有 400 t/h、410 t/h、420 t/h 和 440 t/h 等几种型号，分别与 125 MW、135 MW、137.5 MW 或 150 MW 汽轮发电机组配套使用，其中 135 MW、137.5 MW 和 150 MW 汽轮机是在 125 MW 汽轮机的基础上发展而来的。现以某厂生产的 400/13.7 型超高压煤粉锅炉为例进行介绍。

（一）锅炉主要参数

锅炉的主要参数为：锅炉的额定蒸发量为 400 t/h，再热蒸汽量为 330 t/h，汽包工作压力为 15.2 MPa，过热蒸汽压力为 13.7 MPa，过热蒸汽温为 540℃，再热器进口蒸汽压力为 2.5 MPa，再热器出口蒸汽压力为 2.35 MPa，再热器进口蒸汽温度为 335℃，再热器出口蒸

汽温度为540℃，给水温度为235℃，排烟温度为120℃，锅炉效率为92.34%。

（二）锅炉主要部件和设备

锅炉采用Ⅱ型布置。汽包中心线标高40 200 mm，炉膛横断面近似正方形（深8 357 mm，宽9 600 mm），四周用ϕ60 mm×6 mm的鳍片管焊成膜式水冷壁，整个水冷壁分成14个循环回路，前后各4个，两侧墙各3个，后墙折焰角由水冷壁构成，炉水由4根ϕ419 mm×36 mm的大直径下降管从汽包引出，通过44根ϕ133 mm×12 mm下降支管进入水冷壁的下联箱，汽水混合物同样也通过44根ϕ133 mm×12 mm引出管进入汽包。锅炉的钢架与厂房分开，成为单独的悬吊结构，全部重量由四根大梁承受，密封性较好。锅炉的整体结构如图2-3所示。

该锅炉主要设备有汽包、水冷壁、燃烧装置、过热器、再热器、省煤器和空气预热器等，分别介绍如下：

1. 汽包

该炉汽包总长13 730 mm；直管长度11 929 mm；内径1 600 mm；壁厚80 mm；材料BHW35；人孔数2个；人孔直径ϕ420 mm。

汽包内部装有汽水分离器、蒸汽给水清洗装置、排污装置、加药装置、事故放水装置和加热装置等。汽水分离装置采用导流式旋风分离器作为一次分离元件，其直径为315 mm，分左右两组，炉前24只，炉后22只。旋风分离器下部设有托斗。二次分离元件为均汽孔板，布置在顶部，饱和蒸汽通过均汽孔进行重力分离，给水清洗装置是设在旋风分离器上部的平孔板，约有50%的给水进入平孔板上部，并在孔板上形成水层，蒸汽通过水层时，盐分大多数被清洗掉。

2. 水冷壁

水冷壁布置在炉膛的四周。炉膛深8 357 mm，宽9 600 mm，四周用ϕ60 mm×6 mm的鳍片管焊制成膜式水冷壁。

为了防止冷空气从冷灰斗出渣口漏入炉膛，采用水封式密封结构，整个水冷壁系统重量全部依靠上集箱悬吊在炉顶大横梁上，热态时能向下自由膨胀。

为了防止振动并加强整个炉墙壁的刚性，提高其承受炉膛因内炸或外炸事故而产生的内外推力的能力，采用了刚性梁结构。刚性梁用45＃钢将炉膛及尾部前、后、左、右侧围起来，并将四个角连成一体。钢性梁沿炉室高度每隔2.4 m或3 m布置一层。另外，刚性梁在结构上也能左、右、前、后膨胀，其垂直方向可随水冷壁整体一起向下膨胀。

锅炉采用4根ϕ419 mm×36 mm的大直径下降管，整个水冷壁分成14个循环回路，前后墙各4个，两侧墙各3个。

3. 过热器

该炉过热器采用辐射过热器和对流过热器联合的形式，具体流程如下：

汽包→炉顶棚过热器→后墙包覆过热器→两侧包覆过热器→前屏过热器→一级喷水减温器→后屏过热器→二级喷水减温器→对流过热器→集汽联箱两侧引出。

炉膛上部前面布置有8片前屏过热器，为全辐射式过热器。炉膛上部中间布置有14片后屏过热器。前屏过热器、后屏过热器的材质为12CrMoV和Ⅱ11混合使用。在

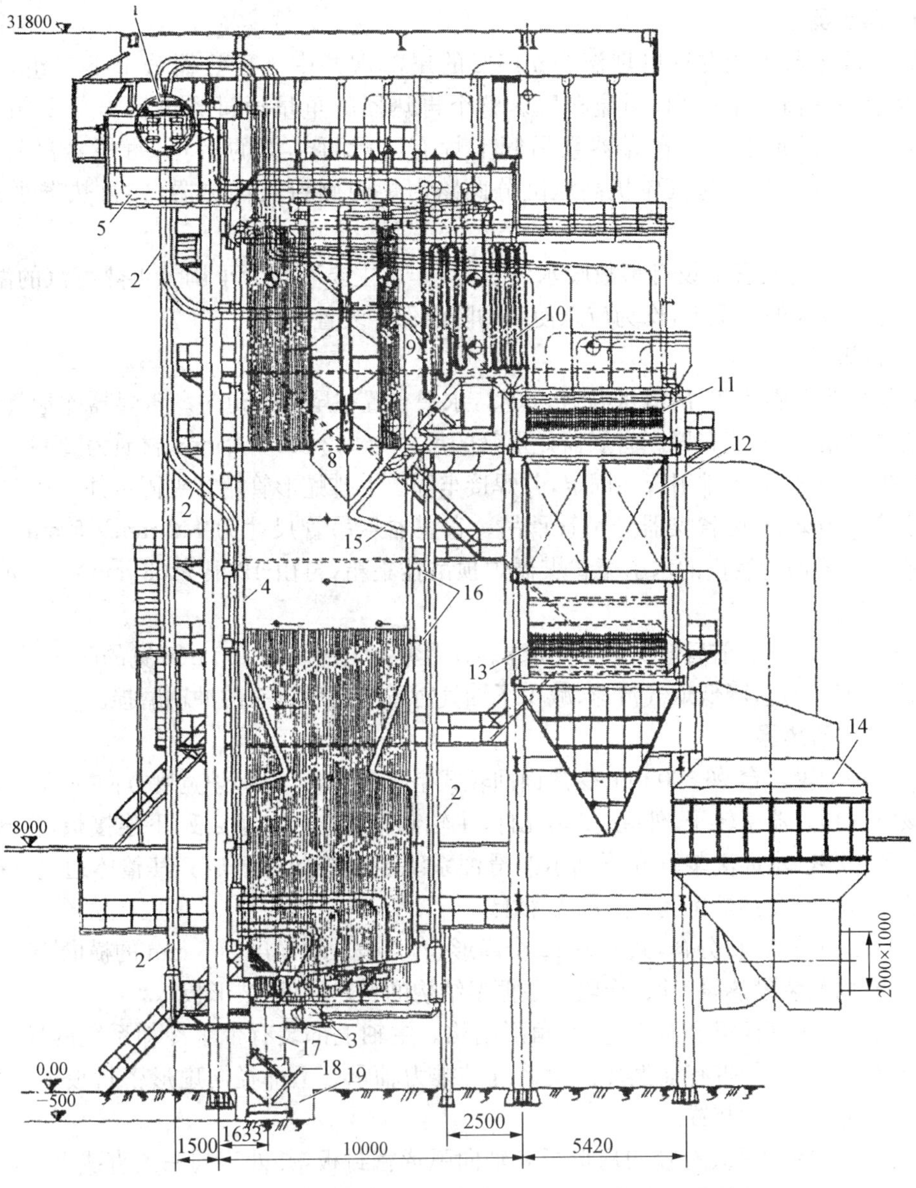

图 2-3　400/13.7 型锅炉整体结构图

1—汽包　2—下降管　3—水冷壁下联箱　4—水冷壁　5—水冷壁汽水混合物引出管　6—炉膛熔渣段　7—炉膛冷渣段　8—屏式过热器　9—高温对流过热器　10—低温对流过热器　11—高温省煤器　12—高温空气预热器(管式)　13—低温省煤器　14—低温空气预热器(回转式)　15—折焰角　16—水冷壁刚性梁　17—渣井　18—捞渣机　19—水力除灰沟

后屏过热器的进出口分别布置有一级喷水减温器、二级喷水减温器。一级喷水减温器保护后屏过热器,防止管壁超温。二级喷水减温器用来保证过热蒸汽出口温度符合设计要求。

在折焰角上方,装置了对流过热器。对流过热器有 104 排蛇形管组成,每排蛇形管由 3 根管子组成,材质为 12CrMoV 和П11 混合使用。

4. 再热器

该炉再热器布置在进口烟温为745℃的尾部烟井中。再热器分上下二组，其蛇形管垂直于锅炉前墙壁顺列、逆流布置。整个再热器的重量通过省煤器出口联箱上的悬吊管，承吊在炉顶上。在省煤器悬吊管上焊有支承再热器的吊耳，每根悬吊管悬吊2排再热器管排。蒸汽从汽轮机高压缸分两路由炉两侧引入再热器，经再热器加热后分两路引出。

在再热器进汽管上设有事故喷水装置，其作用主要不是为了调节再热蒸汽的温度，而是在有超温危险的情况下，作为应急使用的降温保护装置。

5. 省煤器

省煤器为非沸腾式，出口水温为300℃，水平布置在尾部烟道中。省煤器蛇形管垂直于锅炉前墙呈错列、逆流布置。省煤器蛇形管的尺寸为ϕ32 mm×4 mm，材质为20G。省煤器共207排，上下蛇形管排用管夹固定，并焊接牢固。上排蛇形管用管夹固定并焊接在省煤器中间集箱下的梁上，由省煤器悬吊管承吊。省煤器悬吊管尺寸为ϕ42 mm×5 mm，材质为20G，省煤器悬吊管管内的水引至省煤器炉顶吊挂集箱，再由12根ϕ108 mm×10 mm的汽水管引入汽包。

省煤器蛇形管的前后弯头装有防磨护瓦，后弯头上部装有400 mm宽的阻流板，烟气自阻流板上均匀通过，降低烟气流速，减少了烟气对省煤器后弯头的冲刷磨损。

6. 空气预热器

该锅炉配置二台ϕ6 300 mm受热面回转式空气预热器，沿锅炉宽度方向并列布置。

该空气预热器由转子、外壳、受热元件、主轴和轴承座、上连接板、下连接板、密封装置、传动装置、吹灰、水冲洗装置和下轴承润滑油系统装置等部件组成。其整体通过外壳的八个滚动支座支承在锅炉房运转层的大梁上。

转子结构采用30°分仓，共分为12个扇形仓，且被三块厚度为8 mm的横向隔板分成四个仓格，其内部装设热段三层、冷段一层框架结构的受热元件(波形板)。

外壳用八块钢板组合而成，呈八角形结构。主轴上部装有带水冷却系统的导向轴承，下部装有支承转子的带有油循环润滑系统的推力轴承。上部径向扇形密封板中心端装有固定在主轴上的随动装置。

在预热器密封区装有径向扇形板和轴向弧形密封板，并处于同一条直线上，以分隔空气侧和烟气侧。烟气侧和空气侧各150°，过渡区60°。转子以2.03 r/min的速度旋转，故受热面不断地交替旋转。烟气从上向下流动，空气从下向上逆向流动，分别通过烟气和空气的流通区。预热器每转360°，完成一次热交换。

预热器密封装置采用径向密封、轴向密封和环向密封等3种可调节的密封方式。径向密封和轴向密封是将厚度为1.5 mm、折角15°的折角片分别装在转子12块径向隔板的上、下部和12块轴向隔板外面的转子外圆上。当转子旋转到密封区时，折角片分别和径向扇形密封板的平面及轴向弧形密封板的弧面相接触来隔绝空气侧和烟气侧。径向密封的作用是防止空气从转子上、下部沿径向漏入烟气侧。轴向密封的作用是隔绝空气和烟气，防止它们从转子的外围环形空间串通。环向密封是将二层厚度为1.5 mm、折角30°的折角片分段交错装在上、下连接板内侧圆周的密封角钢的上、下端，目的是防止烟气、空气不经过受热元件而短路，起到旁通密封作用。所以，相对而言，环向密封的作用更为重要。

在预热器烟气侧进口、出口处装有固定式蒸汽吹灰喷嘴，并在烟气侧出口处装有电驱动可摆动的吹灰及水冲洗装置。喷嘴沿着预热器的半径方向呈“扇形”摆动，当转子旋转时，可将整个受热面上的积灰清除和冲洗掉。

7. 燃烧装置

该锅炉燃烧设备采用四角布置的直流式燃烧器。其中一组燃烧器的对角射流在炉膛中心形成假想切圆，假想切圆直径 ϕ600 mm；另一组燃烧器的对角射流为对冲气流方式。

该炉燃烧器有 3 层一次风喷嘴。一次风喷嘴采用相对集中的方式。二次风喷嘴布置在两个相对集中的一次风喷嘴的上下。布置在整组燃烧器上部的二次风喷嘴，可根据锅炉运行情况，下倾 3°～5°。

每只角的燃烧器中间均有一个平流式油燃烧器，配 0.3 t/h 的油枪，下二次风喷嘴内装有 0.8 t/h 的油枪，用作为锅炉的启动点火和助燃。

该炉燃烧器为整体框架，固定在四只角的水冷壁上。喷嘴上装有可调节的小风门，能按燃烧工况来调整开度。

8. 炉墙、构架

炉膛部分为敷管式炉墙，耐火层用耐火混凝土，保温层用玻璃棉、硅藻土或蛭石等轻质绝热材料；尾部烟道为混凝土结构的轻型炉墙。

炉底耐火层厚度为 200 mm。

锅炉采用悬吊式构架。汽包用链片式吊架悬吊于顶梁上，吊架共 4 个，对称布置。

9. 除渣设备

除渣采用水力机械除渣装置。除渣时，液态渣流入渣井中，渣井中装有喷水装置，使液态渣急剧粒化，粒化渣的颗粒约为 7 mm，然后进入捞渣机中。该装置装有两台圆盘式捞渣机，每台的出力为 5 t/h，锅炉的流渣量为 6 t/h。为了保证粒化渣的细度，粒化用的冷却水必须保证捞渣机中的水温不超过 50℃。由捞渣机将渣排至水力除灰沟，然后送出锅炉房外。

四、670 t/h 级超高压煤粉锅炉

在我国，与 670 t/h 级超高压煤粉锅炉相配套的是 200 MW 汽轮发电机组。现以 670/13.7 型超高压煤粉锅炉为例进行介绍。

（一）主要参数

该锅炉主要技术参数如下：额定蒸发量 670 t/h，过热蒸汽压力 13.7 MPa，过热蒸汽温度 540℃，再热蒸汽流量 579 t/h，再热蒸汽压力（进口/出口）2.7/2.5 MPa，再热蒸汽温度（进口/出口）323/540℃，给水温度 240℃，排烟温度 145℃。

（二）主要部件和设备

该锅炉为中间再热、超高压、自然循环、固态排渣、煤粉锅炉，整体呈Ⅱ型布置，燃烧褐

煤。其整体结构如图 2－4 所示。对锅炉的主要部件和设备介绍如下：

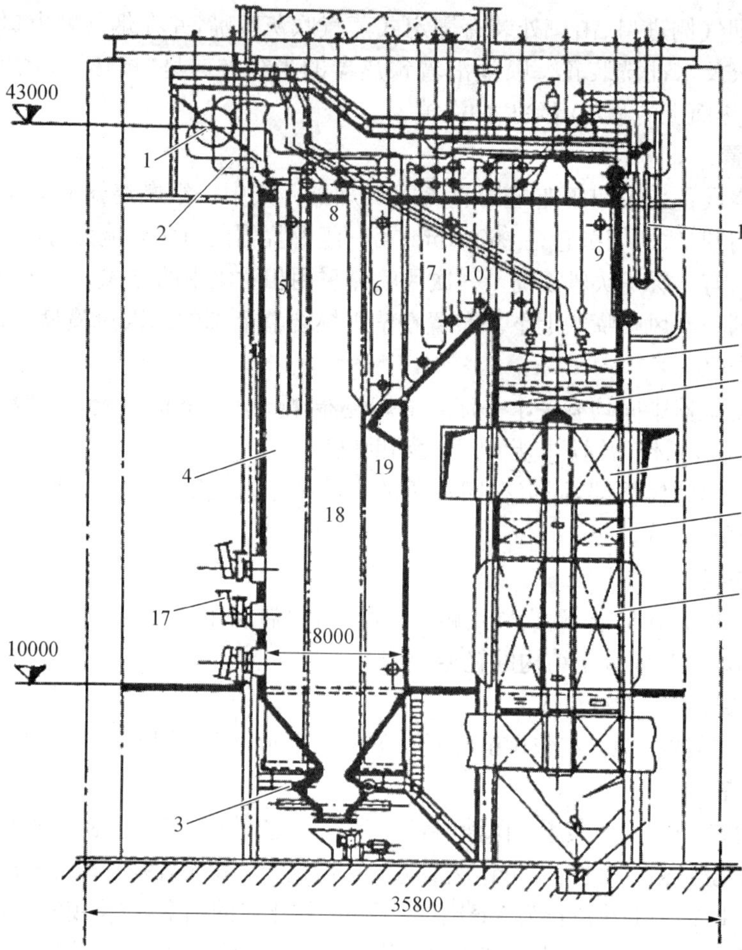

图 2－4　670/13.7 型超高压煤粉锅炉整体结构图

1—汽包　2—下降管　3—水冷壁下联箱　4—水冷壁　5—前屏过热器　6—后屏过热器　7—对流过热器　8—顶棚过热器　9—包覆管过热器　10—高温再热器　11—低温再热器　12—汽-汽热交换器　13—高温省煤器　14—低温省煤器　15—高温空气预热器　16—低温空气预热器　17—燃烧器　18—炉膛　19—折焰角

1. 汽包

汽包内径为 1 800 mm，壁厚为 80 mm，材料为 14MnMoV。采用两段蒸发，汽包两端为盐段，中部为净段，盐段蒸发量约占锅炉蒸发量的 10%。汽包内装有 84 只旋流器。作为一次分离设备，其中净段 76 只、盐段 8 只，分离器直径为 350 mm，平均负荷为 9.26 t/h。汽包顶部装有波形板分离器和多孔板，作为二次分离设备。汽包内还装有平孔板式蒸汽穿层清洗装置，给水进入汽包后 50%作为清洗水，其余直接引入汽包水容积。清洗水层厚度为 40 mm。

2. 水冷壁

该型锅炉水冷壁材料一般用 20G，规格为 ϕ60 mm×6 mm 的鳍片管组成膜式水冷壁，节距为 80 mm。整个水冷壁分成 25 个独立循环回路，其中前后墙各 8 个，两侧墙及双面水冷壁各 3 个。采用 ϕ159 mm 的小直径下降管。

水冷壁下联箱内装有外来蒸汽加热装置，用以缩短启动时间。

双面水冷壁为 ϕ60 mm×6 mm 的光管，节距为 64 mm。沿高度有五处用圆钢将各管焊成整体，以增强其刚性。壁上开有平衡孔和人孔，开孔面积约为双面水冷壁面积的 7%。

沿水冷壁高度方向每隔 3～4 m 装设有一圈刚性梁。

3. 过热器、再热器

过热器结构和流程与 400 t/h 级的高压锅炉相近。其中，屏式过热器、高温过热器用材为 12Cr2MoWVB，管子规格为 ϕ38 mm×5.0 mm；其他过热器用材为 20G，管子规格为 ϕ38 mm×5.0 mm，ϕ42 mm×5.5 mm，ϕ60 mm×6.0 mm 等。

过热蒸汽温度采用两级喷水减温进行调节，第Ⅰ级喷水点在前屏出口，第Ⅱ级喷水点在对流过热器的低温段与高温段之间。

再热器分为低温再热器和高温再热器。高温再热器管材料一般为 12Cr2MoWVB，尺寸为 ϕ51 mm×3.5 mm、ϕ42 mm×3.5 mm；低温再热器管用材为 12Cr1MoVG，尺寸为 ϕ51 mm×3.5 mm。

再热蒸汽温度采用汽-汽热交换器进行调节，汽-汽热交换器共 48 只，系 U 形套管结构。

4. 省煤器、空气预热器

省煤器与空气预热器采用双级交叉布置。

省煤器蛇形管由 ϕ32 mm×4 mm 的 20G 碳素钢管制成，为双管圈，呈错列布置。高温省煤器管节距 S_1=104 mm，S_2=48 mm；低温省煤器管节距 S_1=96 mm，S_2=49 mm。省煤器出口水温为 282℃。省煤器蛇形管装有防磨装置。

空气预热器为立管式，双面进风，管子尺寸为 ϕ40 mm×1.5 mm。沿高度方向空气分为四个行程，其中低温段三个行程，高温段一个行程。低温段管节距 S_1=66 mm，S_2=42 mm；高温段管节距 S_1=62 mm，S_2=48 mm。空气预热器烟气进口处装有防磨套管，各管箱之间还装有防震隔板。

5. 燃烧设备

该炉燃烧器采用轴向叶轮式旋流燃烧器，共 24 只。前墙布置，分三排，每排 8 只。靠侧墙和双面水冷壁的燃烧器向内倾斜 10°。采用重油点火装置和电弧点火器进行点火。热空气温度为 350℃。

燃烧器置于炉膛中，该炉采用双炉膛结构，即用双面水冷壁将整个炉膛分成左右两个，整个炉膛宽 20 m，深 8 m，炉膛容积为 4 054 m^3。

燃烧所用煤粉由风扇磨煤机直吹式制粉系统制成。

6. 炉墙、构架

炉墙采用两种结构，即炉膛及水平烟道为敷管式结构，垂直烟道为混凝土轻型炉墙结构。炉墙材料采用珍珠岩保温板和绝热混凝土。炉顶采用金属罩壳全包结构，炉顶穿墙管采用了密封膨胀节，以保证炉顶具有良好的密封性。

锅炉构架采用悬吊式构架，但尾部垂直烟道采用支承构架。

7. 除灰、除渣设备

锅炉炉膛部分装有FY型吹灰器，吹灰蒸汽来自再热器入口。锅炉尾部垂直烟道装有六组钢珠除灰装置，其抽气器蒸汽压力为1.3 MPa，温度为320℃。抽气器的蒸汽耗量为1.5～2.5 t/h。

除渣采用水力机械除渣。在炉膛下面设有四个除渣口，装有四套机械连续运转的除渣装置，每套除渣装置包括1台三齿辊碎渣机和1台圆盘除渣机。炉膛的灰渣先落入水槽内，然后被圆盘除渣机刮至碎渣机中，经碾碎后排入水力除灰沟中，再送往贮灰场。

五、1 000 t/h级亚临界压力自然循环锅炉

我国的1 000 t/h级亚临界压力自然循环锅炉，主要与300 MW汽轮发电机组配套使用。其型号主要有1000/16.7、1025/16.7、1025/18.2等几种。这里以1025/18.2型亚临界压力自然循环锅炉为例进行介绍。

（一）主要参数

该锅炉的主要参数为：最大连续蒸发量1 025 t/h，额定蒸发量935 t/h，过热蒸汽压力18.2 MPa，过热蒸汽温度540℃，再热蒸汽流量851.37 t/h，再热蒸汽温度324/540℃，再热蒸汽压力3.92/3.73 MPa，给水温度273℃，热风温度一次风为328℃、二次风为313℃，排烟温度126℃，锅炉设计效率90.6%。

（二）主要部件和设备

该锅炉整体呈F形布置，双拱形、单炉膛，燃烧器布置于下炉膛前后拱上，呈W形火焰，尾部双烟道结构，采用挡板调节再热蒸汽温度，固态排渣，全钢构架、全悬吊结构，平衡通风，露天布置。燃烧混煤(50%无烟煤+50%贫煤)，锅炉带基本负荷，并有一定的调峰能力。锅炉整体布置如图2-5所示。

该锅炉主要部件和设备由以下几部分组成：

1. 汽包

汽包为单段蒸发系统，内径为1 792 mm、厚度145 mm、总长26.7 m，筒体材料13MnNiMo54，由两根U形吊杆将其悬吊于大钣梁上。汽包采用内夹层结构，是该锅炉的特点之一。由于汽包夹层内充满了来自水冷壁的汽水混合物，汽包上下壁温比较一致。同时，进入汽包内的给水，通过夹层上留出的管口进入下降管，夹层起到了将给水与汽包内壁分隔的作用，减小了温度较低的给水进入汽包对汽包壁的不利影响。汽包内布置有190只卧式汽水分离器和69个立式百叶窗分离器。

2. 水冷壁

炉膛四周为全焊式水冷壁，材料一般用SA210-C。下炉膛水冷壁管采用ϕ76 mm×9 mm的管子，上炉膛水冷壁管采用ϕ89 mm×9.5 mm的管子，共670根，其中前后墙各259根，两侧墙各76根。整个水冷壁共分为60个循环回路。

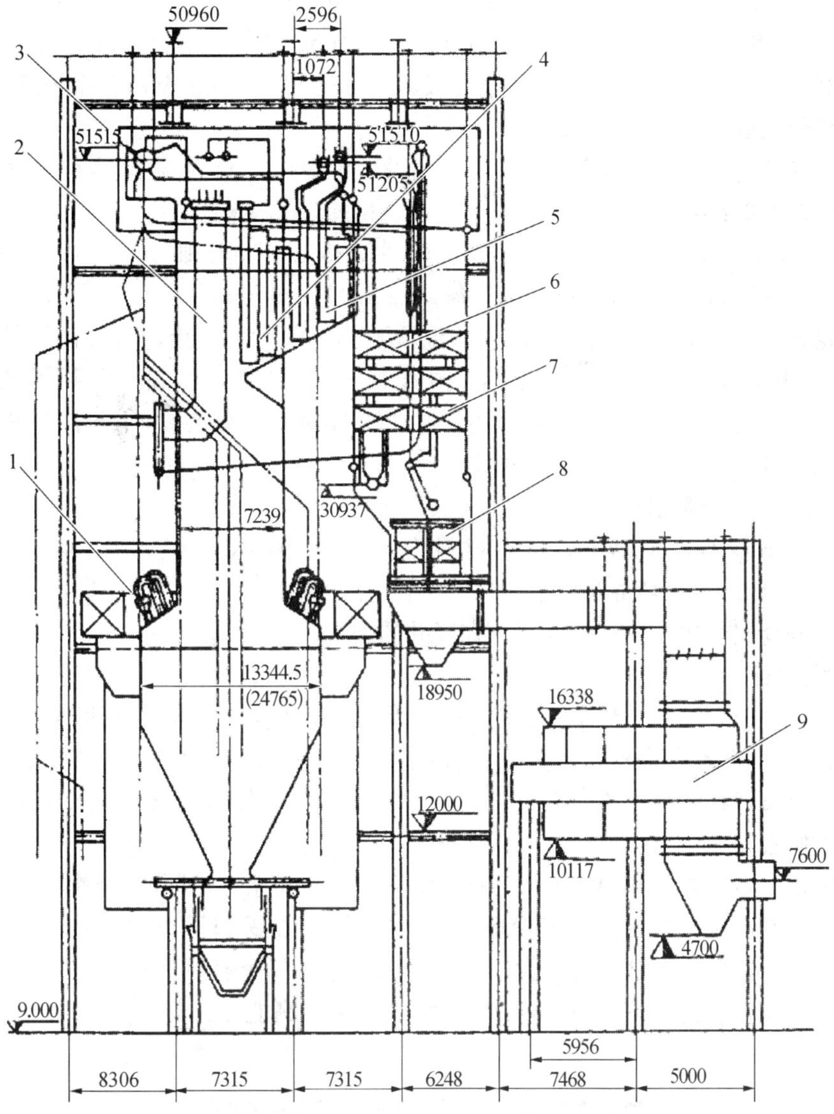

图 2-5　1025/18.2 型亚临界压力自然循环锅炉整体结构图

1—燃烧器　2—全大屏过热器　3—汽包　4—高温级(对流)过热器　5—高温再热器
6—低温再热器　7—低温过热器　8—省煤器　9—回转式空气预热器

3. 过热器、再热器

该锅炉过热器系统由顶棚过热器、包覆管过热器、低温级(对流)过热器、全大屏过热器、高温级(对流)过热器等 5 级受热面组成。顶棚过热器材料和尺寸一般为 SA-213-T2,ϕ47.6 mm×4.6 mm,ϕ47.6 mm×8.33 mm。包覆管(包墙)过热器为 SA-213-T2,ϕ44.5 mm×4.9 mm;SA210-A1,ϕ44.5 mm×8.33 mm,ϕ44.5 mm×4.9 mm。低温过热器为 SA210-A1,ϕ57.2 mm×5.9 mm,ϕ63.5 mm×6.9 mm,ϕ63.5 mm×8.0 mm;SA-213-T2,ϕ63.5 mm×7.2 mm;SA-213-T22,ϕ63.5 mm×11.81 mm,ϕ57.2 mm×10.6 mm。全大屏(屏式)过热器有 12Cr1MoVG,ϕ51 mm×9.0 mm;SA-213-T22,ϕ50.8 mm×

9.04 mm;SA－213－TP304H,ϕ50.8 mm×5.84 mm。高温过热器有 SA－213－T22,ϕ57.2 mm×11.81 mm;SA－213－TP304H,ϕ57.2 mm×6.32 mm,ϕ50.8 mm×6.0 mm。

过热器系统采用二级喷水减温。第Ⅰ级减温作为粗调,第Ⅱ级减温作为细调,以维持额定的过热蒸汽温度。

再热器系统按蒸汽流程依次分为低温段和高温段再热器。其材料和尺寸有:SA178GrC,ϕ57.2 mm×4.57 mm;SA－213－T11,ϕ50.8 mm×4.57 mm;SA－213－T22,ϕ50.8 mm×4.57 mm;SA－213－TP304H,ϕ50.8 mm×4.19 mm;SA－213－T22,ϕ44.5 mm×4.57 mm;SA213－TP304H,ϕ44.5 mm×4.19 mm。

从汽轮机高压缸来的蒸汽左侧进入低温段再热器的入口联箱,蒸汽流经低温段、高温段再热器后,由出口联箱左侧引出至汽轮机中低压缸。通过调节尾部烟气挡板可以调节再热蒸汽温度。在再热器的进口管道上,还设置了事故喷水减温装置,用于控制紧急状态下的再热蒸汽温度。

4. 省煤器、空气预热器

尾部竖井布置有省煤器。省煤器材料为 SA210－C,尺寸有 ϕ50.8 mm×5.0 mm,ϕ57.2 mm×5.5 mm。一般蛇形管有 42 排。

两台三分仓回转式空气预热器布置在竖井的下方。

5. 燃烧设备

燃烧器布置于炉膛中。整个炉膛四周为全焊式水冷壁,炉膛分上下两部分。下炉膛呈双拱形,前后拱上布置燃烧器。下炉膛部分区域敷设了卫燃带,以利于煤粉的着火及低负荷稳燃。汽包布置在炉膛上方标高 51 m 处,炉膛冷灰斗倾角 55°,下方接水封式除渣装置,灰渣经碎渣机破碎后排出。

锅炉采用 4 台双进双出球磨机,配套正压直吹式制粉系统。同时,还配有 24 个按 FW 技术设计制造的双旋风筒分离式煤粉燃烧器,错列布置在锅炉下炉膛的前后拱上,这是该锅炉的特点之一。单个燃烧器的出力(煤粉)为 5.4 t/h,每个燃烧器喷嘴配一支油点火器。油点火器设计总容量为约 15%B－MCR 热输入量,采用高能点火器。

第二节　强制流动锅炉

随着锅炉容量的增大,自然循环锅炉的压力也相应提高,饱和水与饱和水蒸气之间的密度差也随压力的增大而减小,水循环的推动力随之减小,工质在蒸发系统中的循环流动随压力提高而逐渐变得困难。当压力达到临界值 22.12 MPa 时,饱和汽与水之间的密度差几乎为零,这时,工质循环停止。如果锅炉要向更高压力发展,就需要借助外力,此外力可以依靠水泵运行产生的压头来实现。

强制流动锅炉就是主要依靠水泵在运行中产生的压头,从而推动介质流动的锅炉。在我国,常用的强制流动锅炉有控制循环锅炉和直流锅炉两种。控制循环锅炉是指依靠下降管和上升管之间装设的锅水循环泵的压头推动水循环的汽包锅炉。直流锅炉是指在给水泵压力作用下,给水顺序通过省煤器、水冷壁(蒸发受热面)、过热器并全部变为过热蒸气。

由于给水在进入锅炉后，水的加热、蒸发和水蒸气的过热，都是在受热面中连续进行的，不需要在加热中途进行汽水分离，因此，它没有自然循环锅炉的汽包。在省煤器受热面、蒸发受热面和过热器受热面之间没有固定的分界点。

一、1 000 t/h 级亚临界压力单炉膛直流锅炉

我国 1 000 t/h 级亚临界压力单炉膛直流锅炉，主要与 300 MW 汽轮发电机组配套使用。现以 1025/16.7 型亚临界压力单炉膛 UP 型直流锅炉为例进行介绍。

（一）主要参数

锅炉的主要参数：过热蒸汽流量为 1 025 t/h，压力为 16.7 MPa，汽温度为 540℃；再热蒸汽流量为 874.8 t/h，压力为 3.57/3.34 MPa，温度为 323.7/540℃；给水温度为 262℃；一次风出口温度为 342℃；二次风出口温度为 351.7℃；排烟温度为 130.42℃；锅炉效率为 89.5%。

（二）主要部件和设备

该锅炉整体布置如图 2－6 所示。该锅炉为亚临界压力再热式 UP 型直流锅炉，单炉膛，一次上升，中间二次混合系统，四角切圆煤粉燃烧，固态排渣，平衡通风。锅炉整体采用Π型，露天布置，全悬吊结构，炉顶采用大罩壳热密封方式。

主要部件和设备介绍如下：

1. 水冷壁

炉膛水冷壁采用小管径膜式壁结构，为垂直一次上升，中间二次混合形式。水冷壁沿高度方向分为四段，即冷灰斗、下辐射、中辐射和上辐射。后墙水冷壁上辐射引出管构成锅炉第一悬吊管。在下辐射和中辐射区采用了四头内螺纹管，以推迟膜态沸腾的发生。水冷壁管一般用 20G 钢管，共 1 396 根（前后墙各有 332 根，两侧墙各有 308 根，每个切角有 29 根）。冷灰斗用 ϕ22 mm×5.5 mm 内光管，下、中辐射区用 ϕ22 mm×5.5 mm 四头内螺纹管，上辐射区用 ϕ25 mm×6 mm 内光管。下辐射区四个切角管屏由 ϕ25 mm×7 mm 内螺纹管构成，安装在主燃烧器处形成水冷套。在下辐射区各管屏进口处装有 52 个节流调节阀，用以调整水动力工况。

锅炉本体采用全焊接气密封结构。炉膛为 ϕ22(25) mm×5.5 mm，20G 钢管及扁钢所焊成的膜式水冷壁；水平烟道及尾部竖井烟道，用 ϕ432 mm×5 mm 管子与扁钢焊成膜式包覆管过热器；炉顶过热器前部为 ϕ44.5 mm×5.5 mm 的膜式壁结构，中部在高温过热器和高温再热器穿顶处用 ϕ44.5 mm×5.5 mm 的散装鳍片管，后部由 ϕ51 mm×6.5 mm 的五块膜式壁拼装而成。

水冷壁四周设置了刚性梁。在燃烧器处，四面墙的刚性梁通过燃烧器连接体构成一个封闭框架，以增强刚性。在水平烟道处设有四根垂直刚性梁，以减小水平刚性梁的跨度。各层水平刚性梁均装有平衡杆，可消除刚性梁自重所产生的弯矩，以利平衡刚性梁与内绑带的膨胀。

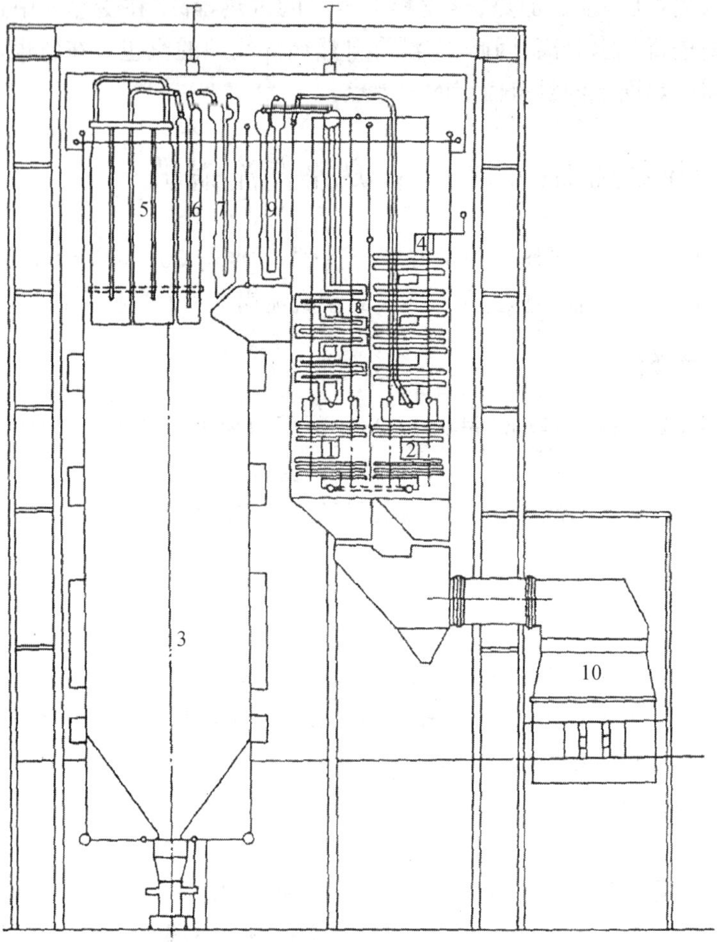

图 2-6　1 025/16.7 型亚临界压力单炉膛 UP 型直流锅炉整体布置图

1—低再侧省煤器　2—低过侧省煤器　3—炉膛及水冷壁　4—低温对流过热器
5—前屏(分割屏)过热器　6—后屏过热器　7—高温对流过热器
8—低温对流再热器　9—高温对流再热器　10—回转式空气预热器

2. 过热器、再热器

在炉膛出口水平烟道中,依次布置高温过热器和高温再热器。过热器有顶棚过热器、包墙过热器、低温过热器、屏式过热器和高温过热器等五种。顶棚过热器材料和尺寸为 20G,ϕ44.5 mm×5.5 mm,ϕ51 mm×6.5 mm。包墙过热器有材料和尺寸为 20G,ϕ32 mm×5.0 mm 和 15CrMoG、ϕ60 mm×8.0 mm 两种。低温过热器有 15CrMoG,ϕ57 mm×5.5 mm。屏式过热器分分隔屏和后屏,材料和尺寸为:12Cr1MoVG,ϕ51 mm×6.0 mm,ϕ54 mm×9.0 mm,ϕ57 mm×7.0 mm,ϕ60 mm×9.0 mm;SA-213-TP304H,ϕ54 mm×9.0 mm,ϕ57 mm×7.0 mm,ϕ51 mm×6.0 mm,ϕ60 mm×9.0 mm;SA-213-TP347H,ϕ60 mm×9.0 mm,ϕ51 mm×7.5 mm;ϕ54 mm×9.0 mm,ϕ60 mm×9.0 mm。高温过热器有 12Cr1MoVG,ϕ54 mm×(8.5～10)mm;SA-213-TP304H,ϕ54 mm×(8.5～9.5)mm。

位于炉膛上部的 4 片屏式过热器(分割屏、前屏),能在屏区起到分割上升烟气旋流的作用,达到均流的目的,以减小对流烟道受热面的热偏差。分割屏为两级布置并与 18 片后屏串联，使每一级的焓增减少，从而减小了热偏差，并使汽温特性比较平稳。

为提高过热器运行的安全可靠性，设计上采取以下主要措施：

① 屏式过热器采用了较高的工质质量流速，以利其冷却。

② 对流受热面采用大口径管子，以降低蒸汽流动阻力，并减轻飞灰磨损。

③ 受热面壁温逐根、逐点计算，根据计算壁温选用不同的钢材和壁厚，分割屏、后屏、高温过热器等采用了 TP-304H、TP-347H 奥氏体不锈钢。

④ 所有过热器管束均采用顺列布置，并在尾部竖井烟道的管束两端设置阻流板及定位管，以消除烟气走廊、减轻飞灰磨损。

在炉顶过热器进口联箱至低温过热器进口联箱之间设有一旁路管道。设旁路管道的目的是降低整个过热器系统的阻力，既保证低负荷时炉顶及包覆管过热器具有一定的工质质量流速，又在高负荷时使一部分蒸汽通过分路直接进入低温过热器，减小工质在炉顶及包覆管过热器中的阻力。在满负荷时，此旁路通流量为总流量的 37.6%，当负荷升至 65% MCR 以上时旁路阀全开，负荷降至 60%MCR 以下时旁路阀全关。

再热器材料和尺寸为：20G，ϕ57 mm×3.5 mm；15CrMoG，ϕ57 mm×3.5 mm；12Cr1MoVG，ϕ60 mm×3.5 mm，ϕ70 mm×4.0 mm；π**11**，ϕ60 mm×4.0 mm 等种。

再热蒸汽采用烟气挡板调温。采用烟气再循环调节再热蒸汽温度，由于种种原因实际能正常投运的很少。该锅炉在尾部竖井按深度方向设置了两个平行烟道，并在其出口(省煤器后)分别装设了烟气挡板，每个烟道中分别布置低温再热器和低温过热器。调节两个烟道出口烟气挡板的开度，即可调节再热蒸汽温度。此外，在锅炉启动和发生事故时，关闭低温再热器后的烟气挡板，这样可以保护再热器。采用烟气挡板调节再热蒸汽温度，调节机构简单，调温幅度较大，也比较安全可靠。

尾部竖井烟道出口处装有两组烟气挡板，作为调节再热蒸汽温度之用。

3. 省煤器、空气预热器

省煤器材料用 20G，尺寸为 ϕ32 mm×4.5 mm。

尾部竖井烟道被隔墙(包覆过热器管)分成两个相等的平行烟道，深度各为 6 m，高度约 26.5 m。在竖井烟道前部布置低温再热器，后部布置低温过热器，在它们的下面布置省煤器。低温再热器和低温过热器均由省煤器引出悬吊管悬吊。

在尾部竖井烟道的下面布置了两台三分仓受热面回转式空气预热器，预热器配置有热端径向密封间隙自动控制装置。在锅炉额定负荷下空气预热器总漏风系数不大于 12.5%。

4. 燃烧装置

炉膛断面为带切角的矩形，宽 13 m，深 12 m，切角为 45°，斜边长 1 m，用以安装燃烧器。

锅炉采用直流式燃烧器四角布置切圆燃烧方式，设计切圆直径分别为 730 mm 和 886 mm，根据煤种可配备中速磨煤机直吹式制粉系统，也可采用筒型钢球磨煤机中间贮仓式系统。燃烧器标高为 18～26 m，其喷口可上下摆动±15°，并配备了炉膛安全监控保护系统。

燃烧器喷嘴可上下摆动，二次风挡板参与自动调节。采用直吹式制粉系统时，燃烧器设有 5 层煤粉喷嘴、3 层重油喷嘴、1 层轻油枪。燃烧器上下摆动角度为±15°，主燃烧器分为两组联动以适应燃烧调整要求，最高层二次风喷嘴可手动调节。每层燃烧器助燃风入口均设有二次风调节挡板，用伺服气缸推动操作，由锅炉主控室遥控。

5. 悬吊、除尘装置

锅炉钢架采用双排柱布置，用约5万个高强度螺栓连成整体，内圈10根为主要承重立柱，外圈32根为副柱，通过水平支撑和垂直支撑加强钢架的稳定性并支承部分载荷。除回转式空气预热器外，锅炉受热面全部悬吊在炉顶钢架的4根大板梁上。钢架结构按抗六级地震裂度设计。

锅炉配有两台S3F-220型双室三电场除尘器，设计除尘效率为98%。另外，还配置两台刮板式捞渣机和两台辊式碎渣机，由捞渣机连续出渣，经碎渣机粉碎后进入渣沟，再由排渣泵将渣水混合物送至沉灰池或贮灰场。

锅炉膨胀系统的设计，利用引进技术，采用固定的膨胀中心。这样可使各受热面的膨胀关系明确，有利于密封结构的设计，同时也有利于锅炉本体汽、水、风、煤、烟管道的布置。

二、1 025 t/h级亚临界压力控制循环锅炉

1 025 t/h级亚临界压力控制循环锅炉，由于运行稳定，负荷调节能力强，曾是我国300 MW机组的主要炉种。现以1 025/18.3型亚临界压力控制循环锅炉为例进行介绍。

（一）主要参数

该锅炉的主要参数如下：锅炉最大连续蒸发量为1 025 t/h；额定蒸发量为922 t/h；过热蒸汽压力为18.3 MPa，温度为540℃；再热蒸汽流量为828 t/h，压力为3.8/3.6 MPa，温度为325/540℃；给水温度为278℃；一次风热空气温度为289℃；二次风热空气温度为305℃；排烟温度为134℃；燃煤消耗量为137 t/h；锅炉设计效率为87.01%。

（二）主要部件和装置

该锅炉整体布置如图2-7所示，采用典型Ⅱ型布置，单炉膛，全钢架悬吊结构。锅炉受热面具有水冷壁管径小，过热器、再热器、省煤器管径大的特点，并采用小弯曲半径、顺列布置。炉前布置3台循环泵和5台碗式中速磨煤机（在零米平台），炉后布置两台三分仓受热面回转式空气预热器和轴流式一次风、二次风机各两台。锅炉燃用烟煤，采用摆动式直流燃烧器四角布置切圆燃烧方式和冷一次风机正压直吹式制粉系统。

该锅炉水循环系统的流程为：汽包（水从下部引出）→大直径下降管（4根）→汇总集箱（引入集箱）→循环泵→泵出口的排放阀及排放水管→水冷壁下部的环形联箱（下水包）→炉膛四周水冷壁（共53个回路，870根管子）→各回路的上联箱→汽水引出管→汽包（汽水混合物从上部引入）。

为适应露天布置，锅炉采用了大屋顶、外护板、汽包端部小室和锅炉下部四周密封等措施。炉顶大钣梁底标高为66.4 m，汽包中心标高为59.4 m。

为了保证机组可靠、经济地运行，锅炉配有炉膛安全监督系统及机炉协调控制系统。在炉膛上方还装有电视摄像机和炉膛烟气温度探枪。在炉膛四角燃烧器区域内

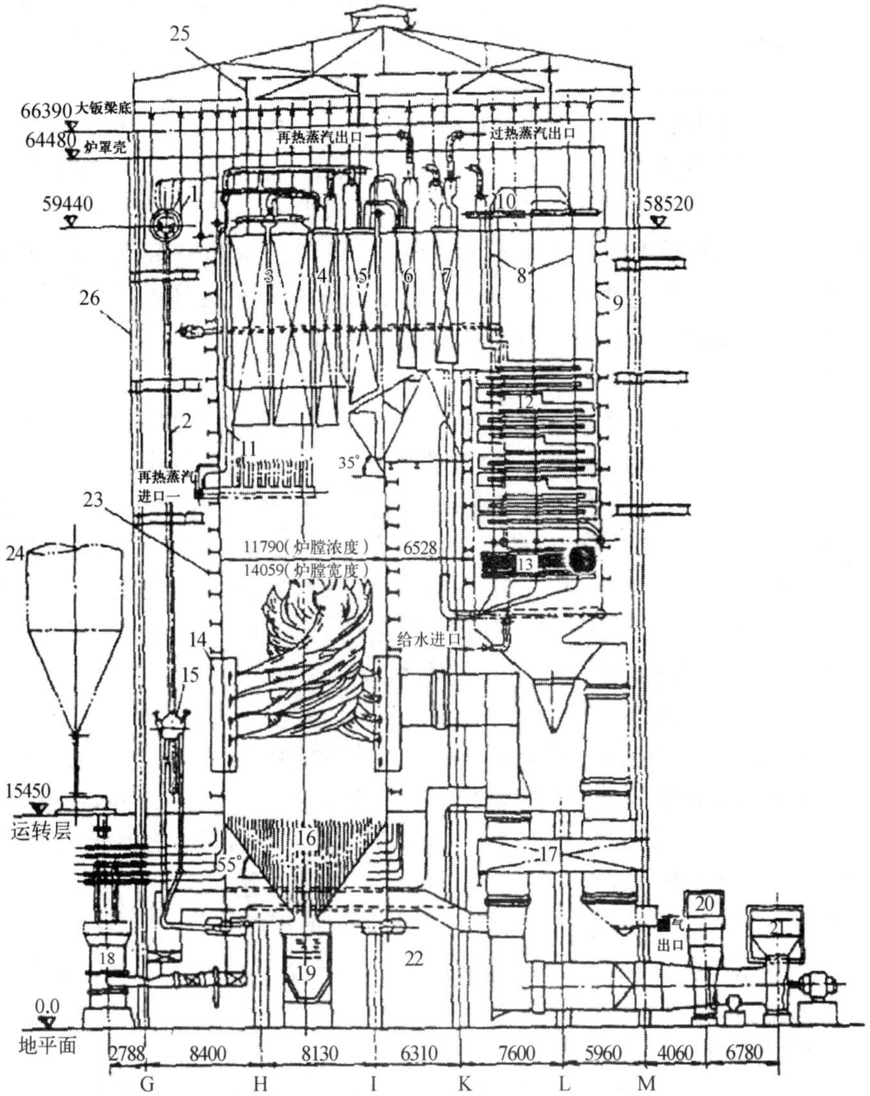

图 2-7　1025/18.3 型亚临界压力控制循环锅炉整体布置图

1—汽包　2—下降管　3—分隔屏(前大屏)　4—后屏过热器　5—屏式再热器　6—高温对流再热器
7—高温对流过热器　8—悬吊管　9—烟道后墙包覆管　10—后部顶棚管　11—墙式辐射再热器
12—低温对流过热器　13—省煤器　14—燃烧器　15—循环泵　16—水冷壁
17—回转式空气预热器　18—磨煤机　19—除渣装置　20—一次风机　21—二次风机
22—水冷壁环形联箱(下水包)　23—水冷壁刚性梁　24—煤斗　25—大钣梁　26—钢立柱

设有火焰扫描装置及单只油枪的火焰检测装置,并配有 12 把高能点火器和 12 把蒸汽雾化启动油枪。根据需要,锅炉可适应定压运行和滑压运行。无助燃油时的锅炉最低负荷为 40%MCR。

主要部件和设备介绍如下:

1. 汽包

汽包内径为 1 778 mm、筒身直段长 13 016 mm、全长 16 000 mm,重约 136 t,采用球面封

头，碳钢材料(SA-299)。汽包内布置有 56 只 ϕ254 mm 的涡流式分离器(沿纵向分两排)，作为一次分离设备；二次分离设备采用顶部波形板(百叶窗)分离器，无蒸汽清洗装置。该锅炉汽包的最大特点如下：

① 汽包内壁采用环形夹层结构(内壁镶有一弧形衬板，内壁与衬板之间形成环形通道)。汽水混合物从汽包上部引入，沿环形夹层下部流出再引入涡流式分离器，这样汽包上下壁温比较均匀(故未设常规的汽包壁温监视测点)，减小了热应力，可加快锅炉启动速度。

② 汽包上下部为不等壁厚结构。按照汽包热应力对汽包壁厚的限制(最大为 203 mm)，上半部壁厚为 201.06 mm，下半部壁厚为 166.7 mm，这样可减轻汽包质量，节省钢材。由于选用强度较低的碳钢材料，故汽包壁厚较大。

2. 水冷壁

水冷壁布置在炉膛内，采用全焊内螺纹管膜式水冷壁。材料为 20G，管子尺寸为 ϕ45 mm×5.4 mm、ϕ44.5 mm×5 mm。为满足管内工质的最低质量流速要求，又满足水冷壁最大含汽率不超过 75%及不产生膜态沸腾，故在炉膛冷灰斗以上至墙式辐射再热器遮盖部分以下及两侧墙后部的水冷壁、后墙悬吊管等部位均采用内螺纹管。其余部分为内光管。后水冷壁折焰角采用 ϕ51 mm×5.6 mm 的内螺纹管，后墙悬吊管(共 23 根)采用 ϕ60 mm×13 mm 的内螺纹管，折焰角延伸部分则采用 ϕ51 mm×5.9 mm 的内螺纹管，整个水冷壁共 870 根管子(前后墙各 219 根，两侧墙各 176 根，四角每切角为 20 根)，按照不同受热情况分成 53 个循环回路。

水冷壁的下联箱为环形结构，称为环形联箱。其外径为 ϕ914 mm(内径为 ϕ714 mm)，内装有滤网，并在每根水冷壁管的进口处装有节流圈(即 870 只)，共有 15 种外径规格，最小孔径为 ϕ11.1 mm，最大孔径为 ϕ18.6 mm，以根据不同热负荷合理分配各管水流量，保证水冷壁安全工作。在环形联箱的前部，用 6 根 ϕ273 mm 的管子与循环泵的出口相连接。

由于这种锅炉采用了“循环泵+内螺纹管”的控制循环系统，改善了传热效果，防止了膜态沸腾，因而使水冷壁管内的汽水质量流速降低，循环水量减小，循环可靠，厂用电耗低，投资省等。

3. 过热器、再热器

该锅炉过热器有顶棚过热器、包墙过热器、低温过热器、屏式过热器和高温过热器。顶棚过热器材料和尺寸为 15CrMoG，ϕ51 mm×6.0 mm；20G，ϕ51 mm×6.0 mm。包墙过热器有 20G，ϕ51 mm×6.0 mm，ϕ45 mm×6.0 mm，ϕ38 mm×5.5 mm。低温过热器材料和尺寸为：20G，ϕ51 mm×(6.0～7.0)mm；15CrMoG ϕ51 mm×6.0 mm，ϕ51 mm×6.5 mm；12Cr1MoVG，ϕ51 mm×7.0 mm。屏式过热器材料和尺寸为 15CrMoG，ϕ51 mm×6.0 mm；12Cr1MoVG，ϕ51 mm×6.0 mm；SA-213-T91，ϕ51 mm×6.0 mm。后屏过热器材料和尺寸为 12Cr1MoVG，ϕ54 mm×(8.0～10.0)mm；12Cr2MoWVB，ϕ54 mm×8.0 mm，ϕ60 mm×8.0 mm；SA-213-TP347，ϕ54 mm×8.0 mm，ϕ60 mm×9.0 mm。高温过热器材料和尺寸为 12Cr2MoWVB，ϕ51 mm×6.5 mm；SA-213-T91，ϕ51 mm×7.0 mm。

该锅炉再热器有墙式再热器、屏式再热器、末级再热器等 3 种。墙式再热器材料和尺寸为 12Cr1MoVG，ϕ54 mm×5.0 mm。屏式再热器材料和尺寸为 12Cr1MoVG，ϕ63 mm×4.0 mm，ϕ63 mm×4.5 mm；SA-213-T91，ϕ63 mm×4.0 mm，ϕ63 mm×4.5 mm。末级再

热器材料和尺寸为 12Cr1MoVG，ϕ63 mm×4.0 mm，ϕ63 mm×4.5 mm；SA－213－T91，ϕ63 mm×4.0 mm，ϕ63 mm×5.5 mm。

该锅炉的过热器、再热器沿蒸汽流程的系统布置为：自炉膛上部（除布置墙式辐射再热器以外），沿烟气流程依次布置有屏式（前大屏）过热器、后屏过热器；屏式再热器、高温对流再热器；高温对流过热器、低温对流过热器，省煤器和空气预热器。

4. 省煤器、空气预热器

锅炉的尾部烟道布置了省煤器和空气预热器。省煤器材料 SA－210C，尺寸 ϕ51 mm×6.0 mm。

省煤器为单级、纵向、顺列布置，单（右）侧进水、双侧出水，采用管径较大的 ϕ51 mm×6.5 mm光管，碳钢材料。省煤器分上下两组，被加热后的给水（出口水有 71℃的欠焓）由 3 根给水导管从汽包的底部引入。省煤器再循环管从水冷壁环形联箱后部引出接至省煤器进口，这样省煤器在锅炉升火期间能得到冷却保护。

空气预热器采用两台三分仓容克式空气预热器。其转子内径 ϕ10 m、转子高度 2.4 m（受热面高度 1.8 m），受热面沿高度分为四层，即热段、中间段、冷段、备用段。转子逆时针方向旋转，正常运行中转子转速为 1.15 r/min，转子重 245 t，空气预热器总重约 350 t。转子横截面各流通处的截面弧度分配为：烟气区 165°、一次风区 27.5°、二次风区 137.5°、其余 30°为密封区（过渡区）。一次风出口热风温度为 289℃，二次风出口热风温度为 305℃。

在回转式空气预热器的二次风入口与送风机（即二次风机）之间装有暖风器。暖风器采用乙二醇作为中间加热介质。

5. 燃烧设备及制粉系统

炉膛是锅炉燃烧的主要设备，该锅炉炉膛截面尺寸为 11 790 mm×14 059 mm。炉膛自冷灰斗转角至炉顶管的高度为 43 100 mm。

该锅炉采用摆动式直流燃烧器，正四角布置切圆燃烧方式。燃烧的风箱由喷嘴和摆动机构等组成。燃烧器的一次风煤粉喷嘴沿炉膛高度方向分 5 层与 6 个二次喷嘴间隔布置，均等配风；一次风喷嘴四周采用了周界风，用以控制燃料的着火（有人把周界风称为燃料风），并作为一次风喷嘴停用时的冷却风；炉膛顶部另有两个二次风喷嘴，用来控制 NO_x 的排放量。除炉膛顶部二次风喷嘴用手动操作以外，其余喷嘴都是通过活塞式摆动机构操纵统一上下摆动，一次风喷嘴可摆动±27°，二次风喷嘴最大摆动角度为±30°，以控制炉膛出口烟温。最上排喷嘴离屏底的距离为 18.28 m，以保证煤粉完全燃烧，最下排喷嘴离冷灰斗转角处的距离为 4.4 m。正常情况下投上面 3 层煤粉喷嘴，摆动角度为零。

该锅炉采用重油作为启动点火、暖炉及稳燃的燃料。共 12 支油枪分 3 层布置，每组燃烧器有 3 支油枪，分别插入靠中部的二次风口内，与一次风口成交替布置。锅炉点火是采用现代较先进的高能点火器直接点燃重油的点火方法，相应有 12 支高能点火器，装于风口内靠近油枪喷头的部位。点火完毕，油枪和点火棒均可通过遥控或自控装置退入导管内，以免烧损。

该锅炉采用冷一次风机正压直吹式制粉系统。这种系统取消了磨煤机前输送高温空气的排粉机（即热一次风机），而代之以装在空气预热器前的冷一次风机，这时流过一次风机的是冷空气，经一次风机升压后，进入三分仓回转式空气预热器的一次风被加热成高温空气，然后由热一次风道送往磨煤机。由于对一次风比二次风的风压要求高，采用冷一次风机后可使一次风、二次风独立，大大降低二次风机（即送风机）的电能消耗，并使一次风机的工作条件大为改善。制粉系统配用5台RP923型中速碗式磨煤机。其主轴转速为43.2 r/min，最大磨粉出力为57.85 t/h。系统还配有5台电子重力式皮带给煤机，其最大出力为67.7 t/h。这种给煤机带有称重传感与校正装置，还带有皮带煤传感器，可以称重在规定皮带长度区间的煤量，并据此调整皮带速度使之保持正确的给煤率，同时具有皮带无煤报警功能。

6. 循环泵

循环泵是强制循环锅炉的重要设备。该型锅炉装有3台低压循环泵。循环泵由浸没式，功率为0.198 MW电动机带动。一台泵投运可满足60%的负荷（压头为0.145 MPa），两台泵投运即可带满负荷（压头为0.17 MPa），另一台备用。但为了在切换泵时不影响锅炉出力，故推荐在正常状况下三台泵都投运（这时压头为0.182 MPa）。

三、2008/18.3型亚临界压力控制循环锅炉

2008/18.3型亚临界压力控制循环锅炉主要与30 MW汽轮发电机组配套。现介绍如下：

（一）主要参数

该锅炉主要参数如下：锅炉最大连续蒸发量为2 008 t/h；锅炉额定蒸发量为1 815 t/h；过热蒸汽压力为18.3 MPa；过热蒸汽温度为540.6℃；再热蒸汽流量为1 634 t/h，压力为3.86/3.6 MPa，温度为315/540.0 ℃；锅炉给水温度为278℃；锅炉排烟温度为128℃；锅炉效率为92.11%；设计发电标准煤耗率为310.6 g/(kW·h)。

（二）主要部件和设备

该锅炉的整体布置如图2-8所示。

锅炉整体呈Ⅱ型布置，单炉膛，平衡通风，一次中间再热。炉膛上部布置了大节距的分隔屏和墙式辐射再热器，以增强过热器和再热器的辐射特性。分隔屏还起到切割旋转烟气流，以减小烟气进入水平烟道沿炉宽度方向的温度偏差的作用。分隔屏沿炉宽共布置6大片，并采用多组小屏式结构，墙式辐射再热器布置在上部前墙和两侧墙的膜式水冷壁管的外面；炉膛出口至水平烟道沿烟气流程依次布置后屏过热器、屏式再热器、末级高温再热器、末级高温过热器；尾部竖井烟道依次布置立式低温过热器、水平低温过热器、省煤器，竖井下面布置两台容克式空气预热器。

主要部件和设备介绍如下：

1. 水冷壁

水冷壁为膜式壁结构，材料采用20G，尺寸采用ϕ50.8 mm的管子、节距63.5 mm。为防止产生膜态沸腾，在热负荷较高的区域采用了内螺纹管。

锅炉水循环系统采用“循环泵＋内螺纹管”控制循环系统。这种系统不仅保留了控制

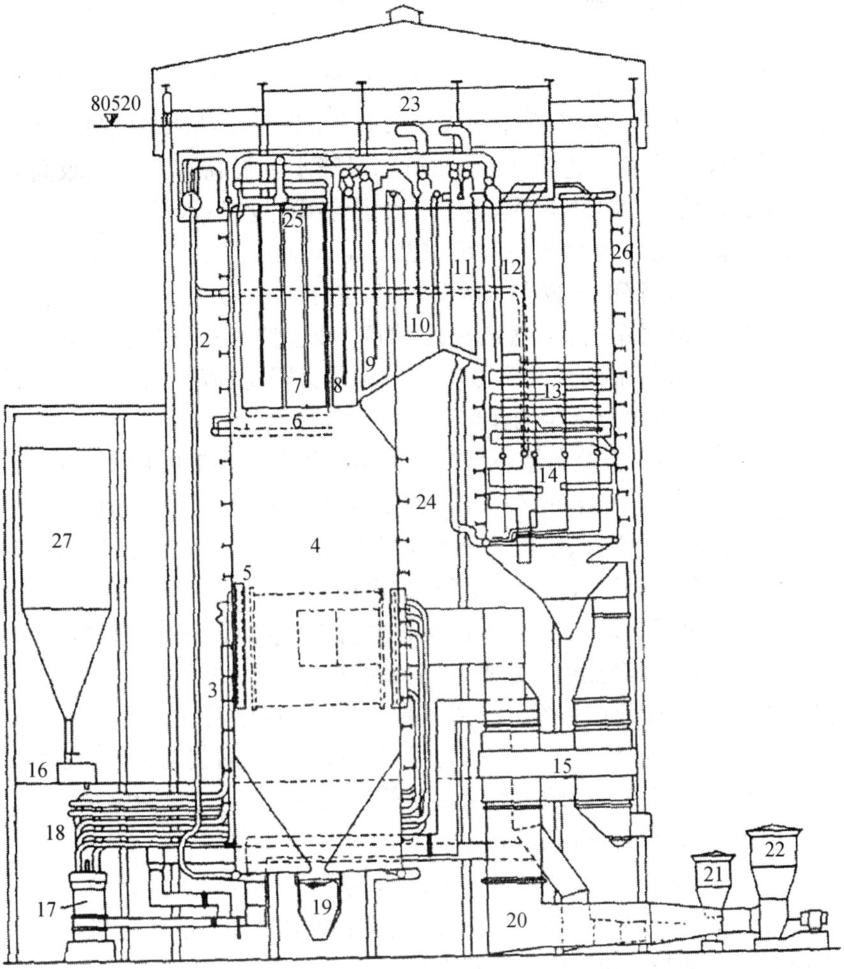

图 2-8　2008/18.3 型(烟煤)亚临界压力控制循环锅炉布置图

1—汽包　2—下降管　3—循环泵　4—炉膛及水冷壁　5—燃烧器　6—墙式辐射再热器　7—分隔屏过热器　8—后屏过热器　9—屏式再热器　10—末级高温对流再热器　11—末级高温对流过热器　12—立式低温过热器　13—水平低温过热器　14—省煤器　15—容克式空气预热器　16—给煤机　17—磨煤机　18——次风煤粉管道　19—水封斗式除渣装置　20—风道　21——次风机　22—送风机　23—大板梁　24—刚性梁　25—顶棚管　26—包墙管　27—原煤仓

循环原有的优点，而且还可降低水冷壁回路的质量流速和循环倍率，防止产生膜态沸腾，并减少循环泵电耗约 1/3。水冷壁回路的平均质量流速为 949 kg/(m^2·s)；最大连续负荷时的循环倍率为 2，考虑汽包凝汽率后，其实际循环倍率为 1.7。

装有 3 台低压头锅炉水循环泵，压头为 0.18 MPa，工作温度为 350℃，电动机功率为 350 kW，转速为 1 467 r/min。

2. 过热器、再热器

该锅炉的过热器、再热器系统布置、所用材料尺寸及其蒸汽流程，与1025 t/h亚临界压力控制循环锅炉的系统基本相同，是 CE 公司的典型系统之一。

过热器系统包括七级受热面，按以下顺序布置：顶棚管——水平烟道及尾部竖井烟道的包覆管——水平低温过热器——立式低温过热器——分隔屏——后屏——末级高温对流过热器。

按CE公司设计传统，过热器的调温主要靠喷水减温器。为增加调节的灵敏性，600 MW机组的锅炉过热蒸汽温度采用两级喷水调节，第一级喷水减温器布置在立式低温过热器与分隔屏之间的大直径连接管道上，第二级喷水减温器布置在末级高温过热器进口。喷水减温器为笛管式。再热器系统包括三级受热面，按墙式(壁式)辐射再热器——屏式再热器——末级高温对流再热器的系统布置。墙式辐射再热器布置在炉膛上部的前墙和两侧墙，沿水冷壁表面排列，分成左右两个管组，进、出口联箱均呈L形；屏式再热器与高温对流再热器之间未设联箱；再热蒸汽温度的调节采用"摆动燃烧器＋喷水(事故情况用)"，装在再热器进口导管上的两只事故喷水减温器为雾化喷嘴式；过量空气系数的改变对再热器和过热器的调温也有一定的作用。

2008/18.3型亚临界压力控制循环锅炉过热器及再热器系统的主要特点如下：

① 采用较粗管径 ϕ51～63 mm、较大横向节距的顺列布置。这种设计对降低流动阻力、防止结渣积灰、增强设备的刚性、减轻飞灰磨损等都是有利的。另外，采用大横向节距还便于蛇形管穿过顶棚处装设高冠板式密封装置，提高炉顶的密封性。

② 各级受热面之间采用单根或数量很少的大直径连接管。这样可以减小阻力，并能起到良好的蒸汽混合作用，减轻热偏差。各联箱与大直径连接管之间均采用锻造三通相连。

③ 汽冷定位管和吊挂管在系统中得到了最大限度的应用，保证了运行的可靠性。分隔屏、后屏沿炉深方向，有6组汽冷定位夹持管并与前水冷壁之间装设了导向定位装置。后屏过热器和屏式再热器采用横穿炉膛的汽冷定位管。水平低温过热器和省煤器，均由自竖井包墙管下联箱引出的汽冷吊挂管悬吊和定位。

④ 过热器系统装设了5%最大负荷的启动小旁路。这样可加速锅炉启动时过热器的升温，缩短启动时间，小分路与炉膛出口处的烟温探枪相配合可以满足机组冷热态启动的要求。小旁路管从尾部竖井包覆管下联箱引出。

3. 省煤器、空气预热器

省煤器位于尾部烟道。其材料和尺寸为SA－210C，ϕ44.5 mm×6.7 mm。

空气预热器采用两台按引进技术设计制造的三分仓容克式空气预热器，装有高传热效率的波形板传热元件和可弯曲扇形板漏风控制系统，其漏风率在投运一年内为8%，长期运行不超过10%。

按燃煤的含硫量及腐蚀特性，空气预热器冷段波形板可选用耐腐蚀合金钢或涂搪瓷的波形板。支承大轴承采用先进的平面轴承，其寿命较长，维修时只需更换巴氏合金块。每台空气预热器均装设伸缩式吹灰器和固定式水清洗装置，以保证传热效率，防止堵灰，保证运行安全。

4. 炉膛及燃烧系统

炉膛一般宽18.5 m、深16.4 m，截面宽深比约为1.13，接近正方形，这为切向燃烧创造了良好条件，并使炉膛四周热负荷比较均匀；炉膛高大，具有较低的截面热负荷和容积热负荷，对防止结渣和水冷壁超温有利；上排燃烧器中心到屏底的距离达20 m以上，保证了足够的火焰长度。

炉膛配有较先进的安全监控系统，除具有单根点火油枪灭火和炉膛火焰监测功能外，还具有一系列连锁保护及锅炉启停时辅机的切投功能，对防止炉膛爆炸、锅炉安全点火和启停以及各种紧急事故的处理等均有重要意义。

燃烧器为直流式，采用按 CE 技术设计的带水冷喷口的摆动式燃烧器，布置于炉膛四个切角，借助气动执行机构燃烧器可上下摆动 30°。每一切角有 6 个煤粉喷口(四周设周界风)，与二次风喷口交错布置，均等配风，顶部为两个上二次风喷口，用以降低 NO_x 的生成量，所有喷嘴进口处均装有调节挡板。每角燃烧器均装有 Y 形蒸汽雾化式油喷嘴，用于锅炉点火暖炉及甩负荷时稳定燃烧。采用先进的高能点火器两级点火系统，由高能电弧点燃轻油或重油，再点燃煤粉。

采用中速磨煤机冷一次风机正压直吹式制粉系统。6 台 RP－1003 型中速磨煤机(出力为 66 t/h，转速约 40 r/min)，在炉前成一排布置，每台磨煤机带一层煤粉燃烧器。干燥剂为热风，干燥剂入口温度约 205℃，磨煤机出口温度约 80℃。每台磨煤机配用一台先进的电子重力式皮带给煤机，出力为 80 t/h，给煤量通过改变皮带速度进行调节，其称重精度可达±0.5%，带有断煤报警和堵煤报警装置。系统中所配用的一次风机(动叶可调轴流式)和送风机(入口动叶可调轴流式)的出口均装有隔离挡板，以保证运行中一台风机解列时空气不倒流入风机；考虑到一次风机有单台运行的可能，空气预热器的一次风分仓进、出口均装有隔离挡板，而二次风分仓仅出口侧装有隔离挡板。

5. 悬吊构架、水泵等

锅炉悬吊构架采用钢结构。运转层标高为 17 m。锅炉四周设置了必要的水平刚性梁。由于水平烟道两侧墙的跨度最大，为减小挠度，故在该部位两侧墙设有两根垂直刚性梁，并与水平刚性梁相连。

该锅炉装有 3 台低压头锅炉水循环泵，压头为 0.176 6 MPa，工作温度为 350℃，电动机功率为 350 kW，转速为 1 467 r/min，由沈阳水泵厂制造。

锅炉按引进技术设置了膨胀中心，可进行精确的热位移计算，作为膨胀补偿、间隙预留和应力分析的依据，这对保证锅炉的可靠运行和密封性能的改善有重要作用。

锅炉采用程控吹灰。在炉膛、各级对流受热面和回转式空气预热器处，均装有墙式、伸缩式等不同形式的吹灰器。吹灰器的运行为程序控制，所有吹灰器根据煤质和受热面积灰情况定期全部运行一遍。

四、1900/25.4 型超临界压力直流锅炉

世界上首台超临界压力机组锅炉于 1957 年投入运行。我国首次从国外引进的两台具有 20 世纪 80 年代国际先进水平的 1 900 t/h 超临界压力锅炉，于 1992 年 6 月、12 月先后在石洞口第二电厂投入运行，并创造了较好的运行实绩。此后，超临界压力锅炉在我国得到了较好的发展。

(一) 主要参数

该锅炉主要参数如下：锅炉最大连续蒸发量为 1 900 t/h，过热器出口蒸汽压力为

25.4 MPa，过热器出口蒸汽温度为541℃，再热器蒸汽流量为1 613 t/h，再热器蒸汽压力为4.77/4.58 MPa，再热器蒸汽温度为301/569℃，省煤器进口给水温度为286℃，省煤器进口给水压力为29.4 MPa，炉膛出口烟温为1 235℃，锅炉排烟温度为130℃，空气预热器漏风系数小于10%，一次热风温度为336℃，二次热风温度为321℃，电除尘器效率在燃用设计煤种时大于99%，在燃用设计煤种时的锅炉效率为92.53%，允许最低稳燃负荷（不投油）为30%。

（二）主要部件和设备

该锅炉为超临界压力一次中间再热螺旋水冷壁直流锅炉，其整体布置如图2-9所示。

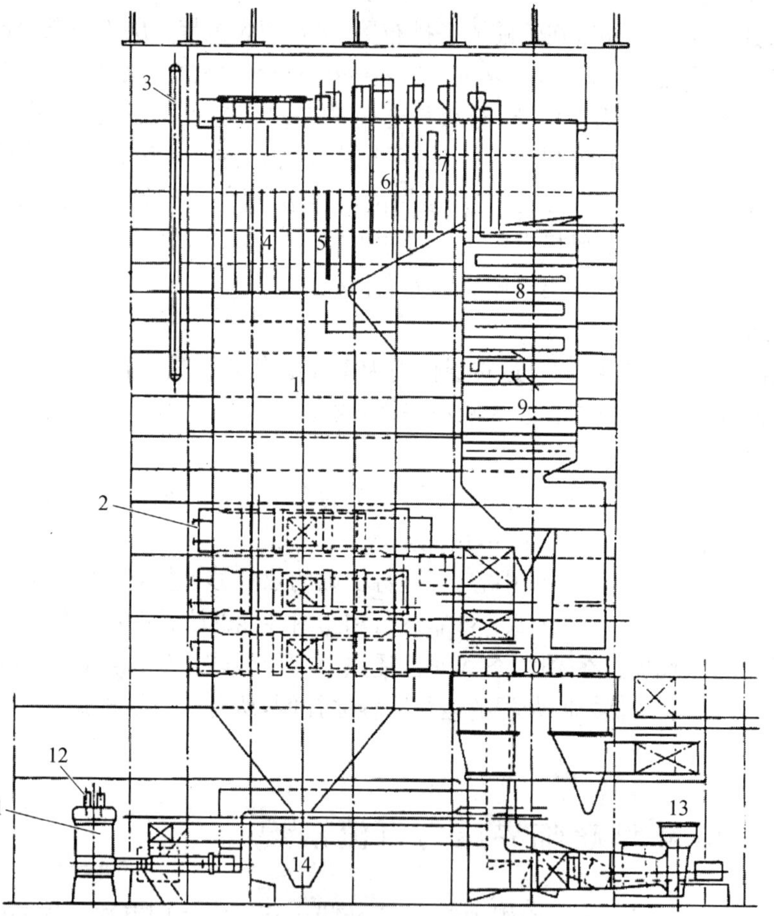

图2-9　1900/25.4超临界压力直流锅炉布置图

1—炉膛　2—燃烧器　3—汽水分离器　4—前屏过热器　5—后屏过热器　6—高温再热器　7—高温过热器　8—低温再热器　9—省煤器　10—容克式空气预热器　11—中速磨煤机　12—一次风煤粉管道　13—送风机　14—除渣装置

锅炉整体仍采用Π型布置，单炉膛，全悬吊结构，平衡通风，露天布置。炉膛高62.12 m（冷灰斗口至顶棚），炉架宽61 m，深69.55 m，大板梁顶高81.25 m。

机组热控采用微机分散控制系统，两台机组由同一主控室集中控制。该控制系统可提供机组的自动启停、自动程控调节和二元控制以及报警、事故处理，有锅炉燃烧器控制、蒸汽温度控制、炉膛安全监控系统等。选用加拿大和瑞士 ABB 公司的主控设备。机组自动化程度很高，每台机组有六台 CRT 操作键盘，可以任意对机组进行软手操。就地控制设备多数采用气动控制装置，测量信号变送器就近安装，基地式控制内容较多。

主要部件和设备介绍如下：

1. 水冷壁

水冷壁采用螺旋管圈水冷壁、垂直管圈水冷壁和底包墙和延伸墙水冷壁。螺旋管圈水冷壁材料和尺寸为 15CrMoG，ϕ38 mm×7.3 mm；垂直管圈水冷壁材料和尺寸为 15CrMoG，ϕ31.8 mm×6.2 mm；底包墙和延伸墙水冷壁材料和尺寸为 15CrMoG，ϕ44.5 mm×7.0 mm。

2. 过热器、再热器

过热器系统分顶棚过热器、包墙过热器、低温过热器、屏式过热器和高温过热器。它们的材料和尺寸分别是：顶棚过热器为 15CrMoG，ϕ63.5 mm×10 mm，ϕ44.5 mm×7.0 mm；包墙过热器为 15CrMoG，ϕ63.5 mm×10 mm，ϕ44.5 mm×7.0 mm，ϕ57 mm×9.0 mm；低温过热器为 15CrMoG，ϕ51 mm×9.0 mm，ϕ57 mm×9.0 mm；屏式过热器为 SA-213-T91，ϕ38 mm×6.5 mm，SA-213-T91，ϕ38 mm×7.5 mm；高温过热器为 SA-213-T91，ϕ44.5 mm×8.5 mm。

再热器材料和尺寸为：SA-210C，ϕ63.5 mm×4.5 mm；15CrMoG，ϕ57 mm×4.5 mm；12Cr1MoVG，ϕ57 mm×4.5 mm；SA-213-T91，ϕ51 mm×4.5 mm。

一次汽水流程为：给水→省煤器→炉膛下部螺旋管圈水冷壁→中间过渡联箱→炉膛上部垂直管屏水冷壁及折焰角、后墙悬吊管→汽水分离器→顶棚管、前后墙包覆管→后烟井两侧墙、低再悬吊管、水平包覆管→前屏过热器→一级喷水减温器→后屏过热器→二级喷水减温器→高温对流过热器→汽轮机。

整个汽水流程以汽水分离器为界设计成双流程。汽水分离器为一圆柱形筒体，垂直布置在炉前锅炉中心线上，长(即高)25 m，重 58 t，安装高度(顶部标高)为 72 m。锅炉备有一套启动及低负荷再循环系统。

再热蒸汽流程为：汽轮机高压缸排汽→事故喷水减温器→低温再热器→高温再热器→汽轮机中压缸。

过热蒸汽采用两级喷水调温。再热蒸汽温度的调节主要依靠摆动式燃烧器，喷水则作为事故备用。

3. 省煤器和空气预热器

省煤器布置在低温再热器下面。省煤器材料和尺寸为：SA-210C，ϕ44.5 mm×6.7 mm。

省煤器的灰斗采用支搁方法，与尾部烟道的连接采用非金属膨胀节。

尾部烟道的下方布置两台三分仓容克式空气预热器，其转子直径为 ϕ12.934 m，转速为 1.1 r/min，每台空气预热器总重 534.3 t，配有热端漏风控制系统、转子停转报警和红外线探测装置等。

4. 燃烧、制粉系统及设备

炉膛截面尺寸(宽×深)为 18.8 m×16.6 m。炉膛顶棚管标高为 70.3 m。

采用摆动式直流煤粉燃烧器，四角布置切圆燃烧，双切圆顺时针旋转，切圆直径约为 ϕ1 588 mm和 ϕ2 061 mm。燃烧器分成上、中、下三组独立结构，共 6 层、24 个煤粉喷口，每个角每组内布置有 2 个分叉式煤粉喷口和 1 个位于中间的配有轻、重油枪和点火器的喷口，并间隔布置了 3 个二次风喷口，轻、重油枪各 12 根。锅炉点火采用高能点火器三级点火系统，点火燃料为轻油，低负荷稳燃燃料为重油。重油燃烧器采用蒸汽雾化，雾化压力为 1.14 MPa，燃油温度为 170℃，单只重油枪出力约 6 t/h。

采用中速磨煤机冷一次风机正压直吹式制粉系统。六台 HP－943 型碗式中速磨煤机(出力约 55 t/h，转速为 43 r/min)布置在炉前煤仓间零米层，干燥剂为热风，每台磨煤机分别连接一层煤粉喷口。磨煤机上部的煤粉分离器为内锥体型式。每台磨煤机配用一台电子重力式皮带给煤机，出力为 67～112 t/h，采用变速电动机调节给煤量。每台锅炉设有六个 600 m^3 的钢原煤仓(内衬不锈钢)，其容积可满足每台锅炉在最大连续负荷下运行 10 h 的用煤量。

5. 悬吊结构、风机

锅炉构架采用全钢悬吊结构，用大六角高强度螺栓连接，大板梁共 6 根，均直接搁置在立柱顶端，立柱按高度分 6 节。构架按 7 极地震强度设计。炉膛采用自重较轻的蜂窝状刚性梁系统，与同等级刚度要求的工字形刚性梁相比，总重可减轻约 20%。

两台动叶可调轴流式送风机和两台单吸离心式一次风机，布置在空气预热器的下方，分别接二次风入口和一次风入口。两台引风机为双速双吸离心式。

6. 除灰、除渣

每台锅炉装有两套独立的除灰、除渣系统。飞灰系统是排除电除尘器和空气预热器灰斗排出的灰，用气力将灰输送至飞灰斗，弄湿后送到灰池或沉淀池，然后用水力或卡车将灰送到灰场。也可以将干灰从灰斗装上卡车供给需要干灰的用户。除渣系统为炉底固态排渣，采用水封斗式除渣装置，渣块落入水封斗内，裂化后由水封斗出渣门排出，经碎渣机破碎后排入灰渣管，由渣泵输送至灰池，再用泵输送到离电厂约 3 km 的灰渣场。此系统还能排除由磨煤机排出的硫化铁矿石。

五、3 000 t/h 级超超临界直流锅炉

该级别锅炉配套 1 000 MW 机组，是我国目前容量最大的锅炉。现以 3 099/27.56 型锅炉为例进行介绍。

(一) 主要参数

该锅炉的主要参数如下：锅炉效率为 93.72 %，锅炉最大连续蒸发量为 3 099 t/h，过热蒸汽压力为 27.56 MPa，过热蒸汽温度为 605℃，再热蒸汽流量为 2 580.9 t/h，再热蒸汽压力为 6.06/5.86 MPa，再热蒸汽温度为 374/603℃，省煤器进口给水温度为 298℃。

（二）主要部件和设备

该锅炉的整体布置如图 2 - 10 所示。

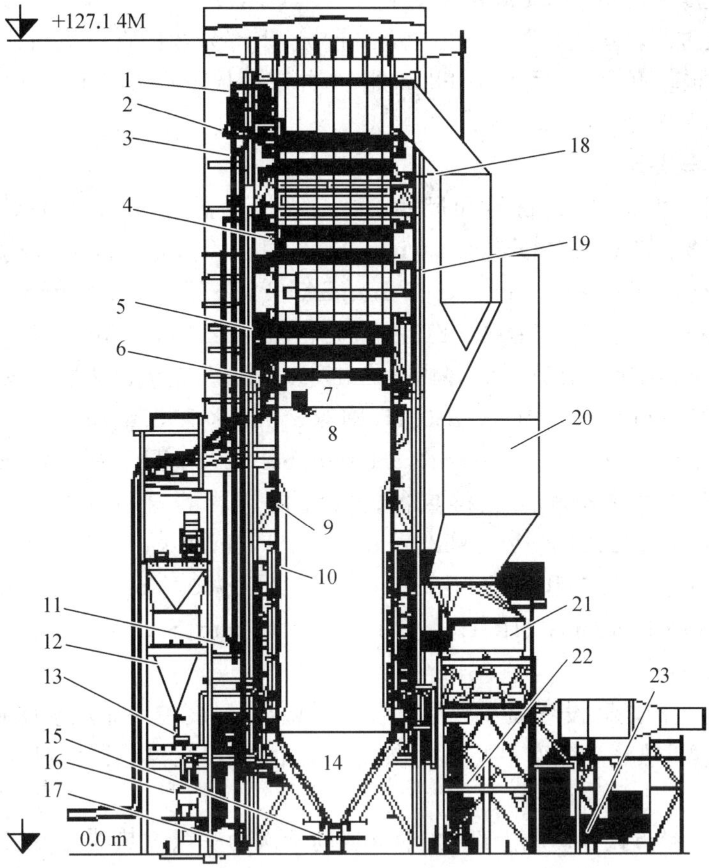

图 2 - 10　3099/27.56 型超超临界直流锅炉简图

1—汽水分离器　2—省煤器　3—汽水分离器疏水箱　4—二级过热器
5—三级过热器　6—一级过热器　7—垂直水冷壁　8—螺旋水冷壁
9—燃尽风　10—燃烧器　11—炉水循环泵　12—原煤斗　13—给煤机
14—冷灰斗　15—捞渣机　16—磨煤机　17—磨煤机密封风机　18—低温再热器
19—高温再热器　20—脱硝装置　21—空气预热器　22—一次风机
23—送风机

该锅炉为超超临界参数变压运行螺旋管圈直流塔式炉，采用一次再热、单炉膛单切圆燃烧、平衡通风、露天布置、固态排渣、全钢构架、全悬吊结构布置。

主要部件和设备介绍如下：

1. 水冷壁

水冷壁采用膜式水冷壁布置在炉膛中。水冷壁管采用螺旋管加垂直管的布置方式，螺旋管圈水冷壁材料和尺寸为 15CrMoG，ϕ38.1 mm×6.8 mm；SA - 213 - T23，ϕ38.1 mm×6.8 mm。垂直管圈水冷壁材料和尺寸为：SA - 213 - T23，ϕ38.1 mm×6.8 mm；SA - 213 - T23，ϕ44.45 mm×7.0 mm。

锅炉炉膛宽度 23.2 m，深度 23.2 m，水冷壁下集箱标高为 4 m，炉顶管中心标高 117.9 m，大板梁上端面标高为 126.2 m。

从炉膛冷灰斗进口到标高 68.18 m 处，炉膛四周采用螺旋水冷壁，管子尺寸为 ϕ38.1 mm，节距为 53 mm。在螺旋水冷壁上方为垂直水冷壁，螺旋水冷壁与垂直水冷壁采用中间联箱连接过渡。垂直水冷壁分为上下 2 部分，下部分选用管子规格为 ϕ38.1 mm，节距为60 mm的两根垂直管，在标高 88.88 m 处，合并成一根垂直管。上部，合并成的管子规格为 ϕ44.5 mm，节距为 120 mm。

2. 过热器、再热器

过热器采用三级布置，其材料和尺寸为：一级过热器为 12Cr1MoVG，ϕ48.3 mm×8.5 mm；SA-213-T23，ϕ48.3 mm×9.0 mm；SA-213-T92，ϕ48.3 mm×9.0 mm。二级过热器为 SA-213-T91，ϕ48.3 mm×6.5 mm；SA-213-T91，ϕ48.3 mm×7.0 mm；SA-213-T91，ϕ48.3 mm×7.5 mm；SA-213-T91，ϕ48.3 mm×9.0 mm；SA-213-S304H，ϕ48.3 mm×6.8 mm；SA-213-T92，ϕ48.3 mm×9.5 mm。三级过热器为 SA-213-T92，ϕ48.3 mm×7.5 mm；SA-213-S304H，ϕ48.3 mm×7.5 mm；SA-213-S304H，ϕ48.3 mm×8.5 mm；HR3C，ϕ48.3 mm×9.5 mm；SA-213-T92，ϕ48.3 mm×12.5 mm。

再热器分低温再热器和高温再热器。低温再热器的材料和尺寸为：15CrMoG，ϕ57.2 mm×3.8 mm；12Cr1MoVG，ϕ58.2 mm×3.8 mm；SA-213-T91，ϕ59.2 mm×3.8 mm。高温再热器的材料和尺寸为：SA-213-T91，ϕ60.3 mm×3.8 mm；SA-213-S304H，ϕ60.3 mm×3.8 mm；HR3C，ϕ60.3 mm×4.2 mm；SA-213-T92，ϕ60.3 mm×5.5 mm。

在每两级过热器之间设置喷水减温装置，过热蒸汽温度主要靠煤水比和减温水控制。再热器两级布置，再热蒸汽温度主要采用燃烧器摆角调节，在再热器入口和两级再热器布置危急减温水。

过热器、再热器布置在炉膛上部，按烟气流向依次为一级过热器、三级过热器、二级再热器、二级过热器、一级再热器。

3. 省煤器、空气预热器

省煤器布置在一级再热器上部。省煤器材料和尺寸为 SA-210C，ϕ42.2 mm×6.5 mm。

在省煤器出口设置脱硝装置。脱硝采用选择性触媒 SCR 脱硝技术，反应剂采用液氨汽化后的氨气，反应后生成对大气无害的氮气和水汽。

尾部烟道下方设置两台三分仓回转容克式空气预热器，两台空气预热器转向相反，转子直径 16.421 m，空气预热器采用 2 段设计，没有中间段，低温段采用抗腐蚀大波纹 SPCC 搪瓷板，可以防止脱硝生成的 NH_4HSO_4 的粘结。

4. 燃烧设备

锅炉燃烧系统按照中速磨煤机正压直吹系统设计，配备 6 台磨煤机，正常运行中运行 5 台磨煤机可以带到 BMCR，每台磨煤机引出 4 根煤粉管道到炉膛四角，炉外安装煤粉分配装置，每根管道分配成两根管道分别与两个一次风喷嘴相连，共计 48 个直流式燃烧器分 12 层布置于炉膛下部四角（每两个煤粉喷嘴为一层），在炉膛中呈四角切圆方式燃烧。

紧挨顶层燃烧器设置有 CCOFA 风喷口，在燃烧器上部设置有 SOFA 风喷口，每个角 6 个喷嘴，采用 TFS 分级燃烧技术，减少 NO_x 的排放。

在每层燃烧器的两个喷嘴之间设置有油枪，燃用＃0 柴油，设计容量为 25%BMCR，在启动阶段和低负荷稳燃时使用。

5. 汽水分离器

锅炉炉前沿宽度方向垂直布置 6 只汽水分离器，用于分离汽水混合物。汽水分离器外径 0.61 m，壁厚 0.08 m，每个分离器筒身上方布置 1 根内径为 0.24 m 和 4 根外径为 0.219 1 m的管接头，其进出口分别与汽水分离器和一级过热器相连。当机组启动，锅炉负荷小于最低直流负荷 30%BMCR 时，蒸发受热面出口的介质经分配器进入分离器进行汽水分离。分离后的蒸汽通过分离器上部管接头进入两个分配器后进入一级过热器，而不饱和水则通过每个分离器筒身下方 1 根内径 0.24 m 的连接管进入下方 1 只疏水箱中。疏水箱直径 0.61 m，壁厚 0.08 m，疏水箱设有水位控制。疏水箱下方有 1 根外径为 0.57 m 疏水管，将水引至一个连接件。通过连接件一路疏水进入炉水再循环系统，另一路进入大气扩容器中。

6. 锅炉排渣

锅炉排渣系统采用机械出渣方式，底渣直接进入捞渣机水封内。水封可以冷却、裂化底渣，同时可以保证炉膛的负压。

（三）锅炉特点

3 000 t/h 级超超临界直流锅炉配套 1 000 MW 机组，是我国目前容量最大的锅炉，近几年在国内得到发展，吸取了国外和其他电站锅炉运行的经验，具有以下特点：

（1）锅炉系统简单。

（2）锅炉省煤器、过热器和再热器采用卧式结构，具有很强的自疏水能力。

（3）锅炉启动疏水系统设计有炉水循环泵，锅炉启动能量损失小，同时具备优异的备用和快速启动特点。

（4）采用单炉膛单切圆燃烧技术，并对烟气进行了消旋处理。在所有工况下，水冷壁出口温度、过热器和再热器烟气温度分布均匀。

（5）炉膛尺寸大，降低炉膛截面热负荷和燃烧器区域壁面热负荷，降低了结焦的可能性。同时降低了烟气流速，减少了烟气转弯，受热面磨损小。

（6）采用低 NO_x 同轴燃烧技术。

（7）过热蒸汽温度采用煤水比粗调，两级 8 点喷水减温细调。再热器温度采用燃烧器摆角调节，在再热器进口和两级再热器中间装有微量喷水，作危急喷水，在低负荷时，可以通过调节过量空气系数调节再热器温度。

（8）水冷壁设置有中间混合联箱，再热器、过热器无水力侧偏差，蒸汽温度分布均匀。

（9）在不同受热面之间采用联箱连接方式，不存在管子直接连接的现象，不会因为安装引起偏差（携带偏差）。

（10）受热面间距布置合理，下部宽松，不会堵灰。

（11）锅炉采用全悬吊结构，悬吊结构规则，支撑结构简单，锅炉受热后能够自由膨胀，同时塔式锅炉结构占地面积小。

(12) 锅炉高温受热面采用先进材料，受热面金属温度有较大的裕度。

第三节　循环流化床锅炉

为了解决劣质燃料的燃烧问题，我国在 20 世纪 60 年代开始了对流化床锅炉的研究。1980 年代初首批 35～75 t/h 的循环流化床锅炉(简称 CFB)投入运行，到 1980 年代中后期才得以快速发展。

循环流化床锅炉和常规的电站锅炉相比，其汽水系统工作原理相同，不同的是燃烧系统。循环流化床锅炉燃烧系统的工作原理是煤和脱硫剂被送入炉膛后，迅速被炉膛内存在的大量高温物料包围，着火燃烧，发生脱硫反应，并在上升的烟气流作用下向炉膛上部运动，对水冷壁和布置在炉内的其他受热面放热。粗大粒子在被上升的气流带入悬浮区后，在重力及其他外力的作用下，不断减速偏离主气流，并最终形成贴壁下降粒子流，向下流动。被夹带出炉膛的粒子气固混合物进入高温分离器，大量固体物料，包括煤粒和脱硫剂，被分离出来，重新回送入炉膛，进行循环燃烧和脱硫。未被分离的极细粒子及烟气再进入尾部烟道，进一步对省煤器、空气预热器受热面放热后，从而被冷却，再经除尘器除尘后，由引风机将烟气送入烟囱，排入大气。

下面介绍的是几种典型的循环流化床锅炉。

一、75 t/h 级循环流化床锅炉

75 t/h 级循环流化床锅炉在我国循环流化床锅炉中占有很大的份额，它是早期的炉型，但也是较成熟的炉型。和容量较大的循环流化床锅炉相比，75 t/h 级循环流化床锅炉有较好的运行实绩，大都在自备电厂中使用。其中，75/5.29 型循环流化床锅炉是常见的炉型之一，现介绍如下：

(一) 主要参数

75/5.29 型循环流化床锅炉的主要参数如下：额定蒸发量为 75 t/h；额定蒸汽温度为 450℃，压力为 5.29 MPa；给水温度为 150℃；一次风、二次风预热温度为 150℃；排烟温度为 150℃。另外，锅炉热效率为 85%～88%；脱硫效率为 85%；钙硫摩尔比 Ca/s 为 1.5～2；燃料消耗量为 18 694.94 kg/h；燃料低位发热量为 12 669 kJ/kg；燃料颗粒度不大于 13 mm；石灰石粒度不大于 2 mm。

(二) 主要部件和设备

锅炉整体布置如图 2-11 所示。该锅炉为单汽包横置式、单炉膛、自然循环、高温分离、全悬吊结构、全钢架Ⅱ型布置。锅炉运转层以上露天，运转层以下封闭。

75/5.29 型循环流化床锅炉的主要部件有汽包、水冷壁、过热器、省煤器、空气预热器、

燃烧设备等。分别介绍如下：

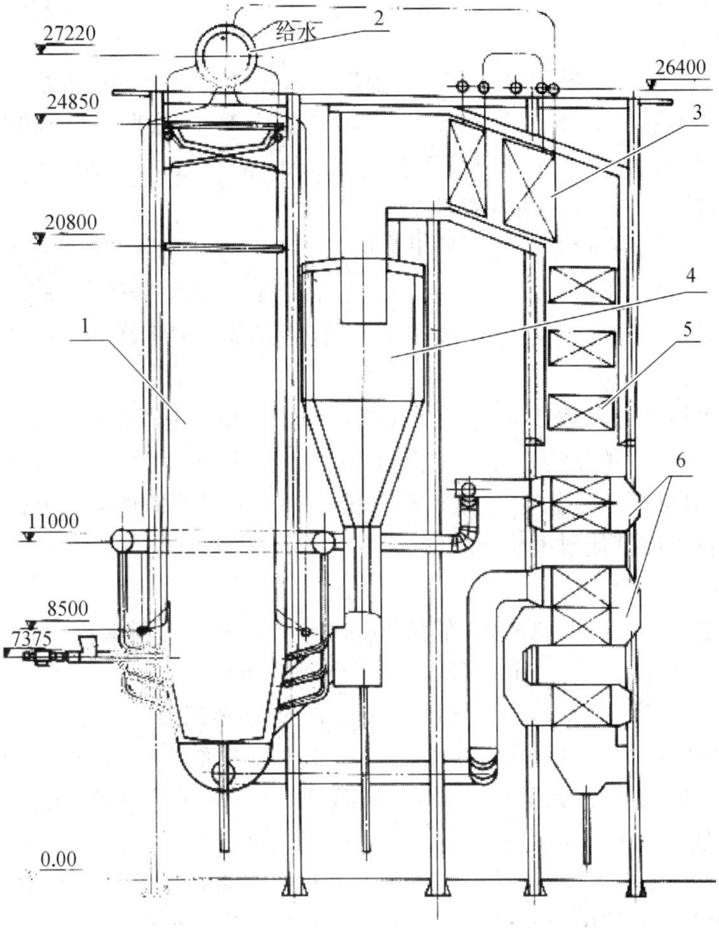

图 2-11　75/5.29 型循环流化床锅炉布置图

1—炉膛　2—汽包　3—过热器　4—高温烟气旋风分离器
5—省煤器　6—管式空气预热器

1. 汽包

汽包内径为 1 600 mm，壁厚为 70 mm，筒体全长 11 630 mm，筒体由 19Mn6 钢板卷焊而成，封头是用同种材料的钢板冲压而成。汽包内部装有 24 个 ϕ290 mm 的旋风分离器进行汽水粗分离，在汽包顶部装有波形板分离器进行汽水细分离，以保证蒸汽品质。在波形板分离器上还装有 8 根泄水管，把带进分离器中的水分再送回汽包的水溶液中。

为防止温度较低的给水与温度较高的汽包壁直接接触，在给水管与汽包壁的连接处装有套管接头；为使给水进入汽包之后沿汽包纵向均匀分布，在汽包内沿汽包纵向装设有给水分配管。

汽包内正常水位在汽包中心线下 100 mm 处。在正常水位上、下各 75 mm 处分别设有最高水位和最低安全水位标记。汽包上装有两只就地水位表和一只电接点水位表。电接点水位表能使汽包水位在操作盘上显示出来，并具有报警和连锁功能。

为提高蒸汽的品质，降低炉水的含盐浓度，汽包上装有连续排污管和炉内水处理用的加药管，连续排污率为2%。

2. 水冷壁

炉膛四周由膜式水冷壁组成。炉顶由前后墙水冷壁管交叉斜拉而成，其上敷以磷酸盐耐火混凝土。炉膛横截面为5 190 mm×3 340 mm，炉膛上标高为23 500 mm，下标高为8 500 mm。膜式壁由ϕ60 mm×8 mm钢管与20.5 mm×6 mm扁钢组焊而成，管子材料为20 G，前后墙水冷壁各64根，两侧墙各41根。

膜式壁的上下端分别与上、下联箱上的管接头相连接，上联箱出口由ϕ133 mm×6 mm的导汽管与汽包连接，下联箱的入口由ϕ108 mm×5 mm的下降管与汽包连接。下降管全部布置在炉墙外面，与膜式水冷壁组成四个水循环回路，每个下联箱装有两个排污门，以便锅炉定期排污。

炉膛上部的惯性分离器四周也是由膜式水冷壁组成。靠炉膛一侧的水冷壁与炉膛共用，其余三面组成三个单独的水循环回路，两侧共六个循环回路。上联箱均由ϕ108 mm×5 mm的管子分别与汽包相连接，下联箱配有排污阀。为保护惯性分离器侧墙，在其上敷以磷酸盐耐火混凝土或其他耐火防磨材料，以防含尘气流磨损。

3. 过热器

该炉过热器一般分高低温两级，布置在旋风分离器之后的斜烟道内。过热器用材和尺寸为：20G，ϕ51 mm×5.0 mm；20G/15CrMoG，ϕ38 mm×4.5 mm，ϕ38 mm×4.5 mm；12Cr1MoVG/ 12Cr2MoWVB，ϕ38 mm×4.5 mm。饱和蒸汽由汽包上8根ϕ108 mm×5 mm的饱和蒸汽连接管引入过热器入口联箱。蒸汽在由56根ϕ42 mm×3.5 mm的管子组成的低温过热器中被加热后，进入减温器，经过减温调整后，进入高温段过热器再进一步升温，最后进入过热器出口联箱，经过过热蒸汽门送往汽轮机。

过热器采用混流布置，顺流逆流各一半。蒸汽的汇集和分配采取沿宽度方向均匀排列的措施，从而改善了联箱中流动的不均匀性，防止由于蒸汽流动不均匀而引起的局部蛇形管过热现象的发生。为保证安全运行，低温过热器采用了20G无缝钢管，高温过热器选用15CrMo等低合金无缝钢管。

过热蒸汽温度调节采用自制冷凝水喷水减温，减温器置于两级过热器之间。这样既可保证汽轮机获得符合要求的过热蒸汽，又能保证高温过热器管不会因工作条件恶化而被烧坏。

4. 省煤器、空气预热器

该炉省煤器属钢管式省煤器，三级布置，由无缝钢管弯制的蛇形管组成；给水沿蛇形管自下而上，与烟气成逆向流动。该型锅炉省煤器用材为20G，尺寸一般均为ϕ32 mm×3.5 mm。省煤器管共52排，横向节距S_1为40 mm，纵向节距S_2为50 mm，由省煤器支架支撑在空心梁上。

该炉空气预热器为立管式，分两级布置。上面一级为二次风空气预热器，下面一级为一次风空气预热器，空气分别由一次送风机、二次送风机送入炉膛。两级空气预热器均用ϕ40 mm×1.5 mm的焊接钢管制成，烟气在管内自上而下流动，空气在管外横向冲刷，二次风经过两个行程后进入二次风道，一次风为3个行程。为使空气预热器管箱在受热状态下能自由伸胀，在管箱上部装有膨胀节（伸缩节）。

5. 燃烧设备

燃烧设备由炉膛、惯性分离室、旋风分离器和回料器等部分组成。炉膛下部是布风板，其截面为 10.2 m^2，在其上面均匀布置了 639 个小风帽，经过预热器的一次风由风箱经这些小风帽均匀进入炉膛。燃煤和石灰石经设在炉前的三台螺旋给煤机进入燃烧室。螺旋给煤机直径为 ϕ325 mm，给煤机出口设置了播煤风。二次风约占总空气量的 50%，经 21 个喷嘴送入炉膛，喷嘴分上、中、下 3 层布置，以利于燃烧和炉温的控制。整个燃烧是在高流化风速下进行，炉温控制在 800～900℃，含灰烟气在炉膛出口处分成左右两股，进入两侧惯性分离室。惯性分离室的截面为 4.3 m^2，高为 9.4 m，夹带大量颗粒物料的烟气从炉膛出来后，运动方向改变，由于惯性作用，动量较大的颗粒撞到壁面上，动量降低，速度变慢，在重力作用下沿壁面下滑，经回料器送回炉膛循环再燃烧。烟气从惯性分离室出来后，切向进入与惯性分离室相连接的旋风分离器。旋风分离器切向进口截面为 0.85 m×24 m，内径为 ϕ3 200 mm，出口直径为 ϕ500 mm，由磷酸盐耐火砖砌筑。被分离的细颗粒经回料器返回炉膛循环再燃烧，离开旋风分离器的烟气经过热器进入尾部烟道，随烟气排出的微细颗粒由除尘器收集。

燃烧后的炉渣，颗粒较大的部分，经炉底 3 个 ϕ59 mm 的放渣管排走；而较小颗粒的炉渣，则从旋风分离器下的回料器的细灰管排出。

6. 构架和平台扶梯

该锅炉的构架全部为钢结构，所以锅炉能在地震的地区安全运行。当安装在地震烈度七度以上的地区时，应考虑用加斜撑的办法加固。钢架散装出厂，在现场安装。

锅炉在炉顶、联箱、人孔门、检查孔等地方布置有平台，以便观察、操作和维修，各平台间有扶梯相连。

7. 炉墙

由于采用膜式水冷壁，炉膛部分则采用敷管轻型炉墙。燃烧室下部、旋风分离器、斜烟道、炉顶和尾部烟道，都用耐火砖或耐火混凝土和保温层砌成，其重量分别通过钢架传到基础。

考虑到炉墙受热后会膨胀，因此，在每个炉墙面积较大的部位及接合处都设有膨胀缝。

8. 管路

锅炉采用单母管给水，给水通过给水操纵台与冷凝器回水混合，然后进入省煤器，再从省煤器出口联箱出来，由三根 ϕ108 mm×5 mm 的管子引入汽包。

在锅炉的汽包与省煤器之间装有不受热的再循环管。为保证锅炉点火起动和停炉冷却过程中省煤器能得到很好的冷却，在点火和停炉过程中，应开启再循环管路上的阀门。这时由于省煤器内水温较高，而汽包内水温较低，因而产生自然循环使省煤器得到冷却。

在汽包上装有连续排污管，在各水冷壁下联箱分别装有定期排污管，在需要疏水的每个部位都装有疏水用阀门和管路。

二、240 t/h 级循环流化床锅炉

在我国，240 t/h 级循环流化床锅炉与 50 MW 汽轮发电机组配套使用在供热机组上。现以 240/9.8 型循环流化床锅炉为例介绍如下：

（一）主要参数

240/9.8 型循环流化床锅炉的主要参数如下：额定蒸发量为 240 t/h，额定汽温为 540℃，额定汽压为9.81 MPa，给水温度为 215℃，一次风预热温度为 207℃，二次风预热温度为 201℃，排烟温度为 132℃。另外，锅炉热效率为 91.52%，燃料消耗量为 32.95 t/h。

（二）主要工作系统

该锅炉为单汽包横置式、单炉膛、自然循环、高温分离、全悬吊结构、全钢架 Ⅱ 型布置。锅炉运转层以上露天，运转层以下封闭，在运转层 8 米标高处设置混凝土平台。该锅炉的布置如图 2－12 所示，主要有 4 个工作系统。

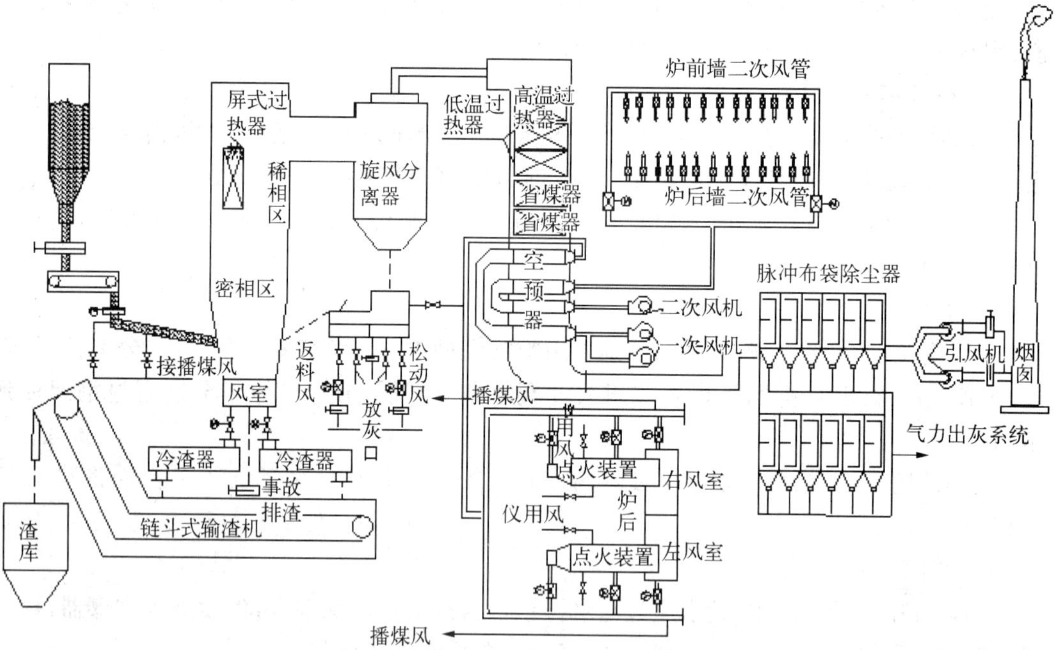

图 2－12　240/9.8 型循环流化床锅炉布置图

1. 汽水循环系统

锅炉给水首先进入省煤器，加热后给水进入汽包，再通过下降管引入水冷壁。汽包、水冷壁之间通过下降管、连通管形成了汽水循环回路。汽包材质为 19Mn6，水冷壁管、集箱、连通管等材质均为 20G。

汽水循环系统中，水冷壁是锅炉主要的蒸发受热面。汽水自然循环流程如下：

汽包内的水经过集中下降管、分散下降管进入水冷壁下集箱，在水冷壁中加热后再汇集到上集箱，然后通过引出管进入汽包。前、后、左侧、右侧的水冷壁、水冷屏与汽包等形成四个循环回路。在汽包底部水空间引出 3 根 ϕ325 mm×25 mm集中下降管，集中下降管连接 18 根 ϕ159 mm×12 mm 的分散下降管，分散下降管通向炉膛水冷壁下集箱。炉膛水冷壁中两侧水冷壁下集箱分别由 3 根分散下降管引入，前、后墙水冷壁下集箱分别由 6 根分散下降管引入。两侧水冷壁上集箱相应各有 3 根 ϕ159 mm×12 mm 连通管引至汽包，前、后墙水冷壁合并通向上集箱，由 12 根 ϕ159 mm×12 mm 的引出管与汽包相连。2 片水冷屏则各有从汽包引出的 1 根 ϕ219 mm×16 mm 下降管供水，再分别由 2 根 ϕ159 mm×12 mm 的引出管引至汽包。给水通过上述 4 个循环回路，在炉膛和烟道水冷壁内加热成汽水混合物，送至各自的上集箱，并通过 22 根上升管引至汽包。汽水混合物在汽包内进行汽水分离，分离出来的水被重新送入汽包水空间进行再循环，分离出来的蒸汽从汽包顶部引出通入锅炉过热器。

2. 过热蒸汽系统

过热蒸汽是在过热器部件中完成加热(过热)过程的。锅炉过热器的传热采用辐射和对流两种方式。为调节过热蒸汽温度，过热器系统中设计有二级喷水减温装置。240/9.8 型循环流化床锅炉蒸汽"过热"过程如下：

饱和蒸汽从锅筒引出后，通过 4 根 ϕ159 mm×12 mm 的连通管引至包墙过热器的入口集箱，经过管径为 ϕ51 mm 的包墙管加热后至出口集箱，再由导汽管引入旋风分离器下环集箱，蒸汽经膜式壁上行到上环集箱后引至尾部包墙的两侧上集箱，随后下行，流经两侧过热器包墙。再由转角集箱进入前包墙、顶包墙和后包墙(包墙管尺寸均为 ϕ51 mm×5 mm)，后包墙出口下集箱作为低温过热器入口集箱。低温过热器由 ϕ38 mm×5 mm 光管顺列布置。过热蒸汽从低温过热器出来后，经连通管进入一级喷水减温器进行温度粗调。过热蒸汽经一级喷水减温后，进入布置在炉膛上部尺寸为 ϕ38 mm×5 mm 的屏式过热器管，再经连接管交叉后引至二级喷水减温器进行温度细调，最后经尺寸为 ϕ38 mm×5 mm 的高温过热器管加热后引入出口集箱。其中，低温过热器采用 15CrMoG 材料；高温过热器采用 12Cr1MoVG 或 12Cr2MoVTiB 等材料。两级减温器的喷水量分别为 8.51 t/h、4.0 t/h。减温水调节范围在减温水设计值的 50%～150%以内。

整个蒸汽流动过程如下：汽包→左、右分离器进口烟道进口集箱→左、右分离器进口烟道出口集箱→左、右旋风筒下环形集箱→左、右旋风筒上环形集箱→左、右侧包墙上集箱→左、右侧包墙下集箱→前包墙下集箱→前包墙上集箱→后包墙下集箱→低温过热器→一级喷水减温器→炉内屏式过热器→二级喷水减温器→高温过热器→集汽联箱→汽轮机。

3. 风烟系统

该锅炉用风主要由二台一次风机、一台二次风机供给。一次风经一次风机升压后分成 3 路：一路经空气预热器加热后，至炉膛底部风室，通过布风板上的风帽使底料流化；第二路送至四台称重给煤机，作为给料机的密封和播煤风；第三路送至 2 支启动油枪，提供助燃用风。二次风经空气预热器加热后，分成两路：一路直接从炉膛上部 15 个喷嘴送入炉膛；第二路送至石灰石给料机处作为播料风。

旋风分离器返料设备配有专用返料风机(罗茨风机)，一般两台炉公用 3 台返料风机。

送风系统采用母管制，分两路送风，一路为松动风，一路为返料风。总风量 581 Nm^3/h，其中返料风372 Nm^3/h，启动设计风量 1 221 Nm^3/h，返料风 784 Nm^3/h。

烟气及携带的固体颗粒离开炉膛，从切向进入两侧旋风分离器。粗颗粒由于离心力作用从烟气中分离出来，落入旋风分离器下面的返料布风板上，被高压风流化后送入炉膛再燃烧；细颗粒则通过旋风分离器旋涡管从顶部引出，进入尾部竖井，从上至下流动，分别经高温过热器、低温过热器、省煤器、空预器后进入脉冲布袋式除尘器，再经引风机送入烟囱排至大气。

两台石灰石送风机输送石灰石经二次风管进入炉膛。

4. 燃烧系统

该锅炉的燃烧系统包括点火系统、给煤系统、石灰石添加系统、布风系统、排渣系统和返料回灰系统。

(1) 点火系统

该锅炉配有两台床下点火器，并列布置在炉膛水冷风室后侧，由点火油枪、高能电子点火器及火检装置组成。点火油枪为机械雾化，燃用 0＃轻质柴油。每只油枪出力 900 kg/h，油压 2.5 MPa，油枪所需助燃空气为一次风。空气和油燃烧形成 850℃左右的热烟气。从水冷风室上的布风板均匀送入炉膛。为了便于了解油抢点火情况，点火燃烧器设有观察孔。该炉点火方式为 DCS 程控床下点火，并有火检装置，其中火检探头的冷却采用仪表风(压缩空气)吹扫。点火总风量 55 000 m^3/h，其中混合风 17 150 m^3/h。

(2) 给煤系统

给煤设备为 4 台称重式皮带给煤机，给煤机与落煤管通过膨胀节相连。2 台给煤机能保证锅炉 100％额定出力。一定粒度的燃煤经给煤机进入布置在前墙的 4 根 ϕ325 mm×10 mm间距 2 m 的落煤管。落煤管上端有送煤风，下端靠近水冷壁处有播煤风。给煤借助自身重力和引入的送煤风，沿着落煤管滑落到下端在距布风板 1 800 mm 处进入炉膛。给煤量通过改变给煤机的转速来调节，给煤机内通入一次风作为密封风。由于给煤管内约有 4 kPa的正压，要求给煤机必须有良好的密封性。

播煤风管连接在每个落煤管的端口，配备风门控制入口风量。

每台炉煤仓的容积为 430 m^3，可供锅炉在额定负荷工况下燃烧 11 h。

(3) 石灰石添加系统

石灰石添加系统是在锅炉燃烧时为脱硫而设计的。石灰石通过气力输送，经二次风口送入炉膛或落煤管下部播煤风口进入炉膛。脱硫的石灰石耗量每小时 1.74 t，按钙硫比 2.3 计算，脱硫效率 90％。

石灰石给料仓容积 55 m^3，可供该炉额定负荷使用 2～3 d。

(4) 布风系统

风室由向前弯的后水冷壁及两侧水冷壁组成，风室内浇注 100 mm 厚的中质保温混凝土。这样可防止点火时鳍片超温，并降低风室内的水冷度。

燃烧室一次风从左右两侧风道引入风室，风室与炉膛被布风板相隔。布风板由水冷壁与扁钢焊制而成，水冷布风板的横断面积为 8 770 mm×2 800 mm，其中均匀布置有 909 只风帽。一次风通过这些风帽均匀进入炉膛，流化床料。风帽采用耐磨耐高温合金，风帽横向纵向节距均为 160 mm。为了保护布风板，布风板上的耐火浇注料厚度为 150 mm。

二次风通过分布在炉膛标高 13 400 mm 前后墙上的二次风管嘴，分别送入炉膛下部不同高度的空间。喷口风速大于 70 m/s，运行时二次风压一般不小于 6 000 Pa。

为了精确控制风量组织燃烧，在一次风、二次风的总管上均安装了电动风门及测风装置。

(5) 排渣系统

煤燃烧后的灰分别以底渣形式从炉膛底部排出和以飞灰形式从尾部排出。煤的种类、粒度和成灰特性等会影响底渣和飞灰所占份额。就本锅炉设计煤种和粒度而言，如底渣占总灰量的 30%，则粒度为 0.1～10 mm；如飞灰占总灰量的 70%，则粒度为 0～0.1 mm。

底渣从水冷布风板上的 3 根 ϕ219 mm 水冷放渣管排出炉膛，其中 2 根水冷放渣管接冷渣机，每台冷渣机按 6 t/h 冷渣量配置；第三根作事故排渣管，水冷放渣中的水参与锅炉循环。

底渣通过冷却输送装置，可实现连续排渣。出渣量以维持合适的风室压力为准，通常运行时的风室压力为 14 000 Pa。定期排渣的大渣含碳量较低，一般小于 1.5%，而连续排渣的大渣含碳量会有所升高。

(6) 返料回灰系统

旋风分离器下接有返料器，返料器由钢外壳与耐火材料衬里组成。耐火材料分内、外二层结构，里层为高强度耐磨浇注料，外层为保温浇注料。

返料器内的松动风与返料风采用高压冷风，均由小风帽送入。松动风与返料风的风帽开孔数量及孔径有差别，返料风大，松动风小，并采用分室送风。小风帽的材质为 1Cr18Ni9Ti，入口风管母管上装设流量计、压力计和风量调节阀门。返料器上设置一个启动床料加入口，尺寸 ϕ219 mm×5 mm，运行中也可以作为飞灰再循环管路中飞灰的加入口。返料器的布风板还设有一根 ϕ108 mm×6 mm 的放灰管。

三、440 t/h 级循环流化床锅炉

在我国，440 t/h 级循环流化床锅炉一般与 135 MW 汽轮发电机组配套使用。现以 440/13.7 型循环流化床锅炉为例介绍如下：

（一）主要参数

该锅炉的主要参数如下：额定蒸发量为 440 t/h；过热蒸汽压力为 13.7 MPa，温度为 540℃；再热蒸汽流量为 359.9 t/h；再热蒸汽压力为 2.70/2.45 MPa；再热蒸汽温度为 320.9/540℃；给水温度为246.3℃；排烟温度为 140℃；锅炉效率为 91.5%。

（二）主要工作系统

440 t/13.7 型循环流化床锅炉整体布置如图 2－13 所示，为单汽包横置式、单炉膛、自然循环、高温分离、全悬吊结构、全钢架Π型布置。

该锅炉的主要工作系统介绍如下：

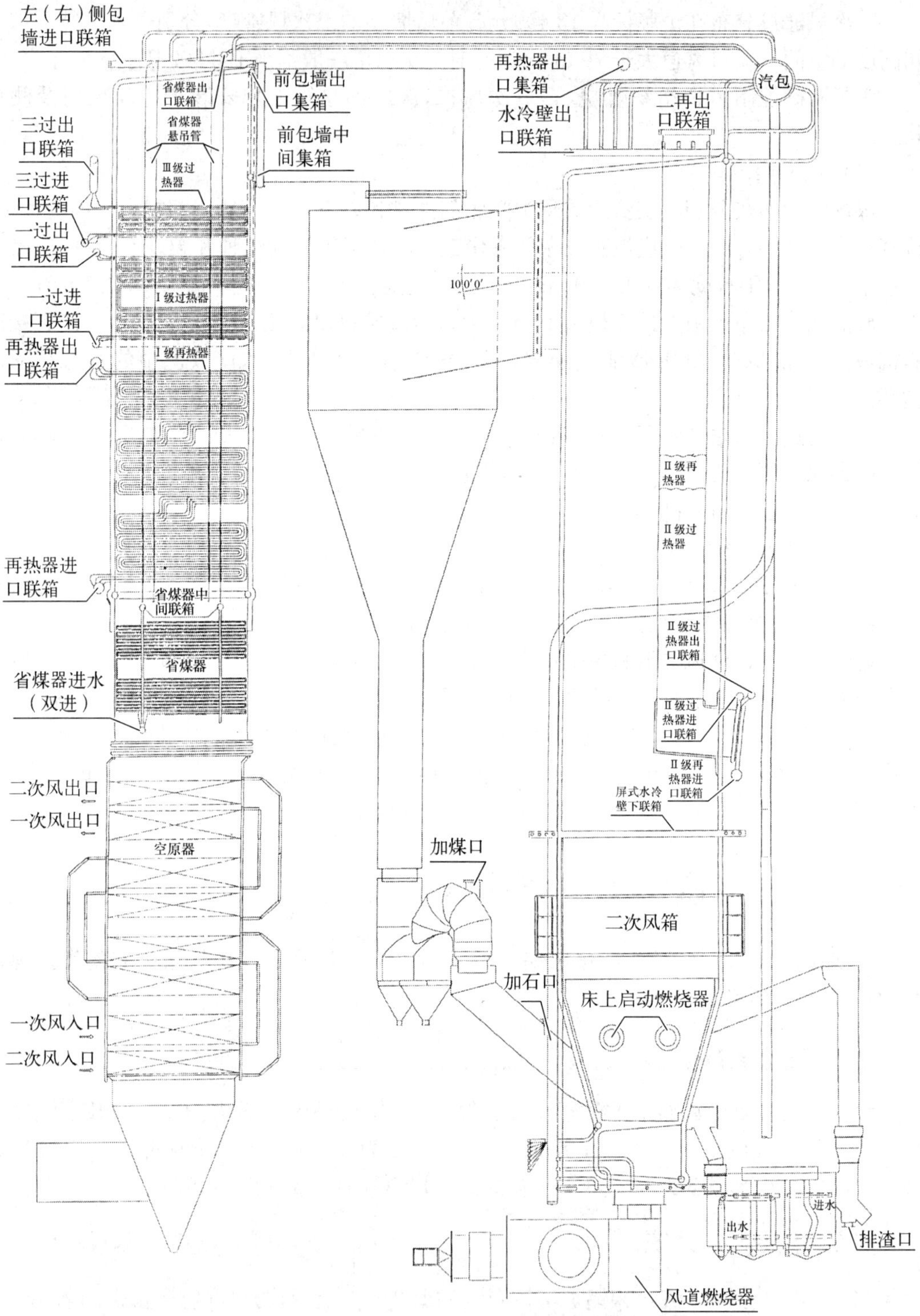

图 2-13　440/13.7 型超高压、中间再热循环流化床锅炉布置图

1. 汽水循环系统

为了保证水循环安全可靠,440/13.7 型循环流化床锅炉水冷壁采用多个水循环回路。前后墙各 2 个循环回路,两侧墙各 1 个循环回路,双面水冷壁 1 个,共 7 个循环回路。

为减少锅炉启动时间,在水冷壁下集箱内装设有邻炉蒸汽加热装置。

两侧水冷壁各有一个下集箱和上集箱,水经 4 根 ϕ426 mm×40 mm 集中下水管和分配管进入下集箱,然后经侧水冷壁至上集箱,再由汽水引出管将汽水混合物引至汽包。前、后水冷壁各有 2 个下集箱,共用 2 个上集箱,水经集中下水管和分配管分别进入前水冷壁下集箱和后水冷壁下集箱。前水冷壁有一部分水经前水冷壁进入上集箱,还有一部分通过水冷风室经前水冷壁进入上集箱,另外有很少一部分水经水冷风室的管子进入后水冷壁下集箱,与后水冷壁下集箱的水汇合,然后经后水冷壁引至前后水冷壁上集箱,再由汽水引出管引至汽包。

双面水冷壁有独立的循环回路由 ϕ325 mm×31 mm 的下降管供水,然后经双面水冷壁到上联箱,经汽水引出管到汽包。

2. 过热蒸汽系统

440/13.7 型循环流化床锅炉的饱和蒸汽,从汽包顶部由 8 根(每侧 4 根)连通管引入两侧包墙管过热器的上集箱,然后经 116 根(每侧 58 根)侧包墙管下行至侧包墙下集箱,再分别引入前、后包墙下集箱。其中,前墙蒸汽经 109 根前墙包墙管至前包墙出口集箱,再通过 13 根立管,将蒸汽送入尾部烟道的顶棚出口集箱;后墙蒸汽经 109 根后墙包墙管也引入顶棚出口集箱。蒸汽再由顶棚出口集箱两端引出经两根连接管向下流入位于后包墙下部的一级过热器入口集箱。蒸汽流经一级过热器管子后,进入一级过热器出口集箱,再由出口集箱两端引出,经 2 根连通管进入一级喷水减温器。经减温后的蒸汽由分配集箱进入 4 根二级过热器管屏入口集箱,流入 4 片屏式二级过热器,向上进入此 4 片屏的中间集箱,然后,每根集箱上引出两根连接管分别交叉引入其余 4 个中间集箱。过热蒸汽在二级过热器加热后进入二级过热器出口集箱。蒸汽再从集箱两侧引出,经连通管向后流经二级喷水减温器,再进入尾部烟道后部的三级过热器的入口集箱,沿三级过热器加热后逆流而上,流至三级过热器的出口集箱。达到 540℃的过热蒸汽最后经三级过热器的出口集箱两端,进入汽轮机高压缸。

3. 再热蒸汽系统

过热蒸汽进入汽轮机高压缸做功后,引入锅炉再热器。过热蒸汽从两端进入再热器入口集箱,在再热器冷段蛇形管内加热。再热器冷段布置在锅炉尾部烟道内,蒸汽与烟气逆向流动,向上进入再热器冷段的出口集箱。从再热器冷段出口集箱两端引出,经两根连接管引向炉前喷水减温器。经减温后的蒸汽进入分配集箱,再进入再热器热段(位于炉膛上部,由 6 片屏式再热器组成)进行加热。经再热器热段加热后向上进入再热器出口集箱,此时已达到 540℃的再热蒸汽额定温度。最后由出口集箱两端引出,进入汽轮机中压汽缸做功。

4. 燃烧系统

440/13.7 型循环流化床锅炉中,原煤从原煤斗下落至第一级耐压计量皮带给煤机,再通过第二级耐压刮板式给煤机,然后进入炉膛。

一次风机供风分为两路，第一路经空气预热器加热后成为热风进入炉膛底部的布风板下，第二路未预热的冷风直接进入风道燃烧器。

二次风机供风分为四路：第一路未预热的冷风作为给煤机的密封用风；第二路经空气预热器加热后的热风直接由炉膛上部的二次风箱送入炉膛；第三路热风作为密封风引至给煤口；第四路热风作为密封风引至石灰石投料口。

回料阀由配备高压压头的罗茨风机，提供流化风。

石灰石从石灰石粉仓下落至旋转给料机后，进入发送罐，然后由石灰石输送风机的气力输送入炉内。

烟气由炉膛出口经过旋风分离器进行分离。分离出的大颗粒送回炉膛燃烧，分离后的烟气流经过过热器、再热器、省煤器、空气预热器、电除尘器，最后由引风机从烟囱排出。

复习思考题

1. 垃圾焚烧锅炉的炉排和链条炉常用的炉排有何相似和区别？目前，链条炉在我国是如何使用的？它有何特点？
2. 简述煤粉汽包锅炉的特点和其中具有代表性的炉型的汽水流程。
3. 煤粉汽包锅炉主要部件有哪些？
4. 煤粉汽包锅炉主要部件的作用是什么？
5. 简述控制循环汽包锅炉的特点和其中具有代表性的炉型的汽水流程。
6. 简述直流锅炉的特点和其中具有代表性的炉型的汽水流程。
7. 简述 3 099/27.56 型锅炉一次汽系统及二次汽系统的流程。
8. 简述 3 099/27.56 型锅炉水冷壁的特点。
9. 简述循环流化床锅炉燃烧系统的特点。
10. 比较汽包炉(自然循环、控制循环)、直流炉、循环流化床锅炉系统主要特点。
11. 全面叙述你熟悉或你操作的锅炉的特点。

第三章 电站锅炉的启动和停炉

电站锅炉的启动和停炉是一项内容繁多、细致复杂的重要工作，也是锅炉安全运行的重要环节。如果对这两项工作掉以轻心或操作失当，就会在启动、停炉过程中出现一些不该发生的异常情况，甚至还会出现危及设备及人身的事故，严重影响机组的安全、经济、稳定运行。因此，在锅炉运行过程中，锅炉运行人员必须认真做好锅炉的启动和停炉工作。

锅炉的启动包括冷态启动、温态启动、热态启动和极热态启动四种；锅炉的停炉则包括正常停炉和故障停炉两种。对现有的单元机组来说，由于滑参数启停能提高机组的安全性和经济性，所以大部分机组采用滑参数启停。

本章主要介绍链条炉、煤粉汽包锅炉、超临界直流锅炉和循环流化床锅炉的冷态启动和停炉的操作过程。

第一节 链条炉的启动和停炉

抛煤机链条炉是在正转链条炉排锅炉的基础上发展起来的，它的燃烧机理既有链条炉层燃的特点，又有煤粉炉悬浮燃烧的特点。在燃烧设备结构上，链条炉排反转并在炉膛空间增加了机械抛煤设备，使粒煤以颗粒状态在炉排面上分层分布，细煤屑则在炉膛空间呈悬浮态分布。层燃通风阻力小，透气性好，炉排层燃比较完全，细煤屑则在炉膛空间完成悬浮燃烧。因此，抛煤机链条炉具有煤种适应性强、负荷适应性好、调节比较灵敏等优点。本节以某 35 t/h 抛煤机链条炉为例，介绍其冷态启动和停炉的操作过程。

一、冷态启动前的准备

冷态启动前的准备包括两部分：一是设备和系统的检查工作，二是设备的试运工作。设备和系统的检查及试运都必须符合启动要求。

1. 设备和系统的检查工作

设备和系统的检查工作包括以下几项：

① 燃烧室内部应符合启动要求。

② 炉排及变速箱各部分应符合启动要求。

③ 抛煤机、给煤机应符合启动要求。

④ 锅炉各仪表及表盘各部分应符合启动要求。

⑤ 锅炉烟风、汽水、排污系统应符合启动要求。

⑥ 风机、灰渣门等设备应符合启动要求。

在检查过程中，班长应做好监护工作。锅炉全部检查完毕后，班长报告值长，并通知电气班长对转动设备送电，进行设备试运工作。

2. 设备的试运工作

设备的试运工作包括以下几项：

① 炉排的试运，应符合启动要求。

② 给煤机、抛煤机的试运，应符合启动要求。

③ 引风机、送风机、二次风机的试运，应符合启动要求。

二、冷态启动

冷态启动是指汽轮机高压缸调节级处内缸内壁金属温度在200℃(150℃)以下的启动。链条炉的冷态启动过程主要包括锅炉上水、锅炉点火、锅炉升压、锅炉并列等四个主要部分。

1. 锅炉上水

链条炉冷态启动的第一步就是给锅炉上水。锅炉上水有严格的操作程序，锅炉运行人员必须认真掌握其操作程序及注意事项。

(1) 操作程序

锅炉上水一般按以下程序进行：

① 接到上水的通知后，应联系汽轮机运行人员，开启锅炉给水旁路门向炉内上水。

② 在上水过程中，应检查省煤器，过热器，水冷壁联箱的手孔盖，汽包人孔门，法兰接合面有无渗漏现象。当发现漏水时，应停止上水，立即进行处理。

③ 当上水至汽包水位计的最低水位线时，应立即关闭旁路门，停止上水。此时汽包水位计的水位应维持不变。如水位逐渐下降或上升应查明原因，消除故障后再进行上水。

④ 停止上水后，应通知汽轮机运行人员停止该锅炉的供水，将省煤器再循环门开启。

(2) 注意事项

① 锅炉上水的水质必须除氧合格，温度不得超过90℃。

② 夏季上水时间不得少于一小时，冬季不得少于两小时。

③ 如炉内有水，则应联系化验人员取样分析。如水质合格可上水至汽包水位计的最低水位，否则，应全部放掉，重新上水。

④ 锅炉上水时，不得影响运行锅炉的给水。

2. 锅炉点火

锅炉上水结束并完成相关检查和操作后，锅炉可以进行点火工作。锅炉运行人员必须严格按照操作程序及注意事项进行操作。

(1) 操作程序

锅炉点火，一般按以下程序进行：

① 先在炉排后部均匀铺好木柴，然后点燃，使木柴沿炉排宽度方向均匀燃烧。等火旺

后，启动引风机和抛煤机。

② 根据着火情况启动送风机和给煤机。

③ 根据煤着火情况启动炉排、捞渣机，开启炉排下各段风室的风门，适当调整风量、煤量及炉排速度。

④ 根据汽温变化情况启动二次风机。

(2) 注意事项

① 在点火过程中，应适当提高炉膛负压，燃烧室不得向外冒烟。

② 锅炉点火至并列的时间一般为 2～3 h，在此过程中，要将各项点火操作和时间记录在点火操作票内。

3. 锅炉升压

锅炉点火结束并完成相关检查和操作后，进入升压阶段。此时，锅炉运行人员必须按照其操作程序及注意事项进行操作。

(1) 操作程序

锅炉在升压过程中，应按照升压曲线图的要求进行升压。锅炉升压操作顺序如表 3－1 所示。

表 3－1　锅炉升压操作顺序

序号	汽包压力(MPa)	操作内容及要求
1	0.05	① 冲洗汽包水位计 ② 关闭汽包空气门，通知汽机暖管
2	0.2～0.3	通知热工冲洗压力表管
3	0.3～0.4	通知检修人员热紧卸过的螺丝，停止升压
4	0.5～0.6	① 各联箱放水排污一次 ② 检查记录一次各处膨胀，注意汽包水位的变化
5	1.8～2.0	通知水处理进行水质取样分析
6	2.8～3.0	① 冲洗汽包水位计 ② 各联箱均排污一次，注意汽包水位的变化
7	3.5～3.9	① 冲洗汽包水位计 ② 全面检查设备一次 ③ 做好各处膨胀记录
8		做好并炉前的准备工作，通知汽轮机运行人员准备并炉

(2) 注意事项

① 应控制监视汽包内、外壁温差的变化，其差值不得超过 50℃。

② 应注意调整燃烧，保证炉内温度均匀上升，使承压部件受热均衡，膨胀正常。如膨胀指示不正常，应停止升压，查明原因，进行处理，并根据汽温、汽压上升情况及时进行调整，以保证汽温随着汽压的上升达到规定的数值。

③ 应注意汽包水位的变化，不得过高或过低。如锅炉需要上水，应先关闭省煤器再循环门，上水结束后再开启。严禁关小过热器的疏水门，赶火升压，以避免过热器管壁温度过高而损坏。

④ 当锅炉负荷升至 15 t/h 时，应将给水由手动改为自动操作，同时关闭给水旁路门。当锅炉负荷带满时，应全面检查设备一次，做好记录，并将检查情况向值长汇报。

4. 锅炉并列

在锅炉升压至额定压力，并完成相关检查和操作后，锅炉可以进行并列工作。锅炉运行人员必须掌握其并列条件、操作程序及注意事项。

(1) 锅炉并列的条件

锅炉并列应具备的条件是：

① 锅炉设备运行正常，燃烧稳定；

② 过热蒸汽压力稍低于运行锅炉压力 0.1～0.15 MPa；

③ 过热蒸汽温度稳定在 380～420℃之间；

④ 汽包水位为负 20～50 mm；

⑤ 蒸汽品质合格。

(2) 操作程序

锅炉并列一般按下列程序操作：

① 暖管。在锅炉与蒸汽母管并列或直接向汽轮机供汽前，应对蒸汽管道进行暖管。

锅炉蒸汽管道的暖管一般应随锅炉升压同时进行，即在锅炉点火前，首先依次开启锅炉过热蒸汽门、疏水门、旁路门，其次开启运行锅炉侧联络门的疏水门，对过热蒸汽母管进行暖管。当旁路门全开后再缓慢开启联络门，升压完毕后，再全开联络门、关旁路门。

② 并列。锅炉具备并列条件时，开启运行锅炉侧联络门的旁路门进行并列；当过热蒸汽压力与母管压力趋于平衡时再缓慢开启联络门，并列后关闭旁路门。

当两台机组同时运行(且两联络门同时处于关闭状态)需要并列时，应缓慢开启联络母管一侧的疏水门和另一侧的旁路门；待母管压力升至 0.2～0.3 MPa，暖管保持 15～20 min 后，再以每分钟 0.1～0.2 MPa 的速度进行升压。当具备并列条件时，先缓慢开启已开旁路门的联络门，再开启已开疏水门的联络门进行并列，并列结束后关闭旁路门。

(3) 锅炉并列注意事项

① 并列开启阀门时，先开旁路门，当过热蒸汽压力与母管压力趋于平衡时再缓慢开启联络门，关闭旁路门。并列后，应保持汽压、汽温与汽包水位正常，缓慢增加锅炉蒸发量。运行锅炉转移负荷亦同样缓慢进行，防止造成汽温急剧下降。

② 在并列过程中，如引起汽轮机温度急剧下降或发生水冲击时，应立即停止并列，加强疏水，待恢复正常后重新并列。并列后，应再次检查汽包水位计、低置水位计和压力表、温度表的指示，注意观察各种仪表的变化。若锅炉运行正常，应尽快增加锅炉负荷，以保障炉内正常的水循环。当蒸汽温度达到 420℃，且能保持汽轮机需要的温度，可依次关闭所有的疏水门。

③ 并列完毕后，应将并列情况记录在运行操作记录簿内。在接带负荷时，应严格监视火床的燃烧情况，保持汽压、汽温的稳定。锅炉负荷稳定后，将给煤、炉排、给水、减温水及

送引风自动控制投入使用。

三、锅炉停炉

根据锅炉停炉前所处的状态以及停炉后的处理，锅炉停炉可分为正常停炉和故障停炉两种。正常停炉又分为冷备用停炉和热备用停炉两种，其中热备用停炉采用锅炉压火方法。故障停炉又分为申请停炉和紧急停炉两种。

1. 正常停炉

锅炉正常停炉是指锅炉按照计划停炉后处于较长时间备用或者需要安排大修或小修的停炉。这种停炉需按照降压曲线，进行减负荷、降压，停炉后还需进行均匀缓慢的冷却，防止产生热应力。一般情况下，在接到停炉命令后，应严格按照停炉操作顺序，根据负荷下降情况进行操作。

(1) 操作程序

① 停炉前应对设备进行全面检查，并做好设备缺陷记录。当某一机组的汽轮机和锅炉需要同时停止运行时，停炉前应关闭蒸汽母管上的联络门，解列后进行单元机组的滑参数停炉。

② 随着负荷下降，适当降低风量、煤量、炉排速度，减少给水，将给水自动改为手动。当给煤机无煤时，通知电气运行人员将负荷降至 2 MW；若不需要空仓，当负荷降至 15 t/h 时，停止给煤机和二次风机的运行，开始滑参数停炉。

③ 停炉过程中，由后向前关闭各区风门，待炉内煤燃尽后或汽压降至 1.6 MPa，应关闭送、引风机挡板，停止送、引风机运行。停炉后抛煤机继续转动 4～6 h，炉排以最低速度跑完上面的炉渣后空转 2 h，无炉渣排出后停止捞渣机。

④ 在汽轮机安全停运后，方可关闭过热蒸汽门，开启过热器疏水 30～50 min，并关闭连续排污一次门。上水至汽包最高水位线，关闭给水门，开启省煤器再循环门。严密关闭四周的人孔门、看火门，开启炉排下各放灰门以冷却炉排。

(2) 注意事项

① 当某一机组的锅炉需要单独停止运行时，应根据负荷下降情况减弱燃烧；当负荷降至 5 t/h 或汽温降至 400 ℃且无法进行调整时，关闭锅炉过热蒸汽门。其他操作与单元机组滑参数停炉相同。

② 停炉后若汽压继续升高，应加强锅炉疏水，必要时开过热器排气门进行对空排气。

③ 停炉后 6～8 h 停止抛煤机运行，关闭连续排污一次门，逐渐开启人孔门、看火门，逐渐开启引风机挡板进行自然通风，并上水、放水一次，上水时应关闭省煤器再循环门，保持汽包最高水位线。在任何情况下不得对锅炉进行大量上水、放水。10～12 h 再上水、放水一次。如有加速冷却的必要，可启动引风机并适当增加上水、放水次数。

④ 当汽压降至 0.1 MPa，停炉 18～24 h 后，可按工作需要将炉水放掉；并详细检查锅炉设备一次，将主要操作和设备缺陷记在记录簿上。

2. 锅炉压火

锅炉压火是指按照调度计划，对热备用锅炉采取的减小热量散失，保持一定汽压，缩短再次启动时间的一种保热保压待燃措施。

(1) 操作程序

① 按正常停炉程序进行降负荷操作。当锅炉负荷降至5 t/h时，关闭送风机挡板，停止送风机、二次风机和炉排运行；继续加煤约80 mm后，停止给煤机和引风机运行，抛煤机继续运转。

② 若两炉已解列，在得到汽轮机运行人员的同意后方可关闭过热蒸汽门，开启过热器疏水30 min。上水至汽包最高水位线后，开启省煤器再循环门。

③ 打开炉排下各段风室的风门和放灰门，并开启引风机挡板30%～50%，保持炉内很小的负压。

(2) 注意事项

① 在埋火过程中，应有专人监视汽压、汽温、水位的变化。如锅炉需要上水，应关闭省煤器再循环门，上完水后再开启。锅炉水位应保持在最高水位线。

② 锅炉汽压应保持2～2.5 MPa。如汽压过低时，可间断地启动引风机、送风机、给煤机和炉排；经常检查给煤机内的煤是否自燃，如温度较高，超过200℃时应将其推入燃烧室内。

③ 锅炉埋火时间一般不得超过10 h。

3. 故障停炉

故障停炉分为申请停炉和紧急停炉两种。申请停炉是指锅炉存在重大缺陷，但尚未到不立即停止运行便会造成设备损坏的程度。就是说为了防止故障扩大，锅炉已不宜继续长时间运行下去，此时应由电厂提出申请，经电网调度安排在一定时间内停止其运行，称为申请停炉。而紧急停炉是指运行中锅炉发生重大事故，危及人身及设备安全，需要立即停止锅炉运行。紧急停炉后，往往需要尽快进行检修，消除故障，所以需要适当加快冷却速度。

(1) 故障停炉条件

① 遇有下述情况之一，应立即(紧急)停止锅炉运行，即：锅炉缺水，水位在汽包水位计中消失；锅炉满水，水位超过汽包水位计上部可见水位；锅水循环泵发生故障，不能保证锅炉安全运行；水位装置失效无法监视水位；过热蒸汽管、主给水管和锅炉范围内连接导管爆破；炉膛灭火；安全阀全部失效或者锅炉超压；热工仪表、控制电(气)源中断，无法监视、调整主要运行参数；严重危及人身和设备安全以及制造单位有特殊规定的其他情况。

② 遇有下述情况之一，应申请停炉，即：水冷壁、过热器、省煤器或减温器管路泄漏；受热面焊口裂纹有泄漏现象；燃烧室内与烟气接触的绝热材料脱落；炉墙开裂有倒塌危险或炉架横梁烧红；锅炉汽温或过热器的管壁温度超过允许数值，经调整或降低负荷仍未恢复正常；锅炉给水、锅炉炉水或蒸汽品质严重低于正常标准，经处理仍未恢复正常；锅炉严重结焦难以维持正常运行；安全门起座后不回座，经降负荷、降压力调整仍不能回座。

(2) 故障停炉的操作程序

锅炉发生故障必须紧急停炉时，锅炉运行人员应立即按下列程序进行操作：

① 停止给煤机、二次风机、飞灰复燃风机运行。

② 使炉排达到最快速度跑火。

③ 保持适当风量和正常炉膛压力下对锅炉进行通风，然后停止送风机和引风机(如炉

管爆破，暂不停引风机)。若所有引风机和送风机均跳闸，应立即检查并建立自然通风；如遇尾部烟道再燃烧时，立即按其相应的规定进行处理。

④ 加强汽包水位监视，锅炉停止上水后应开省煤器再循环门，但省煤器爆破时禁止开再循环门。

⑤ 锅炉严重缺水时，禁止上水。

⑥ 停炉后立即关闭过热蒸汽门，开过热器疏水门。

⑦ 打开炉排下各段风室的风门和引风机挡板，保持炉内有小的负压。

⑧ 停止锅炉吹灰。

⑨ 其他操作，按正常停炉进行。

第二节　煤粉汽包锅炉的启动和停炉

目前常用的煤粉汽包锅炉主要有自然循环和控制循环两种，以控制循环锅炉居多。控制循环锅炉既具有自然循环锅炉参数调节方便、简单的优点，又具有水循环可靠和直流锅炉对负荷及参数变化响应快速的特点，是目前较为理想的一种炉型。所以本节以某300 MW机组控制循环煤粉汽包炉为例，介绍其冷态启动和停炉的操作过程。

一、冷态启动前的准备

煤粉汽包锅炉冷态启动前，设备的检修工作应全部结束，即热力工作票和电气工作票都已终结，锅炉各设备验收合格，各转动机械经试转正常，各项校检和试验工作完成并符合要求，各系统经检查符合启动要求。

1. 锅炉校检和试验工作

锅炉校检和试验工作主要包括以下几项：

① 锅炉水压(超压)试验。

② 风机的动、静平衡校验。

③ 煤粉管道的阻力调整试验。

④ 炉内空气动力场试验。

⑤ 空气预热器的冷态漏风试验。

⑥ 电除尘的电场空载升压试验。

⑦ 锅炉辅机连锁及锅炉辅机安全保护试验。

⑧ 电动机拉合闸及事故按钮试验和电动门(或挡板)远方开关试验。

⑨ 灯光信号及报警装置试验。

⑩ 程控装置试验、点火装置试验和灭火保护装置试验等。

2. 锅炉主要设备送电

锅炉的下列设备电源均应送电：

① 锅炉各辅机及附属设备。

② 所有仪表、仪表盘、电动门、调节门、电磁阀、风机的动叶或静叶调节装置、风门和挡板。

③ 各自动装置、程控装置、巡测装置、计算机系统、锅炉各相关保护系统、报警信号及锅炉有关照明系统。

3. 锅炉系统检查工作

在锅炉启动前,下列系统应检查结束并符合启动要求。

① 锅炉的汽水系统、减温水系统、疏放水系统、锅炉的启动旁路系统及化学取样、热工仪表各阀门位置等,已符合启动前要求。

② 锅炉燃烧室及风烟道的看火孔、人孔门、检查门均已关闭且封条完整,各吹灰器均在退出位置。

③ 锅炉辅机的冷却水系统、压缩空气系统、燃油雾化蒸汽系统已投入运行;电除尘灰斗加热系统、暖风器系统已处于热备用状态。

④ 锅炉燃油及煤的储量能满足要求,油循环已建立,燃油伴热蒸汽系统已投运正常。

⑤ 除灰系统、除渣系统、冲灰水系统及电除尘器、空气预热器、风机、制粉系统及其附属设备已具备投运条件。

⑥ 锅炉的各连锁及保护装置符合启动前要求。DCS 系统应具备投用条件。

⑦ 对应的汽轮机、发电机已具备启动条件,燃料、化学水处理等有关系统和设备已符合锅炉启动的要求。

在完成上述工作后,还应要求锅炉运行人员认真了解设备的异动情况,掌握启动措施,温习运行规程,作好充分准备,以便锅炉顺利启动。

二、冷态启动

冷态启动是指汽轮机高压缸调节级处内缸内壁金属温度在 200℃(150℃)以下时的启动。控制循环煤粉汽包炉的冷态启动过程,主要包括锅炉上水、启动炉水循环泵、启动风烟系统、炉前燃油系统泄漏试验、锅炉点火、锅炉升温升压、机组升负荷等。

(一) 锅炉上水

煤粉汽包锅炉上水的方法有两种:一种是通过电动给水泵上水,一般在汽包壁温较高时使用;另一种是通过凝结水输送泵上水,水源是化学处理的除盐水,一般在汽包壁温较低时使用。锅炉运行人员必须掌握其操作程序及注意事项。

1. 操作程序

① 确认给水系统冲洗结束,确认省煤器再循环门、汽包空气门、炉水循环泵出口门全部开启。

② 启动电动给水泵,调节电动给水泵的转速。

③ 开启锅炉给水旁路调节门,调整给水流量以满足上水要求。

④ 加强汽包水位的监视。当汽包见水位后,应适当减少上水流量。

⑤ 当锅炉上水至+200 mm 时,关闭锅炉给水旁路调节门,开启省煤器再循环门。

2. 注意事项

① 锅炉上水的温度应在40～60℃之间。

② 严格控制上水速度。上水应均匀缓慢，夏季上水时间不得少于2 h，冬季上水时间不得低于4 h；当水温与汽包壁温的温差大于50℃时，则应适当延长上水时间。

③ 锅炉上水之前，投入锅炉水位电视监视系统；上水前、上水后应记录各部分膨胀指示值，并检查其指示是否正常。

④ 上水过程中，应对照校验汽包就地水位计与控制室内水位计，确认控制室内水位计指示正确。

（二）启动炉水循环泵

锅炉上水结束且相关检查、操作结束后，就可以启动炉水循环泵。炉水循环泵的启动程序如下：

① 确认炉水循环泵的启动条件已满足，确认汽包水位在＋200 mm。

② 首先启动2#炉水循环泵，检查该炉水循环泵的进口、出口压差及电动机电流正常后，停止其运行。

③ 开启锅炉给水旁路调节门，调整给水流量，及时补水至汽包正常水位。

④ 分别启动1#和3#炉水循环泵，检查炉水循环泵的进口、出口压差及电动机电流正常，维持汽包正常水位。

⑤ 将2#炉水循环泵投入备用。

（三）启动风烟系统

启动风烟系统的顺序是先启动两台空气预热器，再分别启动两组引风机和送风机，调整风量和炉膛负压，最后启动火检冷却风机。

① 启动空气预热器。确认空气预热器满足启动条件后，分别启动两台空气预热器辅助电机，然后再分别启动两台空气预热器主电机。主电机启动后，辅助电机自停，检查确认主电机是否正常。根据情况，可将空气预热器密封自动调节装置投入自动状态，并确认其运行正常。

② 启动引风机、送风机。确认引风机、送风机满足启动条件后，启动两组引风机和送风机，并调节引风机和送风机的出力，控制炉膛压力在－50～－100 Pa，维持总风量在30%～40%的额定风量。

③ 火检冷却风机投运。确认火检冷却风机满足启动条件后，启动一台火检冷却风机，并检查调整使火检冷却风与炉膛的压差大于规定值，再投入另一台火检冷却风机连锁开关。

（四）炉前燃油系统泄漏试验

首先确认燃油泄漏试验条件已满足，再按下燃油泄漏试验按钮。“燃油泄漏试验进行”灯亮，表示燃油泄漏试验正按设计程序进行。经过燃油泄漏试验的规定时间，“燃油泄漏试验完成”指示灯亮，表示燃油泄漏试验成功。若“燃油泄漏失败”信号发出，应及时联系相关人员，查明原因后，继续进行试验，直到合格为止。

在工作安排上，炉前燃油系统泄漏试验也可结合炉膛吹扫一并进行。

（五）锅炉点火

锅炉炉前燃油系统泄漏试验成功后，可以进行吹扫及点火工作。锅炉运行人员必须掌握以下操作程序及注意事项：

1. 操作程序

锅炉点火时，先要进行炉膛吹扫，然后再点火。其操作程序为：

① 炉膛吹扫。先确认炉膛吹扫条件已满足，并确认 FSSS 系统"吹扫准备好"灯亮，再按下"吹扫启动"按钮，"吹扫准备好"灯灭，"正在吹扫"灯亮，此时炉膛吹扫在进行中。炉膛吹扫 5 min 完成后，"吹扫完成"灯亮，锅炉 MFT 自动复位。在锅炉 5 min 炉膛吹扫过程中，若发生任何一吹扫条件消失，"吹扫中断"灯亮，表明吹扫中断，此时须查明原因，在条件满足后，再重新进行吹扫。

② 锅炉点火。当炉膛吹扫程序完成后，按以下程序进行操作：开启燃油进油快关阀，调整炉前燃油压力在 3.5 MPa 以上，燃油温度在 20～30℃左右；确认压缩空气吹扫母管压力大于 0.6 MPa；确认火检探头冷却风与炉膛压差大于 2 000 Pa；投入炉膛烟温探针；确认炉膛火焰电视投入运行；确认锅炉无 MFT 指令；确认"风量小于 40%"指示灯亮，油层二次风挡板处于点火位置；确认"燃烧器在水平位置"的指示灯亮；确认"油层启动允许"的指示灯亮。

将炉膛压力定值设置在－100 Pa。

锅炉点火时，应首先对角投入底层油枪，然后根据机组冷态启动升温、升压的曲线，按自下而上的原则，逐步投入其他层油枪。

2. 注意事项

① 锅炉点火后，应加强监视炉膛着火情况。炉膛中的火焰应清晰不偏斜。如发现油枪雾化不良或灭火，应立即停用该油枪，待查明灭火原因消除故障后，重新点燃该油枪。

② 锅炉点火后，利用辅助蒸汽对空气预热器进行连续吹灰。当后屏过热器出口联箱蒸汽压力大于辅助蒸汽压力后，切换空气预热器吹灰汽源，控制吹扫蒸汽压力在规定范围内。

③ 每小时检查记录一次锅炉本体各膨胀指示值，直至满负荷。若发现膨胀指示计卡住，应停止升压，待故障消除后方可继续升压；根据化学水处理要求及汽包水位情况，对锅炉进行定期排污。

④ 如采用等离子点火，则应确认等离子点火系统具备投用条件，并确认等离子点火对应的制粉系统具备投运条件。炉膛吹扫完毕后，启动两台一次风机和一台密封风机，投用对应磨煤机入口暖风器。在对应磨煤机入口风温达规定值以上后，投用等离子系统，检查等离子打火正常，启动对应制粉系统，检查煤粉着火良好；如启动磨煤机初期等离子着火不正常，可短时投运一层油枪助燃。

（六）锅炉升温、升压

锅炉的升温升压应按机组冷态启动曲线进行，锅炉的升温率、升压率均应控制在规定范围。操作上要注意以下事项：

1. 升温升压初期的操作

在升温升压过程中，应加强监视汽包水位的变化，保持水位在正常范围内；同时应加强核对汽包各水位计，保持水位指示正确。当锅炉负荷大于10%BMCR时，要检查省煤器再循环门是否在关闭位置；当汽包压力升至0.1 MPa时，应冲洗就地水位计一次；当汽包压力升至0.2 MPa时，就地关闭炉顶各空气门；汽轮机真空建立之后，将锅炉5%的启动旁路疏水切换至凝汽器；当汽包压力升至0.5 MPa时，关闭炉顶过热器进口联箱疏水一次阀、二次阀。此时应通知检修和热工人员分别进行热紧螺丝和仪表放水，根据化学检测的炉水质量通知锅炉运行人员进行定排。

2. 炉水循环泵持续充水

锅炉升压初期仍要保持炉水循环泵清洗水量，随着汽包压力的升高，要及时调整高压充水及清洗水调节阀，保持控制水压大于汽包压力0.6～0.8 MPa；当汽包压力升至2 MPa时，再次进行汽包就地水位计冲洗，并且和其他水位计进行校对，定期排污一次；当汽包压力升至2.1 MPa时，应停止向炉水循环泵充清洗水。

3. 控制好汽轮机冲转参数

根据需要投入其他层油枪，并要控制好炉膛出口烟气温度，在机组旁路投入前不得超过538℃；当汽包压力升至2.7 MPa时，若过热蒸汽温度已达278℃，锅炉5%的启动旁路阀应全开；将过热器出口动力泄放阀控制开关投入自动位置。

当汽包压力升到4.2 MPa时，适当减少燃料量，保持汽压稳定；当过热蒸汽温度升到320℃，再热蒸汽温度达到260℃以上时，汽轮机即可冲转。汽轮机冲转时应维持汽包低水位，调节燃料量，并调节锅炉5%的启动旁路，稳定汽压、汽温。

4. 保持机组并网后的参数稳定

机组并网后，关闭锅炉5%的启动旁路疏水以及各疏水电动截止阀，退出炉膛烟温探针运行；根据锅炉侧蒸汽压力的变化，适当增加燃油量和油枪的数量，尽量维持过热蒸汽温度的稳定；当锅炉的蒸汽压力、蒸汽温度、汽包水位、炉膛燃烧已趋稳定时，再启动第三台炉水循环泵。

（七）机组升负荷

初负荷暖机结束后，如果检查一切正常，机组应升负荷。整个升负荷过程应按表3-2保持负荷与蒸汽参数的匹配关系。

表3-2　升负荷时参数匹配关系

负荷(MW)	过热蒸汽压力(MPa)	过热蒸汽温度(℃)	再热蒸汽温度(℃)
15	4.2	320	260
30	4.9	330	280
60	6.7	380	325
105	9.31	450	400

续 表

负荷(MW)	过热蒸汽压力(MPa)	过热蒸汽温度(℃)	再热温度(℃)
120	10	485	430
150	11.96	538	490
180	13.7	538	538
240	16.56	538	538
300	16.7	538	538

机组升负荷应按以下几段操作，每个阶段的操作程序如下：

① 机组升负荷至 30 MW，负荷变化率 2 MW/min。当汽包压力大于 3.5 MPa，空气预热器出口一次风温大于 177℃时，可启动第一套制粉系统；逐渐增加给煤机出力，同时降低燃油流量，控制过热蒸汽温度上升率在 3℃/min 以内，控制过热蒸汽压力上升率在 0.12 MPa/min以内。当给煤机出力大于 50%时，该给煤机可投入自动运行，此时，锅炉逐渐升负荷至 60 MW。

② 机组升负荷至 60 MW，升负荷率 3 MW/min。当负荷 60 MW 时，应检查锅炉再热器后所有的疏水门是否自动关闭，否则要手动关闭，然后根据机组负荷增加燃料量。当给水流量增加至给水旁路调节阀全开时，应打开主给水电动隔绝阀，并手动关闭给水旁路调节阀及给水旁路隔绝阀，利用给水泵转速调节给水量，同时加强对汽包水位的监视和调整，此时，锅炉逐渐升负荷至 120 MW。

③ 机组升负荷至 120 MW，升荷率 3 MW/min。若锅炉负荷大于 25%，要检查汽包水位控制自动由单冲量切至三冲量。这时，将一台汽动给水泵并入系统，缓慢增加汽动给水泵转速，适当降低电动给水泵转速。然后启动第二套制粉系统，根据负荷的上升情况，适当增加给煤机出力。当负荷升至 120 MW 时，应根据缸温、差胀、转子应力变化情况决定负荷的变化。此时，锅炉逐渐升负荷至 180 MW。

④ 机组升负荷至 180 MW，升负荷率 3 MW/min。当机组负荷升至 150 MW 时，应联系化学化验人员检验炉水品质。炉水含硅量应小于 0.8 PPM，否则停止升压进行洗硅。根据炉膛燃烧情况，逐渐停运部分油枪。将另一台汽动给水泵并入系统，缓慢增加第二台汽动给水泵转速，降低电动给水泵转速至零，然后检查两台汽动给水泵运行，待正常后，停止电动给水泵，投入连锁开关。当机组负荷达 160 MW 以上时，DEH 投“遥控”。在过热蒸汽压力、过热蒸汽温度、炉膛燃烧稳定时，DCS 控制系统投入“CCS” 运行方式。根据机组负荷的上升情况，可以启动第三套制粉系统。当机组负荷升至 180 MW 时，再热蒸汽温度达 538℃，联系热控人员将燃烧器喷嘴摆角投入自动控制方式，再热器喷水投入自动控制方式，根据缸温、差胀、转子应力变化情况决定负荷的变化，此时，锅炉逐渐升负荷至 300 MW。

⑤ 机组升负荷至 300 MW，设定目标负荷 240 MW，升负荷率 6 MW/min。当机组负荷升至 210 MW 时，应根据炉膛燃烧情况，停止油枪运行；根据负荷需要，可启动第四套制粉系统。当机组负荷升至 240 MW 时，过热蒸汽压力达 16.56 MPa，过热蒸汽、再热蒸汽温度稳定在 538℃，此时应对机组进行全面检查；同时，联系热控人员投入二次风、周界风以及燃烬风控制

自动;并应设定目标负荷 300 MW,负荷变化率保持 6 MW/min,继续升负荷。当机组负荷至 300 MW 时,确认各种保护均已投入,各种自动投入正常,此时应对锅炉本体进行吹灰一次。

(八) 启动注意事项

在机组启动过程中,应加强对锅炉重要参数的监视,保证启动过程中的操作和参数到位。其主要注意事项如下:

① 加强监视汽包水位。当汽包水位自动调节不良,且超出正常变动范围时,应将自动控制切换为手动操作进行调整。在进行启、停、切换给水泵,投、停高压加热器,炉水循环泵的启、停,安全门动作等操作时,更要注意汽包水位的变化,必要时可以利用连排、定排进行辅助调节,以使汽包水位控制在正常范围内。

② 加强监视炉水循环泵的清洗、充水流量和温度。炉水循环泵体进、出口压差应大于 0.117 MPa,炉水循环泵电动机电流正常,炉水循环泵电动机内腔温度小于 60℃。

③ 在锅炉点火初期,应加强燃烧调整,加强监视燃油压力、流量及各油枪雾化着火情况。应加强监视空气预热器出口烟温变化,防止尾部烟道二次燃烧的发生;如果发现排烟温度不正常升高时,应及时进行空气预热器吹灰。

④ 在锅炉进水前、后和升温、升压过程中,要加强监视锅炉本体各部位的膨胀情况。当发现膨胀不均匀时,要及时停止升压。

⑤ 加强监视各自动调节装置的运行情况。当发生故障和调节不良时,应手动控制,并联系热工处理。

⑥ 在升压过程中,应加强监视炉水的含硅量。当炉水含硅量超过标准时,应停止升压,增加定期排污次数,进行洗硅,必要时要降低过热蒸汽压力,直至炉水含硅量符合要求,才能重新升压。

⑦ 在启、停制粉系统或投、停油枪时,应加强监视炉内燃烧情况和炉膛负压的变化及蒸汽压力、温度的变化。要严格控制过热器、再热器管壁温度,不允许超温运行。

⑧ 汽轮机冲转前,锅炉的疏水应充分疏尽,过热蒸汽和再热蒸汽温度的温差不得超过规定值。汽轮机冲转后,要防止过热蒸汽温度和再热蒸汽温度急剧变化,严格防止蒸汽带水。

三、锅炉停炉

煤粉汽包锅炉停炉也分为正常停炉和故障停炉两种。正常停炉又分为冷备用停炉和热备用停炉两种;对于单元制机组的锅炉,为保证锅炉安全性及提高锅炉的经济性,一般采用滑参数停炉。而故障停炉又分为申请停炉和紧急停炉两种。

(一) 正常停炉

煤粉汽包锅炉正常停炉的过程,也是机组负荷逐步下降的过程。在此过程中,一定要按操作程序和操作规范进行。

1. 操作程序

(1) 机组负荷由 100%减至 50%的程序

① 控制降负荷率及降压率在规定范围内，均匀降低运行给煤机的转速。当运行给煤机转速降至50%时，从上至下逐层停运相应的制粉系统。在停给煤机之前，将给煤机转速逐渐降至最低。给煤机停运后，煤粉管路应进行吹扫，确认管内无粉后，方可关闭一次风。

② 当机组负荷降至180 MW时，过热蒸汽压力应控制在13 MPa，过热蒸汽温度应控制在540℃，再热蒸汽温度应控制在535℃左右。这时，启动电动给水泵，待运行正常后，停止一台汽动给水泵运行。

③ 当机组负荷至150 MW时，过热蒸汽压力应控制在10.0 MPa，过热蒸汽温度应控制在540℃，再热蒸汽温度应控制在520℃左右。这时需稳定运行20～30 min，并进行空气预热器吹灰一次。

(2) 机组负荷由50%减至解列的程序

① 控制降负荷率、降压率及降温率在规定范围内。当只有两台给煤机运行时，如有一台给煤机转速低于50%，应投入油枪或等离子点火燃烧器，然后随着负荷的降低，逐渐降低给煤机转速，停运相应的制粉系统，适时增投油枪助燃。

② 机组负荷降至120 MW，停运第二台汽动泵，加强监视给水压力、流量和汽包水位的变化，并及时进行调整。当机组负荷降至90 MW时，过热蒸汽压力应控制在7.5 MPa，过热蒸汽温度在520℃，再热蒸汽温度在470℃左右。

③ 当机组负荷降至75 MW时，给水自动应由“三冲量”切换为“单冲量”调节。当机组负荷降至60 MW时，应停运最后一套制粉系统，停运密封风机和两台一次风机。当机组负荷降至30 MW时，过热蒸汽压力4.7 MPa，过热蒸汽温度450℃，再热蒸汽温度430℃。

④ 当给水流量小于10%MCR时，检查确认省煤器再循环阀开启。当机组负荷降至15 MW时，根据情况停用部分油枪；汇报值长，进行发电机解列、汽轮机打闸停机。

(3) 锅炉熄火的程序

① 停运全部油枪或等离子燃烧器，锅炉熄火，维持正常的炉膛负压及30%以上的风量，锅炉进行5 min吹扫；停运送风机和引风机；引风机停止5 min后，停止电除尘器运行。

② 锅炉熄火后，应保持高温过热器出口排汽阀开启5～10 min左右，根据蒸汽压力，关闭排汽阀；手动调整给水流量，缓慢进水至汽包水位+200 mm，停止电动给水泵，关闭锅炉给水旁路调整阀及隔绝阀；关闭各加药门、取样门、连续排污一次门。

③ 锅炉熄火后，停止两台炉水循环泵运行。当汽包压力降至2.1 MPa时，应立即投入炉水循环泵的清洗水，恢复对炉水循环泵电动机腔内注水。当汽包压力降至0.5 MPa以下，炉水温度降至150℃以下时，停止第三台炉水循环泵。

④ 当空气预热器进口烟气温度降至100℃以下时，应停运空气预热器；当炉膛出口烟气温度降至80℃以下，应停止火检冷却风机。

⑤ 如锅炉需要放水，在汽包压力降至0.17 MPa时，应打开炉顶所有空气门；在炉水温度降至93℃时，开启各疏水门将炉水放尽。如需热炉放水，在汽包压力为0.5～0.75 MPa，炉水温度小于150℃时，应停止炉水循环泵运行，开启定排隔离阀、定排调节阀、危急事故放水阀和省煤器进口联箱放水一次阀、二次阀，并开启锅炉各空气门。

2. 注意事项

① 锅炉正常停炉前，应全面吹灰一次；停炉过程中和停炉后，都应严密监视汽包水位，

防止汽包满水；热备用时，应紧闭锅炉各门孔、风门及烟风挡板，尽量减少汽压的下降。

② 锅炉降压过程中，根据负荷应及时调整燃料量和风量，保持燃烧稳定；及时调整给水量，维持汽包水位正常；炉水温度变化率应不大于 166℃/h。在不同负荷下及锅炉熄火后，应记录锅炉各部位的膨胀情况；锅炉冷却时，应维持汽包正常或更高水位。

③ 炉水循环泵停止后，应继续通入低压冷却水，并监视炉水循环泵使电机腔温度小于 55℃。如炉水循环泵电机腔需要放水，应在炉水循环泵壳温度小于 63℃，电机腔温度小于 49℃，且炉水已放尽后进行。炉水循环泵电机腔放水前应先进行泵壳放水。在泵壳水放尽后，确认泵壳温度无回升，才允许电机腔放水。

④ 若空气预热器污染严重，停炉后应进行清洗；冬季停炉后要做好锅炉的防冻措施；在机组降负荷过程中，参数匹配控制如表 3－3 所示。

表 3－3　降负荷时参数匹配关系

机组负荷(MW)	过热蒸汽压力(MPa)	过热蒸汽温度(℃)	再热蒸汽温度(℃)
240	16.7	540	540
180	13.0	540	535
150	10.0	540	520
120	9.7	520	500
90	7.5	520	470
60	6.5	495	465
30	4.7	450	430

（二）滑参数停炉

滑参数停炉，实质上是锅炉和汽轮机联合停止运行。机组从额定参数、额定负荷工况下，通过逐步降低锅炉汽压、汽温的方法，使汽轮机逐步降低负荷，当汽压、汽温降到一定数值(具体数值各厂有不同的规定)后，将锅炉熄火。

对于单元制机组的锅炉，一般采用滑参数停炉方式。单元机组滑参数停运时，是在逐渐降低汽温和汽压的情况下进行汽轮机和锅炉的减负荷的。在整个停炉过程中，锅炉的负荷和蒸汽参数的降低主要是按照汽轮机的要求进行。在接到机组滑停指令后，按照机组滑停曲线，逐渐减弱锅炉的燃烧、降压、减温。在汽轮机负荷快减完时，此时蒸汽参数较低，锅炉即可停止燃烧。

1. 操作程序

① 机组降负荷。首先按正常停炉方式将机组负荷减到 180 MW，过热蒸汽压力降至 13.0 MPa，过热蒸汽温度 540℃。当机组负荷 180 MW 时，调整燃烧，控制过热蒸汽参数并降至滑停起始参数值，即过热蒸汽压力为 12 MPa，过热蒸汽温度为 500℃时，机组开始滑停。

② 降温降压。在滑参数停炉过程中，降温降压应交替进行，先降温后降压，每次降温

10～15℃、降压1.0～1.5 MPa。在降温降压过程中，应保持过热蒸汽过热度大于56℃，过热蒸汽温差、再热蒸汽温差不大于28℃，过热蒸汽温度每降30℃必须稳定运行30 min。

③ 控制好降温、降压、减负荷的速率。控制降温速度为1℃/min左右，最大不得超过1.5℃/min；降压速度不大于0.1 MPa/min；减负荷速度不大于2 MW/min。

④ 锅炉熄火。当机组负荷减至30 MW时，应维持当时的过热蒸汽压力和温度，关小汽轮机调门，并将机组负荷减至15 MW，此时过热蒸汽压力不应有明显的回升；当负荷减至15 MW后，发电机解列，汽轮机打闸，锅炉熄火。

⑤ 滑参数停炉的其他操作与正常停炉一致。

2. 注意事项

滑参数停炉过程中，要特别注意以下几点。

① 加强对过热蒸汽参数的监视，尤其是控制过热蒸汽过热度应大于56℃。

② 加强对高压及中压过热蒸汽门前两侧蒸汽温差的监视，蒸汽温差应不大于28℃。

③ 再热蒸汽温度下降速度应尽量跟上过热蒸汽温度下降速度，过热蒸气、再热蒸汽温差应小于28℃。

（三）故障停炉

由于锅炉外部或内部的原因发生故障必须停止锅炉运行的，称为故障停炉。煤粉锅炉的故障停炉，根据事故的严重性和紧急程度不同，又可分为紧急停炉和申请停炉两种。紧急停炉是指运行中锅炉发生重大事故，危及人身及设备安全，需要立即停止锅炉运行。紧急停炉后，往往需要尽快进行检修，消除故障，所以需要适当加快冷却速度。申请停炉是指锅炉存在重大缺陷，虽然未到不立即停止运行便会造成设备损坏的程度，但为了防止故障扩大，锅炉已不宜再继续长时间运行，应由电厂提出申请，经电网调度安排在一定时间内的停炉，称为申请停炉。

1. 故障停炉条件

(1) 紧急停炉

遇有下述情况之一，应立即(紧急)停止锅炉运行：

① MFT应该动作而拒动时；

② 炉管爆破，不能保持汽包正常水位时；

③ 所有水位计损坏，无法监视汽包水位时；

④ 再热蒸汽中断时；

⑤ 锅炉汽、水管道爆破，威胁设备及人身安全时；

⑥ 燃料在尾部烟道发生再燃烧，经处理无效后，排烟温度或过热蒸汽、再热蒸汽温度不正常升高；

⑦ 炉膛内或烟道内发生爆炸，设备遭到严重破坏时；

⑧ 锅炉压力超过安全门动作压力而安全门都不动作，同时动力泄放阀无法打开时；

⑨ 安全门动作后不回座，压力下降，导致蒸汽温度变化到汽轮机不允许时；

⑩ 锅炉严重满水；

⑪ 锅炉严重缺水。

(2) 申请停炉

遇有下述情况之一，应申请停止锅炉运行：

① 炉水、蒸汽品质严重恶化，经多方处理无效时；

② 锅炉承压部件泄漏，只能在短期内维持正常运行时；

③ 汽包就地水位计损坏；锅炉严重结焦堵灰，无法维持正常运行时；

④ 安全门动作后无法使其回座时；

⑤ 受热面金属管壁严重超温，经调整无效时；

⑥ 失去控制气源，短时间内无法恢复时；

⑦ 两台除尘器故障停用，短时间内无法恢复时；

⑧ 各种承压汽水管道或法兰连接处严重泄漏且无法隔离时；

⑨ 主要设备的支吊架发生变形或断裂时。

2. 故障停炉操作程序

锅炉发生故障必须紧急停炉时，锅炉运行人员应立即按下列程序进行操作：

① 立即手动 MFT，如 MFT 联动失败，则应立即停止向炉内供应一切燃料。同时，应立即停止一次风机、磨煤机、给煤机运行，手动切断燃油，关闭所有减温水门。

② 维持锅炉吹扫风量和正常炉膛负压，吹扫 5 min，若所有引、送风机均跳闸，应立即检查建立自然通风。

③ 通知汽轮机运行人员打开汽轮机高压、低压旁路。

④ 严密监视汽温、汽压、水位并进行适当的调整。

⑤ 在停炉后短时间内，如锅炉仍不具备启动条件，则按正常停炉处理。

⑥ 若是烟道发生二次燃烧停炉，则全停引风机、送风机，密闭炉膛。

⑦ 若因炉管爆破停炉，则保留一台引风机运行，待烟气与蒸汽消失后，再停止其运行。

⑧ 若因空气预热器故障停炉，应对空气预热器做好手动盘车，并做好安全措施。

⑨ 除发生严重缺水和满水事故外，一般应继续向锅炉上水，并保持正常水位。如果发生炉管爆破不能维持正常水位时，则应停止向锅炉上水。

第三节　超临界直流锅炉的启动和停炉

超临界直流锅炉是指过热器出口蒸汽压力超过 22.129 MPa 的锅炉。在水的状态参数达到临界点时(压力 22.129 MPa、温度 374℃)，水的汽化会在瞬间完成，即在临界点时，饱和水和饱和蒸汽之间不再有汽、水共存的两相区存在，二者的参数不再有区别。由于在临界参数下汽水密度相等，因此在超临界压力下无法维持自然循环，即不能再采用汽包锅炉，这样直流锅炉成为唯一炉型。它与同容量亚临界火电机组的热效率相比，采用超临界参数在理论上可提高效率 2%～2.5%，采用超超临界参数可提高效率 4%～5%。目前，世界上先进的超临界机组效率已达到 47%～49%。所以本节以某 600 MW 机组超临界直流锅炉为例，介绍其冷态启动和停炉的操作过程。

一、冷态启动前的准备

锅炉启动前，设备的检修工作应全部结束，热力工作票和电气工作票都已终结，锅炉各设备验收合格，各转动机械经试转正常，各项校检和试验工作应完成并符合要求，各系统检查结束并符合启动要求。此外，锅炉运行人员还应对锅炉及相关设备进行全面的检查并做好启动前的准备工作，主要检查内容如下：

① 锅炉各部位无任何影响膨胀的异物，各处膨胀指示器装设位置正确。清除锅炉周围杂物和垃圾，保证平台、扶梯畅通。

② 锅炉门孔关闭，所有风门及烟道挡板启闭灵活，挡板就地开关位置与 DCS 表计指示相符。

③ 所有的阀门处于启动的正确位置，阀门无泄漏，开关灵活，电动、气动执行机构动作正常，DCS 开度指示与实际位置应相符。

④ 启动分离器水位指示正确。

⑤ 油枪位置、金属软管，炉前油系统及阀门，燃烧器风箱等满足运行要求。

⑥ 空气预热器的传动装置、密封间隙、润滑油及冷却系统，各指示器均处于正常位置。

⑦ 吹灰系统应在退出位置。

⑧ 各汽水管道吊架，烟风道，燃烧器等吊架完整，受力均匀，弹簧吊架已处于正常工作状态。

⑨ 锅炉 DCS 控制系统及热工仪表等均处于正常工作状态，炉膛火焰监视系统工作正常。

⑩ 灰、渣系统相关设备工作正常，仪表用空气等相关设备工作正常，制粉系统等相关设备工作正常。

在完成上述工作后，还应要求锅炉运行人员认真了解设备的异动情况，掌握启动措施，温习运行规程，作好充分准备，以便顺利进行锅炉的启动工作。

二、冷态启动

超临界直流锅炉的冷态启动是指启动分离器外壁金属温度小于 100℃，或锅炉压力为 0 MPa，停炉时间大于 72 h 的启动。启动过程主要包括锅炉上水和冷态冲洗、启动风烟系统、锅炉点火、升温升压和热态冲洗、升负荷等。

（一）锅炉上水

超临界直流锅炉没有排污系统，其对水质的要求比亚临界汽包锅炉更高，所以其上水的检查、操作与亚临界汽包锅炉有很大区别。超临界直流锅炉上水的操作程序如下：

1. 锅炉上水前的检查

首先要确认高压给水系统所有放水门关闭，锅炉至汽轮机的过热蒸汽管道疏水气动门关闭，各手动门开启；省煤器、水冷壁疏水门关闭，省煤器出口放空气门开启；所有过热器、再热器的疏水门及放空气门开启；过热器、再热器喷水减温截止门、调节门关闭；将启动旁路系统的暖管管路出口截止门、入口截止门、调节门关闭；打开启动分离器排水电动截止门，并将水位调节门投入自动；投入启动分离器高水位跳闸保护。

2. 锅炉上水的操作

当除氧器水质中的含铁量小于 50 μg/L、二氧化硅含量小于 100 μg/L 时，启动电动给水泵向给水管道及高压加热器水侧注水；高压加热器注水完毕，关闭电动给水泵出口门，电动给水泵打循环；当给水温度达 120℃时，调整电动给水泵出力，以 10%的 BMCR(190 t/h)左右的流量给锅炉上水，投入给水 AVT(除氧)运行方式；控制启动分离器水位在 2～4 m 左右，将启动分离器水位控制投自动。

3. 锅炉冷态冲洗的方法及标准

锅炉上水结束后，为保证给水品质，锅炉必须进行冷态冲洗。锅炉冷态冲洗有两种方法，一是大流量冲洗法，二是变流量冲洗法。

大流量冲洗法就是在锅炉充满水后，将电动给水泵出力加至最大并保持 20 min。此时启动分离器水位调节门必须同时开启，以确保受热面中的空气全部排空；关闭省煤器出口放空气门，维持锅炉最低给水流量 574 t/h，尽量维持除氧器水温在 120℃左右；当启动分离器出口水质含铁量大于 500 μg/L 时，将水排至机组疏水槽；当启动分离器出口水质含铁量小于 500 μg/L 时，投入锅炉疏水泵组联开关，将水回收至凝汽器；联系化学检验人员投入凝结水精处理。

变流量冲洗法就是在锅炉充满水后，将电动给水泵出力加至最大并保持 5 min，再将电动给水泵出力调整至 300 t/h，保持 5 min，并重复进行操作。当启动分离器出口水质含铁量大于 500 μg/L 时，将水排至机组疏水槽；当启动分离器出口水质含铁量小于 500 μg/L 时，投入锅炉疏水泵组联开关，将水回收至凝汽器；联系化学检验人员投入凝结水精处理。

锅炉冷态冲洗的合格标准。当省煤器入口水质含铁量小于 50 μg/L、启动分离器出口水质含铁量小于 100 μg/L 时，锅炉冷态冲洗达到合格，锅炉可以点火。

（二）启动风烟系统

当锅炉冷态冲洗合格后，可以启动风烟系统，具体操作如下：

① 确认两台空气预热器启动条件满足，启动两台空气预热器，运行正常后将导向、支承轴承油站和红外线热点探测装置投入自动运行，密封间隙调节投入自动；开启两侧风烟系统的所有挡板，将辅助风挡板开启至 25%，然后投入自动。

② 首先确认一台引风机启动条件满足，启动一台引风机，维持炉膛负压在－0.1～－0.15 kPa。确认一台送风机启动条件满足并启动，再确认另一台引风机启动条件满足并启动。调节两台引风机至相同负荷，保持炉膛负压在－0.1～－0.15 kPa；确认另一台送风机启动条件满足并启动，同时调节两台送风机，保持总风量在 30%～40%，使二台风机负荷相同。调节辅助风挡板，使风箱与炉膛差压稳定在 0.38～0.40 kPa，并将辅助风挡板总操和燃料风挡板投入自动；投入四管泄漏监测装置冷却风。

③ 确认两台火检冷却风机启动条件满足，启动一台火检冷却风机，另一台作联动备用；确认炉膛火焰监视电视摄像头的冷却风压大于 1.5 kPa。

（三）燃油泄漏试验和锅炉吹扫

锅炉风烟系统启动正常后，可以进行锅炉燃油泄漏试验。锅炉燃油泄漏试验成功后，可以进行锅炉吹扫工作，具体操作如下：

① 确认燃油泄漏试验条件满足，启动燃油泄漏试验，300 s后“燃油泄漏试验成功”信号发出。如果燃油泄漏试验不成功，必须重新进行燃油泄漏试验，直至成功。

② 确认锅炉吹扫条件满足，启动炉膛吹扫，检查所有二次风挡板在吹扫位。300 s后炉膛吹扫成功信号发出，MFT自动复位，确认锅炉各项主保护投入，记录锅炉本体和管道膨胀的指示值。

（四）锅炉点火

锅炉吹扫结束后，可以进行锅炉点火。

首先确认锅炉点火条件满足，然后对角投入底层油枪，观察油枪着火情况应正常；检查空气预热器吹灰汽源参数应正常，投入空气预热器吹灰，防止启动阶段燃油燃烧不良，会在空气预热器受热面上沉积而烧损空气预热器。

在启动油枪的过程中，必须加强监视启动分离器水位。在锅炉水冷壁汽水膨胀时，要停止投入油枪；在汽水膨胀结束及启动分离器水位恢复正常后再投入其他油枪。

（五）升温升压

锅炉点火后，锅炉进入升温升压阶段。在此过程中，要按如下程序操作：

① 启动分离器压力达到0.2 MPa时，关闭启动分离器放气阀。为确保水循环稳定，在启动分离器压力达到0.5 MPa前，燃烧率不能增加。过热蒸汽压力达到0.2 MPa时，关闭过热器放气阀；再热器出口压力达到0.2 MPa时，关闭再热器放气阀。

② 当过热器蒸汽流量建立后或投运8～10只油枪时，启动一次风机、密封风机进行暖磨。达到磨煤机启动条件时，启动第一套制粉系统；运行正常后，投入电除尘。

③ 控制受热面介质升温速度不大于3℃/min。当启动分离器的入口工质温度上升到260～290℃时，停止升温，并保持启动分离器入口工质温度在260～290℃，对锅炉进行热态冲洗。

④ 当启动分离器出口水质铁含量大于500 μg/L时，将水排至机组排水槽；当启动分离器出口水质铁含量小于500 μg/L时，将水导入凝汽器。当省煤器入口水质铁含量小于50 μg/L、启动分离器出口水质铁含量小于100 μg/L时，锅炉热态冲洗合格，此时将启动分离器部分疏水倒至除氧器。热态冲洗完毕后，控制炉膛出口烟气温度不大于538℃，此时应加强监视水冷壁、过热器、再热器各部金属温度，不可超过报警值。

⑤ 当过热蒸汽温度达380℃时，开启二级减温水供水总门，投入二级减温水自动，温度设定在360℃。当再热蒸汽温度达340℃时，投入再热蒸汽温度自动，温度设定在320℃。当过热器出口压力达到8.4～8.9 MPa，调整燃烧率，使蒸汽温度与汽轮机冲转参数相匹配。

⑥ 当后屏过热器出口蒸汽温度达到额定值或二级减温水调门开度大于60%时，开启一级减温水供水总门，投入一级减温水，控制蒸汽参数满足汽轮机冲转参数。

汽轮机的冲转参数如下：

过热蒸汽压力 8.4～8.9 MPa　　温度 360～380℃

再热蒸汽压力 0.6～0.65 MPa　　温度 340～360℃

（六）升负荷

在汽轮机冲转至 3 000 rpm 及机组并网后，机组自动带 30 MW 的初负荷，此时锅炉进入升负荷阶段。在升负荷过程中，要按如下程序进行操作：

1. 由初负荷 30 MW 升至 100 MW 负荷的操作

① 应按机组冷态启动曲线控制过热蒸汽、再热蒸汽温度，通过调整燃烧率，避免过热蒸汽温度、再热蒸汽温度上升过快。

② 在 30 MW 负荷暖机过程中，要保持过热蒸汽温度的温升率稳定，然后再启动第二套制粉系统。

③ 当机组负荷大于 90 MW 时，要检查准备启动一台汽动给水泵，使其处于备用状态。

④ 当升负荷至 100 MW 时，应根据炉内燃烧工况，逐渐减少油的燃烧率，尽可能使锅炉热负荷不发生大幅波动。

2. 升负荷至 180 MW 的操作

① 手动增加锅炉热负荷，并以 3 MW/min 的速率，逐渐将机组负荷升至 180 MW。

② 随着负荷增加，启动分离器水位调节门使其逐渐关小，此时要加强除氧器压力变化的监视。

③ 当负荷升至 156 MW 时，投入“机跳炉”保护，DEH 投入遥控；并调整机前压力与定压设定值一致后，投入“机主控”自动，使机组处于“定压”控制方式；随机组负荷升高，逐渐调整机前压力至 10 MPa。

④ 当负荷升至 180 MW 时，并入第一台汽动给水泵，减少电动给水泵出力。调整机前压力与滑压设定值一致后，投入机组“滑压”控制方式。并按程序启动脱硫增压风机，投入脱硫系统运行，使烟气旁路挡板保持开启状态。

⑤ 脱硫系统投入运行后，启动第三套制粉系统，并检查准备启动第二台汽动给水泵，使其处于备用状态。

3. 升负荷至 210 MW 的操作

① 调节风量与负荷相匹配，确认辅助风挡板自动调节正常、二次风箱与炉膛压差正常，增加锅炉燃煤量，并以 3 MW/min 速率将负荷升至 210 MW。

② 当负荷升至 210 MW 时，启动第四套制粉系统。锅炉由湿态转为干态方式运行，将启动分离器至除氧器和大气扩容器的排水电动隔离门按照连锁条件自动关闭，投入暖管系统。

③ 锅炉转为干态运行后，应投入汽动给水泵自动控制，并调整中间点温度，当中间点温度与设定值偏差小于±1℃后，投入中间点温度修正自动；退出疏水泵组联开关，将分离器至除氧器排水电动隔离门、疏水泵及其出口电动门关闭停电；当锅炉水质达到要求后，将锅炉给水的处理方式由 AVT(除氧)切换到 CWT(加氧)方式运行。

4. 升负荷至 600 MW 的操作

① 增加锅炉燃煤量，并以 4 MW/min 的速率逐渐将负荷升至 600 MW。根据负荷的需

要，启动第五套制粉系统。

② 当机组负荷为 260 MW 时，检查各层煤粉火焰燃烧应稳定，火检强度应充足。此时应逐只停止所有油枪运行，投入电除尘全部电场，投入机组协调控制方式。

③ 当机组负荷为 300 MW 时，并入第二台汽动给水泵，停止电动给水泵运行，关闭脱硫旁路烟气挡板，投入脱硝系统运行；将锅炉本体及空气预热器吹灰汽源切至过热蒸汽汽源。

④ 当机组负荷到 450 MW 以上时，稳定机组负荷，将机组阀门控制方式由“单阀”切为“顺序阀”控制。

⑤ 继续升负荷，并对锅炉系统进行全面检查，记录锅炉本体和管道膨胀指示值，将负荷变化率改为 6 MW/min，按调度要求设定机组负荷，投入 AGC 及一次调频，将负荷升至 600 MW。

（七）机组启动过程注意事项

超临界直流锅炉在启动过程中，除了需按有关程序操作以外，还应特别注意以下几点：

① 锅炉在升温升压过程中，要严格控制升温升压速率。在启动期间，应严密监视过热器和再热器管壁温度，其值必须小于报警值；严密监视空气预热器进、出口烟温，防止二次燃烧。

② 制粉系统要求相邻层运行，三层以上投运时，不允许均为隔层运行。若因制粉系统故障无法保证以上条件时，应投入相邻层点火油枪，稳定燃烧；投油时应就地检查油枪燃烧情况，并及时进行调整。若油枪连续 3 次点火不成功，在再次点火前，应有 5 min 以上的时间间隔进行锅炉吹扫；当油枪投用且燃烧稳定后，应及时调整风量，避免因投用油枪较多，配风不合理造成锅炉尾部空气预热器蓄热板积存油垢，引起二次燃烧。

③ 启动磨煤机后，应严密监视燃烧情况。如磨煤机启动后煤粉进入炉内未着火，引起炉膛负压不稳，应立即停止磨煤机运行，等查明原因后，方可重新启动磨煤机。当燃烧不良时，应及时进行调整，并增加空气预热器吹灰的次数。

三、锅炉停炉

超临界直流锅炉停炉也分为正常停炉和故障停炉两种。其中，正常停炉分为冷备用停炉和热备用停炉两种，故障停炉分为申请停炉和紧急停炉两种。对于单元机组的锅炉，为保证锅炉的安全性和提高锅炉的经济性，一般采用滑参数停炉。

（一）正常停炉

超临界直流锅炉正常停炉的过程，也是机组负荷逐步下降的过程，其正常停炉操作程序如下：

1. 机组负荷从 600 MW 降到 300 MW

① 在协调运行方式下，逐渐将机组负荷降至 300 MW，降负荷速率为 6 MW/min。

② 当机组负荷减至 500 MW 时，停用第一台磨煤机；当负荷降至 360 MW 以上时，对炉膛、受热面和空气预热器进行一次全面吹灰；当机组负荷减至 300 MW 时，停用第二台磨煤机。

③ 保持机组 300 MW 负荷不变。此时应进行如下操作：仪用空压机、除灰空压机的冷却水应切换至邻机供给；检查炉前燃油系统正常，油枪应具备启动条件；退出机组过热蒸汽温度低保护；确认电动给水泵处于备用状态；过热蒸汽、再热蒸汽温度应尽量维持额定值，当一级减温水、二级减温水调节门全关后，解除一级减温水、二级减温水自动，再热蒸汽减温水调节门全关后，解除再热蒸汽温度自动。

2. 机组负荷从 300 MW 降到 210 MW

当机组负荷降至 300 MW 且完成相关操作后，继续降负荷到 210 MW。从 300 MW 减负荷到 210 MW 的操作程序如下：

① 将机组控制模式由"CCS"切至"TF"模式下，逐渐将机组负荷降至 210 MW，降负荷速率 4 MW/min。

② 当负荷减至 260 MW 时，将电动给水泵并入给水系统运行，停止一台汽动给水泵。

③ 当负荷减至 240 MW 时，保持运行汽动给水泵流量在 650 t/h，解除汽动给水泵自动控制，利用电动给水泵控制总给水流量；根据燃烧情况，投入油枪助燃，注意维持给水流量、过热蒸汽温度、再热蒸汽温度、螺旋管水冷壁出口温度及中间点出口温度的稳定。过热蒸汽、再热蒸汽温度尽量维持设定值，同时将高、低压旁路系统进行暖管。

④ 当机组负荷至 210 MW 时，停用第三台磨煤机，维持总给水流量在 650 t/h～700 t/h。将锅炉疏水泵及其出口电动门置于"远控"位置，其组联开关置于"退出"位置。锅炉启动分离器排水至除氧器电动门处于备用。

3. 机组负荷从 210 MW 降到 0 MW

当机组负荷降至 210 MW 且完成相关操作后，继续降负荷到 0 MW，其操作程序如下：

① 调整高、低压旁路，继续减负荷，当机组负荷为 60 MW 时，停用第四台磨煤机。

② 当给水流量为 645 t/h，过热蒸汽压力接近 8.0 MPa 时，进一步调整高、低压旁路，将机组负荷减至零，机组准备停机。

③ 当机组负荷减至零后，关闭运行制粉系统给煤机入口插板，在运行磨煤机无煤后，锅炉立即手动 MFT。

4. 锅炉熄火后的操作

锅炉熄火后的操作程序如下：

① 立即检查 MFT 的动作情况。锅炉通风吹扫后，停止引、送风机运行，检查确认锅炉各人孔、看火孔及各烟、风挡板关闭。保持除灰、除渣系统继续运行。关闭取样隔离阀。

② 检查油循环正常，将给水流量减至 200 t/h 左右。

③ 风机停运后，加强监视空气预热器进、出口烟温，一旦发现空气预热器出口烟气温度不正常地升高，应立即查明原因并处理。

④ 当空气预热器的入口烟温降至 150℃时，停止空气预热器运行。

⑤ 当炉膛温度降至 100℃时，停止火检冷却风机运行。

（二）滑参数停炉

滑参数停炉，实质上是锅炉、汽轮机联合停止运行。机组在额定参数、负荷工况下，用逐步降低锅炉汽压、汽温的方法，使汽轮机逐步降低负荷。当汽压、汽温降到一定数值（具体数值各厂有不同的规定)后,可将锅炉熄火。

对于单元制机组的锅炉,一般采用滑参数停炉方式。单元机组滑参数停运,是在逐渐降低汽温和汽压的情况下对汽轮机和锅炉进行减负荷。在整个停炉过程中,锅炉的负荷和蒸汽参数的降低主要是按照汽轮机的要求。在接到机组滑停指令后,按照机组滑停曲线,逐渐减弱锅炉的燃烧,降压,减温。在汽轮机负荷快减完时,此时蒸汽参数较低,锅炉即可停止燃烧。

在滑停过程中,必须严格控制锅炉的蒸汽温度,其参数控制的标准为:过热蒸汽、再热蒸汽降温速度应小于或等于 1.2℃/min;过热蒸汽、再热蒸汽过热度应不少于 50℃。在控制锅炉蒸气温度时,应先降负荷、再降汽温,分段交替下滑。

滑参数停炉的操作程序如下:

① 用滑压运行方式,按正常操作减负荷至 70%。70%负荷前对锅炉本体和空气预热器进行吹灰;将仪用空压机、除灰空压机的冷却水切换至邻机供给;检查炉前燃油系统应正常,油枪具备启动条件;退出过热蒸汽温度低保护。

② 机组负荷降至 350 MW 时,过热蒸汽温度、再热蒸汽温度为 500℃/490℃,稳定汽温,通过滑压修正,保持参数稳定 30 min,停止一套制粉系统。机组负荷降至 260 MW,启动电动给水泵,停运一台汽动给水泵。机组负荷降至 240 MW 时,停止第二套制粉系统,根据燃烧状况,可投入两只油枪助燃;利用电动给水泵控制总给水流量,此时应维持给水流量、过热蒸汽温度、再热蒸汽温度、螺旋管水冷壁出口温度及中间点出口温度的稳定。当过热蒸汽压力到 13 MPa 时,锅炉启动旁路系统开始暖管。

③ 当一级减温水、二级减温水调节门全关后,解除一级减温水、二级减温水自动;当再热蒸汽减温水调节门全关后,解除再热蒸汽温度自动。

④ 机组负荷降至 210 MW,将锅炉疏水泵及其出口电动门置于“远控”位置,其组联开关置于“退出”位置,将锅炉启动分离器排水至除氧器电动门处于备用。保持过热蒸汽温度、再热蒸汽温度 460℃/450℃,保持参数稳定运行 30 min;保持一层油枪和两套制粉系统运行。

⑤ 当机组减负荷至 180 MW 时,锅炉转湿态运行,将给水切换为 AVT(除氧)工况运行;保持启动分离器水位在 2~4 m,其液位控制阀投入自动。确认疏水箱水位指示正常,水位 1.5 m 以上时,投入疏水泵组联开关;开启启动分离器排水至除氧器隔离门,进行除氧器加热汽源切换。

⑥ 当机组负荷至 160 MW 时,逐渐投入高、低压旁路进行降负荷;停运第二台汽动给水泵,利用电动给水泵维持总给水流量在 650 t/h~700 t/h。当机组负荷降至 120 MW 时,稳定负荷和参数运行 30 min,维持总给水流量在 600 t/h~650 t/h。

⑦ 利用高、低压旁路,逐渐降机组负荷至 30 MW 并保持稳定,同时控制过热蒸汽温度、再热蒸汽温度在 380℃/360℃。在汽轮机高压调节级后金属温度降至 350℃以后,调整剩余两套制粉系统的出力,待原煤斗存煤烧空后,请示调度打闸停机;然后按正常操作停止锅炉运行,完成停炉后的各项工作。

(三) 故障停炉

超临界直流锅炉的故障停炉同其他锅炉的故障锅炉一样,也根据事故的严重性和紧急程度的不同，分为紧急停炉和申请停炉两种。

1. 故障停炉条件

(1) 紧急停炉条件

遇有下列情况之一时，应紧急停炉：

① 过热蒸汽管道、再热蒸汽管道、给水管道等发生爆破；

② 尾部烟道或空气预热器着火；

③ 锅炉安全阀动作，无法使其回座，蒸汽参数或各段工质温度变化不允许运行时；

④ 锅炉蒸汽压力升高至安全门动作压力，而安全阀拒动；

⑤ 锅炉回转式空气预热器停转，挡板隔绝不严或转子不能盘动时；

⑥ 炉管爆破，威胁人身或设备安全；

⑦ 锅炉给水中断或给水量小于 539 t/h 且时间超过 30 s；

⑧ 锅炉所有给水流量表损坏，造成过热蒸汽温度不正常或过热蒸汽温度正常，但半小时内给水流量表未恢复时；

⑨ 机组范围发生火灾，直接威胁机组的安全运行；

⑩ 机组的运行已经危及人身安全，必须停炉才可避免发生人身事故时；

⑪ DCS 系统故障，无法对机组进行控制和监视；

⑫ 仪用气源失去，无法对机组阀门设备进行控制操作；

⑬ 部分和全部厂用电中断，无法维持机组正常运行；

⑭ 达到 MFT 保护动作条件，MFT 拒动。

(2) 申请停炉条件

遇有下列情况之一时，应申请停止锅炉运行：

① 锅炉给水、蒸汽品质严重恶化，经采取措施无法恢复正常；

② 锅炉承压部件泄漏，但可维持锅炉正常水动力工况时；

③ 锅炉结焦、堵灰严重，经多方处理难以维持正常运行时；

④ PCV 阀和锅炉安全阀存在严重内漏或部分有缺陷不能正常动作；

⑤ 锅炉汽温和受热面壁温严重超温，经多方调整无法降低时；

⑥ 精处理系统发生故障退出运行时。

2. 故障停炉的操作程序

锅炉发生故障必须停炉时，锅炉运行人员应立即按下列程序进行操作：

① 立即手动 MFT。如 MFT 联动失败，则应立即停止向炉内供应一切燃料。立即停止一次风机、磨煤机、给煤机运行，手动切断燃油，关闭所有减温水门。

② 维持锅炉吹扫风量和正常炉膛负压，吹扫 5 min，若所有引、送风机均跳闸，要立即检查建立自然通风。

③ 过热器压力达到 26.7 MPa，PCV 阀不动作时要开启 PCV 阀泄压。

④ 在停炉后短时间内，如锅炉仍不具备启动条件，则按正常停炉处理。

⑤ 若是烟道发生二次燃烧停炉，则应全部停止引风机、送风机运行，密闭炉膛。

⑥ 若因炉管爆破停炉，则保留一台引风机运行，待烟气与蒸汽消失后，再停止其运行。

⑦ 若因空气预热器故障停炉，应对空预器做好手动盘车，并做好安全措施。

第四节　循环流化床锅炉的启动和停炉

循环流化床锅炉是近十几年发展起来的一项高能效、低污染、清洁燃烧技术。这种锅炉具有燃烧效率高、煤种适应性广、烟气中有害气体排放浓度低、负荷调节范围大、灰渣可综合利用等优点。循环流化床锅炉的给煤粒度一般小于 10 mm,因此与煤粉锅炉相比,燃料的制备破碎系统大为简化。循环流化床锅炉燃料系统的转动设备少,主要有给煤机、冷渣器和风机,较煤粉炉省去了复杂的制粉、送粉等系统设备,较链条炉省去了故障频繁的炉排部分,给燃烧系统稳定运行创造了条件。本节以某 75 t/h 循环流化床锅炉为例,介绍其冷态启动和停炉的操作过程。

一、启动前的准备

锅炉启动前,设备的检修工作应全部结束,热力工作票和电气工作票都已终结,锅炉各设备验收合格,各转动机械经试转正常,各项校检和试验工作应完成并符合要求,各系统检查结束并符合启动要求。此外,锅炉运行人员还应对锅炉及相关设备进行全面的检查并做好启动前的准备工作。主要检查内容如下:

① 锅炉范围内管道、汽水系统、风烟系统、疏水系统、排汽系统、加药系统、排污系统等系统中的设备、管道、阀门安装、检修等完毕,保温完成。

② 送风机、引风机、一次风机、二次风机、增压风机等转动机械调试结束并符合要求。

③ 热工测量、控制和保护系统的调试结束并符合要求。

④ 点火系统储油量充足,油压正常,点火油枪畅通,喷嘴雾化良好。

⑤ 燃烧室内炉墙、布风板、风帽、二次风嘴、给煤口、热工仪表一次元件均正常,所有人孔门确认内部无人后关闭。

⑥ 各风机风门挡板开关灵活,位置指示准确,并处于关闭状态。

⑦ 二次风门及挡板调节门关闭。

⑧ 返料装置进风门及放灰门关闭。

⑨ 水冷壁、过热器、省煤器、空气预热器、一二次返料回燃装置等内外部完整。

⑩ 所有仪表完好、DCS 操作系统处于备用状态,控制室、运转层、操作平台等照明充足,事故照明电源可靠。

⑪ 确定给煤机处于备用状态,检查落煤管畅通无阻,手摇各风门挡板调节灵活,就地操作盘电源正常,处于备用状态。

⑫ 出渣系统冷渣机处于备用状态,排渣管畅通,排渣门完好并关闭。

⑬ 电除尘器、空压机、仓泵等除灰输灰系统,设备完整良好、处于备用状态。

二、冷态启动

冷态启动是指汽轮机高压缸调节级处内缸内壁金属温度在 200℃(某些情况可为

150℃)以下时的启动。循环流化床锅炉的冷态启动过程包括锅炉上水、锅炉点火、锅炉升压、锅炉并列等四个主要部分。

(一) 锅炉上水

循环流化床锅炉冷态启动的第一步工作就是给锅炉上水。锅炉上水必须严格按照操作程序及注意事项进行操作。

1. 操作程序

经省煤器向锅炉上水或用疏水泵向锅炉上水,其操作程序为:

① 接到上水的通知后,应联系汽轮机运行人员启动电动给水泵,开启锅炉给水旁路门向炉内上水。

② 当上水至汽包水位−50 mm 处时,应立即关闭旁路门,停止上水。此时汽包水位计的水位应维持不变。如水位逐渐下降或上升,应查明原因、消除故障后再进行上水。

③ 停止上水后,应通知汽轮机运行人员停止该锅炉的供水,将省煤器再循环门开启。

④ 上水结束后,检查膨胀指示器情况,并做好记录。

2. 注意事项

① 锅炉上水的水温一般不超过 100℃,上水应缓慢进行。锅炉从无水至水位达到汽包水位计−50 mm 处所需的全部时间,夏季不少于 60 min,冬季不少于 120 min。如锅炉温度较低和上水温度较高时,应适当延长上水时间。

② 在上水过程中,应经常检查汽包、联箱的焊口、阀门的法兰等是否有泄漏现象,发现异常应立即停止上水,查明原因予以消除。

③ 如锅炉内原来已有水,化验合格后,可将水位调整至汽包水位−50 mm 处;如水质不合格,则应全部放掉,重新上水。

(二) 锅炉点火

当锅炉上水及相关检查操作结束后,应确认锅炉允许点火,再对锅炉进行点火。锅炉运行人员在进行锅炉点火时,必须掌握以下操作程序和注意事项。

1. 操作程序

① 准备。点火前对锅炉设备进行全面检查;点火前 8 h 投入电除尘器的灰斗加热系统。

② 启动风机。首先启动引风机,待电流恢复正常后,再启动一次风机。调整引风量,将炉膛负压控制在−50 Pa 左右。调整一次风量,使炉料开始流化。

③ 点火。调节点火油枪前油压在 1.8～2.0 MPa 时,投入点火器,依次点燃两侧油枪,调整油门、燃烧风风门、混合风风门,保证燃烧良好。点火半小时左右,待返料装置充满新灰后,开启返料风机,利用小风量投物料循环。当床温在 450～500℃时,可脉冲投煤,根据床温上升情况,适当加大煤量,投入播煤风,检查燃烧室着火情况。当床温达到 850℃以上,燃烧稳定时,可将油枪撤出。根据燃烧情况切换流化风门,适当增加一次风量,保证充分流化。调整煤量和风量,控制床温在 900℃±50℃。

根据升温升压曲线,按照锅炉负荷和氧量变化及时调整一次风量、二次风量;根据料层压差情况，投入除渣系统。燃烧正常后，投入电除尘器。

2. 注意事项

① 若三次点火不成功或熄火，应立即关闭进油门，停止供油，同时增大引风量，通风5 min后重新点火。点火半小时前属于预热阶段，目的是使锅炉缓慢升温，防止产生过大热应力，因此油量应逐渐增大，不可升温太快；半小时后，将油枪油量加大，保持烟气温度在600～700℃之间。点火过程中，注意各部膨胀指示器的指示，如指示异常，应查明原因及时消除。

② 锅炉点火后，应经常检查油枪着火情况，注意油枪风量的调节，以达到合理配风。调整一次风门，保证床内燃烧所需风量，投煤前应欠流化，投煤着火后应富流化。严密监视床温、床压和风量，防止床压过低布风板过热超温，保证床层的良好流化；监视高温过热器烟温使其小于672℃；油枪停运30 min后，且排烟温度达到100℃以上时，将电除尘电场投入。

③ 停油后不要立即全关燃烧风，维持燃烧室一定风量通风降温，防止油喷嘴烧坏，当燃烧室温度降至300℃以下时，再全关燃烧风。

④ 当锅炉出力达30%～40%以上时，可启动二次风机，调整上、下二次风量和引风量，维持炉膛负压在－50 Pa左右。

⑤ 根据汽压、汽温的变化，及时关闭疏水门，投入减温器。点火过程中应注意汽包水位的变化，防止满水和缺水。间断上水期间，上水时应关闭省煤器再循环门，停止上水后应打开再循环门。

（三）锅炉升压

锅炉点火且完成相关检查及操作后，锅炉进入升压阶段。此阶段锅炉运行人员必须掌握以下操作程序和注意事项。

1. 操作程序

① 当升压至0.15～0.2 MPa时，关闭空气门，冲洗水位计，并与其他水位计进行对照，适当开启过热器向空排汽门。

② 当压力升至0.25～0.3 MPa时，通知热工人员冲洗压力表管，校对压力表。加强汽包水位的监视，依次进行水冷壁下联箱排污，联系汽轮机运行人员开启锅炉过热蒸汽门、旁路门进行暖管。

③ 当压力升至0.3～0.4 MPa时，保持压力稳定，通知检修人员对检修后的法兰、人孔、手孔等处螺栓热紧。

④ 当压力升至0.6～0.7 MPa时，全开锅炉过热蒸汽门，关闭旁路门，暖管至过热蒸汽电动隔离门。

⑤ 当压力升至0.8～1.0 MPa时，投入连排；根据蒸汽温度情况关闭疏水门。

⑥ 当汽压升至2.0～2.5 MPa时，通知化学水处理人员化验汽水品质。

⑦ 当汽压升至3.0～4.5 MPa时，对设备进行全面检查，调整过热蒸汽温度，保证燃烧稳定，准备并炉。

2. 注意事项

锅炉升压阶段应注意如下事项：

① 在升压过程中，应注意调整燃烧，保证炉内温度均匀上升，承压部件受热均匀、膨胀

正常。严禁关小或关闭过热器出口联箱疏水门或对空排汽门赶火升压，以免过热器过热损坏。

② 随着压力升高，要逐步开启过热器向空排汽门，严格监视过热蒸汽温度和过热器壁温，使过热蒸汽温度不得超过额定值，壁温不得超过其金属允许承受的温度。

③ 在升压过程中，进水时省煤器再循环门应关闭，不进水时应开启。经常监视汽包水位的变化并维持正常水位。应利用膨胀指示器监视各承压部件的膨胀情况，如发现异常，应停止升压，并查明原因，在故障消除后，继续升压。

④ 要控制好升压速度，升压速度如表 3-4 所示。整个升压过程控制在 2.5～5 h，升压速度要均匀，并做好监视和记录。

表 3-4　循环流化床锅炉升压速度

序　号	汽包压力(MPa)	时间(min)
1	0～0.5	40～90
2	0.5～1.0	30～60
3	1.0～2.0	30～50
4	2.0～3.0	20～40
5	3.0～4.0	15～30
6	4.0～全压	15～30

(四) 锅炉暖管并列

对并列锅炉，蒸汽母管向汽轮机供汽前，应对蒸汽管道进行暖管。蒸汽管道的暖管时间，冷态不少于 2 h，热态一般为 0.3～1 h。当锅炉压力升至全压，且满足并列条件时，锅炉进行并列。锅炉运行人员必须掌握其操作程序、并列条件及注意事项。

1. 暖管并列的操作程序

① 锅炉蒸汽管道暖管一般随锅炉升压同时进行，在点火前开启过热蒸汽电动隔离门前疏水门，用锅炉蒸汽加热蒸汽管道。当具备并列条件时，应开启过热蒸汽电动隔离门并列。

② 锅炉并列前，应与运行锅炉取得联系，适当调整汽温，保持汽压，监视过热蒸汽压力和温度变化。

③ 缓慢开启过热蒸汽电动隔离门，关闭过热蒸汽电动隔离门前疏水门。过热蒸汽温度在 460℃以上，且能保持汽温稳定时，可依次关闭所有疏水门和向空排汽门。

④ 锅炉并列后，应逐渐增加负荷，将速度控制在 3～5 t/min，当负荷达到 60%时，可将水位、汽温自动投入，并观察自动调整的运行情况，对锅炉机组进行一次全面检查。

2. 锅炉并列应具备的条件

① 锅炉所有设备运行正常，燃烧稳定。

② 过热蒸汽压力低于母管压力 0.05～0.1 MPa。

③ 过热蒸汽温度稳定，并保持在 410℃以上，但不可超过 450℃。

④ 汽包水位保持在－50 mm；汽水品质合格。

3. 锅炉并列的注意事项

① 锅炉并列时，应注意保持汽温、汽压和汽包水位的稳定。

② 在锅炉并列过程中，如引起汽轮机的过热蒸汽温度急剧下降或发生水冲击或管道剧烈振动等异常时，应立即停止并列并加强疏水，待恢复正常后，重新并列。

③ 锅炉并列由单元长指挥，派专人操作，并密切监视当时的汽压、汽温情况。

三、锅炉停炉

循环流化床锅炉也分为正常停炉和故障停炉两种。其中，正常停炉分为冷备用停炉和热备用停炉两种，故障停炉分为申请停炉和紧急停炉两种。

（一）正常停炉

循环流化床锅炉正常停炉过程，也是机组负荷逐步下降的过程。其正常停炉操作程序及注意事项如下：

1. 操作程序

① 接停炉命令，联系邻炉，保持母管压力、汽温正常；对事故放水电动门、向空排汽门做可靠性试验，若有缺陷及时消除，使其处于良好状态。

② 根据蒸发量下降情况，逐渐减少给煤量及一次风量、二次风量，保持各参数在允许范围内；根据蒸汽温度的变化，适当调整减温水量。

③ 关闭煤闸门，在给煤机煤走完后，停运给煤机；停运二次风机，关闭二次风机挡板，适当加大一次风量，保证负压在合理范围内。

④ 随着床温下降需继续流化床料，并且控制受压部件降温速率小于 50℃/h，当床温降至 500～600℃左右，停运一次风机、增压风机；停运引风机，关严一次风、二次风机风门。

⑤ 关闭过热蒸汽电动门及过热蒸汽隔离门（单炉运行时，必须经过汽轮机运行人员同意后方可关闭）；维持汽包在高水位，然后关闭给水手动门、电动门，开启汽包与省煤器再循环门。

⑥ 关闭冷渣机落渣管闸板门，渣走空后，停止冷渣机；关闭各汽水取样门、连续排污门和加药二次门；停止除尘器运行。

⑦ 当汽包压力降至 0.2 MPa 时，开启汽包空气门；当返料器下部温度在 200℃时，将返料灰全部放空；停炉后是否带压放水，应请示后再定。

2. 注意事项

① 停炉降压时，控制降压速度应为 0.05～0.1 MPa/min，汽包上、下壁温差不大于 50℃。

② 锅炉停止上水后，立即开启省煤器再循环门，以保护省煤器。

③ 停炉热备用时，应密闭各处挡板，关闭所有阀门，尽量减小汽温汽压的下降。

（二）压火停炉

若需要短时间停止锅炉运行，应采取锅炉压火，这样的停炉称为压火停炉。压火停炉属于正常停炉中的热备用停炉的一种，其停炉操作程序及注意事项如下：

1. 操作程序

① 逐渐降低锅炉负荷，调整一次风量、二次风量及给煤量，注意控制床温 900～950℃，稳定 20 min；调整出渣量，适当控制料层厚度至高位。

② 适当加大压火锅炉进煤量和减少用风量，维持 3～5 min。待床面可燃物份额加大，使床温上升（主要挥发分析出，部分碳燃尽前）停滞时，立即停止给煤机。

③ 停用二次风机、增压风机；停用一次风机（保证料层由沸腾马上达到静止状态）、引风机（保证床面上的存余挥发分排空），迅速关闭一次风机（防止惯性风量漏入）、引风机风门挡板，以防结焦。

④ 迅速严密关闭播煤风门、送煤风门和密封风门、二次风门、返料总风门；停止冷渣机的运行。

⑤ 关闭过热蒸汽隔离门，开启隔离门前疏水及过热器疏水门，疏水 20 min。关闭汽水取样门、连排一次门、二次门、加药二次门。停止除尘器的电场运行，维持仓泵运行 2 h。

⑥ 汇报单元长解除水位保护，将汽包水位上升到最高水位后，关闭给水门。

2. 压火结束注意事项

① 注意监视过热蒸汽压力，适当调整向空排汽门或高温过热器疏水门，严禁过热蒸汽压力升高使安全门动作。注意监视过热蒸汽温度，关小减温水直至关闭，严禁过热蒸汽温度超温。注意监视锅炉水位，严禁缺水、满水事故发生。

② 在汽压、汽温不再升高时可逐渐关小排汽门，但在汽温高于 400℃时，不要完全关闭排汽门。

③ 应紧闭各孔门及烟道挡板，尽量减少热损失，严禁将停止供汽的锅炉长时间与运行中的蒸汽母管相联通。

④ 压火后应有指定人员对锅炉设备进行监控、巡检，遇有异常应及时处理。

（三）故障停炉

循环流化床锅炉的故障停炉，同其他锅炉的故障停炉一样，也分为紧急停炉和申请停炉。

1. 故障停炉条件

（1）紧急停炉条件

遇有下列情况之一，必须紧急停炉：

① 锅炉严重缺水，水位在汽包水位计中消失时；

② 锅炉严重满水，水位超过汽包水位计上部可见水位时；

③ 受热面爆破，危及邻近管子安全或不能维持正常水位时；

④ 流化床超温引起燃烧室结焦或返料结焦，已无法正常工作时；

⑤ 炉膛内或烟道内发生爆炸，设备遭到严重损坏时；

⑥ 主给水管道或过热蒸汽管道发生爆破，威胁设备及人身安全时；

⑦ 排渣管断裂等严重漏渣，无法保持料层压差时；

⑧ 锅炉所有汽包水位计全部损坏或失灵，无法监视水位时；

⑨ 送风机、引风机严重损坏时；

⑩ 锅炉超压，安全阀拒动，向空排汽阀又打不开时；

⑪ 发生二次燃烧，使排烟温度不正常地突然升高时；

⑫ 锅炉房内发生重大火灾或发生重大设备事故，直接影响锅炉的安全运行或人身安全时；

⑬ DCS系统全部操作员站出现故障，且无可靠的后备操作监视手段；

⑭ MFT应该动作而拒动；

⑮ 炉墙破裂倒塌已危及人身或设备安全时。

（2）申请停炉条件

遇有下列情况之一，应申请停炉：

① 水冷壁、省煤器、过热器等承压部件发生泄漏；

② 给水、炉水、蒸汽品质严重超标，经调整仍未恢复正常时；

③ 汽温或过热器壁温超过允许值，经调整仍未恢复正常时；

④ 出渣故障，经处理无效，床料差压超过极限值；

⑤ 燃烧室、返料器发生结焦，不能继续维持正常运行时；

⑥ 所有高或低水位计损坏，无法恢复时；

⑦ 所有电除尘电场故障，难以维持锅炉正常运行时；

⑧ 任一侧返料器堵灰，经处理无效时；

⑨ 任一侧返料器保温层脱落，管壁烧红时；

⑩ 床温或返料器温度超过规定值，经多方调整无效时；

⑪ 流化质量不良，经多方调整无效时；

⑫ 安全阀动作后不回座，压力、汽温下降不允许汽轮机运行时；

⑬ 主要仪表电源消失或失灵，无法监视机组运行情况时。

2. 故障停炉的操作程序

锅炉发生故障必须紧急停炉时，锅炉运行人员应立即按下列程序进行操作：

① 立即手动MFT，停止向炉内提供一切燃料。

② 将所有自动切至手动操作，复归各跳闸开关。

③ 保持适当风量和正常炉膛压力对锅炉进行通风。若所有风机均跳闸，应立即检查并建立自然通风，如遇尾部烟道再燃烧时，应立即按其相应的规定进行处理。

④ 停止二次风机、增压风机运行，并将事故情况报告。

⑤ 停止一次风机、引风机运行（若因水冷壁、过热器、省煤器泄露停炉时，应保持引风机运行）。

⑥ 注意汽压、汽温情况，调整向空排汽量、减温水量。

⑦ 维持正常水位。如满水、缺水或汽水管道爆破无法维持水位时，应立即停止向锅炉上水，并关闭给水总门。

⑧ 短时无法恢复时，按正常停炉处理。

第五节　锅炉连锁保护装置检查

为确保锅炉各连锁保护装置动作正常，在锅炉启动前，锅炉运行人员必须对锅炉各连锁保护装置动作情况进行检查。煤粉汽包锅炉含有链条炉带有汽包的结构特点，又有直流锅炉、循环流化床锅炉煤粉燃烧的特点，其主要连锁保护装置具有代表性。这里以煤粉汽包锅炉为例对锅炉连锁保护装置运行前的检查程序进行介绍。

煤粉汽包锅炉的连锁保护装置主要包括锅炉 FSSS 保护、辅机连锁保护、机组大连锁（主机）保护、汽包水位保护、超压保护等。

一、锅炉 FSSS 保护装置检查

在锅炉启动前，锅炉炉膛安全监控系统 FSSS 保护只能做静态试验进行检查，它包括油枪启动和停止、锅炉 MFT 等。

(1) 油枪启动和停止

油枪启动和停止的检查，操作程序如下：

① 分别检查 1#、2# 回转式空气预热器，1#、2# 引风机，1#、2# 送风机，两台火检冷却风机，均应具备启动条件。

② 分别启动 1#、2# 空气预热器，1#、2# 引风机，1#、2# 送风机，启动一台火检冷却风机，将上述辅机的风门、挡板调整至点火前状态。

③ 就地检查炉膛四角油枪的进油手动阀，应关闭严密；检查压缩空气吹扫阀前面的隔离阀，应开启。在就地控制箱上，将油枪控制按钮置于自动位置。

④ 联系热控人员，由热控人员将 FSSS 系统置于“炉膛吹扫完成”状态，使主燃料跳闸“MFT”复位，两个 MFT 跳闸指示灯熄灭，满足锅炉点火条件。

⑤ 先开启燃油进油快关阀，再开启燃油进油调节阀，启动底层油枪，按 1#、3#、2#、4# 顺序投入该层油枪，其对应的“油枪火焰着火”指示灯亮，高能点火器断电并退出。

⑥ 在 CRT 上按底层油枪停止按钮，油枪按 4#、2#、3#、1# 顺序停止，对应油枪快关阀关闭，压缩空气吹扫阀在开启 60 s 后关闭，各油枪自动退出至点火前位置。

⑦ 用同样的方法分别做中间层、上层油枪的“启动”、“停止”试验，其状态应与上述过程相同。

(2) MFT 保护装置检查

主燃料跳闸 MFT 保护装置检查，操作程序如下：

① 分别检查 1#、2# 空气预热器，1#、2# 引风机，1#、2# 送风机，1#、2# 一次风机，1#～5# 磨煤机，1#～5# 给煤机，两台火检冷却风机，两台密封风机，均应具备启动条件。

② 分别启动 1#、2# 空气预热器，1#、2# 引风机，1#、2# 送风机，1#、2# 一次风机，1#～5# 磨煤机，1#～5# 给煤机，一台火检冷却风机，一台密封风机，开启相应辅机的风门、挡板；通知联系热控人员在分散控制系统 DCS 中设定相应条件，使机组处于正常运行状态。

③ 联系热控人员做下列条件 MFT 动作试验：

a. 手动 MFT。

b. 送风机全部跳闸。

c. 引风机全部跳闸。

d. 汽包水位＋250 mm。

e. 汽包水位－300 mm。

f. 丧失燃料。

g. 全炉膛失火。

h. 锅炉总风量过低。

i. 炉膛压力＋2 490 Pa。

j. 炉膛压力－3 240 Pa。

k. 空预器全部跳闸。

l. 丧失 FSSS 电源。

m. 再吹扫请求(当上次吹扫结束后 30 min 内锅炉未能点火，需重新吹扫时适用)。

n. 丧失火检冷却风。

o. 炉水循环不良。

p. 丧失一次风(油枪停运、仅有煤粉在运行时，一次风机全部跳闸)。

q. 汽轮机跳闸。

④ 对所有 MFT 动作条件，逐一进行试验检查。

⑤ 当 MFT 动作后，应检查所有进入炉膛内的燃料(煤粉、油)是否已全部切断，MFT 动作报警，其动作原因的首出信号显示应与试验条件相同，下列相应的辅机设备应自动动作：

a. 关闭供油快关阀。

b. 开启回油快关阀。

c. 停止所有给煤机和磨煤机，关闭所有磨煤机出口门，入口快关门，磨煤机冷、热风截止阀和挡板。

d. 关闭所有油枪进油阀。

e. 退出所有油枪和点火枪。

f. 切除等离子点火系统。

g. 停止所有一次风机。

h. 开启所有二次风机，周界风挡板。

i. 关闭一级过热器减温水、二级过热器减温水截止阀和过热器减温水总电动门。

j. 关闭左、右侧再热器减温水截止阀和再热器减温水总电动门。

k. 所有除尘器跳闸。

l. 汽轮机跳闸。

m. 热工信号报警。

n. 切除程控吹灰器。

o. 停止烟气脱硫。

⑥ 待吹扫条件满足后，锅炉自动进入吹扫程序，吹扫5分钟。

⑦ 用同样的方法分别做其他条件的MFT动作试验，其状态应与上述过程相同。

(3) MFT保护试验注意事项

① MFT动作试验必须和热控人员协作完成，试验前应该履行相应的手续，需要由热控人员完成的项目，锅炉运行人员应给予大力协助。

② 试验结束后，应将试验情况详细记录在值班记录薄内，并联系热控人员将设备恢复到试验前的状态，联系电气运行人员将各辅机设备的电源开关置工作位置。

③ 严禁无故停用各保护装置。如需停用时，应先得到总工程师的批准，并履行相应的手续和程序。

二、锅炉辅机连锁保护装置检查

(1) 锅炉辅机连锁保护装置检查，操作程序如下：

① 检查关闭1#～5#给煤机进口煤闸门、给煤机出口煤闸门，投入空气预热器、送风机、磨煤机润滑油系统，投入各润滑油泵连锁，投入引风机轴承冷却风机，使各辅机设备具备启动条件。就地检查各油枪进油手动门，应关闭严密。

② 依次启动1#、2#空气预热器，1#、2#引风机，1#、2#送风机，1#、2#一次风机，1#～5#磨煤机，1#～5#给煤机，一台火检冷却机和一台密封风机。联系热控人员，在DCS系统中设定相应条件，以满足试验要求。

③ 辅机启动后，依次开启1#、2#空气预热器烟气入口挡板和出口空气挡板，1#、2#引风机入口挡板，入口静叶、出口挡板，1#、2#送风机入口动叶和出口挡板，送风机出口联络挡板，1#～5#磨煤机入口冷、热风截止门，冷、热风调整门，磨煤机出口挡板，1#、2#一次风机入口导叶。将所有二次风挡板置于工作位置，制粉系统各密封风门置于开启位置。

④ 就地停止1#空气预热器主电机事故按钮，确认计算机显示器CRT发出报警，1#空气预热器辅助电机自动启动运行；就地停止1#空预器辅助电机事故按钮，确认CRT报警。在1#空气预热器停运后检查1#引风机，1#送风机跳闸，CRT报警，1#空气预热器烟气入口挡板、出口空气挡板，1#引风机入口静叶、出口挡板，1#送风机入口动叶、出口挡板，送风机出口联络挡板自动关闭。

⑤ 检查各辅机设备及相应的挡板、风门动作是否正确。复位各跳闸设备，恢复系统试验前状态；

⑥ 就地停止2#空气预热器主电动机事故按钮，确认CRT报警，2#空气预热器辅电机自动启动运行。就地停止2#空气预热器辅电机事故按钮，确认CRT报警。在2#空气预热器停运后，检查2#引风机，2#送风机跳闸，CRT报警。同时检查2#空气预热器烟气入口挡板、出口空气挡板，2#引风机入口静叶、出口挡板，2#送风机入口动叶、出口挡板，送风机出口联络挡板是否自动关闭；

⑦ 检查各辅机设备及相应的挡板、风门，应动是否正确。复位各跳闸设备，恢复到系统试验前的状态。

(2) 锅炉(辅机)总连锁保护检查操作程序

① 检查关闭 $1^{\#}$～$5^{\#}$ 给煤机进口煤闸门，给煤机出口煤闸门，将空气预热器、送风机、磨煤机润滑油系统投入运行。投入各润滑油泵连锁，引风机轴承冷却风机运行。使各辅机设备具备启动条件。就地检查四角油枪点火油阀前隔离门，是否关闭严密。

② 依次启动 $1^{\#}$、$2^{\#}$ 空气预热器，$1^{\#}$、$2^{\#}$ 引风机，$1^{\#}$、$2^{\#}$ 送风机，$1^{\#}$、$2^{\#}$ 一次风机，$1^{\#}$～$5^{\#}$ 磨煤机，$1^{\#}$～$5^{\#}$ 给煤机，一台火检冷却风机和一台密封风机。并投入一层油枪运行。联系热控人员，在 DCS 系统中设定相应条件，以满足制粉系统启动的要求。

③ 启动各辅机后，开启 $1^{\#}$、$2^{\#}$ 空气预热器烟气入口挡板，空气出口挡板，$1^{\#}$、$2^{\#}$ 引风机入口挡板，入口静叶、出口挡板，$1^{\#}$、$2^{\#}$ 送风机入口动叶、出口挡板，出口联络挡板，$1^{\#}$、$2^{\#}$ 一次风机入口导叶，$1^{\#}$～$5^{\#}$ 磨煤机进口热、冷风截止门，出口门，冷、热风调整门，密封风门，$1^{\#}$～$5^{\#}$ 给煤机进口煤闸门，给煤机出口煤闸门和密封风门。

④ 钦下就地用事故按钮，以同时停止 $1^{\#}$、$2^{\#}$ 空预器主电机的运行，确认 CRT 发出报警，$1^{\#}$、$2^{\#}$ 空气预热器辅助电机自动启动。检查 $1^{\#}$、$2^{\#}$ 引风机，$1^{\#}$、$2^{\#}$ 送风机，$1^{\#}$、$2^{\#}$ 一次风机，$1^{\#}$～$5^{\#}$ 磨煤机，$1^{\#}$～$5^{\#}$ 给煤机，它们均跳闸；运行的密封风机延时（一般 15s 后）跳闸；$1^{\#}$～$5^{\#}$ 磨煤机冷，热风截止门，冷、热风调整门，磨煤机出口挡板等应自动关闭；$1^{\#}$、$2^{\#}$ 空预器烟气入口挡板，空气出口挡板应开启；$1^{\#}$、$2^{\#}$ 引风机入口挡板，入口静叶、出口挡板，$1^{\#}$、$2^{\#}$ 送风机动叶、出口挡板，出口联络挡板应开启。

⑤ 检查各辅机设备及相应的挡板、风门动作是否正确，复位各跳闸设备，恢复系统试验前状态。

(3) 锅炉辅机连锁保护试验注意事项

① 若发现某些连锁试验不合格，应立即联系热控、电气有关人员进行处理，待消除缺陷后再进行连锁试验，直至试验合格为止。

② 试验合格后，应在值班记录上详细记录试验动作的顺序及出现的各种情况。

③ 整个试验过程，必须有热控专业人员紧密配合。

三、机组大连锁（主机）保护试验

(1) 机组大连锁（主机）保护应具备的试验条件：

① 投入主机润滑油系统、密封油系统，检查润滑油压是否正常，投入盘车。

② 投入抗燃油 EH 油系统，油压应正常。

③ 投入压缩空气系统，压力应正常。

④ 开启发电机定子冷却水泵或解除发电机断水保护。

⑤ 联系热控人员闭锁汽轮机低真空保护。

⑥ 检查发变组（指发电机和变压器）回路符合冷备用条件。

⑦ 锅炉保持 FSSS 试验状态。

⑧ 开启高压备用密封油泵，汽轮机挂闸。

⑨ 开启汽轮机高、中压主汽门及调节门。

⑩ 开启各抽汽电动门及逆止门。

(2) 机组大连锁（主机）保护装置检查操作程序

① 汽轮机联跳发电机及锅炉。

a. 在控制室或在现场用手动脱扣汽轮机。

b. 检查汽轮机高、中压主汽门，各抽汽电动门和逆止门是否关闭。汽轮机脱扣信号应发出。

c. 检查发电机保护柜有汽轮机主汽门关闭信号。

d. 锅炉 MFT 动作。

e. 试验结束后，将设备恢复到试验前的状态。

② 发电机联跳汽轮机及锅炉。

a. 联系电气运行人员用手动启动发电机差动或变压器瓦斯保护。

b. 检查汽轮机跳闸，高、中压主汽门是否关闭。各抽汽电动门及逆止门应关闭。汽轮机脱扣信号发出。

c. 锅炉 MFT 动作。

d. 试验结束后，将设备恢复到试验前的状态。

③ 锅炉联跳汽轮机。

a. 锅炉手动 MFT。

b. 检查汽轮机跳闸，高、中压主汽门，各抽汽电动门和逆止门是否关闭。汽轮机脱扣信号发出。

c. 试验结束后，将设备恢复到试验前的状态。

四、汽包水位保护装置试验检查

汽包水位保护投入时，锅炉运行人员操作提高汽包水位。当汽包两侧电接点水位计显示的水位均高至＋50 mm 时，水位高一值报警；当汽包两侧电接点水位计均高至＋150 mm时，水位高二值报警；当汽包水位高一值报警信号存在时，自动开启事故放水门，当水位高一值、高二值报警信号均消失时，自动关闭事故放水门。

当汽包两侧电接点水位均高至＋250 mm 时，水位高三值报警；当汽包水位高一值、高二值报警信号同时存在时，“DCS”系统发出报警信号，锅炉熄火保护“MFT”动作。跳闸原因为“汽包水位高”。

汽包水位保护投入时，锅炉运行人员操作降低汽包水位，当汽包两侧电接点水位计的水位均低至－50 mm 时，水位低一值报警；当汽包两侧电接点水位计的水位均低至－150 mm时，水位低二值报警。

当汽包两侧电接点水位计的水位均低至－300 mm 时，水位低三值报警；当汽包水位低一值、低二值报警信号同时存在时，“DCS”系统发出报警信号，锅炉灭火保护“MFT”动作，首次跳闸原因为“汽包水位低”。

五、锅炉超压保护装置检查

为保证锅炉超压连锁保护装置灵敏、可靠，在锅炉启动前，必须进行锅炉超压连锁保护装置的检查。锅炉超压连锁保护装置检查的顺序是先进行高压部分检查，然后进行低压部分检查。

锅炉超压连锁保护装置检查一般采用汽轮机不带负荷进行。汽轮机抽真空，通过汽轮机高、低压旁路进行蒸汽压力、温度的控制调整。

(1) 锅炉超压保护装置检查程序：

① 分别检查1#、2#空气预热器，1#、2#引风机，1#、2#送风机，两台火检冷却风机等是否具备启动条件。

② 分别启动1#、2#空气预热器，1#、2#引风机，1#、2#送风机，启动一台火检冷却风机。将上述辅机的风门、挡板调整至点火前状态。

③ 检查锅炉是否具备点火条件。按照机组升温升压曲线，逐渐投运一至二层油枪或等离子点火系统，稳定燃烧。

④ 锅炉运行人员将过热器向空排汽门切换到自动状态。

⑤ 调整锅炉燃烧，以每分钟0.1MPa至0.12MPa的升压速率，缓慢升压至过热器向空排汽门的动作压力，过热器向空排汽门应自动开启。然后调整汽轮机高、低压旁路，降低蒸汽压力，使过热器向空排汽门自动关闭。

⑥ 过热器向空排汽门检查结束后，应适当降低锅炉燃烧率(停运一至二只油枪)或适当开大旁路系统，并密切监视汽包水位，及时调整蒸汽压力。

⑦ 锅炉运行人员将再热器向空排汽门投入自动运行状态。

⑧ 稳定锅炉燃烧，利用高压旁路、低压旁路调整再热器压力，对再热器向空排汽门进行检查。

⑨ 当达到再热器向空排汽门的动作压力时，再热器向空排汽门应自动开启；当再热器出口压力降至再热器向空排汽门自动关闭压力以下时，再热器向空排汽门应自动关闭。

⑩ 检查过程中，做好各动作压力的数据记录工作。

(2) 锅炉超压保护试验注意事项

① 冷态启动过程中进行锅炉超压连锁保护检查时，应监视炉膛出口烟气温度不得大于规定值(125 MW及以上机组一般为538 ℃)。

② 燃油系统运行正常，燃油压力调节应均匀缓慢。

③ 在检查过程中，汽包水位应保持在－100 mm左右。当锅炉超压连锁保护装置动作时，应适当加大给水量，密切注意汽包水位的变化，监视并及时调整给水流量，防止锅炉发生缺水、满水事故。

④ 加强对蒸汽压力、蒸汽温度、炉膛燃烧的监控；严格控制过热蒸汽温度、再热蒸汽温度，应不超过规定值(125 MW及以上机组一般为541℃)，保持锅炉运行工况稳定。

⑤ 在检查过程中，应严格控制蒸汽压力降低的速率，一般在0.1 MPa/min左右。

⑥ 锅炉超压连锁保护装置动作后，应迅速降低燃烧率。如果过热器向空排汽门、再热器向空排汽门开启后不自动关闭，应立即减少燃料量，必要时开大旁路系统，帮助泄压，并通知检修人员采取措施，尽快关闭。

⑦ 在检查过程中，应做好现场安全工作。如发生异常情况时，应立即停止试验，并由运行人员按照有关规定处理。

复习思考题

1. 煤粉汽包锅炉冷态启动时，锅炉进水有哪些要求？
2. 简述锅炉燃油系统泄漏试验的操作步骤。
3. 锅炉冷态启动时，锅炉进行点火的操作程序有哪些？
4. 简述锅炉冷态启动过程中的操作要点。
5. 锅炉冷态启动时，升压过程中有哪些操作？
6. 锅炉及辅机连锁保护装置主要有哪些？各连锁保护装置的检查程序有哪些？
7. 锅炉冷态启动中的注意事项有哪些？
8. 母管制锅炉并炉应具备哪些条件？
9. 母管制锅炉并炉的操作及注意事项有哪些？
10. 母管制锅炉停炉埋火的主要操作有哪些？
11. 简述锅炉停炉过程中的操作要点。
12. 锅炉停炉过程中的注意事项有哪些？
13. 超临界直流锅炉冷态清洗的操作步骤有哪些？合格标准是什么？

第四章　电站锅炉运行调整

为保证锅炉运行的经济性与安全性，运行中应对锅炉进行严格的监视与必要的调整。锅炉监视的主要内容为：过热蒸汽压力、温度，再热蒸汽压力、温度，汽包水位，各受热面管壁温度特别是过热器与再热器的壁温，一次风量、二次风量、风压，炉膛压力等。对于直流锅炉，还应监视煤水比等；对于循环流化床锅炉，还应监视床温、床压等。

锅炉运行调整的内容通常可分为燃烧调整、参数调整和运行方式调整等三个方面。燃烧调整的目的是为了减少炉内各种不完全燃烧损失；参数调整是为了减少锅炉排烟热损失和提高整个机组的热力循环效率；而运行方式调整是为了优化辅机运行组合，降低辅机能耗和自用水、汽的消耗量。

锅炉运行调整的主要任务是：使锅炉蒸发量随时适应外界负荷的需要；根据负荷需要均衡给水；保证蒸汽压力、温度在正常范围内；对于变压运行机组，则应按照负荷变化的需要，适时地改变蒸汽压力；保证合格的蒸汽品质；合理调节燃烧，设法减小各项热损失，以提高锅炉的热效率；合理调度、调节各辅助设备的运行，努力降低厂用电量的消耗；保证锅炉的安全运行。

本章主要介绍链条炉、煤粉汽包锅炉、超临界直流锅炉和循环流化床锅炉的运行调整。

第一节　链条炉的运行调整

链条炉中抛煤机链条炉是在正转链条炉排锅炉的基础上发展起来的，其燃烧机理既有链条炉层燃的特点，又有悬浮燃烧煤粉炉的特点。由于其机械化程度高，结构可靠，运行稳定，适用于大、中、小型工业锅炉和小型电站锅炉，因而得到广泛应用。本节以 35 t/h 抛煤机链条炉为例，对链条炉的运行特性和运行调整进行介绍。

一、运行特性

为了熟练掌握链条炉的运行调整，必须要了解链条炉的运行特性。链条炉的运行特性为：

① 在燃烧设备结构上，将链条炉排反转，并在炉膛空间增加机械抛煤设备，使粒煤以颗粒状态在炉排面上分层分布，细煤屑则在炉膛空间呈悬浮态分布，使得层燃通风阻力小，透气性好，炉排层燃比较完全，细煤屑则在炉膛空间完成悬浮燃烧。

② 链条炉对煤种适应性强，负荷适应性好，调节灵敏。

③ 排烟黑度一般在林格曼黑度 3 级左右，严重时高达 5 级。

④ 烟尘排放浓度一般在 500 mg/Nm^3 以上，有的高达 1 000 mg/Nm^3 以上。

⑤ 烟尘中含碳量一般在 60%～70%。

二、运行调整

根据负荷及煤种的变化，链条炉在运行过程中应进行的主要调整是：汽包水位调整、过热蒸汽温度调整、燃烧调整、锅炉排污和锅炉除焦等。

1. 汽包水位调整

锅炉正常运行中，必须维持汽包的正常水位。汽包水位过高，蒸汽空间缩小，将会增加蒸汽带水，使蒸汽品质恶化，严重时可能发生水冲击。汽包水位过低，将引起锅炉水循环破坏，使水冷壁超温过热，严重缺水而又处理不当时，则会造成炉管大面积爆破的重大事故。

(1) 汽包水位变化的原因

锅炉正常运行中，水位是经常变化的。引起汽包水位变化的原因主要有：

① 锅炉负荷的变化。当锅炉负荷突然增加时，在给水和燃烧未调整之前，汽包水位的变化为先高后低。反之，当锅炉负荷突然降低时，在给水和燃烧未调整之前，汽包水位则会出现先低后高的现象。

② 燃烧工况的变化。当燃料量突然增加时，锅炉燃烧率和炉水汽化加强，体积膨胀，使水位暂时升高；由于锅炉蒸发量的增加，而给水流量却未变，继而又发生水位下降。当锅炉燃烧率减弱时汽包水位的变化则与此相反。

③ 给水压力的变化。在其他情况不变时，给水压力升高，将引起汽包水位升高；给水压力下降，将引起汽包水位下降。

④ 汽包相对水容积的大小不同。汽包的相对水容积越大，水位变化速度越慢；汽包的相对水容积越小，水位变化速度则越快。

⑤ 设备泄漏或故障的影响。锅炉运行中如发生高压加热器、省煤器、水冷壁泄漏或给水系统主要设备故障等情况，都会造成汽包水位的变化。

(2) 汽包水位调整的方法

锅炉汽包水位的调整，是锅炉在实际运行过程中，针对影响汽包水位不同的因素，通过改变给水调节阀的开度或给水泵的转速，即通过改变给水流量来实现的。调整汽包水位的主要方法有：

① 保持锅炉给水流量的平稳变化，避免调整幅度过大，并经常校对给水流量与蒸汽流量是否均衡。如不均衡，应查找原因及时消除。

② 保持锅炉负荷的平稳变化，严禁锅炉负荷的突升或突降。例如：当锅炉负荷突然增加时，此时首先要加强燃烧，维持锅炉压力的稳定，然后调整给水流量，维持汽包水位正常。

③ 经常监视给水压力的变化。当给水压力不稳或低于规定值时，应及时进行调整。

④ 按照定期工作的要求校对水位，保持水位计完整、指示正确、清晰易见、照明充足。

⑤ 在锅炉启、停过程中，由于负荷、燃烧工况频繁变动，给水调节一般应采用手动调节。

⑥ 当给水自动调节系统投入运行时，仍须经常监视汽包水位的变化。若给水自动调节系统失灵，应改为手动调整给水流量，并通知热工人员消除发现的问题。

2. 过热蒸汽温度调整

锅炉正常运行中，必须维持额定的过热蒸汽温度。汽温过高，金属强度降低，设备使用寿命会缩短或损坏。汽温过低，不仅使蒸汽的做功能力降低，降低了机组的循环热效率，而且还会使汽轮机最后几级蒸汽湿度增加，造成叶片侵蚀，严重时将发生水冲击。

(1) 影响过热蒸汽温度变化的因素

锅炉在正常运行中，影响锅炉过热蒸汽温度变化的主要因素有：

① 烟气侧的影响，主要包括燃料性质、风量及其配比、燃烧器的运行方式、受热面的清洁程度等影响。在其他因素不变的情况下，当煤粉变粗时，燃料在炉内燃尽时间延长，火焰中心上移，过热蒸汽温度将升高；当风量增加时，过热蒸汽温度会升高；当停用上层燃烧器时，过热蒸汽温度会降低；当过热器本身结渣或积灰时，过热蒸汽温度将降低。

② 蒸汽侧的影响，主要包括给水温度、锅炉负荷和减温水量等影响。在其他因素不变的情况下，当给水温度升高时，过热蒸汽温度将降低；当锅炉负荷增加时，过热蒸汽温度会升高；当减温水流量增加时，过热蒸汽温度会降低。

(2) 过热蒸汽温度调整方法

锅炉正常运行中，应针对过热蒸汽温度的不同影响因素，采取措施调整过热蒸汽温度。当汽温发生变化时，应相应地调整减温水量，保持过热蒸汽温度稳定。但减温水量不允许猛增猛减。

当减温水量已增至最大，过热蒸汽温度仍然很高时，要进一步采取以下方法进行降温：

① 调整锅炉燃烧，降低火焰中心位置。

② 在允许的范围内降低过剩空气量。

③ 适当降低锅炉蒸发量。

④ 调换合适燃煤品种。

⑤ 提高给水温度。

⑥ 进行炉内清焦。

此外，在正常运行中，锅炉内部的温度变化及漏风也会引起汽温的变化，所以应加强炉内各部温度变化和阻力变化的检查。如有异常应及时查明原因，进行处理。同时应加强炉内漏风情况的检查，所有的打焦门、检查门、人孔门、除灰门均应严密关闭，发现漏风应采取措施进行处理。

3. 燃烧调整

链条炉的燃烧调整，是链条炉在正常运行过程中，根据不同的煤种和锅炉负荷情况，对煤层厚度、炉排速度和炉膛通风等方面进行的调整。

(1) 煤层厚度调整

炉内的煤层厚度主要取决于煤种。为了适应锅炉负荷的变化，应根据不同的煤种，调整煤层厚度。在其他因素不变的情况下，对灰分多、水分大的无烟煤和贫煤，因为着火困难，煤层可以稍微厚一些；对于挥发分高、水分小的褐煤，因为容易着火，煤层可以稍微薄一些。此外，调节煤层厚度也要注意锅炉负荷的变化，在其他因素不变的情况下，当锅炉负荷增加较大，且锅炉要在新负荷下长期稳定运行时，则应适当增加煤层厚度，使给煤量与锅炉蒸发量相适应。一般情况下，锅炉负荷的少量增加，仅需通过加快炉排速度来调节给煤量。

(2) 炉排速度调整

炉排速度必须与锅炉负荷的变化相适应。一般情况下，当锅炉负荷变化不大时，通过加快或减慢炉排的速度来增减给煤量。当锅炉负荷增加时，炉排速度应适当加快，以增加给煤量。当锅炉负荷减少时，炉排速度应适当降低，以减少给煤量。此外，调节炉排速度，也要注意煤的特性，含挥发分高的煤种容易着火燃烧，炉排速度应快些；反之含挥发分低的煤种着火燃烧困难，炉排速度则应慢些。

(3) 炉膛通风调整

正常运行时，各段风室的风门开度，应根据负荷、煤种的变化及燃烧情况进行调整。例如，炉排前后两端没有火焰处，风门可以关闭；在火焰小的地方可以略开；炉排中部要大开。含挥发分高的煤种容易着火燃烧，所以炉排中部偏前处的风门开度要大；含挥发分低的煤种着火燃烧困难，所以炉排中部向后的风门开度要逐渐加大。前后二次风及播煤风应根据煤种及燃烧情况进行调整，当煤中含水分较少，细粉较多时，应适当增加二次风量，使其充分燃烧。

各段风室的风压大小应根据炉排上煤层厚度来确定。煤层厚，风压要高些；煤层薄，风压要低些。风压大小的调节是通过风机转速来实现的。当锅炉负荷降低时，应先降低炉排速度，再降低送风机转速和关小送风机出口风门，最后减小引风量，同时适当降低煤层厚度；当锅炉负荷增加时，应先增加引风量，再增加各风室的送风量，最后增加炉排速度，同时适当增加煤层厚度。

应根据二氧化碳指示表的指示，调整过剩空气量。当二氧化碳含量过高时，表示空气量不足，应适当增加引、送风量；反之，则应减少。

这里需要注意的是，煤层厚度、炉排速度和炉膛通风，三者不能单一调整，否则就会使燃烧工况失调。因此，三者之间的合理关系是厚煤层，高风压，跑慢车；反之是薄煤层，低风压，跑快车。

4. 锅炉排污

在锅炉正常运行中，为了保证受热面内部清洁，避免发生汽水共腾、蒸汽品质恶化等，必须对锅炉进行排污。锅炉排污分为连续排污和定期排污两种。连续排污是从汽包中排除含盐浓度大的炉水，以维持炉水的允许含盐量。定期排污，是定期从锅炉水冷壁下联箱排除炉内的沉积物，以改善炉水品质。

无论是锅炉连续排污，还是定期排污，排污前都必须保证锅炉运行正常，汽包水位略高于正常水位；排污处应无人员留在现场。

(1) 定期排污操作步骤

① 接到化验人员通知后，应由司炉监盘，副司炉进行操作。

② 先开一次门，再缓慢微开二次门进行暖管。暖管结束后，再全开二次门排污。排污完毕后，先关二次门，后关一次门。

③ 开二次门前，先将排污管内的积水放掉，然后再关闭。

④ 依次进行其他下联箱的排污。

(2) 排污过程注意事项

① 开启阀门时应缓慢进行，防止发生水冲击。如管内发生水冲击，应停止排污，待振动消除后再进行排污。

② 注意汽包水位的变化。如炉内发生故障，应立即停止排污（汽包水位过高或发生汽水共腾除外）。

③ 排污时宜在低负荷进行，但低于额定负荷的三分之一时须禁止排污。

④ 严禁两个排污门同时排污。排污系统有缺陷或有人工作时，禁止排污。

⑤ 严格控制排污时间和排污门的开度。当排污门全开时，不得超过 30 s。

⑥ 当排污门开启后，如听不到水流声，应立即停止排污，查明原因，等到消除隐患后再进行排污。

⑦ 两台锅炉使用同一排污母管时，不允许同时进行排污。

⑧ 排污后 30 min，二次门后的排污管应不烫手。

5. 锅炉除焦

锅炉正常运行中，为保证锅炉安全运行，必须及时清除锅炉结焦。除焦注意事项如下：

① 在进行除焦工作时，应遵守《电业安全工作规程》的有关规定。

② 工作人员应戴眼镜、手套，穿长袖工作服等。

③ 适当提高燃烧室负压，保持燃烧稳定，防止向外喷烟，以免烫伤人员。

④ 除焦必须经过司炉的同意，并在司炉操作盘上挂上“正在除焦”的标示牌。

⑤ 锅炉发生故障或燃烧不稳时，应立即停止打焦，并关闭相应打焦门。

⑥ 若锅炉结焦严重，应分析原因、采取措施，防止结成巨大焦块。

第二节　煤粉汽包锅炉运行调整

目前常用的煤粉汽包锅炉主要有自然循环和控制循环两种，以控制循环汽包锅炉居多。本节以某 300 MW 机组控制循环煤粉汽包锅炉为例，对煤粉汽包锅炉的运行特性和运行调整进行介绍。

锅炉运行调整的要求主要是提高锅炉的安全性和热效率。第一，要考虑锅炉的安全性。为了提高煤粉汽包锅炉的安全性，锅炉运行人员应认真执行启、停阶段及变工况运行时锅炉各受热面安全运行的各项有效措施；加强运行监视和调整，防止由于监视疏忽、调整不及时或操作不当甚至误操作所造成的锅炉事故；认真做好防止受热面超温、结垢、磨损、腐蚀等工作，确保运行中各参数及变化速率不超限；充分发挥 DCS 的作用，做好锅炉运行调整工作。第二，要考虑锅炉的热效率。为了提高煤粉汽包锅炉的热效率，正常运行中一般应保持较高的汽温、汽压，进行合理配风；优化燃烧器的组合，采用低氧燃烧，保持合适的煤粉细度；尽量减少给水阀门的压差和再热器减温水的使用，降低锅炉各部分的漏风；按规定对受热面进行吹灰以及采用变压运行方式等。

在锅炉实际运行调整工作中，锅炉运行人员应尽可能将锅炉各自动控制调节装置全部投入运行，并对各参数加强监视，使运行各参数保持在允许范围之内。当发现自动失灵或不正常时，应立即切换至手动操作，并联系热控人员尽快修复。锅炉运行人员还应根据锅炉 CRT 画面的显示和报警,结合对现场设备的巡视检查,对运行仪表进行观察分析,以便及时发现异常、隐患和设备缺陷,严禁无故解列热控连锁保护装置,认真做好各项定期维护、轮换和预防性检查工作。

一、运行特性

锅炉运行人员要做好煤粉汽包锅炉的运行调整工作,必须了解这种锅炉的运行特性。控制循环煤粉汽包锅炉的运行特性主要包括水循环的可靠性、启动速度快、适应负荷变化的能力强等三个方面。

1. 水循环的可靠性

自然循环锅炉的水循环依靠工质水、汽的密度差形成自然循环。工质压力愈高,水、汽的密度差愈小,循环的可靠性则下降。但锅炉给水泵所需的压头较小,因而耗功也较小,循环倍率在 4～5 左右。为了得到良好的水循环,需要配备锅炉底部加热系统。此外,在锅炉负荷低时,水循环的可靠性将下降。而控制循环锅炉的炉水循环主要依靠装设在下降管出口处的炉水循环泵,只要炉水循环泵可靠,水循环在各种负荷下都能得到保证,循环倍率在 2 左右。该锅炉不需要配备锅炉底部加热系统,但炉水循环泵的运行维护较复杂。

2. 启动速度快

自然循环锅炉的启动速度由于厚壁汽包的存在,升温升压速率受到限制,因而启动速度较慢。尤其是在启、停过程中,汽包的壁温差不易控制,容易越限。而控制循环锅炉的启动速度由于汽包容积小,汽包壁相对较薄,比自然循环汽包炉允许有较大的升温升压速率,因而启动速度大于自然循环汽包炉。

3. 适应负荷变化的能力强

自然循环锅炉的蓄热能力大,抗外扰能力强,因而可控性较好,但对负荷变化的适应能力稍差。而控制循环锅炉的蓄热能力小于自然循环锅炉,因此抗外扰能力弱于自然循环锅炉,可控性也不如自然循环锅炉,但对负荷变化的适应能力强。

由上可知,自然循环汽包锅炉在工况变动时适应性好,各参数变化相互间的影响小,因而使参数调节较为方便、简单,但对负荷及参数变化的响应较为迟钝。控制循环锅炉既具有自然循环汽包锅炉参数调节方便、简单的优点,又具有水循环可靠和直流锅炉对负荷和参数变化响应快速的特点,是目前较为理想的一种炉型。

二、运行调整

煤粉汽包锅炉在运行中,主要进行汽包水位的调整、燃烧的调整、锅炉负荷和汽压的调整、过热蒸汽和再热蒸汽温度的调整、锅炉低负荷运行调整、蒸汽品质的调整和锅炉吹灰等。

1. 汽包水位调整

锅炉正常运行中,必须维持汽包的正常水位。汽包水位过高,蒸汽空间缩小,将会增加蒸汽带水,使蒸汽品质恶化,严重时可能发生水冲击。汽包水位过低时,将会引起锅炉水循环的破坏，使水冷壁超温过热；严重缺水而又处理不当时，则会造成炉管大面积爆破等重大事故。

(1) 汽包水位变化的原因

锅炉正常运行中，水位是经常变化的。引起汽包水位变化的原因主要有：

① 机组负荷增、减幅度过大。当锅炉负荷突然增加时，在给水和燃烧未调整之前，汽包水位的变化为先高后低。反之，当锅炉负荷突然降低时，在给水和燃烧未调整之前，汽包水位则会出现先低后高的现象。

② 锅炉燃烧扰动过大。当燃料量突然增加时，锅炉燃烧率和炉水汽化加强，体积膨胀，使水位暂时升高；而锅炉蒸发量增加，给水流量却未变，因而又发生水位下降。当锅炉燃烧率减弱时汽包水位的变化则与此相反。

③ 启动或停止给水泵。启动或停止给水泵将导致给水压力和流量的变化，在其他情况不变时，给水压力和流量升高，将引起汽包水位升高；反之，给水压力和流量下降，将引起汽包水位下降。

④ 锅炉安全门动作。锅炉安全门动作，导致锅炉汽包压力急剧降低，汽水混合物比容增大，体积膨胀，使汽包水位上升；锅炉安全门回座，导致锅炉汽包压力急剧升高，汽水混合物比容减小，体积收缩，使汽包水位下降。

⑤ 锅炉承压部件泄漏。锅炉运行中如发生过热器、再热器、省煤器、水冷壁泄漏或给水系统主要设备故障等情况，都会造成汽包水位的变化。

⑥ 给水自动控制失灵。锅炉在启、停和正常运行时，均应能实现自动调节汽包水位，但当给水自动控制失灵后，无法跟踪汽包水位的变化，导致汽包水位出现异常。

⑦ 启动或停止炉水循环泵。启动炉水循环泵时，汽包水位将急剧下降。当炉水循环泵全部停运后，将使汽包水位上升。

⑧ 定期排污。定期排污是从锅炉水冷壁下联箱排除炉内的沉积物，以改善炉水品质，实际上是相当于降低了锅炉的给水量，将会引起汽包水位下降。因此，在一般情况下，在锅炉定期排污期间，汽包水位要高于正常值。

(2) 汽包水位调整的方法

针对汽包水位的影响因素，在锅炉实际运行过程中，锅炉汽包水位的调节是通过改变给水调节阀的开度或给水泵的转速，即通过改变给水流量来实现的。主要采取以下方法调整汽包水位：

① 锅炉正常运行时，汽包水位应以实地水位计的指示为准，实地水位计应指示清晰，照明充足，无漏汽、漏水现象。如出现不符合要求的情况，应及时处理。

② 汽包水位应轻微波动。若汽包水位不波动或模糊不清，应及时冲洗或检查水位计一次阀门、二次阀门开关位置是否正确；如有异常情况，应及时做好调整工作。

③ 锅炉正常运行中，汽包水位不允许超过允许的高限和低限。当汽包水位高于或低于MFT 的动作值时，MFT 应动作，否则应手动紧急停炉。

④ 锅炉负荷在 30%BMCR 以下时，给水自动调节采用单冲量水位控制方式，通过给水旁路调节阀开度或电动给水泵转速来自动调节汽包水位。当锅炉负荷在 30%BMCR 以上时，给水自动控制系统自动切换为三冲量水位控制方式。此时给水主阀全开，通过锅炉给

水泵的转速来自动调节汽包水位。

⑤ 当汽动给水泵和电动给水泵同时投入自动控制时，应注意电动给水泵和汽动给水泵转速、流量的偏差。当两台汽动给水泵转速控制均投入自动运行方式时，电动给水泵应处于备用状态。

⑥ 若发现给水自动失灵，应立即切换至手动操作控制，并联系热控人员尽快处理。在手动控制调整汽包水位时，应参照给水、蒸汽流量及时进行调整，注意控制对象的特性，进行超前调节，并注意各参数的变化，调整幅度不宜过大，以免汽包水位剧烈波动。

⑦ 当汽包水位由于调整不当或负荷变化过大，造成汽包水位上升较快时，可开启定期排污阀，降低汽包水位至正常范围。超过事故放水动作值时，要及时开启事故放水门，下降到正常值时及时关闭。

⑧ 在进行汽包水位手动、自动切换调节时，应先手动将汽包水位调至汽包正常水位且维持稳定后，然后投入给水自动，防止自动调节系统发生较大的扰动。

2. 锅炉燃烧调整

锅炉燃烧调整的目的是保证燃烧的稳定性，提高燃烧的经济性，同时使炉膛热负荷分配均匀，减少热偏差，防止锅炉结渣、积灰、积结油垢、高温和低温腐蚀，防止金属材料过热；以适应外界负荷的需要，保证燃烧安全、稳定，经济运行和各参数正常。

（1）正常燃烧

锅炉正常燃烧时，炉膛火焰颜色呈金黄色，火焰不偏斜且均匀地充满炉膛，着火点位置适当，火焰中心位置正确，不直接冲刷水冷壁，且火焰无脉动现象。各燃烧器无结焦现象。炉膛出口两侧烟气温度偏差不大于规定值。炉膛保持规定的负压运行，炉膛出口烟气温度正常及烟气氧量在规定范围内。在油煤混烧过程中，炉膛无结焦、积灰现象。

（2）燃烧调整的手段

煤粉汽包锅炉的燃烧调整主要包括燃料量的调整、送风量的调整、炉膛负压的调整和燃烧器运行方式的调整。在运行操作方面，应注意燃料量与送、引风量的协调；一次风风速、二次风风速和风率的选择；各燃烧器之间的负荷分配与运行方式的确定等。具体调整手段如下：

① 各给煤机的给煤量要力求均匀，不宜大幅度调节，应保持炉内燃烧工况处于最佳状态，当发现燃烧不稳时，应迅速投入油枪以稳定燃烧。在油煤混烧过程中，为防止炉膛结焦、积灰，可适当增大风量，并合理配比一次风量、二次风量。

② 燃油系统应处于循环备用状态，应定期对各油枪进行试投，保证燃油压力在规定值范围内，发现问题应及时联系有关人员进行处理。

③ 当锅炉负荷变化不大时，通过调整运行磨煤机的出力，对燃烧进行调整以满足负荷的需要。当锅炉负荷变化较大、超出磨煤机正常调节范围时，则应先采用改变磨煤机的运行台数，即投入或停用制粉系统的套数来大幅度地调整燃料量，对燃烧进行粗调，然后通过调整运行磨煤机的出力，对燃烧进行细调。

④ 锅炉运行中应保持合理的送风量，使炉内过量空气系数维持在最佳值附近，一般应同时改变两台送风机的风量。锅炉周界风挡板开度由给煤机转速所决定，二次风挡板开度决定于风箱与炉膛压差，燃烬区风挡板开度取决于锅炉负荷，运行中可根据实际情况设置，

进行适当调整。

⑤ 应控制磨煤机出口一次风压在规定范围，确保一次风粉的均匀性及燃烧器出口风速及风率的合理性。

⑥ 炉膛应保持规定的负压运行，炉膛负压的调整主要采用送风量与引风量联合调节的办法。在增加负荷时应先增加引风量，然后再增加送风量和燃料量；反之，减负荷时则应先减少燃料量和送风量，然后再减少引风量。

⑦ 燃烧器应尽量避免缺角运行，宜分层投停，必要时可对角投停。在满足机组参数的前提下，尽量投用下层燃烧器、停用上层燃烧器。

⑧ 制粉系统不宜长期停用，备用的制粉系统应经常切换运行，以利于水冷壁的均匀受热及防止原煤仓原煤因长期备用而结块、自燃。停用的一次风管应定期吹扫，对停用的燃烧器应保持少量周界风进行通风冷却，以防喷口烧坏。

⑨ 吹灰、打焦及制粉系统的启、停等操作均会对炉膛燃烧产生影响。这些操作不可同时进行。

⑩ 锅炉运行人员应对煤化验人员提供的煤质化验单进行仔细分析。针对不同的煤质，做出有针对性的燃烧调整，以适应煤质的变化情况。为了保证锅炉经济运行，还应定期对飞灰，灰渣采样分析，要求飞灰中的可燃物和灰渣中的可燃物不超过规定值。

3. 锅炉负荷及汽压调整

锅炉正常运行中，锅炉负荷和汽压息息相关。应根据机组负荷的需要，相应调整锅炉蒸发量，维持定压运行，保持锅炉负荷和汽压的匹配。在锅炉负荷调整过程中，一定要兼顾汽压的变化。汽压过高，将使锅炉承压部件承受过大的应力，影响设备寿命；汽压低于额定值，会使蒸汽在汽轮机内膨胀做功的焓降减小，降低了汽轮机做功能力。如果汽压频繁波动，会使承压部件经常处于交变应力的作用下，引起金属部件的疲劳损坏；同时，汽压的突变容易造成汽包的虚假水位，若调节不及时易导致满水和缺水事故的发生。

(1) 影响负荷、汽压变化的因素

引起锅炉负荷、汽压变化的原因很多，可归纳为两个方面：一是锅炉外部因素，二是锅炉内部因素。

外部因素又称为外扰，是指非锅炉本身的设备或运行原因所造成的扰动。常见的外扰有两种，一种是外界负荷的变化。当锅炉的蒸发量能与汽轮机所需的蒸汽量平衡时，汽压便能保持正常和稳定；当锅炉的蒸发量大于或小于汽轮机所需的蒸汽量时，则汽压必将升高或降低。另一种是汽轮机高压加热器突然解列，造成汽压升高。

内部因素又称为内扰，是指锅炉本身设备或工况变化而引起的扰动。对于煤粉汽包锅炉，由于煤质的变化、送入炉内的煤粉量和煤粉细度的变化、风煤配合不当、炉膛结渣、漏风等，都会造成锅炉蒸汽流量的变化，从而引起汽压发生变化。

(2) 负荷和汽压的控制

采用定压运行的单元机组，负荷与汽压的调节方式一般分为锅炉跟踪方式（又称炉跟机方式）、汽机跟踪方式（又称机跟炉方式）和协调方式三种。

① 锅炉跟踪方式。在锅炉跟踪调节系统中，负荷目标的指令送至汽机主控。在改变负荷

时，汽机主控按给定的变负荷速度将同步器（即调速汽门）置于目标负荷的对应开度上，随着汽轮机调速汽门开度的变化，蒸汽流量和汽压反向变化。过热蒸汽压力信号送至锅炉主控，当实际压力与给定压力产生偏差时，锅炉主控将通过改变锅炉给水、燃料和风量使压力恢复至设定值。这种调节方式的特点是能充分利用锅炉的蓄热能力，对负荷的适应性较好。但这种方式在变负荷过程中汽压波动较大，尤其对于燃烧设备惯性大而蓄热能力小的锅炉，汽压波动会更大。

② 汽机跟踪方式。在汽机跟踪调节系统中，负荷目标的指令送至锅炉主控。在改变负荷时，锅炉主控按给定的变负荷速率改变锅炉给水、燃料和风量，使锅炉蒸汽流量和汽压发生同向变化。过热蒸汽压力信号送至汽机主控，通过改变同步器（即调速汽门）开度，使压力维持在设定值并使负荷发生改变。这种调节方式的特点是调压迅速、汽压稳定。但这种方式无法利用锅炉蓄热能力，且机组的负荷适应性较差，特别是采用直吹式制粉系统的锅炉，燃烧设备的惯性大，因而对负荷的适应性就更差。

③ 协调方式。在协调调节系统中，负荷目标的指令和过热蒸汽压力信号，均同时送往锅炉主控和汽机主控。在改变负荷时，锅炉主控和汽机主控同时动作，分别改变锅炉的给水、燃料、风量和汽轮机的调速汽门开度，同时还根据过热蒸汽压力偏离设定值的情况，适当限制汽轮机调速汽门开度的变化和加强锅炉的调节作用。调节过程结束时，机组负荷达到目标值而过热蒸汽压力仍稳定在设定值。这种调节方式综合了锅炉跟踪和汽机跟踪方式的优点，既具有汽压控制稳定的特点，又能充分利用锅炉的蓄热，具有较好的负荷适应性。

(3) 锅炉负荷和汽压的调节手段

当锅炉负荷和汽压不匹配时，应根据锅炉负荷和汽压的影响因素及控制方式，作如下调整：

① 锅炉正常运行过程中，应根据机组负荷的需要，相应调整锅炉蒸发量，维持定压运行。过热蒸汽压力应保持在规定范围内，锅炉最大蒸发量应不超过规定值。机组负荷在50%至100%之间变化时，可通过CCS协调控制系统进行负荷的增减、负荷定值和负荷变化率定值的设定。

② 锅炉正常运行时，过热蒸汽压力的调节应通过自动方式进行，增、减给煤机转速应平稳均匀，以维持过热蒸汽压力的稳定，使锅炉蒸发量的变化与机组负荷变动相适应。当给煤机出力过高、过低时，则应切除过热蒸汽压力自动控制，并在手动操作调节正常后方可重新投入自动控制。当过热蒸汽压力投入自动控制时，应严格监视将过热蒸汽压力控制在规定范围内，严禁大幅度调节给煤量，防止燃烧恶化造成局部受热面超温，或燃烧不稳造成灭火事故。更不允许采用破坏燃烧方式调整过热蒸汽压力。此外，还应加强对锅炉各受热面管壁温度的监视和分析，加强对锅炉各受热面的吹灰工作，以防锅炉结焦。

③ 在机组进行汽轮机调门试验，投入或停用高压加热器，启用或停用风烟系统设备，制粉系统切换运行，机组大幅度升、降负荷或发生故障等重大操作时，应根据具体情况切除过热蒸汽压力自动控制。当汽轮机高压加热器停用时，为了防止再热器超压超温，锅炉应适当降低负荷，密切监视再热器进口压力，防止再热器安全门动作及再热

器管壁超温。

④ 在非事故情况下，禁止采用动力泄放阀等手段降低蒸汽压力。若蒸汽压力超过安全门动作值，且安全门和动力泄放阀不动作，应立即手动锅炉 MFT，并开启高温过热器出口管道排汽阀，或请示值长采取相应的措施进行降压，以防汽包、过热器等管道发生爆炸；待蒸汽压力恢复正常，经值长同意后，按运行规程规定重新点火。

4. 锅炉过热蒸汽和再热蒸汽温度调整

锅炉正常运行时，应严格监视和调整过热蒸汽出口温度和再热蒸汽出口温度，使之保持在规定值，过热蒸汽和再热蒸汽温度左、右两侧偏差均应不超过规定值；并监视各段过热器、再热器的管壁温度不允许超温，保证机组安全经济运行。因为汽温过高，金属强度降低，设备使用寿命会缩短或损坏；汽温过低，不仅使蒸汽的做功能力降低，降低了机组的循环热效率，而且还会使汽轮机最后几级蒸汽湿度增加，造成叶片侵蚀，严重时将发生水冲击。

(1) 影响汽温变化的因素

① 过热蒸汽温度变化因素。锅炉正常运行中，影响锅炉过热蒸汽温度变化的主要因素有：

a. 烟气侧的影响。主要包括燃料性质、风量及其配比、燃烧器的运行方式、受热面清洁程度。在其他因素不变的情况下，当煤粉变粗时，燃料在炉内燃尽时间延长，火焰中心上移，过热蒸汽温度将升高；当风量增加时，过热蒸汽温度将升高；当停用上层燃烧器时，过热蒸汽温度将降低；当过热器本身结渣或积灰时，过热蒸汽温度将降低。

b. 蒸汽侧的影响。主要包括给水温度、锅炉负荷和减温水量。在其他因素不变的情况下，当给水温度升高时，过热蒸汽温度将降低；当锅炉负荷增加时，过热蒸汽温度将升高；当减温水流量增加时，过热蒸汽温度将降低。

② 再热蒸汽变化因素。锅炉正常运行中，影响锅炉再热蒸汽温度变化的主要因素有：

a. 高压缸排汽温度变化的影响。在其他工况不变的情况下，高压缸排汽温度越高，则再热器出口温度将越高。

b. 再热器吸热量变化的影响。再热器吸热量越多，再热蒸汽温度将升高。锅炉运行中，当燃料量越多、流经再热器的烟气量越大、锅炉负荷升高及炉膛火焰中心上移时，再热器的吸热量将增加，再热蒸汽温度将升高；当再热器前的锅炉受热面积灰或结渣时，将使再热器吸热量增加，再热蒸汽温度将升高；当再热器受热面本身积灰或结渣时，将使再热器吸热量减少，再热蒸汽温度将降低。

c. 再热蒸汽流量变化的影响。在其他工况不变时，再热蒸汽流量越大，则再热器出口温度将越低。

d. 再热器减温水流量变化的影响。在其他工况不变时，再热减温水流量越大，则再热蒸汽温度越低。

(2) 汽温的调整方法

煤粉汽包锅炉蒸汽温度的调节，主要手段是调整燃烧，辅助手段是采用调整减温水量。首先应通过燃烧调整，力求做到火焰不偏斜，避免出现局部结焦的现象，然后再用减温水对各段温度进行细调。当减温水量在确保各级管壁温度不超限的情况下，已无法使汽温稳定时，应再从燃烧调整的角度来考虑调温的措施与方法。锅炉正常运行中，汽温的调整方法主要为：

① 通过调整锅炉燃烧来调整汽温。具体方法是改变摆动燃烧器的倾角，改变上、中、下层燃烧器出力，通过启、停制粉系统来改变制粉系统的运行方式。当汽轮机高压加热器投入和解列时，给水温度变化较大，应适当调整燃烧，并及时调整减温水量，控制蒸汽温度在规定范围内。

② 通过调整一次风、二次风的配比或调节二次风挡板开度来调整汽温。具体方法为改变二次风量，改变上、中、下层的二次风挡板开度。

③ 通过调整过剩空气系数调整汽温。具体方法为改变送风机的出力和二次风挡板开度。

④ 通过调整烟道挡板的开度，改变流经过热器和再热器的烟气量来调整汽温。

⑤ 锅炉正常运行时，根据机组负荷和蒸汽温度的变化情况，通过对锅炉各受热面进行吹灰、除焦来调整汽温。

⑥ 通过调整减温水量调整汽温。当锅炉负荷小于10%BMCR时，禁止投用过热器、再热器的减温水。在通过调整减温水量维持蒸汽温度时，应根据过热器、再热器的汽温特性进行超前调节，减温水量不可大幅度进行调整，以免蒸汽温度发生剧烈波动。锅炉正常运行时，过热器、再热器减温水应在自动控制方式下运行，当自动调节装置无法正常调节时，应切换为手动操作调整，并联系热控人员进行处理，在汽温稳定后，继续投入自动控制方式。

5. 锅炉低负荷运行调整

锅炉低负荷运行时，不但锅炉燃烧不稳定，而且锅炉各参数变化较大。为保证锅炉燃烧的稳定及锅炉各参数的平稳变化，应对运行的工况作调整。

锅炉低负荷运行时，下两层燃烧器保持基本出力，其他层燃烧器作为调整负荷。下层二次风挡板应适当关小，上层适当开大，以提高着火的回流强度，保持火焰中心燃烧稳定。如果只有二层燃烧器运行，要根据炉膛着火情况，投入油枪或等离子点火装置助燃，以保持炉膛燃烧稳定。

锅炉低负荷运行时，应尽可能选择“CCS”运行方式，加强对炉膛负压、烟气氧量、过热器后烟气温度等表计的监视和分析。在设备、系统投用自动控制时，如出现燃烧不稳，应切换为手动操作。机组在增、减负荷过程中，调整给煤机出力不应幅度过大，一旦某套制粉系统停用，应及时关闭对应的一次风、二次风挡板，关小周界风挡板，同时调整引风量、送风量，使炉膛压力保持在规定值，烟气氧量也应保持在正常范围内，保持炉膛燃烧稳定。

锅炉低负荷运行时，禁止炉膛吹灰、打焦及吹扫煤粉管道等工作，尽量减少底部除渣工作。加强过热蒸汽温度和再热蒸汽温度变化的监视，尽量不用或少用减温水，以保持过热蒸汽、再热蒸汽有一定的过热度。此外还应对省煤器出口水温进行监视，防止省煤器发生汽化，保持进水稳定，保持汽包水位在正常值。

6. 蒸汽品质的调节

蒸汽品质调节的目的是保证蒸汽和给水品质，其调节方法是：

① 控制连排门开度和定排次数，保证炉水含盐量小于其蒸汽参数下的临界盐量。

② 加强汽包水位变化的监视，将汽包水位控制在正常范围。

③ 避免机组负荷的突然增加和蒸汽压力的突然下降。

7. 锅炉吹灰

锅炉吹灰的目的是保持受热面的清洁和保持烟道畅通。在正常运行过程中，锅炉进行吹灰操作时，应特别注意以下事项：

① 吹灰时应适当提高炉膛负压，并保持负荷稳定，加强对汽压、汽温的监视和调整。吹灰应按烟气流向顺序进行，并同时对称吹灰。

② 空气预热器的吹灰每班进行一次，其余受热面的吹灰，应根据各受热面的清洁情况，进行部分或全面吹灰。

③ 吹灰应在70%BMCR负荷以上、燃烧稳定时进行。若吹灰时负荷过低，由于带入水蒸气，导致炉膛温度降低，会使一部分未燃尽的可燃物沉积于炉膛的角落和尾部受热面，可能成为炉膛爆燃的一个原因。吹灰过程中不得打开吹灰器附近的孔门观察燃烧情况，在炉内燃烧不稳定或锅炉“MFT”、“RB”动作时应立即停止吹灰工作。当吹灰器电动机发生故障时，应立即用手动操作将吹灰器退出炉膛。

④ 严禁将吹灰器在无蒸汽流入时伸入炉内。在吹灰器伸入或退出炉膛前，应始终保持有蒸汽流经吹灰器，以免吹灰器烧坏；吹灰结束后，恢复正常运行的炉膛负压。

第三节　超临界直流锅炉运行调整

超临界直流锅炉是指过热器出口过热蒸汽压力超过22.129 MPa的锅炉。从理论上讲，在水的状态参数达到临界点时(压力22.129 MPa、温度374℃)，水的汽化会在一瞬间完成，即在临界点时，饱和水和饱和蒸汽之间不再有汽、水共存的两相区存在，二者的参数不再有区别。由于在临界参数下汽水密度相等，因此在超临界压力下无法维持自然循环，不能再采用汽包锅炉，而直流锅炉成为唯一炉型。与同容量亚临界火电机组的热效率相比，采用超临界参数在理论上可提高效率2%～2.5%，采用超超临界参数可提高4%～5%，世界上先进的超临界机组效率已达到47%～49%。目前，超临界机组已成为我国当前的主力机组。本节以某600 MW超临界直流锅炉为例，介绍超临界直流锅炉的运行特性和运行调整。

一、运行特性

做好超临界直流锅炉的运行调整，必须首先了解并掌握其运行特性。超临界锅炉与亚临界锅炉相比，有以下特性：

① 设置专门的启动旁路系统以冷却受热面。为了使超临界锅炉在锅炉点火前不间断地向锅炉上水，且具有足够的启动流量，以保证给水连续不断地强制流经受热面，使其得到冷却，设置了专门的启动旁路系统。

② 配置启动分离器和疏水回收系统，保证汽水分离和热损失最小。超临界锅炉在正常

运行时，锅炉给水靠给水泵压头直接流过省煤器、水冷壁和过热器，直流运行状态的负荷从锅炉满负荷到直流最小负荷。直流最小负荷一般为满负荷的 25%～30%。在低于直流最小负荷时，为保持给水流量恒定，汽水混合物必须在水冷壁出口处分离，干饱和蒸汽被送入过热器。因此，在低负荷时，超临界直流锅炉配置了启动分离器和疏水回收系统，使锅炉安全可靠地启动，热损失达到最小。

③ 通过建立启动压力和启动流量，确保水动力特性稳定和冷却受热面。

启动压力是指直流锅炉在启动过程中，水冷壁中工质具有的压力。启动压力升高，汽水体积质量差减小，锅炉水动力特性稳定，工质膨胀小，并且易于控制膨胀过程。但启动压力越高，对屏式过热器、再热器和过热器的保护越不利。启动流量是指直流锅炉在启动过程中锅炉的最小给水流量，其作用是使锅炉受热面得到冷却。

④ 多数采用了内置式启动分离器的运行控制方式。超临界直流锅炉包括外置式启动分离器和内置式启动分离器两种。外置式启动分离器只是在启动初期投入运行，运行一定时间后会从系统中切除，而内置式启动分离器运行期间全程投入使用。

内置式启动分离器的一个显著特点是对湿态和干态的控制不同，随着压力的升高，内置式启动分离器由湿态向干态转换。当锅炉负荷小于 30%时，超临界直流锅炉运行在最小给水流量，所产生的蒸汽小于最小给水流量，启动分离器处于湿态运行，启动分离器中多余的饱和水通过启动分离器液位控制系统排出。当锅炉负荷大于 30%以上时，锅炉产生的蒸汽大于最小给水流量，过热蒸汽通过启动分离器。此时启动分离器为干态运行方式，启动分离器出口温度由煤水比控制，即由启动分离器湿态时的液位控制转为温度控制。

启动分离器湿、干态运行转换。在湿态运行过程中，锅炉的控制参数是分离器的水位和维持启动给水流量。在干态运行过程中，锅炉的控制参数是温度控制和煤水比控制，在湿、干态转换中可能会发生蒸汽温度的变化，故在此转换过程中必须保证蒸汽温度的稳定。

二、运行调整

超临界直流锅炉热力系统复杂、蒸发量大、辅助系统多、工况变化大，且需要控制调整的参数多、调整量大，所以锅炉运行人员必须认真做好运行调整工作。超临界直流锅炉运行调整主要有给水调整、燃烧调整、蒸汽温度调整和汽压调整等。

1. 给水调整

超临界直流锅炉的给水调整，其实质是调整锅炉的煤水比。稳定正常的煤水比是确保超临界直流锅炉安全稳定经济运行的标志。煤水比调整有两种方法，一种是保持煤量不变，调整给水量，一种是保持给水量不变，调整煤量，一般情况下采用前者居多。超临界锅炉的给水调整方法主要有：

① 在锅炉启、停阶段及负荷低于 30%BMCR，且启动分离器水位在规定范围内时，给水流量应保持最低流量。这时，用给水调节阀调节压差。

② 当锅炉升负荷需要增加给水流量时，应逐渐开启给水调节阀直至全开，然后通过给水泵转速控制给水流量。

③ 当汽动给水泵转速达到 3 000 r/min 以上时，方可投入给水泵转速自动运行方式。

两台汽动给水泵并列运行时,流量偏差不得超过规定值。电动给水泵和一台汽动给水泵并列运行时,汽动给水泵投入自动运行方式,电动给水泵应置于经济出力状态。

④ 锅炉正常运行时,给水调整应投入自动运行方式。当给水自动调节系统出现异常或自动调整无法满足锅炉给水要求时,应立即切换至手动调整,同时联系热工人员进行处理。

在进行上述调整锅炉给水的过程中,应保持给水流量的稳定,防止煤水比失调而造成参数的大幅度波动。

2. 燃烧调整

燃烧调整的目的是合理组织炉内燃烧工况,维持正常炉膛压力、防止锅炉灭火、爆燃、受热面结焦和减少热偏差;通过一次风、二次风配比,在炉膛内形成合适的温度场、动力场,使炉膛热负荷分配均匀;选择适当的煤粉细度、过剩空气系数和排烟温度,充分提高燃烧的经济性;此外还应减少粉尘、硫化物和 NO_x 排放,确保锅炉安全、稳定、经济、环保运行。

锅炉正常燃烧时,炉膛火焰颜色呈金黄色,火焰不偏斜且均匀地充满炉膛,燃烧器出口着火点位置适当,扩散角要适中,火焰中心位置正确,不直接冲刷水冷壁,且火焰无脉动现象。火焰检测器显示无闪烁,检测指示满量程。各燃烧器无结焦现象。炉膛出口两侧烟气温度偏差不大于规定值,炉膛出口烟气温度正常及省煤器出口烟气氧量在规定范围内。正常情况下炉膛应保持规定负压运行,在油煤混烧过程中,炉膛无结焦、积灰现象。以上情况若出现异常,应进行燃烧调整。

超临界直流锅炉的燃烧调整主要包括燃料量的调整、送风量的调整、炉膛负压的调整和燃烧器运行方式的调整。在运行操作方面,应注意燃料量与送、引风量的协调;一次风、二次风风速和风率的选择;各燃烧器之间的负荷分配与运行方式的确定等。具体调整手段如下:

① 运行制粉系统的出力应尽量保持相同,避免连续停止中间的两套制粉系统。各运行磨煤机的配煤应一致,各运行给煤机的实际给煤量应均匀。给煤量不可大幅度调节,以保持炉内燃烧工况处于最佳状态。同一层燃烧器的摆角必须一致。为防止因煤粉、燃油燃烧不良将油枪和燃烧器烧坏,投运燃烧器的二次风挡板开度必须保持在最小开度以上;所有燃烧器的二次风挡板须预留一定的开度,以冷却燃烧器。

② 保证燃油压力在规定值范围内。在锅炉负荷低于最低稳燃负荷或发现燃烧不稳时,应迅速投入油枪以稳定燃烧。磨煤机启、停时,要加强炉内燃烧的监视,加强对火焰的检测和火焰电视的观察分析。当运行喷燃器的火焰检测器显示闪烁、火焰发暗、负压和氧量大幅摆动时,也要立即投入油枪助燃,并查找原因进行处理。在油煤混烧过程中,为防止炉膛结焦、积灰,可适当增大风量,并合理配比一次风量、二次风量。

③ 当锅炉负荷变化不大时,通过调整运行磨煤机的出力,对燃烧进行调整,以满足负荷的需要。当锅炉负荷变化较大,超出磨煤机正常调节范围时,则应先采用改变磨煤机的运行台数,即用投、停制粉系统的方式来大幅度地调整燃料量,对燃烧进行粗调;然后通过调整运行磨煤机的出力,进行细调。

④ 燃烧器应尽量避免缺角运行,宜分层投停,必要时可对角投停。在满足机组参数的前提下,尽量投用下层燃烧器、停用上层燃烧器。检查和分析喷燃器是否存在结焦和损坏,发现结焦,应及时清除。根据炉内的结焦情况进行受热面吹扫工作,当结焦严重时应降低

锅炉负荷。

⑤ 锅炉运行中应保持合理的送风量，使炉内过量空气系数维持在最佳值附近，一般应同时改变两台送风机的风量。省煤器出口氧量值在风量控制系统中根据负荷自动进行设置，当氧量在手动控制方式时，要根据机组负荷控制氧量值。升负荷时先加风后加煤，减负荷时先减煤后减风。锅炉点火期间及在40%BMCR负荷前，炉膛保持定风量燃烧，40%BMCR负荷后，要注意风量和燃料量相匹配。二次风调节要满足省煤器出口氧量以及辅助风、周界风和燃尽风的比例关系。此外还应根据燃料特性及时调整风量。

⑥ 应控制磨煤机出口一次风压在规定范围，确保一次风粉的均匀性和燃烧器出口风速、风率的合理性。

⑦ 炉膛应保持规定的负压运行，炉膛负压的调整主要采用送风量与引风量联合调节的办法。在增加负荷时应先增加引风量，然后再增加送风量和燃料量；反之，减负荷时则应先减少燃料量和送风量，然后再减少引风量。

⑧ 制粉系统不宜长期停用，备用的制粉系统应经常切换运行方式，以利于水冷壁的均匀受热及防止原煤仓原煤因长期备用而结块、自燃。停用的一次风管应定期吹扫，对停用的燃烧器应保持少量周界风通风冷却，以防喷口烧坏。

⑨ 吹灰、打焦及制粉系统的启、停等操作均会对炉膛燃烧产生影响，不可同时进行。

⑩ 锅炉运行人员应对煤化验人员提供的煤质化验单进行仔细分析，针对不同的煤质，做出有针对性的燃烧调整，以适应煤质的变化情况。为了保证锅炉经济运行，要定期对煤粉细度、飞灰、灰渣进行取样分析，根据分析结果及时调整燃烧和煤粉细度。

此外，在对燃烧监视调整的同时，要加强对运行参数和受热面金属温度的分析，如蒸汽温度或一级减温水、二级减温水两侧偏差大，各处受热面金属温度偏差大，必须及时组织分析并查找原因，进行处理。

3. 过热蒸汽温度调整

超临界直流锅炉正常运行时，应严格监视和调整过热蒸汽出口温度并控制在规定值，过热蒸汽温度左、右两侧偏差不能超过规定值，并监视各段过热器的管壁温度不允许超温，以保证机组安全经济运行。如果过热蒸汽温度过高，金属强度将降低，设备使用寿命将缩短或损坏。如果过热蒸汽温度过低，不仅使蒸汽的做功能力降低，而且还降低了机组的循环热效率，严重时将发生水冲击。

(1) 影响过热蒸汽温度变化的因素

超临界直流锅炉正常运行中，影响超临界直流锅炉过热蒸汽温度变化的主要因素有：

① 烟气侧的影响。主要包括燃料性质、风量及其配比、燃烧器运行方式、受热面清洁程度。在其他因素不变的情况下，当煤粉中的灰分和水分增加时，过热蒸汽温度将降低；当风量增加时，过热蒸汽温度将瞬时升高，然后过热蒸汽温度将自动慢慢降低；当火焰中心上移，过热蒸汽温度将瞬时升高，然后过热蒸汽温度将自动慢慢降低；当过热器系统结渣或积灰时，过热蒸汽温度将降低。

② 蒸汽侧的影响。其影响主要包括给水温度、锅炉汽压和减温水量。在其他因素不变的情况下，当给水温度升高时，过热蒸汽温度将升高；当锅炉汽压升高时，过热蒸汽温度将升高；当减温水流量增加时，过热蒸汽温度将降低。

(2) 过热蒸汽温度的调整方法

超临界直流锅炉过热蒸汽温度的调节主要是通过调整给水和燃料量的比例来实现的。减少给水或增加燃料量会使过热蒸汽温度升高,反之则相反。监视并保持启动分离器出口温度在恰当的控制值,应用合理的燃料与给水之比作为粗调,在此基础上用减温水作为细调,对过热蒸汽温度进行最后的修正。

超临界直流锅炉正常运行中,过热蒸汽温度的调整方法主要有:

① 调节煤水比。维持正确的煤水比是调节过热蒸汽温度的基本手段。锅炉在直流工况以后,启动分离器要保持一定的过热度。启动分离器出口蒸汽温度是煤水比控制的超前信号,在30%～100%负荷范围内,启动分离器出口蒸汽过热度应保持在规定值,以保证沿流程受热面介质温度在设计范围内。锅炉正常运行中,启动分离器出口蒸汽温度若达到饱和值,这是煤水比严重失调的现象,要立即针对形成异常的根源进行果断处理;如果煤水比修正后,不能将分离器出口蒸气过热度调整至正常,要解除给水自动运行方式,进行手动操作调整。

② 调节一级减温水、二级减温水。过热蒸汽一级减温水、二级减温水是过热蒸汽温度调节的辅助手段,一级减温水用于保证屏式过热器不超温,二级减温水对过热蒸汽温度进行精确调整。如果减温水调门开度超过正常范围,可适当修正煤水比定值,使一级减温水、二级减温水有较大的调整范围,防止系统扰动造成过热蒸汽温度波动。在一级减温水、二级减温水手动调节时,要考虑汽温调节存在一定的惯性和延迟,调整减温水时要注意监视减温器后的蒸汽温度变化,不要猛增、猛减,要根据汽温偏离的大小及减温器后温度变化情况,平稳地对过热蒸汽温度进行调节。

③ 异常工况下的调整。锅炉运行中,在进行负荷调整、启或停制粉系统、投或停油枪、对炉膛或烟道吹灰等操作以及煤质发生变化时,都将对过热蒸汽温度产生扰动。在上述情况下要特别注意蒸汽温度的监视和调整。高压加热器投或停时,沿流程受热面工质温度随着给水温度变化逐渐变化,此时要严密监视给水、省煤器出口、水冷壁出口工质温度变化情况。

④ 过热蒸汽温度调整要以受热面壁温不超限为前提。在调整过热蒸汽温度时,要加强对受热面金属温度监视,调整汽温要以金属温度不超限为前提。如金属温度超限,要尽快查找原因并进行处理,必要时要适当降低蒸汽温度或降低机组运行负荷。

此外,超临界直流锅炉在30%～100%BMCR运行时,除应严格监视和调节过热蒸汽温度,使其在额定范围内,且使两侧蒸汽温度偏差小于规定值,同时还要严格监视受热面沿流程工质温度、受热面金属温度,都不能超过规定值。

4. 再热蒸汽温度调整

超临界直流锅炉正常运行时,应严格监视和调整再热蒸汽出口温度,将其控制在规定值范围,再热蒸汽温度左、右两侧偏差不能超过规定值。并监视各段再热器的管壁温度不允许超温,以保证机组安全经济运行。如果再热蒸汽温度过高,金属强度将降低,设备使用寿命将缩短或损坏。如果再热蒸汽温度过低,不仅降低了蒸汽的做功能力和机组的循环热效率,而且还会使汽轮机最后几级蒸汽湿度增加,造成叶片侵蚀,严重时将发生水冲击。

(1) 影响再热蒸汽温度变化的因素

影响超临界直流锅炉再热蒸汽温度变化的主要因素有：

① 高压缸排汽温度的变化。在其他工况不变的情况下，高压缸排汽温度越高，则再热器出口温度越高。

② 再热器吸热量的变化。再热器吸热量越多，再热蒸汽温度将升高。锅炉运行时，当燃料量越多、流经再热器的烟气量越大、锅炉负荷升高以及炉膛火焰中心上移时，再热器的吸热量将增加，再热蒸汽温度将升高；当锅炉过热器受热面积灰或结渣时，将使再热器吸热量增加，再热蒸汽温度将升高；当再热器受热面本身积灰或结渣时，将使再热器吸热量减少，再热蒸汽温度将降低。

③ 再热蒸汽流量的变化。在其他工况不变时，再热蒸汽流量越大，则再热器出口温度越低。

④ 再热器减温水流量的变化。在其他工况不变时，再热减温水流量越大，则再热蒸汽温度越低。

(2) 再热蒸汽温度的调整方法

超临界直流锅炉再热蒸汽温度的调节主要是通过调整燃烧器的摆角或烟道挡板的开度来实现的，在此基础上用减温水作为细调，对再热蒸汽温度进行最后的修正。其调整方法主要有：

① 调整燃烧器摆角。再热蒸汽温度主要通过燃烧器摆角进行调整。采用改变燃烧器摆角调节再热蒸汽温度时，要考虑到改变燃烧器摆角调节汽温存在较大的迟缓性。同时，在调整再热蒸汽温度时，不要大幅度改变燃烧器摆角，避免对炉内燃烧工况产生大的干扰，使再热蒸汽温度超过正常值，再周期性的频繁调节而产生"过调"振荡。此外，还应注意过热蒸汽温度及过热器管壁温度的变化状况。

② 调整烟气挡板开度。设有烟气挡板的锅炉，再热蒸汽温度主要通过调整烟气挡板开度进行调整。采用改变烟气挡板开度调节再热蒸汽温度时，不要大幅度改变烟气挡板开度，避免对炉内燃烧工况产生大的干扰及再热蒸汽温度超过正常值，再周期性的频繁调节而产生"过调"振荡。此外，还应注意过热蒸汽温度及过热器管壁温度的变化状况。

③ 调整减温水。当再热器出口温度超过规定值时，再热器减温水投入参与汽温控制。减温水调节汽温时要注意减温器后蒸汽温度的变化。锅炉低负荷运行时要尽量避免使用减温水，防止减温水不能及时蒸发造成受热面积水。正常运行中可采用微量喷水调整再热蒸汽温度，尽量避免采用事故减温水进行再热蒸汽温度调整，以免降低机组循环效率。同时，采用减温水调节时，要注意减温后的温度必须保持一定的过热度。

④ 异常工况下的调整。锅炉运行中，在进行负荷调整、启停制粉系统、投停油枪、对炉膛或烟道吹灰等操作以及煤质发生变化时，都将对再热蒸汽温度产生扰动。因此，要特别注意蒸汽温度的监视和调整。在对再热蒸汽温度调整过程中要加强受热面金属温度监视，蒸汽温度的调整要以金属温度不超限为前提。如金属温度超限，要积极查找原因并进行处理，必要时要适当降低蒸汽温度或降低机组负荷。

⑤ 锅炉运行中，如果再热蒸汽温度超过正常值，要加强检查。主要检查的项目是受热面的吹灰、中间点温度的偏值、排烟温度、过剩空气系数、机组的抽汽量、减温水门的开度、

燃烧器摆角的实际位置、锅炉本体的漏风等。

此外，锅炉负荷在50%～100%BMCR的范围内，再热蒸汽温度应控制在额定值，两侧蒸汽温度偏差应小于规定值，同时受热面沿流程工质温度、受热面金属温度应不超过规定值，事故减温水应全关。

5. 锅炉负荷和汽压调整

超临界直流锅炉正常运行中，负荷和汽压息息相关。根据机组负荷的需要，需相应调整锅炉蒸发量，维持定压运行，保持锅炉负荷和汽压的匹配。在负荷调整过程中，一定要兼顾汽压的变化。汽压过高，将使锅炉承压部件承受过大的应力，影响设备寿命；汽压低于额定值，会使蒸汽在汽轮机内膨胀做功的焓降减小，降低了汽轮机做功能力。如果汽压频繁波动，会使承压部件经常处于交变应力的作用下，引起部件金属的疲劳损坏。

(1) 影响负荷和汽压变化的因素

引起超临界直流锅炉负荷和汽压变化的原因很多，可归纳为两个方面：一是外部因素，二是内部因素。

外部因素又称为外扰，是指非锅炉本身设备或运行原因所造成的扰动。常见的外扰是外界负荷的变化。当锅炉的蒸发量与汽轮机所需的蒸汽量平衡时，汽压便能保持正常和稳定；当锅炉的蒸发量大于或小于汽轮机所需的蒸汽量时，则汽压必将升高或降低。在超临界直流锅炉中，高压加热器若突然解列，将导致锅炉过热汽压的突升。当给水压力增加时，锅炉汽压将增加。

内部因素又称为内扰，是指锅炉本身设备或工况变化而引起的扰动，如煤质的变化、送入炉内的煤粉量和煤粉细度的变化，风煤配合不当、炉膛结渣、漏风等也会导致锅炉蒸汽流量的变化，从而引起汽压发生变化。

(2) 锅炉负荷和汽压的控制方式

采用定压运行的单元机组，负荷与汽压的调节方式一般可分为锅炉跟踪方式（又称炉跟机方式）、汽机跟踪方式（又称机跟炉方式）和协调方式三种。

① 锅炉跟踪方式。在锅炉跟踪调节系统中，负荷目标的指令送至汽机主控。在改变负荷时，汽机主控按给定的变负荷速度将同步器（即调速汽门）置于目标负荷的对应开度上，随着汽轮机调速汽门开度的变化，蒸汽流量和汽压反向变化。过热蒸汽压力信号送至锅炉主控，当实际压力与给定压力产生偏差时，锅炉主控将通过改变锅炉给水、燃料和风量使压力恢复至设定值。这种调节方式的特点是，能充分利用锅炉的蓄热能力，对负荷具有较好的适应性，但在负荷改变的过程中汽压波动较大。尤其对于燃烧设备惯性大而蓄热能力小的锅炉，汽压波动将更大。

② 汽机跟踪方式。在汽机跟踪调节系统中，负荷目标的指令送至锅炉主控。在改变负荷时，锅炉主控按设定的变负荷速率改变锅炉给水、燃料和风量，使锅炉蒸汽流量和汽压发生同向变化。过热蒸汽压力信号送至汽机主控，通过改变同步器（即调速汽门）开度，使压力维持在设定值，并使负荷发生改变。这种调节方式的特点是调压迅速、汽压稳定，但无法利用锅炉蓄热能力，且机组对负荷的适应性较差；特别是采用直吹式制粉系统的锅炉，燃烧设备的惯性大，因而对负荷的适应性就更差。

③ 协调方式。在协调调节系统中，负荷目标的指令和过热蒸汽压力信号，均同时送往

锅炉主控和汽机主控。在改变负荷时，锅炉主控和汽机主控同时动作，分别改变锅炉的给水、燃料、风量和汽轮机的调速汽门开度，同时还根据过热蒸汽压力偏离设定值的情况，适当限制汽轮机调速汽门开度的变化和加强锅炉的调节作用。调节过程结束时，机组负荷达到目标值而过热蒸汽压力仍稳定在设定值。这种调节方式综合了锅炉跟踪和汽机跟踪方式的优点，既具有汽压控制稳定的特点，又能充分利用锅炉的蓄热，对负荷具有较好的适应性。

(3) 锅炉负荷和汽压的调节手段

当锅炉负荷与汽压不匹配时，应根据锅炉负荷和汽压的影响因素及控制方式作如下调整：

① 锅炉正常运行过程中，应根据机组负荷的需要，相应调整锅炉蒸发量，保持过热蒸汽压力在规定范围内，锅炉最大蒸发量不超过规定值。机组负荷在40%至100%之间变化时，负荷如需增减可通过CCS协调控制系统，对负荷和负荷变化率进行设定。

② 锅炉正常运行时，过热蒸汽压力的调节通过自动运行方式进行，增、减给煤机转速应平稳均匀，以维持过热蒸汽压力的稳定，从而使锅炉蒸发量的变化与机组负荷变动相适应。当出现给煤机出力过高、过低时，则应切除过热蒸汽压力自动控制，在手动操作调节正常后方可重新投入自动控制。当过热蒸汽压力投入自动控制时，应严格监视过热蒸汽压力在规定范围内，严禁大幅度调节给煤量，防止燃烧恶化造成局部受热面超温，或燃烧不稳造成灭火事故。更不允许采用破坏燃烧的方式调整过热蒸汽压力。此外，还应加强对锅炉各受热面管壁温度的监视和分析，加强对锅炉各受热面的吹灰工作，以防锅炉结焦。

③ 在机组进行重大操作时，例如：汽轮机做调门试验，投、停高压加热器，启、停风烟系统设备，制粉系统切换运行方式，机组大幅度升、降负荷或发生故障时等，应根据具体情况切除过热蒸汽压力自动控制。当汽轮机高压加热器停用时，为了防止再热器超压超温，锅炉应适当降低负荷，密切监视再热器进口压力，防止再热器安全门动作及再热器管壁超温。

④ 在非事故情况下，禁止采用动力泄放阀等手段降低蒸汽压力。若蒸汽压力超过安全门动作值，且安全门和动力泄放阀不动作，应立即手动锅炉MFT，并请示值长采取相应的措施进行降压，以防止锅炉过热器管道发生爆炸；待蒸汽压力恢复正常，经值长同意后，按运行规程规定重新点火。

6. 锅炉低负荷运行调整

当锅炉负荷在小于额定负荷的60%运行时，可看作低负荷运行。锅炉最低不投油稳燃负荷为240 MW。锅炉低负荷运行时，不但锅炉燃烧不稳定，而且锅炉各参数变化较大。为保证锅炉燃烧的稳定及锅炉各参数的平稳变化，应做如下调整：

① 在锅炉低负荷运行期间，严禁磨煤机隔层运行，单台磨煤机出力维持在35 t/h以上，并加强对运行制粉系统的检查，发现异常及时调整。同时严密监视炉内燃烧情况，当燃烧不稳定时，应立即投油助燃。当锅炉减负荷至40%BMCR时，是否投油助燃应根据燃煤特性(水分、挥发分、灰分)及制粉系统投用的层次而定。如果锅炉受热面需进行吹灰工作，必须在燃烧稳定的工况下进行，并加强燃烧监控，燃烧不稳应立即停止吹灰。省煤器出口的烟气含氧量应控制在4.84%～6.0%，二次风箱与炉膛的压差应控制在0.4～0.8 kPa。

② 在锅炉负荷下降过程中，必须加强给水流量、过热蒸汽压力、过热蒸汽和再热蒸汽温

度、中间点温度及煤水比变化的监视和调整。当机组降负荷使得总给水流量低于900 t/h以下时，应注意两台汽动给水泵再循环门的开度，防止再循环门摆动或再循环门瞬间开启，引起给水流量摆动或突降。当发生上述情况时，立即将再循环门切为手动操作控制，根据给水流量逐渐开大再循环门直至全开，并做好当一台汽动给水泵跳闸时，及时关闭再循环门的事故预想。

③ 锅炉低负荷运行时，应尽可能选择"CCS"运行方式；在设备、系统投用自动控制情况下，如出现燃烧不稳，应切换成手动操作。机组在增、减负荷过程中，调整给煤机出力不应幅度过大，一旦某套制粉系统停用时，应及时关闭对应的一次风、二次风挡板，关小周界风挡板，同时调整引风量、送风量，使炉膛压力保持在规定值，烟气氧量控制在正常范围内，保持炉膛燃烧稳定。

④ 锅炉低负荷运行时，必须加强过热蒸汽温度和再热蒸汽温度变化的监视，尽量不用或少用减温水，保持过热蒸汽、再热蒸汽有一定的过热度。此外还应对省煤器出口水温进行监视，保持进水稳定，保持煤水比在正常值。

三、防止锅炉受热面内氧化皮生成及脱落的措施

超临界直流锅炉，受热面超温将引起金属组织老化，产生蠕变爆管，同时因受热面高温氧化腐蚀将导致管壁减薄而爆管。经研究表明，在材质、压力一定的情况下，工质温度和运行时间对氧化皮生成起主导作用。一般运行时间和氧化皮生成速度基本呈线性关系，温度超过一定的限额，对氧化皮厚度的影响较为明显。因此，控制管子壁温是减缓氧化皮生成速度的最为重要措施之一。因为一旦氧化皮大量松落后积存在受热面内，会堵塞管道，引起相应的受热面管壁金属超温，最终导致受热面爆管，使机组强迫停机。正因为氧化皮的生成对机组的正常运行影响较大，所以下面重点介绍氧化皮的特点、危害、生成原因和防止措施等。

1. 氧化皮的形成机理和特点

过热蒸汽管道内氧化膜的形成分为制造加工和运行后两个阶段。

过热蒸汽管道制造加工过程中，氧化膜在570℃以上的高温制造条件下，由空气中的氧和金属结合而形成。氧化膜分三层，由钢表面起向外依次为FeO、Fe_3O_4、Fe_2O_3。试验表明：与金属基体相连的FeO层结构疏松，晶格缺陷多，当温度低于570℃时结构不稳定，容易脱落，或在半脱落层部位发生腐蚀。

因此，在新锅炉投产前，一定要对锅炉进行酸洗，全部去除制造加工时形成的易脱落氧化层，然后重新钝化，以利在机组运行时形成良好的氧化层。同时，在基建调试期间也可以考虑对过热器和再热器管道进行加氧吹扫，将易脱落的氧化层颗粒冲掉，同时加速形成坚固的氧化层，否则，在投运后会产生严重的氧化皮问题。在450℃至570℃之间，水蒸气与纯铁发生氧化反应，生成的氧化膜由Fe_2O_3和Fe_3O_4组成，Fe_2O_3和Fe_3O_4都比较致密，可以保护或减缓钢材的进一步氧化。在570℃以上，水蒸气与纯铁发生氧化反应，生成的氧化膜由Fe_2O_3、Fe_3O_4、FeO三层组成，FeO在最内层，且是不致密的，破坏了整个氧化膜的稳定性，因而氧化膜易于脱落。

2. 氧化皮的危害

目前国内已投运的超临界机组普遍存在严重的氧化皮问题，其危害很大，主要表现在以下几个方面：

① 氧化皮堵塞管道，引起相应的受热面管壁金属超温，最终导致机组强迫停机。

② 长期的氧化皮脱落，使管壁变薄，强度变差，直至爆管。

③ 一些机组为了减缓氧化皮剥落，采用降参数运行，牺牲了机组的效率。

④ 锅炉过热器、再热器、过热蒸汽管道及再热蒸汽管道内脱落下来的氧化皮，是坚硬的固体颗粒，严重损伤汽轮机通流部分、喷嘴、动叶片及过热蒸汽阀、旁路阀等，导致汽轮机通流部分效率降低，损伤严重时甚至必须更换叶片。

⑤ 检修周期缩短，维护费用上升。

⑥ 上述各种情况导致机组运行的安全性、可靠性和经济性均大幅度降低。

3. 氧化皮的脱落和处理方法

超临界机组的氧化皮脱落有如下原因：

① 过热器、再热器内壁的氧化层脱落有两个主要条件：一是垢层达到一定厚度（临界值）；二是母材基体与氧化膜或氧化膜层间应力达到临界值。随着氧化膜厚度的增加，其发生脱落的几率就越大。

② 在机组运行期间，过热器管和再热器管表面氧化层会逐渐增厚。当管壁超温时，过热器管和再热器管表面氧化层会迅速增厚，由双层结构变成多层结构。当氧化皮增长到一定的厚度时，由于温度变化等因素的影响，就会出现氧化皮的脱落现象。

③ 锅炉给水系统的腐蚀物。在超临界压力下，蒸汽和水具备同样的溶解特性。因此，对超临界机组来说，当机组运行在超临界工况时，若锅炉给水系统的金属腐蚀产物未得到合理控制，则大量的金属腐蚀产物同样会沉积在过热系统管道内壁。在此情况下，超临界机组过热系统管道内壁的金属氧化物由锅炉给水系统金属腐蚀物和高温蒸汽氧化皮两部分组成。因其结构为非致密的，加速了氧化皮的脱落、再生长及再脱落。因此，对超临界机组来说，锅炉给水系统腐蚀物的控制将更加重要。

超临界机组氧化皮的处理方法有以下几种：

① 采用传统的挥发性物质处理法（AVT）。此法会使管壁内表面形成晶粒粗大、凹凸不平的黑色磁性 Fe_3O_4 膜。此氧化膜不仅热阻大、沿流程水阻大，而且在高温纯水中比 Fe_2O_3 有更大的溶解性，易形成流动加速腐蚀，因而耐蚀性能差。其化学反应如下：

$$3Fe + 4H_2O \rightarrow Fe_3O_4 + 8H^+ + 8e$$

② 采用加氨、加氧的联合处理法（CWT）。由于水中溶解氧的存在，则管壁内表面能够迅速形成致密的双层保护膜，内层是黑色的磁性 Fe_3O_4 层，外层是表面平整呈红棕色的 Fe_2O_3 层。外层保护膜具有良好的表面特性，因而阻止了碳钢的进一步腐蚀。其化学反应如下：

内层：$3Fe + 4H_2O \rightarrow Fe_3O_4 + 8H^+ + 8e$

外层：$4Fe + 4H_2O + O_2 \rightarrow 2Fe_2O_3 + 8H^+ + 8e$

$$2Fe_3O_4 + H_2O \rightarrow 3Fe_2O_3 + 2H^+ + 2e$$

③ 采用加氧运行。当金属表面氧化膜破裂时，氧在氧化膜表面参与阴极反应还原，将氧化膜破损处的Fe^{2+}氧化为Fe^{3+}，使破损的氧化膜得到修复。

超临界机组成功的运行经验表明：在机组投产前或运行初期采用加氧运行，会使金属管道内表面加速形成致密的、不易脱落的氧化膜（亚临界低参数工况下），从而减缓氧化皮的生长与脱落。加氧运行成功与否主要取决于两个方面：一是在加氧运行前应将管道内壁原先的氧化皮或腐蚀物清除干净。二是要加强锅炉水品质控制。

4. 防止氧化皮生成及脱落的措施

为了防止氧化皮的形成及脱落，运行过程中应采取以下措施：

① 严格控制受热面蒸汽和金属温度，严禁锅炉超温运行。受热面蒸汽和金属温度应按下列要求进行控制：高温过热器出口蒸汽温度不超过 574℃，受热面金属温度不超过 590℃；屏式过热器出口温度不超过 530℃，受热面金属温度不超过 600℃；高温再热器出口蒸汽温度不超过 574℃，受热面金属温度不超过 600℃。由于受热面可能存在较大的热偏差，受热面蒸汽温度的控制要服从金属温度，金属温度超温时要视情况降低蒸汽温度。

运行中发现金属温度超过允许值，且通过降低蒸汽温度和运行方式的调整以及蒸汽吹灰无效时，要考虑降低机组的运行负荷；当出现金属温度普遍超温且经调整无效，降负荷处理仍无法恢复到允许值以下时，要向领导汇报尽快采取措施；任何时候不允许蒸汽参数和受热面金属温度长时间超过允许值运行。

② 加强受热面的热偏差监视和调整，防止受热面局部长期超温运行。锅炉运行中过热器出口蒸汽温度两侧偏差应不超过 5℃，屏式过热器出口蒸汽温度两侧偏差不超过 10℃，再热器出口蒸汽温度两侧偏差不超过 10℃，且在运行中要按照温度高点控制蒸汽温度。为防止炉膛热负荷扰动造成受热面超温，正常运行中一级减温水、二级减温水和再热器烟气挡板应处于可调整的中间位置，再热器事故减温水应处于备用状态。

运行过程中发现受热面蒸汽和金属温度偏差大，要积极查找原因进行处理。应检查两侧送风机和引风机出力是否合适、各层二次风挡板和燃尽风挡板开度是否一致、通过各氧量表和尾部烟道的烟温显示以及受热面的金属温度是否正常、炉膛的热负荷是否均匀。发现异常需及时组织处理。

③ 抑制受热面温度周期性波动和温度变化速率，减缓氧化皮剥落，应在以下方面加强控制：

a. 机组正常运行中受热面温度变化率的控制。不断完善热工自动控制系统，对给水、一级减温水和二级减温水、再热器温度进行自动控制，同时对负荷控制逻辑不断进行改进，减轻系统温度的周期性波动幅度和速率。

机组运行中正常升、降负荷速率应不超过 10 MW/min。在超临界负荷区间内升、降负荷要维持屏式过热器、高温过热器、高温再热器出口蒸汽温度额定，如由于升降负荷的扰动造成上述温度的波动率超过 5℃/min，要适当降低机组的升、降负荷速率或暂停升降负荷，待温度调整稳定后再继续进行负荷变动操作。

b. 机组滑参数停机温度变化率的控制。机组停机采用滑停方式时，滑停过程中，屏式过热器、高温过热器和高温再热器出口蒸汽温度的变化率应不高于 2℃/min。

c. 机组事故停机温度变化率的控制。机组由于故障紧急停机，在炉膛通风 5 min 后，应立即停止送风机、引风机运行，并关闭送风机出口和引风机进、出口挡板进行闷炉，防止受热面温度快速降低。如紧急停炉后需要对锅炉进行冷却，要控制高温过热器、屏式过热器、高温再热器出口蒸汽温度和上述受热面金属温度降温速率不超过 3℃/min，过热蒸汽、再热蒸汽降压速率不大于 0.3 MPa/min。降压结束后，水冷壁上水控制启动分离器温度降低速率不高于 3℃/min；启动分离器储水箱见水后方可启动烟风系统进行通风冷却；通风冷却时要根据环境温度控制风机的出力，调整过热器和冷段再热器入口烟气温度的降低速率不高于 3℃/min。

d. 机组冷态启动过程中温度变化率的控制。机组冷态启动过程中，应严格按照机组升温控制曲线控制蒸汽温度。机组并列前的温升速率控制不高于 3℃/min，机组并列后的温升速率控制不高于 2℃/min。

e. 机组热态启动过程中温度变化率的控制。机组热态启动过程中，应严格按照不同热状态的升温控制曲线控制蒸汽温度。在热态启动过程中，为防止受热面金属温度降低，锅炉的烟风系统要与其他系统同步启动。烟风系统启动后，炉膛通风控制总风量为 35%，在炉膛通风 5 min 后，应立即点火，并要尽快投入燃料量，控制屏式过热器、高温过热器和高温再热器的温升速率为 5～6℃/min，防止受热面金属温度降低。

④ 机组启动期间加强疏水的回收和排放管理，防止不合格的疏水进入系统，防止前级系统产生的氧化皮进入后级系统。机组启动期间严格进行冷态冲洗和热态冲洗，加强水质指标的控制，冷态冲洗启动分离器排水水质电导率小于 1 μs/cm，铁含量小于 100 ppb 前应禁止锅炉点火，热态冲洗启动分离器排水铁含量小于 50 ppb 前应禁止锅炉升温、升压。机组启动阶段，在高旁、低旁开启前，过热蒸汽管道、高旁前、过热蒸汽门前、再热蒸汽管道、中压过热蒸汽门前疏水要开启，发电机并列后再关闭上述疏水。

⑤ 加强对运行中金属温度监督和停炉后受热面的检查。完善受热面金属温度测点，并加强受热面金属温度测点的维护。运行中应利用 SIS 加强受热面金属温度的趋势监测，根据受热面金属温度变化情况指导停炉后受热面内氧化皮的检查分析。停炉后，应对受热面管进行抽样检查和对金属温度高的管屏割管检查，如果氧化皮沉积严重，要及时进行清理。

第四节　循环流化床锅炉运行调整

循环流化床锅炉是近十几年发展起来的。它使用高效、低污染、清洁燃烧技术，与常规煤粉汽包锅炉相比，不但在结构上有所不同，而且其燃烧方式和调节手段也有自身的特点。循环流化床锅炉正常运行调整的主要参数除了汽温、汽压、汽包水位、炉膛负压、氧量之外，还应重点监视床温、床压、床层密度、旋风分离器灰温、旋风分离器料层高度、冷渣器选择仓及各冷却仓的风室风压、布风板压力、渣温、排渣温度等。由于循环流化床锅炉高效、低污染、清洁燃烧，所以循环流化床锅炉目前得到了广泛应用。本节以 450 t/h 循环流化床锅炉为例，对循环流化床锅炉的运行特性和运行调整进行介绍。

一、运行特性

要做好循环流化床锅炉的运行调整工作，必须首先了解并掌握其运行特性。循环流化床锅炉与常规煤粉汽包锅炉相比，有五个特性：

一是具有燃烧效率高，煤种适应性广，烟气中有害气体排放浓度低，负荷调节范围大，灰渣可综合利用等优点。

二是燃料的制备破碎系统大为简化。循环流化床锅炉燃料系统的转动设备少，主要有给煤机、冷渣器和风机，较煤粉汽包锅炉省去了复杂的制粉、送粉等系统设备；较链条炉省去了故障频繁的炉排部分，给燃烧系统稳定运行创造了条件。

三是烟风系统阻力较高，风机用电量大。这是因为送风系统的布风板及床层远大于煤粉炉及链条炉的送风阻力，而烟气系统中又增加了气固分离器的阻力。

四是受热面磨损问题比较严重，影响锅炉长期连续运行。这是因为烟气流中含尘浓度很高，因而可能对炉膛水冷壁和气固分离器造成严重磨损。若分离器效率不高或运行不正常，还将引起对流受热面的严重磨损。

五是对辅助设备要求较高。冷渣器或高压风机的性能或运行中出现的问题等都可能严重影响锅炉的正常安全运行。

二、运行调整

循环流化床锅炉在运行中，除进行锅炉负荷的调整、燃烧的调整、过热汽温和再热蒸汽温度的调整、汽包水位的调整及汽压的调整外，还要进行床温调节、床压调节、NO_x和SO_2排放浓度及锅炉配风等方面的调整。

1. 锅炉负荷调整

锅炉负荷调整就是调整锅炉的蒸发量，以满足外界负荷的需要。锅炉采用定压运行，其负荷调节方式一般分为锅炉跟踪方式（又称炉跟机方式）、汽机跟踪方式（又称机跟炉方式）和协调方式三种。具体调整方法如下：

① 正常运行时应根据机组设备和调节系统的状态，采用合适的负荷调节方式，一般情况下，应采用机炉协调方式进行负荷调节。不论采取何种调节方式，均应使锅炉蒸发量适应机组负荷的需要，负荷变化率不应超过规定值。

② 调整锅炉负荷时应兼顾汽压，防止汽压大幅度波动，确保汽压稳定变化。

③ 增加负荷时应先增加一次风量、二次风量，再增加燃料量；减负荷时应先减少燃料量，再减少一次风量、二次风量。任何情况下，都要保持锅炉风煤比和氧量合适，保证床温变化在最小范围内。

④ 升、降负荷时，应注意炉膛压力、床温、床压、氧量、汽包水位的变化。当出现燃烧不稳定时，应及时投入油枪助燃。

2. 锅炉燃烧调整

燃烧调整的目的是保证锅炉安全、稳定、经济运行，保证锅炉向汽轮机提供合适参数的蒸汽。燃烧调整的指标是保持炉内燃烧平衡(两侧的平均床温、床压、风室风压、氧量、炉膛出口烟温、汽温应基本平衡)。控制好风煤比、床温、氧量,使燃料燃尽程度尽量高。控制石灰石量、上下二次风配比以及平均床温,保证污染物排放量符合环保要求。具体调整方法如下:

① 在正常运行中,应根据锅炉负荷的需要,及时调整给煤量和一次风量、二次风量,但流化风速不允许低于1.2 m/s,保持流化床温度在790~900℃内。

② 加强炉内流化工况、燃烧情况、返料情况的监视。当炉膛温度升高或降低时,应及时调整一次风量、二次风量的比率和给煤量等。

③ 当锅炉改变负荷时,要按先增风后增煤,或先减煤后减风的次序稳定缓慢地交替进行,即采用"少量多次"的调整方式,避免床温产生大的波动。

④ 一次风量、二次风量的调整。一次风调整流化、炉膛温度和料层差压,二次风控制总风量。在一次风满足流化、炉温和料层差压的前提下,总风量不足时,可逐渐开启二次风门;随负荷的增加,二次风量应逐渐增加,以维持正常的炉膛负压及氧量值。

⑤ 锅炉运行中,应加强监视锅炉各部位的温度和阻力的变化。当烟气温度或阻力不正常时,应及时检查。如果是由于锅炉漏风、过剩空气量过多、结焦或燃烧不正常引起的,要及时采取调整措施,予以消除。

⑥ 平稳调节给煤量,防止床温大幅度变化引起结焦或熄火。当煤种变化时应及时改变燃烧方式。同时对锅炉 SO_2 的排放量进行连续监视,通过调节石灰石供给率,将烟囱处 SO_2 排放量控制在允许范围内。

⑦ 要定期对飞灰、灰渣进行取样分析。根据分析结果及时调整燃烧,达到经济运行。

⑧ 不定期对床压、床温等测点进行吹扫,以保证其指示的准确性,提高燃烧质量。

3. 过热蒸汽和再热蒸汽温度调整

锅炉正常运行时,应严格监视和调整过热蒸汽出口温度和再热蒸汽出口温度,使之均保持在规定值;过热蒸汽和再热蒸汽温度左、右两侧偏差均应不超过规定值;并监视各段过热器、再热器的管壁温度不允许超温,保证机组安全经济运行。汽温过高,金属强度降低,设备使用寿命会缩短或损坏。汽温过低,不仅使蒸汽的做功能力降低,降低机组的循环热效率,而且还会使汽轮机最后几级蒸汽湿度增加,造成叶片侵蚀,严重时会发生水冲击。

(1) 影响汽温变化的因素

锅炉正常运行中,影响汽温的因素有很多,包括:燃料量的变化,炉膛负压的变化,二次风比例的变化,过量空气系数的变化,给水压力、温度的变化,负荷的变化,煤质的变化,减温水量的变化,受热面的积灰、结焦、吹灰,锅炉漏风及泄漏,汽包水位的变化,过热汽压力的变化,煤粒细度的变化,床温、床压的变化,石灰石系统的投停,返料系统异常等,任一因素发生变化,都会引起汽温发生变化。所以,在运行中要加强对上述参数的监视。

影响锅炉过热蒸汽温度变化的主要因素有:

① 烟气侧的影响。主要包括燃料性质、风量及其配比、受热面清洁程度。在其他因素不变的情况下,当煤粒变粗时,燃料在炉内燃尽时间延长,火焰中心上移,过热蒸汽温度会升高;当风量增加时,过热蒸汽温度也会升高;当过热器本身结渣或积灰时,过热蒸汽温度将会降低。

② 蒸汽侧的影响。主要包括给水温度、锅炉负荷和减温水量。在其他因素不变的情况下，当给水温度升高时，过热蒸汽温度将降低；当锅炉负荷增加时，过热蒸汽温度将升高；当减温水流量增加时，过热蒸汽温度将降低。

锅炉正常运行中，影响锅炉再热蒸汽温度变化的主要因素有：

① 高压缸排汽温度变化的影响。在其他工况不变的情况下，高压缸排汽温度越高，再热器出口温度也越高。

② 再热器吸热量变化的影响。再热器吸热量越多，再热蒸汽温度将会升高。锅炉运行中，当燃料量越多、流经再热器的烟气量越大、锅炉负荷升高及炉膛火焰中心上移等情况时，再热器的吸热量增加，再热蒸汽温度将升高。另外，当再热器前的锅炉受热面积灰或结渣时，将使再热器吸热量增加，再热蒸汽温度也会升高；而当再热器受热面本身积灰或结渣时，将使再热器吸热量减少，再热蒸汽温度则会降低。

③ 再热蒸汽流量变化的影响。在其他工况不变时，再热蒸汽流量越大，则再热器出口温度越低。

④ 再热器减温水流量变化的影响。在其他工况不变时，再热减温水流量越大，则再热蒸汽温度越低。

(2) 汽温的调整方法

锅炉正常运行中，汽温的调整方法主要为：

① 锅炉负荷在30%BMCR以上，应严格监视和调整过热蒸汽、再热蒸汽温度在规定范围内。锅炉负荷低于30%BMCR时，锅炉过热蒸汽、再热蒸汽温度应按汽轮机要求控制。在进行过热蒸汽、再热蒸汽温度调整时，要严密监视过热器、再热器壁温变化情况，防止过热器、再热器管壁温度超过限值。

② 过热蒸汽温度的调整方法是采用一级过热器、二级过热器喷水减温调节，维持过热器出口温度在规定范围内；同时合理分配一级减温水、二级减温水量，严禁喷水量猛增猛减。

③ 再热蒸汽温度的调整是通过调节烟气挡板和微量喷水减温，控制再热器出口温度在规定范围内。当再热蒸汽温度高，上述调整手段未使汽温下降时，开启再热器事故喷水减温。一般情况下，尽量不用或少用再热器事故喷水。

④ 通过调整一次风、二次风的配比或调节二次风挡板开度调整汽温。具体方法为改变一次风量、二次风量，改变上、下层二次风挡板开度。

⑤ 在正常运行中，汽温的调整应投入自动运行。当自动调节装置无法正常调节时或由于给煤机跳闸或其他甩负荷工况出现时，要及时解除减温水自动控制，手动调整减温水，以防自动调节迟缓大时间长，造成过热蒸汽、再热蒸汽温度大幅度波动；同时注意压力变化对汽温的影响及给水压力对减温水量的影响，做到有预见性的调整。在汽温稳定后，继续投入自动控制方式。

⑥ 锅炉正常运行时，根据机组负荷及蒸汽温度的变化情况，可以通过对锅炉各受热面进行吹灰、除焦来调整汽温。

⑦ 在有些情况下应特别注意汽温变化。这些情况包括锅炉的升降负荷、燃烧不稳、投退高压加热器、煤种变化大、给水压力和温度变化大、受热面除焦、吹灰、启停风机、一次流

化风量变化、机组突然甩负荷等。所以在运行中，要防止上述情况的发生，必须加强对汽温的监视、调整和控制。

4. 汽包水位调整

锅炉正常运行中，必须维持汽包正常水位。汽包水位过高，蒸汽空间缩小，将会增加蒸汽带水，使蒸汽品质恶化，严重时可能发生水冲击。汽包水位过低时，将会引起锅炉水循环的破坏，使水冷壁超温过热，严重缺水而又处理不当时，则会造成炉管大面积爆破等重大事故。

(1) 汽包水位变化的原因

锅炉正常运行中，水位是经常变化的。引起汽包水位变化的原因主要有：

① 机组负荷增、减幅度过大。当锅炉负荷突然增加时，在给水和燃烧未调整之前，汽包水位的变化为先高后低。反之，当锅炉负荷突然降低时，在给水和燃烧未调整之前，汽包水位则会出现先低后高的现象。

② 锅炉燃烧扰动过大。当燃料量突然增加时，锅炉燃烧率和炉水汽化加强，体积膨胀，使水位暂时升高；由于锅炉蒸发量的增加，而给水流量却未变，因此又发生水位下降。当锅炉燃烧率减弱时汽包水位的变化则与此相反。

③ 启动或停止给水泵。启动或停止给水泵运行将导致给水压力和流量的变化。在其他情况不变时，给水压力和流量升高，将引起汽包水位升高；给水压力和流量下降，将引起汽包水位下降。

④ 锅炉安全门动作。由于锅炉安全门动作，会导致锅炉汽包压力急剧降低，汽水混合物比容增大，体积膨胀，使汽包水位上升。而锅炉安全门回座，会导致锅炉汽包压力急剧升高，汽水混合物比容减小，体积收缩，使汽包水位下降。

⑤ 锅炉承压部件泄漏。锅炉运行中如发生过热器、再热器、省煤器、水冷壁泄漏或给水系统主要设备故障等情况，都会造成汽包水位的变化。

⑥ 给水自动控制失灵。锅炉在启、停和正常运行时，均应能实现自动调节汽包水位，但给水自动控制失灵后，由于无法跟踪汽包实际水位的变化，因而导致汽包水位出现异常。

⑦ 定期排污。定期排污是从锅炉水冷壁下联箱排除炉内的沉积物，以改善炉水品质，实际上是相当于降低了锅炉给水量，将会引起汽包水位下降。因此，一般情况下，在锅炉定期排污期间，汽包水位应高于正常值。

(2) 汽包水位调整的方法

根据对汽包水位的影响因素，在锅炉实际运行过程中，锅炉汽包水位的调节是通过改变给水调节阀的开度或给水泵的转速，即通过改变给水流量来实现的。主要采取以下方法调整汽包水位：

① 锅炉正常运行时，汽包水位应以实地水位计的指示为准。实地水位计应指示清晰，照明充足，无漏汽、漏水现象。如出现上述情况，应及时处理。

② 汽包水位应轻微波动，若汽包水位不波动或模糊不清，应及时冲洗或检查水位计一次阀门、二次阀门开关位置是否正确，如有异常情况，应及时做好调整工作。

③ 锅炉正常运行中，汽包水位不允许超过允许的高限和低限。当汽包水位高于或低于MFT 的动作值时，MFT 应动作，否则应手动紧急停炉。

④ 锅炉负荷在30%BMCR以下时，给水自动调节采用单冲量水位控制方式，通过给水旁路调节阀开度或电动给水泵转速来自动调节汽包水位。当锅炉负荷在30%BMCR以上时，给水自动控制系统自动切换为三冲量水位控制方式，此时给水主阀应全开，通过锅炉给水泵的转速来自动调节汽包水位。

⑤ 在锅炉有两台汽动给水泵和一台电动给水泵，并且一台汽动给水泵和电动给水泵同时投入自动控制情况下，应注意电动给水泵和汽动给水泵转速、流量的偏差。当两台汽动给水泵转速控制均投入自动运行方式时，电动给水泵应处于备用状态。

⑥ 若发现给水自动失灵应立即切换成用手动控制，并联系热控人员尽快处理。在手动控制调整汽包水位时，应参照给水流量、蒸汽流量及时进行调整，注意控制对象的特性，进行超前调节，并注意各参数的变化，调整幅度不宜过大，以免汽包水位剧烈波动。

⑦ 当汽包水位由于调整不当或负荷变化过大，造成汽包水位上升较快时，可开启定期排污阀，降低汽包水位至正常范围。超过事故放水动作值时，要及时开启事故放水门，使之下降到正常值时及时关闭。

⑧ 在进行汽包水位调节用手动至自动切换时，应先手动将汽包水位调至汽包正常水位且保持稳定，然后投入给水自动运行方式，防止自动调节系统发生较大的扰动。

5. 过热蒸汽压力调整

锅炉正常运行中，应根据机组负荷的需要，相应调整锅炉蒸发量，维持定压运行，控制过热蒸汽压力在规定范围内。汽压过高，会使锅炉承压部件承受过大的应力，影响设备寿命；汽压低于额定值，会使蒸汽在汽轮机内膨胀做功的焓降减小，降低汽轮机做功能力。如果汽压频繁波动，会使承压部件经常处于交变应力的作用下，引起部件金属的疲劳损坏；同时，汽压的突变容易造成汽包的虚假水位，若调节不及时易导致满水和缺水事故的发生。

(1) 影响汽压变化的因素

引起锅炉汽压变化的因素很多，可归纳为两个方面：

① 外部因素。外部因素又称为外扰，是指非锅炉本身的设备或运行原因所造成的扰动。常见的外扰有以下几种：

外界负荷的变化。当锅炉的蒸发量与汽轮机所需的蒸汽量平衡时，汽压便能保持正常和稳定；当锅炉的蒸发量大于或小于汽轮机所需的蒸汽量时，则汽压升高或降低。

高压加热器突然解列。在汽包锅炉中，高压加热器突然解列，一般会造成汽压升高。

② 内部因素。内部因素又称为内扰，是指锅炉本身设备或工况变化而引起的扰动。

对煤粉汽包锅炉，如煤质的变化、送入炉内的煤粉量和煤粉细度的变化、风煤配合不当、炉膛结渣、漏风等都会导致锅炉蒸汽流量的变化，从而引起汽压发生变化。

(2) 汽压的控制方式

采用定压运行的单元机组，负荷与汽压的调节方式一般可分为锅炉跟踪方式（又称炉跟机方式）、汽机跟踪方式（又称机跟炉方式）和协调方式三种。

① 锅炉跟踪方式。在锅炉跟踪调节系统中，负荷目标的指令送至汽机主控。在改变负荷时，汽机主控按给定的变负荷速度将同步器（即调速汽门）置于目标负荷的对应开度上，随着汽轮机调速汽门开度的变化，蒸汽流量和汽压呈反向变化。过热蒸汽压力信号送至锅炉主控，当实际压力与给定压力产生偏差时，锅炉主控将通过改变锅炉给水、燃料和风量使

压力恢复至给定值。这种调节方式的特点，是能充分利用锅炉的蓄热能力，对负荷的适应性较好，但在变负荷过程中汽压波动较大。尤其对于燃烧设备惯性大而蓄热能力小的锅炉，则汽压波动会更大。

② 汽机跟踪方式。在汽机跟踪调节系统中，负荷目标的指令送至锅炉主控。在改变负荷时，锅炉主控按给定的变负荷速率改变锅炉给水、燃料和风量，使锅炉蒸汽流量和汽压发生同向变化。过热蒸汽压力信号送至汽机主控，通过改变同步器（即调速汽门）开度，使压力维持在给定值并使负荷发生改变。这种调节方式的特点是调压迅速、汽压稳定，但无法利用锅炉蓄热能力，且机组的负荷适应性较差，特别是采用直吹式制粉系统的锅炉，燃烧设备的惯性大，因而对负荷的适应性更差。

③ 协调方式。在协调调节系统中，负荷目标的指令和过热蒸汽压力信号，同时送往锅炉主控和汽机主控。在改变负荷时，锅炉主控和汽机主控同时动作，分别改变锅炉的给水、燃料、风量和汽轮机的调速汽门开度，同时还根据过热蒸汽压力偏离设定值的情况，适当限制汽轮机调速汽门开度的变化和加强锅炉的调节作用。调节过程结束时，机组负荷达到目标值而过热蒸汽压力仍稳定在设定值。这种调节方式综合了锅炉跟踪和汽机跟踪方式的优点，既具有汽压控制稳定的特点又能充分利用锅炉的蓄热和具有较好的负荷适应性。

（3）汽压的调节手段

锅炉正常运行过程中，汽压应做如下调整：

① 锅炉正常运行中，应采用定压运行，维持过热器出口蒸汽压力在规定范围内。当锅炉采用定-滑-定运行方式时，为保证机组的安全经济运行，在高负荷时采用定压运行方式；50％～90％额定负荷时采用滑压运行；当负荷低于50％额定负荷时，恢复定压运行方式。

② 加强对给煤和石灰石系统的运行调整，保证给煤、石灰石给量均匀稳定。正常运行时，压力的调整应通过改变给煤量来进行，尽量保持六条给煤线的均匀投煤，不采用停给煤线的方法来调整汽压。同时要兼顾汽压、负荷与炉膛压差之间的对应关系，炉膛上部压差表明的是稀相区的颗粒浓度，炉膛下部压差表明的是密相区的颗粒浓度，对控制压力和负荷起着重要的作用。

③ 锅炉正常运行时，过热蒸汽压力的调节通过自动方式进行。增、减给煤机转速应平稳均匀，以维持过热蒸汽压力的稳定，使锅炉蒸发量的变化与机组负荷变动相适应。当给煤机出力过高、过低时，应切除过热蒸汽压力自动控制，用手动操作调节正常后方可重新投入自动运行。当过热蒸汽压力投入自动控制时，严格监视过热蒸汽压力应在规定范围内，严禁大幅度调节给煤量，防止燃烧恶化造成局部受热面超温，或燃烧不稳造成灭火事故。更不允许采用破坏燃烧方式调整过热蒸汽压力。此外，还应加强对锅炉各受热面管壁温度的监视和分析，加强对锅炉各受热面的吹灰工作，以防锅炉结焦。

④ 在机组进行汽轮机调门试验，投、停高压加热器，启、停风烟系统设备，给煤系统切换运行，机组大幅度升、降负荷等重大操作或发生故障时，应根据具体情况切除过热蒸汽压力自动。当汽轮机高压加热器停用时，为了防止再热器超压超温，锅炉应适当降低负荷，密切监视再热器进口压力，防止再热器安全门动作及再热器管壁超温。

⑤ 在非事故情况下，应禁止采用动力泄放阀等手段降低蒸汽压力。若蒸汽压力超过安全门动作值，且安全门和动力泄放阀不动作，锅炉应立即手动 MFT，并开启高温过热器出

口管道排汽阀或请示值长采取相应的措施进行降压，以防汽包、过热器等管道发生爆炸；待蒸汽压力恢复正常，经值长同意后，按运行规程规定重新点火。

6. 床温调节

锅炉床温是循环流化床锅炉最重要的控制参数之一，它的高低直接影响整个锅炉的热效率和脱硫效果。根据锅炉负荷和煤质的不同，锅炉床温有很宽的调节范围。在实际运行过程中，床层温度过高，且持续时间过长，会造成床层结焦。床层温度过低，燃烧不完全，甚至会发生灭火。

(1) 影响床温的因素

① 锅炉给煤量。锅炉给煤量越多，床温越高。

② 煤质。煤的低位发热量越高，床温越高。灰分越多，将使床温降低。水分越多，床温将大幅下降。

③ 燃料颗粒粒径。燃料颗粒粒径越大，会使床温升高。

④ 一次风量。一次风量超过临界流化风量时，随着一次风量的增加，在一定范围内，床温将会降低。

⑤ 二次风和三次风。当二次风、三次风的温度较高时，二次风、三次风的风量越大，相应的一次风量则越少，床温将会升高；当二次风、三次风的温度较低时，床温将会降低。

⑥ 循环灰量。当返灰量增加时，床温将会降低。

⑦ 脱硫剂。脱硫剂加入越多，床温降低越多。

⑧ 床层高度。床层高度升高，床温将会相应增加。

(2) 床温调节的方法

锅炉正常运行中，床温的调节方法主要为：

① 通过调节给煤量和一次风量，或改变石灰石供给量和排渣量来调节床温。

② 床温高时，适当减少给煤量，加大一次风量；床温低时，则适当增加给煤量，减小一次风量。但一次风量的改变必须保证床层良好的流化状态。

③ 如果床温过高，可增大石灰石供给和停运冷渣器，同时增加床料量以降低床温，直到床温开始下降为止。如果床温过低，可减小石灰石供给和提高冷渣器转速，同时降低床料量以提高床温，直到床温开始上升为止。

④ 监视床层压差应不低于 3 838 Pa，防止床温升高，布风板过热。否则，就要提高床层压差来降低床温。

⑤ 改变燃料颗粒粒径。如果床温升高，可采用降低燃料颗粒粒径来降低床温。

⑥ 如果床温经过调整后仍然过高，可适当降低锅炉负荷运行。

7. 床压调节

床压是循环流化床锅炉监视的重要参数，是调节床层流化质量，料层厚度的重要指标。床料多，床压高，对于稳定燃烧、减小短时间断煤波动的影响、减少排渣可燃物含量有利；但同时床压高会增大一次风压头，电耗增加，同时也大大增加了启动点火阶段加热床料的时间，降低了运行经济性。床料薄，床压低，易造成布风不均匀，引起结焦。

(1) 影响床压的因素

影响床压有以下因素：

① 锅炉床料。床料厚，床压高；床料薄，则床压低。

② 锅炉负荷。随锅炉负荷的增加，床压将会降低。

③ 锅炉排渣量。排渣量越大，床压越低。

④ 一次风、二次风配比。增加一次风量，减少二次风量，可以降低床压。

⑤ 床温。床温升高，床压减小。

(2) 床压调节的方法

锅炉正常运行中，床压的调节方法主要为：

① 锅炉正常运行时，床压应控制在规定值以内。一般情况下，通过改变排渣量来维持床压正常。床压高时，主要通过加大排渣来降低床压。床压低则反之。

② 床压高时，可增加一次风量，减少二次风量，强化炉内床料流化，使床压降至正常值。床压低则反之。

③ 床压高时，可以调小入炉的煤粒度，置换合格床料。

④ 床压过高时，可以减少锅炉床料供给量，加强排渣，必要时降低锅炉负荷运行。

8. NO_x、SO_2排放浓度调节

NO_x包括 NO、NO_2和 NO_3三种，其中 NO 是导致酸雨的主要原因之一，同时它还参加光化学作用，形成光化学烟雾，导致臭氧层的破坏。SO_2也是一种严重危害大气环境的污染物，与水蒸气进行化学反应形成亚硫酸，和雨水一起降至地面即为酸雨。

随着床温的提高，NO_x 排放将升高，二次风率增大或一次风率减小，NO_x 生成量也随至下降。加石灰石脱硫剂的目的是降低 SO_2排放，然而它会造成 NO_x排放上升。为进一步降低 NO_x排放量，可采用分级配风，使流化床层的过量空气系数控制在 1 以下，形成还原区，燃料燃尽所需的另一部分空气在床层上部以二次风形式送入炉膛。

对 SO_2形成影响最大的因素是床温和过量空气系数，床温升高和过量空气系数降低，将导致 SO_2升高。循环流化床燃烧过程中最常用的脱硫剂是石灰石。采用较小的脱硫剂粒度，效果较好。

在正常运行中，NO_x、SO_2排放浓度调节主要采用以下方法：

① 控制烟气中 NO_x排放值的手段是调节床温。当床温高于规定值时，NO_x会明显升高，可通过改变一次风量、二次风量及一次风、二次风的配比，调节过剩空气系数等手段进行调节。床温范围在规定值之内，NO_x排放值最低。

② 锅炉 SO_2的排放，通过手动或自动调节石灰石给料机的转速，改变进入锅炉的石灰石给入量，保证 SO_2的排放值符合当地的环保要求。适当降低床温、适当提高二次风量及适当降低脱硫剂粒度，也可以降低 SO_2的排放。此外，通过适当排渣也能控制 SO_2排放量。

9. 配风调节

循环流化床锅炉的配风主要有一次风和二次风，一般情况下，二次风量为一次风量的 40%左右。对风量的调整原则是在一次风量满足流化的前提下，根据氧量的数值，相应的调节二次风量，氧量一般控制在 4%～7%左右。此外，为进一步降低 NO_x排放量，可采用分级配风，使流化床层的过量空气系数控制在 1 以下，形成还原区，燃料燃尽所需的另一部分空气会在床层上部以二次风形成送入炉膛，以抑制 NO_x的形成。具体调节方法如下：

① 采用一次风调整床料流化、床温和床压，二次风控制总风量。在一次风满足流化、床温和料层压差的前提下，总风量不足时，可逐渐开启二次风门。随着负荷的增加，二次风量逐渐增加。

② 当部分床料尚未流化时，适当增大一次流化风量，加大排渣量。同时注意床内流化工况、燃烧情况、返料情况，发现问题应及时处理。当床温升高或降低时，应及时调整一次风量、二次风量比率、给煤量、石灰石给料量等。

③ 如果煤中水分多，运行中可使一次风量、二次风量比正常时适当大一些，使煤能尽快着火燃烧。

④ 对于煤粉相对较多的煤，运行中应减少二次风，以免炉膛出口烟温过高，造成过热蒸汽超温。反之，对于颗粒较多的煤，运行中应增加一次风量，以保证良好的流化工况；并增加二次风量，以降低床温，避免高温结焦，提高炉膛出口烟温，增加锅炉出力。

⑤ 对于挥发分含量低的煤种，运行中应增加一次风量，使煤能尽快着火燃烧，同时增加二次风量降低床温，提高炉膛出口烟温，从而增加负荷。对于挥发分含量高的煤种，运行中可使二次风量小些，避免过热蒸汽超温。

⑥ 采用分级配风，可使流化床层的过量空气系数控制在 1 以下，形成还原区，使燃料燃尽所需的另一部分空气在床层上部以二次风形式送入炉膛。

⑦ 调整一次风量、二次风量前要及时调整引风量，保持炉膛负压在规定值。

10. 锅炉排污

锅炉排污分为连续排污和定期排污。连续排污是从汽包中排除含盐浓度大的炉水，以维持炉水的允许含盐量。定期排污是从锅炉水冷壁下联箱排除炉内的沉积物，以改善炉水品质。排污量及排污次数取决于锅炉的运行工况。锅炉连续排污量的大小应根据炉水含盐量、蒸汽含盐量的多少来决定。定期排污根据化学检验要求进行，正常情况可根据锅炉的运行工况和炉水水质状况按规定进行定期排污。

定期排污操作步骤如下：

① 接到化验人员的通知后，由司炉监盘，副司炉操作。

② 先开一次门，再缓慢微开二次门进行暖管。暖管结束后，再全开二次门排污。排污完毕后，先关二次门，后关一次门。

③ 开二次门前，先将排污管内的积水放掉，然后再关闭。

④ 依次进行其他下联箱的排污。

定期排污的注意事项如下：

① 锅炉排污前，必须保证锅炉运行正常，汽包水位略高于正常水位。在排污时，排污处应无人。

② 开启阀门时应缓慢进行，防止水冲击。如管内发生水冲击，应停止排污，待振动消除后再进行排污。

③ 注意汽包水位的变化，如炉内发生故障，应立即停止排污（汽包水位过高或发生汽水共腾除外）。

④ 排污宜在低负荷进行，但低于额定负荷的三分之一时禁止排污。

⑤ 严禁两个排污门同时排污，排污系统有缺陷或现场有人工作时禁止排污。

⑥ 严格控制排污时间和排污门的开度。排污门全开时间不得超过 30 s。

⑦ 当排污门开启后，如听不到水流声，应立即停止排污，待查明原因，消除缺陷后再进行排污。

⑧ 两台锅炉使用同一排污母管时，不允许同时进行排污。

⑨ 排污后 30 min，二次门后的排污管应不烫手。

11. 锅炉吹灰

锅炉吹灰的目的是保持受热面的清洁和保持烟道畅通。在正常运行过程中进行吹灰操作时，应特别注意以下事项：

① 吹灰时应适当提高炉膛负压，并保持负荷稳定，加强对汽压、汽温的监视和调整。

吹灰应按烟气流向顺序进行，并同时对称吹灰。

② 空气预热器的吹灰每班进行一次，其余受热面的吹灰，应根据各受热面的清洁情况，进行部分或全面吹灰。

③ 吹灰应在 70%BMCR 负荷以上、燃烧稳定时进行。若吹灰时负荷过低，由于带入水蒸气，导致炉膛温度降低，会使一部分未燃尽的可燃物沉积于炉膛的角落和尾部受热面，这可能会成为炉膛爆燃的一个原因。吹灰过程中不得打开吹灰器附近的孔门观察燃烧情况，在炉内燃烧不稳定或锅炉“MFT”、“RB”动作时应立即停止吹灰工作。当吹灰器电动机发生故障时，应立即用手动将吹灰器退出炉膛。

④ 严禁吹灰器在无蒸汽流入时伸入炉内。在吹灰器伸入或退出炉膛前，应始终保持有蒸汽流经吹灰器，以免吹灰器烧坏。吹灰结束后，应恢复正常运行时的炉膛负压。

复习思考题

1. 锅炉运行调整的主要任务有哪些？
2. 锅炉运行调整的内容有哪些？
3. 如何进行锅炉的燃烧调整？
4. 如何进行锅炉的汽温调整？
5. 如何进行锅炉的汽包水位调整？
6. 如何进行锅炉的负荷与汽压调整？
7. 如何进行锅炉低负荷运行调整？
8. 锅炉运行中，容易引起汽包水位变化的情况有哪些？
9. 锅炉定期排污的操作步骤及注意事项有哪些？
10. 锅炉吹灰的注意事项有哪些？
11. 超临界锅炉与亚临界锅炉相比，有哪些特点？
12. 超临界锅炉运行过程中，防止氧化皮生成和脱落的措施有哪些？
13. 如何进行超临界锅炉的给水调整？
14. 如何进行循环流化床锅炉的床温和床压调整？

第五章　电站锅炉主要辅助系统及运行

第一节　辅机试运行和定期切换

电站锅炉辅机试运行和辅机定期切换是锅炉运行人员的一项重要工作。通过辅机试运行和定期切换，使运行辅机和备用辅机一直保持良好状态，从而确保了锅炉运行的安全和稳定。

一、辅机试运行

电站锅炉主要辅机检修后，必须经过试运行以验证其工作的可靠性。试运行期间设备要状态良好、运行稳定，试运行结束经验收合格后，方可正式移交，转入正常运行状态。

（一）辅机试运行前的准备

辅机试运之前应做好以下准备工作：

① 保持现场清洁，照明充足。

② 联轴器结合良好，保护罩完整，紧固螺丝无松动。

③ 轴承油位计完整，刻度正确，油质合格，油量充足。

④ 润滑油系统油压、油温符合规定，油箱油位符合要求。

⑤ 轴承、电动机、油系统的冷却装置良好，冷却水量充足，回水畅通；电动机空气冷却风道无堵塞现象。

⑥ 电动机接地线良好，绝缘合格，事故按钮完整。

⑦ 各风门、挡板处于启动前的状态。

⑧ 各仪表保护和程控装置齐全、完整；各辅机已接上电源。

（二）辅机试运行应具备的条件

辅机试运行前，不但要做好准备工作，而且还要具备以下条件：

① 辅机和其他电气设备检修完毕，工作票已经终结，检修人员已撤离现场，接到检修负责人试转申请单。

② 锅炉风、烟系统和制粉系统工作应全部结束，各风门、挡板及传动机构都已试验合格。

③ 电动机外观完整，绝缘合格，接地线良好，经空转电动机合格且转向正确。

④ 巡测装置、程控装置、保护装置及连锁装置经试验可正常投入使用。

⑤ “DCS”系统能正常投入，操作、监视、控制功能均正常。

⑥ 检查各辅机应符合启动前的要求。

⑦ 转动机械试运行，应严格遵守《电业安全工作规程》的有关规定。

（三）转动机械试运行的要求

转动机械在试运行时，应满足以下要求：

① 确认旋转方向正确。

② 新安装的转动机械，启动后连续时间不少于 8 h，大小修的转动机械不少于 30 min。

③ 转动机械启动后，逐渐增加负荷达到额定值（以额定电流值为准）。

④ 风机转动时应保持炉膛负压，不应带负荷启动；对泵等转动机械，不应在空负荷下启动和运行。

⑤ 给粉机、给煤机、螺旋输粉机等不应带负荷试转，要预先将入口进料插板关闭严密。

⑥ 初次启动钢球磨煤机，大罐内不应加钢球，试转正常后方可加钢球（带钢球试转不得超过 5 min）；中速磨煤机要带负荷进行启动试验。

⑦ 滚动轴承温度不超过 80℃，滑动轴承温度不超过 70℃。

⑧ 窜轴值不超过 4 mm；轴承振动值见表 5－1 所示。

表 5－1　轴承的振动标准

额定转速（r/min）	750	1 000	1 500	1 500 以上
振动值（Mm）	0.12	0.10	0.85	0.5

（四）辅机试运行的注意事项

辅机试运行时必须注意以下事项：

① 辅机试运行时，有关的检修负责人必须到现场，设备启动应征得检修人员同意。

② 运行人员负责试转操作和运行参数监视，检修人员负责设备就地检查、维护和安全可靠监视。

③ 各辅机的启动，应在最小负荷下进行，严密监视启动电流和启动电流在最大值时的持续时间，并作好记录。

④ 吸、送风机启动前必须先开启耦合器风冷器。

⑤ 风机试运行时，应进行最大负荷的试验且电流不得超过额定值，保持正常炉膛负压。

⑥ 给粉机、给煤机不应带负荷试转，要预先将入口插板关闭严密。

⑦ 磨煤机初次试转时，筒体内不应加钢球，试转正常后方可加钢球。

⑧ 吸、送风机及排粉机运行中应保证油位计清晰，轴承箱内油质清洁，油位正常，冷却水畅通，轴承无异音，温度及振动不超过规定值。

⑨ 磨煤机大瓦及减速箱应保持冷却水畅通，油循环正常，注油量充足，下油窗清晰，照明良好，无堵塞现象。

⑩ 保持磨煤机低位油箱的油位在正常值，当油温低于 20℃时，停用冷油器，油系统可

以加强循环；当油温高于30℃时，投入冷油器，回油温度和轴承温度不得超过规定值，若发现温升较快，应立即停止磨煤机运行，进行详细检查并及时汇报。

⑪ 运行中发现磨煤机润滑油系统滤网前后压差增大时，应及时联系检修清理，以保证油压正常。

⑫ 各辅机外壳及进出口管道完整良好，无漏煤、漏粉、漏油、漏风、漏灰、漏水、漏汽现象。

⑬ 振动符合要求，各处冷却水畅通，回水温度不高，各调整挡板的拉杆连接牢固，销子良好，伺服机在电动位置。

⑭ 各辅机底脚螺丝、轴承螺丝牢固，靠背轮防护罩齐全、牢固；预热器转动正常、无异音；减速箱油位、油循环正常。

⑮ 油站油量充足，定期对各润滑部分注入润滑脂。

⑯ 冷却水畅通。

⑰ 预热器的进出口烟温、风温、风压应正常。

（五）停止辅机运行的条件

遇有下列情况，应立即停止辅机运行：

① 发生人身事故，无法脱险时；

② 发生剧烈振动危及设备安全运行时；

③ 轴承温度急剧升高或超过规定值时；

④ 电动机起火、冒烟或被火烧、水淹等危险时；

⑤ 转动机械发生严重摩擦和撞击时；

⑥ 磨煤机断油时。

二、辅机定期切换

锅炉辅机定期切换操作是锅炉运行人员的一项重要工作。通过切换，让备用辅机定期处于运行状态，其目的就是保证锅炉备用辅机安全可靠。一旦运行辅机出现故障，备用辅机能及时投入使用，从而确保锅炉运行的安全和稳定。锅炉辅机定期切换操作主要包括锅炉风机油泵切换、空压机切换、火检冷却风机切换和密封风机切换等。

（一）锅炉风机油泵切换

锅炉风机油泵主要是指送风机油泵、引风机油泵和一次风机油泵，其作用是为各台风机提供合适的润滑油和液压控制油。锅炉风机油泵一般每台风机配置两台，一台运行，一台备用。备用油泵投入连锁。

（1）锅炉风机油泵切换操作程序

① 检查风机运行及各轴承温度、振动情况，应正常。

② 检查风机油站就地控制柜中油泵状态指示，应正常。

③ 检查风机油站各油压表、油位表指示情况，油压、油位应正常。

④ 检查风机油站就地控制柜，“就地/远方”切换开关应在“远方”位置。

⑤ 检查风机油站备用油泵，应具备启动条件。

⑥ 启动风机油站备用油泵，检查备用油泵运行情况，应正常。此时，油压应明显升高。

⑦ 检查风机油站就地控制柜中油泵状态指示，应正常。

⑧ 停止原运行油泵，检查风机油站各油压表指示，应正常。

⑨ 检查风机振动、温度等参数，应正常。

⑩ 投入风机油泵连锁。再次检查风机油站就地控制柜油泵状态指示，应正常。

(2) 注意事项

① 切换过程中，现场与集控室始终保持通信畅通，发现问题及时联系。

② 切换工作应在机组运行稳定、无异常情况下进行。

③ 切换前应做好事故预案。切换过程中如果出现油压、振动、轴承温度异常等情况，应立即停止切换，恢复到原运行状态。

(二) 空压机切换

空压机主要作用是为机组提供稳定合适的压缩空气气源。一般每台锅炉配置两台空压机，一台运行，一台备用。备用空压机投入连锁。

(1) 锅炉空压机切换操作程序

① 检查运行空压机，应正常；检查压缩空气系统压力，应在正常范围内。

② 检查备用空压机油系统、水系统，应正常。备用空压机应具备启动条件。

③ 检查备用空压机系统阀门状态，应正确。空压机控制方式应正确。

④ 启动备用空压机。检查空压机振动、油温、气温、电流等参数，应正常。

⑤ 备用空压机加载，确认备用空压机加载正常，确认系统压力上升。

⑥ 卸载一台原运行空压机，检查系统压力正常。

⑦ 停运卸载的空压机。检查系统压力，应正常。

⑧ 将停运空压机投入备用。

⑨ 根据需要倒换空压机对应的干燥器。

(2) 注意事项

① 切换过程中，现场与集控室始终保持通讯畅通，发现问题及时联系。

② 切换工作应在机组运行稳定、无异常情况下进行。

③ 切换前应做好事故预案。切换过程中如果压缩空气系统出现压力异常波动等情况，应立即停止切换，恢复原运行状态。

(三) 火检冷却风机切换

火检冷却风机为锅炉火焰监测装置提供合适的冷却风。锅炉火检冷却风机一般每台锅炉配置两台，一台运行，一台备用。备用火检冷却风机投入连锁。

(1) 锅炉火检冷却风机切换操作程序

① 检查运行火检冷却风机，应正常。火检冷却风系统压力在正常范围内。

② 检查备用火检冷却风机，应具备启动条件。

③ 检查备用火检冷却风机挡板，应处于正确位置。

④ 启动备用火检冷却风机。检查火检冷却风机振动、温度、电流等参数，应正常。检查烟风系统挡板，应处于正确位置。

⑤ 检查火检冷却风机系统压力，应在正常范围内。

⑥ 停运原运行的火检冷却风机，确认出口挡板位置正确，系统压力正常。

⑦ 将停运火检冷却风机投入备用。

(2) 注意事项

① 切换过程中，现场与集控室始终保持通讯畅通，发现问题及时联系。

② 切换工作应在机组运行稳定、无异常情况下进行。

③ 切换前应做好事故预案。切换过程中如果出现风压、振动、声音异常等情况，应立即停止切换，恢复原运行状态。

(四) 密封风机切换

密封风机的主要作用是为锅炉制粉系统提供合适的密封风。锅炉密封风机一般每台锅炉配置两台，一台运行，一台备用。备用密封风机投入连锁。

(1) 锅炉密封风机切换操作程序

① 检查运行密封风机，应正常。密封风系统压力在正常范围内。

② 检查备用密封风机，应具备启动条件。

③ 检查备用密封风机进出口关断挡板、入口调节挡板，应处于正确位置。

④ 将备用密封风机入口调节挡板关至零位。

⑤ 启动备用密封风机，出口挡板投入连锁。检查密封风机振动、温度、电流等参数，应正常。

⑥ 开启备用密封风机入口调节挡板至规定位置。检查密封风系统压力，应正常。

⑦ 关闭原运行密封风机入口调节挡板、密封风机出口挡板。检查系统压力，应正常。

⑧ 停运原运行的密封风机。检查系统压力，应正常。

⑨ 将停运密封风机入口调节挡板开至规定位置，检查停运密封风机，应不倒转。

⑩ 投入密封风机连锁。

(2) 注意事项

① 切换过程中，现场与集控室始终保持通讯畅通，发现问题及时联系。

② 切换工作应在机组运行稳定、无异常情况下进行。

③ 切换前应做好事故预案。切换过程中如果如果出现风压、振动、声音异常等情况，应立即停止切换，恢复原运行状态。

第二节　回转式空气预热器运行

空气预热器，是利用锅炉尾部烟气热量来加热燃烧所需空气的一种热交换装置。根据结构型式不同，空气预热器可以分为管式空气预热器和回转式空气预热器，前者常用在小型锅炉和自备电厂锅炉，后者常用在大型电站锅炉。

空气预热器按其传热方式大致可分为表面式和再生式(又叫蓄热式)两大类。再生式空气预热器由于具有回转结构，所以又称为回转式空气预热器。回转式空气预热器又可分为受热面旋转和风罩旋转两类。

我国 300 MW 及以上机组锅炉常用的是受热面旋转的回转式空气预热器，它是一种三分仓式的，又称为容克式空气预热器。其工作原理是：转子的受热元件在烟气侧从烟气中吸收热量，通过空气侧时再将热量传递给空气。由于转子缓慢地旋转，传热元件交替通过烟气侧和空气侧通道，当传热元件与烟气接触时吸收热量并积蓄起来，通过与空气接触时释放贮存的热量来加热空气，如此周而复始。其结构如图 5－1 及图 5－2 所示。

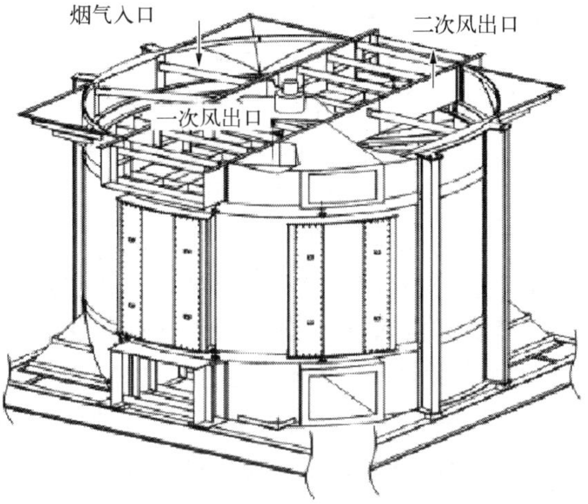

图 5－1　容克式空预器整体结构图

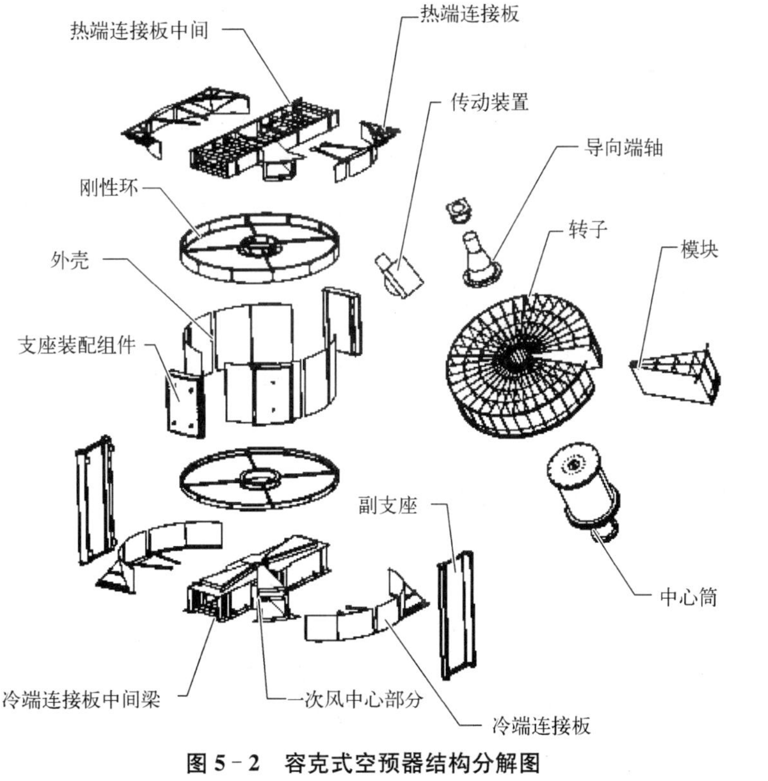

图 5－2　容克式空预器结构分解图

一、空气预热器的启动

空气预热器启动前应做如下检查：

首先按规定应建立支持轴承和导向轴承的油循环；对于电气部分检修后的启动应先校验电动机的转向是否符合要求，以免反转造成密封件的损坏；空气预热器启动前，该系统所属的吹灰系统、灭火系统、水洗系统、漏风控制系统等均应正常，阀门位置符合启动前的要求，吹灰器在退足位置，吹灰器进汽门关闭严密。

其次，在启动时，应先用手动盘车装置，盘动或电动盘车装置"点动"转子试转一周，检查驱动和转动部件有无卡涩、撞击等异常情况，然后改用电动盘车连续运转，并进一步检查有无明显的摩擦现象。检查正常后方可停用电动盘车，启动主电动机运行。空气预热器有关风门、挡板的开启，一般应与主电动机开关的合闸联动；如无联动装置，则应在启动主电动机后，先开风门再开烟气侧挡板，以防转子受热膨胀卡涩。

再次，主电动机启动正常后，应立即将电动盘车装置进入自启动连锁投运，以便在主电动机故障跳闸时，电动盘车能自动投入，避免转子因停转造成受热不均而损坏设备。

最后，空气预热器启动正常后，应检查电流是否正常，检查电动机、减速箱及机械部分的振动情况，检查轴承温度和运转情况，并应检查风门挡板的联动、附属设备的运行是否正常，发现异常情况应及时分析处理。同时，根据规定投入预热器的漏风控制装置，以改善空气预热器的漏风。

二、空气预热器的停用

停止空气预热器运行的操作，应在排烟温度降至 80℃时进行。停用最后一台预热器前，应先确认所有的引风机、送风机、一次风机均已停用。另外，在预热器停用前，还应把电动盘车装置退出自启动状态，将漏风控制装置完全回复位置，停用漏风控制装置，然后停用预热器。在停用预热器后，应检查风门、挡板联动是否正常，并按规定停用该预热器的上、下轴承油循环系统。

预热器故障停用时，应先检查所有电动盘车是否投运正常，如仍无法使之投运时，则应采用手动盘车装置盘动转子，继续维持预热器转动，在预热器进口烟温降至 200℃以下时，方可停止盘车。

三、空气预热器的运行与维护

空气预热器运行时应通过对电流的监视，尽早发现异常情况，并及时处理。主要做到三点：① 经常对预热器进、出口的氧量、风温、烟温、风压差、烟压差进行检查和分析，以便从这些参数的变化中判断空气预热器漏风及堵灰情况的变化。② 通过对烟温的分析，防止在预热器部位发生可燃物再燃烧。③ 应定期对电动机、机械部分、辅助设备和系统进行全面的巡查，发现设备缺陷及时联系检修处理。

对于具有漏风控制装置或其他型式密封装置的预热器，如能正常运行，应尽量让这些装置投入运行，以降低锅炉辅机电耗和预热器部分的热量损失，提高锅炉运行的经济性。

在停炉前和启动正常后，应对空气预热器进行定期吹灰，以清除受热面上的未燃尽可燃物质，防止发生再燃烧。当空气预热器发生严重堵灰时，还应利用停炉机会用碱水或热水进行冲洗。冲洗结束后还应投入暖风器，通过送风机将热空气送入预热器对其进行干燥。干燥期间，预热器应保持运转状态。

第三节　制粉系统运行

制粉系统是锅炉机组的重要组成部分。制粉系统运行好坏直接关系到锅炉的安全性和经济性。制粉系统的正常运行，主要表现在一次风压、磨煤机通风量、出口温度、磨煤机进出口压差以及煤粉的煤粉细度、均匀性、湿度的稳定上。

对制粉系统运行的基本要求：一是制备并连续供给锅炉燃烧所需的煤粉；二是维持正常的风温、风压，防止发生煤粉自燃、爆炸等事故，保证制粉系统及锅炉机组的安全运行；三是降低制粉电耗，提高制粉系统运行的经济性。

一、制粉系统启动

制粉系统一般用程序控制进行启动。当程控系统发生故障时，进行手动启动。

（一）中间储仓式制粉系统启动

中间储仓式钢球磨制粉系统（以热风送粉为例），如图 5－3 所示。

1. 启动前的检查

制粉系统无论是检修后的首次启动或运行中备用启动，都必须对所属系统和设备（排粉机、一次风机、密封风机、磨煤机、给煤机、给粉机）、保护装置（防爆门、充氮装置、蒸汽灭火、CO_2灭火）、电气连锁、热工保护进行全面检查。其检查内容主要包括：转动机械经试转并验收合格，磨煤机内有足够钢球，各润滑部件内润滑油量充足且油质合格，煤仓中有合适的煤量，粗粉分离器折向挡板开度适当，各风门挡板及锁气器动作灵活，旋风分离器下的煤粉箅子无杂物，且在投入位置，粉仓与螺旋输粉机的导向挡板位置正确，粉位测量装置可用，系统内无积粉和自燃现象，灭火系统各门关闭严密，制粉盘各表计投入，指示灯完好，热工声光试验信号良好，各操作开关灵活。

2. 启动程序

冷炉制粉时，空气预热器出口风温应达到规定值（一般为 150℃）以上。首先应开启磨煤机润滑油泵，维持润滑油压 0.2～0.25 MPa，冷却水畅通；然后开启磨煤机入口热风门、总风门，逐渐关闭磨煤机入口自然冷风门，微开三次风门，启动排粉机；待电流恢复正常后，调整排粉机入口风门及磨煤机入口热风门、混合风门，进行暖磨（一般保持磨煤机入口负压

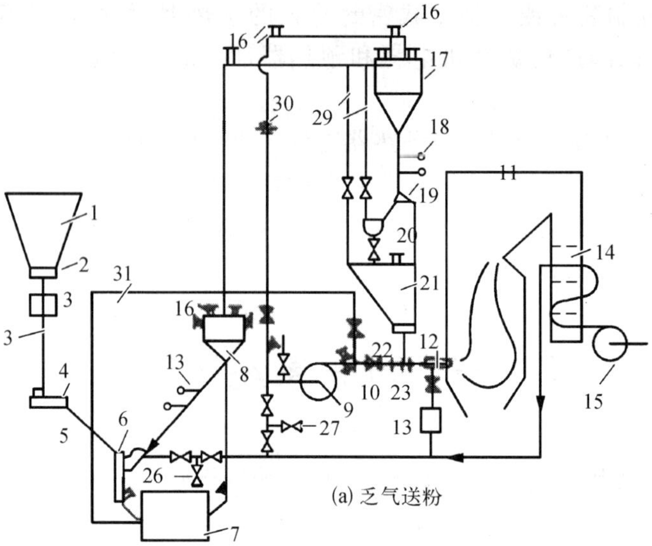

(a) 乏气送粉

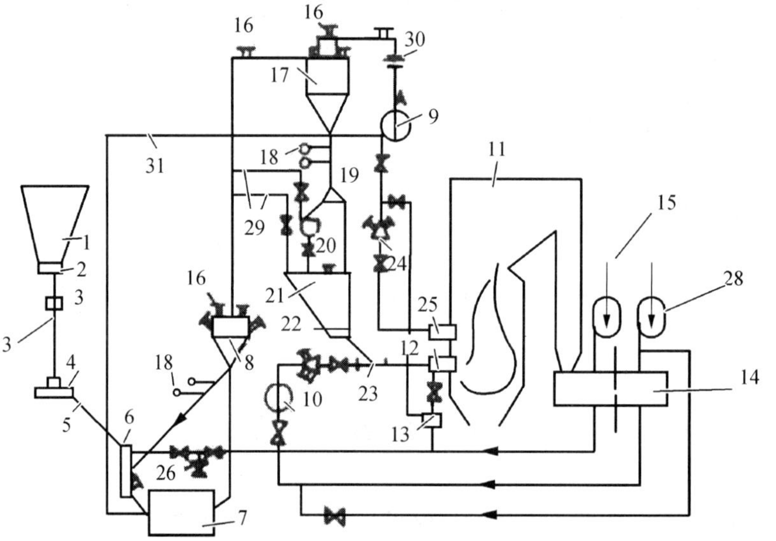

(b) 热风送粉

图 5-3　中间储仓式钢球磨制粉系统示意图

1 原煤仓　2 煤闸门　3 下煤管　4 给煤机　5 落煤管　6 下行干燥管　7 球磨机　8 粗分分离器　9 排粉机　10 一次风箱　11 锅炉　12 燃烧器　13 二次风箱　14 空预器　15 二次送风机　16 防爆门　17 细粉分离器　18 锁气器　19 换向阀　20 螺旋输粉机　21 煤粉仓　22 给粉机　23 混合器　24 乏气(三次风)风箱　25 三次风喷口　26 冷风门　27 大气门　28 一次风机　29 吸潮管　30 流量测量装置　31 再循环管

0.2～0.4 kPa)。当磨煤机出口风粉混合物温度达到规定值(一般为 60～65℃)时,启动磨煤机和给煤机进行制粉。同时调整给煤量和通风量,使系统各参数达到要求值。此外,应将煤粉仓及螺旋输粉机的吸潮管打开,保持煤粉仓内微负压。最后对所属系统进行全面检查。如图 5-4 为钢球磨启停顺序控制操作流程图。

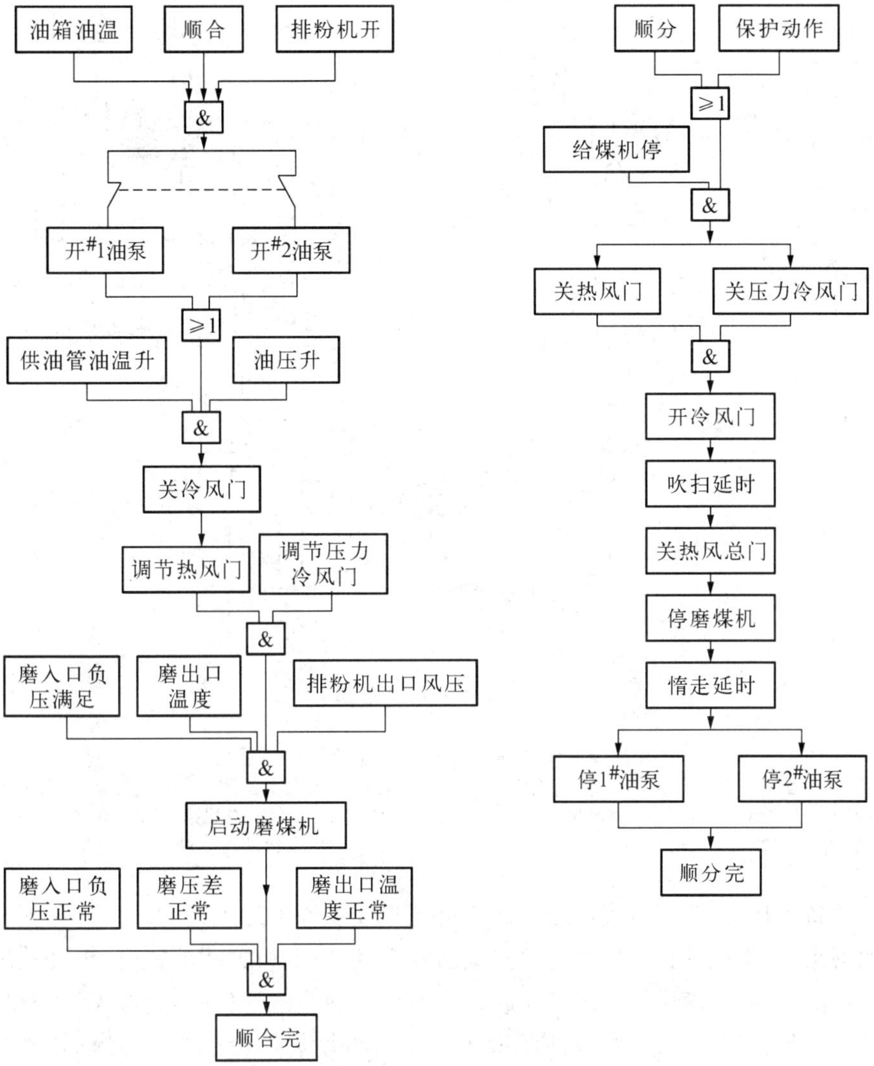

图 5-4　钢球磨启停顺序控制操作流程图

（二）直吹式制粉系统启动

中速磨直吹式制粉系统结构，如图 5-5 所示。

直吹式制粉系统，按运行时系统内的工作压力不同，分为正压系统和负压系统。正压制粉系统按一次风机所处位置不同，又可分为热一次风机和冷一次风机两种型式。这里将介绍配中速磨带冷一次风机的正压直吹式制粉系统和负压直吹式制粉系统。

1. 启动前的检查

直吹式制粉系统和中储式制粉系统相比，相同的部件，在启动前，检查的内容是相同的。但不同的部件，检查的内容是不同的。其中包括：磨室内无杂物，转动部件动、静间隙合格，碾磨部件的加载装置正确，保持预定加载值（即弹簧压紧力）；磨煤机所属的密封风机、润滑油系统、液压油系统经试转正常已置启动前位置；冷却水系统已投入；消防蒸汽系

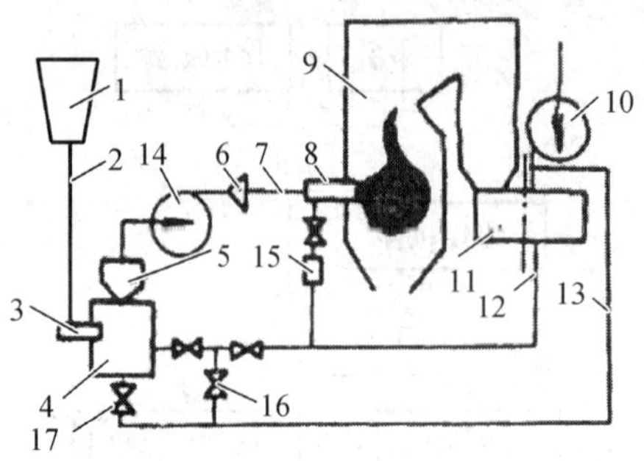

(a) 负压系统

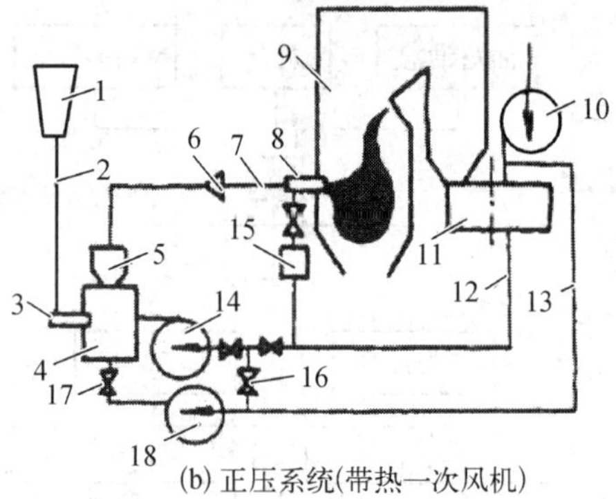

(b) 正压系统(带热一次风机)

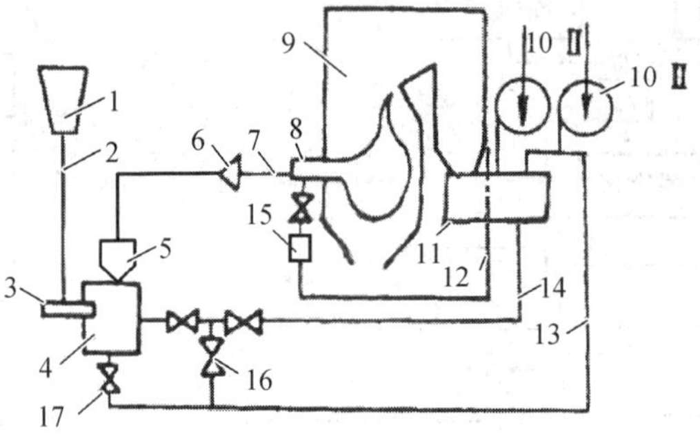

(c) 正压系统(带冷一次风机)

图 5－5　中速磨煤机直吹式制粉系统示意图

1 原煤仓　2 落煤管　3 给煤机　4 磨煤机　5 粗粉分离器　6 煤粉分配器　7 一次风管　8 燃烧器　9 锅炉　10 送风机　10Ⅰ 一次风机　10Ⅱ 二次风机　11 空预器　12 热风道　13 冷风道　14 排粉机　15 二次风箱　16 调温冷风门　17 密封冷风门　18 密封风机

统已处于热备用状态;磨煤机出口分离器的折向挡板和各密封风门的开度已调整好。对负压运行的磨煤机,确认其石子煤箱进口挡板已开启,出口挡板关闭严密,挡板开关灵活。对于正压运行的磨煤机,确认石子煤箱排放管上的锁气器严密性良好,动作灵活,密封空气管道及附件完好且具备启动条件。对应层煤粉燃烧器的引燃油枪已投入,且锅炉燃烧率大于规定值(一般为 30%)。

2. 启动程序

对正压系统,首先应启动润滑油系统,建立所需的油压。第一步,启动一次风机,密封风机,保持风压为规定值;开启磨煤机进、出口风门及冷、热风隔绝门。第二步,调整冷、热风调节门开度,控制磨煤机出口风温和风量,使之符合暖磨要求后进行磨煤机暖磨(对于碾磨件为非接触式的磨煤机如 RP 磨,应在磨煤机启动后进行暖磨)。第三步,确认煤粉燃烧器的引燃油枪火焰正常,检查系统各部件的工作情况良好,且磨煤机出口风温达到要求(一般为90～105℃),风量大于 30%,在此基础上启动磨煤机和给煤机(对于碾磨件为接触式磨煤机如 MPS 磨,为了防止空磨启动损坏设备,启动前应先适量加煤)。最后调整磨煤机出力和出口风温,通过调整使系统各参数达到要求。

对负压系统,首先应启动润滑油系统,维持油压合格;然后启动排粉机,缓慢开启排粉机出入口风门,以防制粉系统负压突然增大,炉膛正压或爆燃。若分离器是回转的,启动分离器，开启磨煤机入口热风门、温风门，关闭其冷风门，进行磨煤机暖磨。当磨煤机出口风温、风量升至规定值时，启动磨煤机，检查各部件工作情况正常，启动给煤机，调整给煤量，通过调整使其各参数达到要求值。

无论是中储式还是直吹式制粉系统，启动后都应严格控制磨煤机出入口温度在规定范围内。严密监视系统风压，以防堵塞。待系统运行正常后，将有关自动装置投入运行，最后对所属系统进行一次全面检查。

二、制粉系统停运

制粉系统一般用程序控制系统进行停运，当程控系统故障时，必须进行手动停运。下面就制粉系统的停运操作，进行简要介绍。

（一）中间储仓式制粉系统停运

中储式制粉系统的停运分紧急停运和正常停运两种。

紧急停运是指在异常或事故情况下，利用制粉系统连锁，首先拉掉排粉机，使给煤机和磨煤机相继跳闸，然后将各风门挡板置于制粉系统停运的正确位置。

制粉系统正常停运前应将自动改为手动。正常停运过程主要包括减负荷、降温、停给煤机、吹扫延时、停磨煤机等项操作。

中间储仓式制粉系统分热风送粉制粉系统和干燥介质送粉制粉系统两种，下面分别介绍它们的正常停运操作。

1. 热风送粉制粉系统的正常停运

热风送粉制粉系统正常停运的操作步骤如下：

① 逐渐减小给煤量，相应缓慢地关小磨煤机进口热风调节门，适当调节再循环风门和压力冷风门，降低磨煤机进口的干燥剂温度及系统通风量。

② 停止给煤机，控制磨煤机出口风粉混合物温度在规定值。待磨煤机进出口压差下降到某一值（一般为 500～1 000 Pa），且粗粉分离器回粉管内无回粉时（回粉管锁气器不动作），表明磨煤机及其系统内存煤已基本抽尽，停止磨煤机。

③ 当排粉机进口温度小于某一值（一般为 60℃）时，关闭其入口风门，停运排粉机，随后关闭磨煤机进口混合风门，开启相应三次风的冷风门。

④ 最后停止磨煤机油泵，解列制粉系统连锁。关闭制粉系统各吸潮管的阀门。

2. 干燥介质送粉制粉系统停运

对于干燥介质送粉制粉系统就和热风送粉制粉系统不同，不论干燥介质送粉制粉系统磨煤机是否运行，排粉机都需要运行，以便向锅炉输送燃烧所需的煤粉，这就要进行“倒风”操作。

（1）倒风

所谓“倒风”，就是指干燥介质送粉制粉系统，当磨煤机启动时，将排粉机风源由热风倒向制粉乏气的操作，或当磨煤机停运时，由制粉乏气倒向热风的操作。

（2）启动时的倒风

干燥介质送粉制粉系统启动磨煤机时，“倒风”操作的具体操作步骤是：开启磨煤机入口混合风门，关闭自然冷风门，微开入口热风门、压力冷风门；稍开排粉机入口乏气门，同时稍关排粉机入口热风门和压力冷风门；最后逐渐开大磨煤机入口热风门、压力冷风门和排粉机入口乏气门，同时逐渐关小排粉机入口热风门和压力冷风门，直至全关。在整个操作过程中，应保持磨煤机出口温度不超过规定值（一般为60～65℃），排粉机出口风压不变。

(3) 停运时倒风

干燥介质送粉制粉系统停运磨煤机的“倒风”操作步骤，实际上是将排粉机风源由制粉乏气倒向热风的操作方法：逐渐开启排粉机入口热风和压力冷风门，同时逐渐关闭磨煤机入口热风门、压力冷风门和排粉机入口乏气门；调整排粉机入口热风门和压力冷风门的开度，维持排粉机出口温度不超过规定值及排粉机出口风压不变；最后关闭磨煤机入口混合风门，开启自然冷风门。

（二）直吹式制粉系统停运

直吹式制粉系统停运，除因锅炉保护连锁动作跳闸或制粉系统故障跳闸外，一般是按其是否具备通风吹扫条件，分为快速停运和正常停运两种。

1. 直吹式制粉系统快速停运

直吹式制粉系统快速停运的具体步骤如下：

当磨煤机进口一次风量过小或密封风压差过低时，磨煤机保护动作，使磨煤机跳闸并联动给煤机。如保护不动作应立即手动将其停运，随后检查煤量、风量、出口温度，关闭该层制粉系统燃料风门（即周界风或夹心风、二次风），关闭该磨煤机的进出口风门和热风调节门、热风隔绝门；接着开启磨煤机的蒸汽灭火门，向该磨煤机内充入蒸汽，以防内部积粉自燃或爆炸。约10 min后，如磨煤机出口温度无异常变化，即可关闭蒸汽灭火门。

2. 直吹式制粉系统正常停运

直吹式制粉系统正常停运的具体步骤如下：

① 投入该层煤粉燃烧器的引燃油枪，逐步减少给煤机的给煤量，开大磨煤机冷风调节门，关小热风调节门，对磨煤机进行通风冷却。

② 当给煤机负荷减至最低时，停运给煤机，维持一定风量吹扫磨煤机及送粉管道内的余粉；待磨煤机空载后，停止磨煤机，关闭该层制粉系统所属的燃料风门（即周界风或夹心风、二次风）。

③ 调整其他二次风，维持燃烧正常。

④ 继续对制粉系统进行通风吹扫和冷却。当磨煤机出口温度降至规定值（一般为70℃）以下并稳定规定时间（一般为10 min）后，停止一次风机，关闭磨煤机的进、出口风门。

⑤ 停止密封风机和磨煤机润滑油系统，并根据机组负荷和燃烧情况，停止停磨前投入的引燃油枪。

三、制粉系统启停注意事项

制粉系统启停时，应注意以下问题：

① 磨煤机在启动过程中必须进行充分的暖磨（一般为10～15 min），并保持适当温升率[(3～5℃)/min]，以避免加热不均产生过大热应力，引起磨煤机碾磨件和一次风管铸铁弯头损伤。

② 中速磨煤机启动过程中应检查加载装置的工况，控制给煤量。如碗式磨启动初期常发生辊筒不转现象，大多是由于磨煤面间隙较大，此时可稍动加载装置，或提高煤位便可解决(初期给煤量一般为 40%，给煤机额定出力)。

③ 制粉系统启动过程中严格控制磨煤机出口风粉混合物的温度不超过规定值，防止温度过高引起煤粉爆炸。

④ 制粉系统停运前，应将磨煤机内的煤磨完，系统内的煤粉吹扫干净。制粉系统停止后，要关闭系统各风门，但自然冷风门要打开。

⑤ 当锅炉由于紧急停运，造成制粉系统存煤，锅炉短期又不能恢复时，应通过向邻炉输粉或采取其他切实可行的方法进行处理，严禁对环境造成污染。

四、制粉系统运行及调节

为保证制粉系统正常运行及调节，制粉系统运行时要严格监视以下项目：

① 转动机械的电动机电流、轴承温度、窜轴、振动不超过规定值。

② 磨煤机出口温度、进出口压差及系统风压符合要求。

③ 给煤机给煤应连续均匀。对制粉系统漏煤、漏粉、漏风的情况进行检查，发现设备缺陷和异常，应及时进行分析处理，并联系检修人员，将缺陷和异常消除。

④ 保持合理的粉仓粉位，防止煤粉自流。粉仓温度应不超过磨煤机出口气粉混合物的温度，并定期降粉位。

⑤ 定期对煤粉细度进行取样分析，最佳煤粉细度应经试验确定，并严格控制。

⑥ 严格控制磨煤机出口气粉混合物的温度。磨煤机出口气粉混合物的温度限额见表 5-2。

表 5-2　磨煤机出口气粉混合物的温度限额

<table>
<tr><th rowspan="2">磨煤机类型</th><th colspan="3">磨制的煤种及相应的磨煤机出口温度最高允许值</th></tr>
<tr><th>煤　种</th><th>空气干燥</th><th>烟气、空气混合干燥</th></tr>
<tr><td rowspan="4">滚筒式钢球磨煤机(中间储仓式制粉系统，磨煤机出口温度)</td><td>无烟煤</td><td>不受限制</td><td>不受限制</td></tr>
<tr><td>贫　煤</td><td>130℃</td><td></td></tr>
<tr><td>烟　煤</td><td>80℃</td><td>90℃</td></tr>
<tr><td>褐　煤</td><td>70℃</td><td>80℃</td></tr>
<tr><td>中速磨煤机(直吹式制粉系统在粗粉分离器后的温度)</td><td colspan="3">$V_{daf}=12\%\sim40\%$，130～70℃</td></tr>
<tr><td rowspan="3">风扇磨煤机(直吹式制粉系统在粗粉分离器后的温度)</td><td>贫　煤</td><td>150℃</td><td></td></tr>
<tr><td>烟　煤</td><td>130℃</td><td>170℃</td></tr>
<tr><td>褐煤和页煤</td><td>100℃</td><td>140℃</td></tr>
</table>

（一）中间储仓式制粉系统运行调节

1. 制粉系统出力调节

制粉系统调节是通过对给煤量、通风量及磨煤机进口热风温度的调节来实现的。

正常情况下，进入磨煤机的给煤量应等于由通风带出的煤粉量，即给煤量与出粉量之间是平衡的。如果不平衡，就会使磨煤机内存煤量发生变化。如果给煤量大于带出的煤粉量，磨煤机内存煤将逐渐增加。由于煤位上升磨煤机中的流动阻力增大，磨煤机进出口风压差增大，通风量减少，出口温度下降，发展下去会引起磨煤机满煤。反之，当给煤量小于带出的煤粉量时，磨煤机内存煤逐渐减少，由于煤位下降，磨煤机进出口风压差减小，通风量增加，出口温度上升，发展下去会引起严重缺煤。

制粉系统运行时，磨煤机的给煤量与带出的煤粉量是否平衡，可通过磨煤机进出口风压、出口温度以及磨煤机运转声音和电流等变化情况进行判断。如果由于通风量不足引起带出的煤粉量与给煤量之间不平衡时，应增加通风量。通风量增加后，带出的煤粉量增加，会使煤粉变粗，因此，要注意煤粉细度是否符合要求。如果因煤质太硬引起磨煤机出力下降，则应适当减少给煤量，并适当增加再循环风量。如果由于钢球数量不够而引起磨煤机出力下降，则应补加适量的钢球。

2. 干燥出力与磨煤出力不平衡的调节

由于煤种变化或其他原因，当干燥出力与磨煤出力发生变化时就要进行调节。通常采用改变干燥出力去适应磨煤出力的调节方法，而干燥出力的调节一般是通过调节磨煤机入口干燥介质温度来实现的。

如当干燥出力小于磨煤出力时，磨煤机出口气粉混合物温度降低，可以开大热风门，同时关小再循环风门(保持磨煤机通风量不变)，提高磨煤机进风温度，以提高干燥出力来使其与磨煤出力相适应。反之，当干燥出力大于磨煤出力时，磨煤机出口气粉混合物温度升高，此时应关小热风门，开大再循环风门，降低磨煤机进风温度；若开再循环风门影响一次风时(干燥剂送粉系统)，可以采取关小热风门，同时开大温风门或冷风门等调节方法来降低干燥出力使其与磨煤出力相适应。

原煤挥发分的含量较高，也可以采用调节磨煤通风量以改变磨煤出力使其与干燥出力相适应的调节方法，解决两者之间不平衡的矛盾。如当干燥出力大于磨煤出力时，可以开大制粉系统再循环风门，增加再循环风量，同时增加给煤量，以提高磨煤出力使其和干燥出力平衡。这时出粉中的粗煤粉可能增多，因高挥发分煤易于着火燃烧，故这样做是允许的。

3. 煤粉细度调节

中储式制粉系统煤粉细度与分离器的运行状况、结构特性以及磨煤通风量等因素密切相关。对于固定式离心分离器，运行中主要是采用改变粗粉分离器折向挡板位置来调节煤粉细度。在一定范围内，煤粉细度随挡板开度增大而变大，反之则变小。改变磨煤机通风量，对煤粉细度也有较明显的影响。增大磨煤机通风量，可使煤粉变粗；反之，煤粉变细。

在调节煤粉细度时，应综合考虑煤质、锅炉负荷等因素，以及对磨煤机出力(即在保证合格煤粉细度的条件下，应尽可能使磨煤机保持在最大出力下运行)、出口温度和制粉系统的风压等各方面的影响。必要时应进行其他相应的调节工作，使制粉系统和锅炉机组运行保持稳定。

（二）直吹式制粉系统调节

1. 制粉系统出力调节

正常运行中，直吹式制粉系统出力调节是根据锅炉负荷的需要调整给煤量，并根据给煤量调整磨煤机冷、热风调节门开度，使磨煤机的风量及出口温度与制粉系统的出力相适应。制粉系统出力包括磨煤出力、干燥出力和通风出力。运行中要维持制粉系统的较大出力，必须合理地进行调节，使三者出力在最佳工况下相互平衡。

直吹式制粉系统运行调节与中储式制粉系统运行调节的相似部分这里不再重复，以下仅就不同点和运行中影响制粉系统出力的某些因素进行说明。

对中速磨煤机在碾磨件磨损中后期，应及时调整加载压力，以保证制粉系统出力。当磨煤机的碾磨部件磨损严重，造成磨煤出力下降，经调整加载压力仍不能减少石子煤中的煤粉含量时，则应适当增加通风量；当锅炉燃烧工况不允许增加一次风量时，则应降低制粉系统出力运行。

当燃煤水分过高时，由于干燥剂温度受到预热器加热能力的限制无法升高时，磨煤机的出力会因干燥出力不足而受到限制。有时在冷风调节门关闭，热风调节门全开的情况下磨煤机出口温度仍不能维持正常值时，只能减少给煤量，采取降低制粉系统出力的办法来满足干燥出力的要求。

在其他条件不变时，制粉通风量增大，则从分离器分离出来回到磨内继续磨制的循环粗粉量减少，因而磨煤机出力提高，带出去的煤粉相应变粗；反之，制粉通风量减少，则磨煤机出力降低，煤粉相应变细。当通风量过小时，则有可能使合格的煤粉无法全部携带出磨煤机而使磨煤机出力不足以及单位制粉电耗增加，严重时甚至造成磨煤机的堵塞。

2. 煤粉细度的调节

对于固定式离心分离器，运行中也是采用改变粗粉分离器折向挡板位置，来调节煤粉细度。在一定范围内，煤粉细度随挡板开度增大而变粗。对于回转式粗粉分离器，则是通过改变分离器的转速来调节煤粉细度的。当通风量一定时，转速愈高，煤粉就愈细。

正如前面提到的改变制粉系统通风量，对煤粉细度的改变也非常明显。当通风量增加时，煤粉变粗。反之，通风量减少时，煤粉变细。但通风量的变化将造成一次风量的变化，因而，在采用此方法调节煤粉细度时，还要充分考虑一次风量变化，对锅炉正常运行所造成的影响。

3. 制粉系统的风量调节

对于直吹式制粉系统的风量调节，既要考虑对燃烧工况的影响，又要综合考虑制粉系统出力、干燥出力、煤粉细度等多种因素的影响。如石子煤中有较多的细粉，或由于原煤中水分高，使磨煤机出口温度降低时，均应适当增大制粉系统通风量，以增加系统的通风能力和干燥能力。直吹式制粉系统的通风量，也就是磨煤机的一次风量，它的调节是通过改变磨煤机冷、热风调节门的开度来实现的。在调节磨煤机风量时，还应注意冷、热风的比例恰当，以便在满足风量调节的同时，使磨煤机出口温度符合要求。如当需要降低磨煤机出口温度时，则关小热风门，开大冷风门，在维持风量不变的情况下，将磨煤机出口温度降至需要值。在自动调节系统中,可用冷风门来控制磨煤机出口温度,并通过调节热风门来维持磨煤机所需要的风量;也可用热风门来控制磨煤机出口温度,冷风门来控制磨煤机风量。

第四节　风 机 运 行

发电厂中常用的风机,按照其工作原理不同,可以分为离心式风机和轴流式风机两种。按照其作用不同,又可以分为送风机(送风机分为:一次风机、二次风机)和引风机(又叫吸风机)等。下面就电厂常见的各种风机的特点,分别介绍其启动、停用、运行和调节等方面的知识。

一、风机的启动和停用

(一)风机的启动

1. 风机启动的条件

不论是离心式风机还是轴流式风机,启动前应具备如下条件:

① 风机及附属设备必须完整,检修工作已结束,电动机和机械部分应分别符合有关规定的要求。

② 与风机有关的风烟系统,设备要完整,检修工作已结束,检修人员已撤离现场。

③ 各风门和挡板经校验,能正常工作,且其位置能保证风机启动后,有足够的空气流经截面。

④ 风机及与其润滑油系统、冷却系统、液压油系统、自动及程序控制系统、保护及连锁装置和各仪表均符合启动前的要求。

⑤ 风机及各附属设备的电源和气源均已送上。

2. 风机启动的注意事项

电站使用的各类风机,虽然结构不尽相同,但启动时都应注意以下事项:

① 风机启动前应先将与之有关的润滑油系统、冷却系统、液压油系统、保护及连锁装置、巡测装置投入运行。

② 风机正常启动时可采用近控、遥控或程控等启动方式,但进行风机试转时,一般应采用就地近控方式启动。

③ 为保证设备的安全,风机应注意在最小负载下启动。因此,离心式风机启动前应先关闭该风机的进口或出口隔绝风门和调节风门。待风机启动正常后,电流降至空载值时,立即开启进、出口隔绝风门,并操作调节风门,保持炉膛负压正常和风量符合要求。

④ 一次风机或排粉机试转启动时,应确认系统内无积粉或积煤,以免大量可燃物进入锅炉,给炉膛爆炸或烟道内可燃物再燃烧埋下祸根。

⑤ 风机启动正常后应对风机的运行工况进行全面的检查,其中包括:电动机及机械部分的振动、轴承温度、电流、风量、风压、电动机线圈和铁芯温度、转动部分有无碰壳或金属

摩擦声、各附属设备及其系统的运行情况等，同时，还应检查风机的转向是否符合要求。

（二）风机停用的注意事项

电站锅炉风机停止运行时，不同的运行工况、不同的风机类型，其停用的注意事项不尽相同。一般地讲，风机停用应注意如下事项：

① 锅炉正常运行中，当并联运行的两台风机因故需停运一台时，应先将机组的负荷减至50%，开启有关的连通风门，并将需停用风机的负荷逐步转移至另一台风机上去，待该风机的负荷已降至最低时，便可停用该风机。

② 离心式风机停用前应先关闭进、出口隔绝风门。

③ 轴流式风机应在风机停用后再关闭进、出口隔绝风门。

二、风机风量的调节

锅炉运行中，风机的工作状况是随锅炉负荷的变化而变化的，以适应锅炉不同负荷对风量的实际需要。风机的运行调节，实际上就是改变风机工作点的位置，使风机输出的风量与锅炉实际需要的风量相平衡。离心式风机和轴流式风机的调节通常有以下几种方法：

（一）离心式风机常用的调节方式

1. 节流调节

节流调节是利用设置在风机进口或出口管路上的节流档板，通过改变其开度来改变风机工作点的位置，从而达到调节风机风量的目的。

（1）出口节流调节

使用装设在风机出口管路上的节流档板来调节风量的方式，称之为风机出口节流调节。

出口节流调节，只需开大或关小挡板的开度就可以使风量增大或减少，简单易行。但这种调节方式，当风机发生喘振时风压及流量将出现剧烈的波动，气流发生猛烈撞击，使风机产生强烈的振动和噪声。这对锅炉的燃烧工况及风机本身的安全运行都将带来严重的威胁，因此，目前大机组锅炉的风机，一般不采用这种调节方式。

（2）进口节流调节

进口节流调节是指采用节流档板设置在风机进口管路上，来调节风量的调节方式。这种调节方式是通过改变风机进口节流挡板的开度来实现的。采用这种调节方式进行减小风量的调节时，风机的风量、风压及所消耗的功率将同时下降，因而比出口节流调节方式的运行经济性要好。但节流档板的开度与风量变化不成线性关系，进口节流调节性能较差，尤其不适宜采用自动调节，因而目前大容量的风机一般也不采用这种调节方式。

2. 进口导向器调节

进口导向器调节方式，是通过改变风机入口导向器叶片的角度，使风机叶片进口气流的切向分速度发生变化，风机的特性曲线得到改变，从而达到调节风量目的的调节方式。

采用导向器会使风机效率降低，但在70%～100%调节范围内它的经济性比节流调节要高得多。而且导向器结构简单，调节性能较好，维护方便，所以这种调节方式目前应用比较广泛。

3. 变速调节

变速调节是指通过改变风机叶轮的工作转速，使风机的特性曲线发生变化，从而达到改变风机运行工作点、调节风量的目的。

改变风机的转速，通常采用以下方法来实现：

① 在带动风机旋转的异步电动机的转子回路中，串联一个可变电阻，用改变电阻值的大小来改变电动机的转速。

② 采用液力联轴器、电磁联轴器、皮带传动或齿轮传动等方式来改变风机的转速。

③ 用变速小汽轮机或直流电动机驱动风机。

采用变速调节方法时，由于风机没有附加阻力所产生的额外能量损失，因而是最经济的调节方法，目前使用较多。但是采用变速调节，将增加设备的复杂性。

（二）轴流式风机常用的调节方式

1. 动叶调节

动叶调节，是在轴流式风机运行中通过改变风机叶片的角度，使风机的特性曲线发生改变，从而达到调节风量的目的。这种调节方式，由于经济性和安全性均较好，且每一个叶片角度对应一条性能曲线，叶片角度的变化几乎和风量成线性关系。因而这种调节方式在目前大机组锅炉的轴流风机中普遍采用。

2. 节流调节

轴流式风机的节流调节原理与离心式风机相同。目前电站锅炉的大容量轴流风机一般不采用这种调节方式。

3. 变速调节和进口静叶调节

采用变速调节和进口静叶调节时，系统阻力不变，风量可随风机特性曲线的改变而改变，因此风机的工作稳定，运行平稳。这是目前比较先进的调节方式。

三、风机的联合运行

为了提高锅炉运行的灵活性和可靠性，现代大容量锅炉大多数采用数台风机联合运行的方式。联合运行一般分为串联和并联两种方式。风机串联运行应用较少，而并联运行应用极为普遍。

1. 风机的串联运行

风机的串联运行是指气体依次通过两台或两台以上的风机向系统输送风量的运行方式。这种运行方式，可以大大提高风压。

2. 风机的并联运行

所谓风机的并联运行是指两台或多台性能相同的风机并列布置、联合供风的运行方式。目前大机组锅炉的主要风机，如吸风机、送风机、一次风机等，大多采用两台性能相同的风机并联布置的联合运行方式。

风机在并联方式运行时，出口风压相同，总流量为各风机出口流量之和。采用并联方式运行时，可以通过增、减设备运行台数来适应较大范围流量改变的需要，既可保证每台风机运行的经济性，又增加了锅炉运行的安全可靠性。

风机并联运行时，无论在稳定工况下或风量调节过程中，都可以通过监视各风机的电流和出口风量，尽量保持各风机的负荷相同，以避免发生“抢风”现象。所谓“抢风”现象是由并联运行中小风量的风机落入不稳定工况区域运行造成的，因而“抢风”实际上是一种故障状态。

为使并联运行风机的负荷能保持相同，应禁止采用单台风机投入自动，而另一台风机处于手动状态的运行方式。此外，在风机自动控制回路中还应设有偏置装置，以便在风机特性存在差异时，可通过改变偏置装置，来达到各风机出力相等。

四、风机运行的注意事项

风机正常运行时，应注意以下事项：

① 风机正常运行时，其电流值不仅是风机负荷大小的标志，也是一些异常事故的预报，因此必须重点加以监视。

② 风机的进、出口风压，不仅反映了风机的运行工况，还反映了锅炉及所属系统的漏风或受热面的积灰和结渣情况，应经常进行检查和分析。

③ 风机及其电动机的轴承温度、振动、润滑油量、润滑情况，各种形式的冷却系统、液压系统、转动部分的声音、电动机的线圈和铁芯温度等应定期进行检查，发现异常情况，应及时进行分析和处理。

④ 并联运行的两台风机正常运行时，连通风门应保持开启位置，以便在一台风机故障跳闸，转为单风机运行时，可通过连通风门仍保持锅炉运行工况正常。一般情况下，只有在一台空气预热器故障停用时，方可关闭送风机和一次风机的连通风门。

⑤ 一次风机或排粉机的负荷，应根据制粉系统的出力进行调节。送风机则应根据锅炉总风量的需求和炉膛出口氧量的高低来调节。锅炉总风量，一般包括进入锅炉的所有一次风和二次风量，它和锅炉负荷或燃料量有关。由于燃烧工况或燃料品质的变化，往往给维持恰当的燃料与风量之比带来困难，因而送风量的调节通常还应参照炉膛出口氧量来进行。

⑥ 对于输送高温介质的风机(如吸风机、热一次风机、排粉机等)，由于工作环境差，应特别注意冷却系统的工作情况，防止轴承温度过高造成设备的损坏。

⑦ 锅炉除尘器的除尘效率及工作情况，将直接影响吸风机的使用寿命和安全运行。为了尽量减少烟气中的含尘量，以减少对吸风机叶片的磨损和叶片断裂等事故，除尘器的正确投、停和确保除尘器的高效运行将是十分重要的。

⑧ 正常运行时，吸风机应根据炉膛负压进行调节，在进行除灰、清渣或观察炉内燃烧情况时，炉膛负压应保持比正常值更高一些。在自动调节系统中，为了保持炉膛负压稳定，一般还将送风机的调节作为吸风机调节的前馈信号，以改善自动系统的调节

质量。

⑨ 锅炉受热面发生结渣、积灰时，由于气通道局部堵塞，通流截面减少，将使吸风机电流增大，进口负压升高，风机运行工作点向不稳定工况区域方向移动，不但会影响风机运行的经济性，严重时甚至会使风机进入不稳定工况区域运行。因此，应定期对锅炉各受热面吹灰，经常保持受热面的清洁。

⑩ 为了降低锅炉辅机电耗，提高机组运行的经济性，除了经常保持受热面清洁外，还应尽量减少锅炉各部分的漏风，尤其是空气预热器的漏风。因为预热器的漏风，不但使送风机、吸风机、冷一次风机的出力同时增加，而且还将使风机的运行工作点偏离高效区，严重时甚至由于风量不足而造成机组出力下降。

第五节　电除尘器运行

除尘器按工作原理，可分为机械除尘器和电气除尘器(通常叫电除尘器)两种。机械除尘器现在电站锅炉已较少使用，而电除尘器几乎是现在大型电站锅炉必用的设备。下面主要介绍电除尘器的运行知识。

电除尘器是利用高压直流电场，使含尘气体中粉尘微粒荷电，在电场力的作用下，沉积于沉降极表面上，再经振打力的作用，使成片状的粉尘落入储灰装置中，从而使通过电除尘器的烟气得到净化，达到环保排放标准。

电除尘器的效率可高达 98%～99.5%。虽然一次性投资大，但由于其除尘效率高、寿命长 、处理烟气量大、能耗和维护费用低等优点，目前在国内外火力发电厂中已被广泛应用。实践证明，电除尘器是一种控制大气污染、保护环境的有效设备。

一、电除尘器的投运准备

1. 投运前的准备

电除尘器投运前应做好以下准备工作：

① 电除尘器投运前，应对除尘器本体、灰斗及除灰系统所属的电气、机械、热工自动及连锁保护装置等设备进行全面检查，并经试运行合格。

② 检查电除尘器内部及放电极、集尘极各绝缘子、电瓷套管、振打装置等完整清洁无积灰，电极间距保持为规定值；各轴承润滑油充足，油质、油位合格；灰斗无杂物，灰处理系统正常；电除尘器本体及灰斗各门、孔关闭严密并上封，加热系统具备投用条件；检查高压隔离开关操作机构灵活，位置正确；振打、卸灰、电加热装置开关以及空气开关置于“解除”位置。

③ 振打装置的试转符合要求。

④ 卸灰机试转符合要求。

⑤ 用 2 500 V 兆欧表测定高压网络绝缘电阻应大于 1 000 MΩ，低压侧绝缘电阻大于 5 MΩ；用 1 000 V 兆欧表检查振打电机及其电缆电阻不少于 0.5 MΩ，电除尘器本体接地电

阻小于 4 Ω。

2. 投运的注意事项

电除尘器投运前，除做好以上准备工作外，还必须注意以下事项：

① 送上各控制电源（卸灰装置电源、卸灰程控柜电源、振打控制电源、电加热器电源）。

② 在锅炉点火前 24 h，投入各加热装置，并控制各温度在规定范围（110～120℃）。

③ 锅炉全燃油时除尘器各电场严禁投运。

④ 锅炉点火前 1 h，启动卸灰机和阴、阳极振打装置，并放在连续振打位置。

3. 投运

锅炉点火后，在电场尚未通电前，电除尘器作为烟气通道，由烟气对电场进行加热干燥。当满足电场通电条件后，操作高压整流柜的控制电源开关至“开”的位置，检查停用指示绿灯亮；按下“工作”按钮后，运行指示红灯亮，表示该电场已通电。调节输出电压和电流至需要值，调节火花率至合格值。按上述方法将所有电场逐个投用。结束后，将各振打装置改为周期振打，并对设备进行一次全面检查。

一般情况下电除尘器的正常投运，应按照电场顺序，逆向逐个投入，即先投第三电场，然后再投第二、第一电场。每一电场投入后均应观察和稳定一段时间，以验证其工作是否正常。

二、电除尘器的运行

1. 注意事项

电除尘器运行中，作为工作人员要严格监视电除尘器运行的相关参数，及时检查运行状况，发现问题，及时处理，保证电除尘器的正常运行。电除尘器运行中，一般应注意以下事项：

① 电除尘器运行中应严格监视电除尘器的电压、电流和各加热点温度，并使之保持在正常范围内。

② 及时调整火花频率，使之符合要求。

③ 检查高压硅整流器油箱内的油温、油压及油位等，使之均不超过规定值。

④ 保持高压输出网络无异常放电现象。

⑤ 定期检查振打系统和驱动装置、各加热系统、卸灰机及排灰系统，并使之运行正常，落灰畅通，排灰顺利。

⑥ 除尘器各孔门密封良好，漏风率不大于 5%。

⑦ 监视除尘器进出口烟温、烟压是否正常，异常时应分析原因，及时处理。

2. 调整

锅炉运行中，要根据影响电除尘器除尘效果的因素，及时调整电除尘器的运行状况，以保证除尘效果。

影响电除尘器除尘效率的主要因素有以下几点：

① 粉尘比电阻。所谓粉尘比电阻，是指粉尘在疏松状态下的视在电阻或当量电阻，即是用面积为 1 cm^2 的圆盘将粉尘自然堆积至 1 cm 高，沿高度方向测得的电阻值，用 μ 表示，

单位是Ω·cm。一般在 10^4～10^{10} Ω·cm 收尘效果最好。比电阻过小，粉尘不易黏附在吸尘极板上，会重新被烟气带走，使除尘效率降低；比电阻过大，粉尘荷电不易逸出，黏附力较大，要清除极板上的粉尘需加大振打力，容易引起粉尘二次飞扬，导致除尘效率下降。

② 烟气温度。烟气温度在 90～150℃范围时除尘效率最好。烟温过高，粉尘比电阻降低，黏度小，粉尘驱进速度增大，除尘效率降低。烟温过低，湿度增加，电离减弱，电晕电流减小，除尘效率降低。

③ 烟气流速。过高的烟气流速，不仅使烟尘在电场内的停留时间缩短，同时还会直接冲刷粉尘层，或恰值振打时将粉尘吹起引起尘粒或尘团二次飞扬，导致除尘效率恶化。因此，一般取烟气流速为 1～1.5 m/s。

④ 烟尘浓度。烟尘浓度增加，则电场内粉尘粒子增多，从而抑制了电量电流的产生，使除尘效率下降，严重时出现电流趋近于零，即发生电晕封闭。要防止这种情况发生，必须控制除尘器进口烟气含尘量在 50 g/m^3 以下。对含尘浓度高的烟气，应进行预处理。

⑤ 气流分布。由于各种原因流经电除尘器各部分的烟气流速是不一样的，这对除尘效率的影响较大。气流速度不同的区域捕集到的粉尘量不一样，速度低的地方，除尘效率高；局部气流速度高的地方，会出现冲刷，造成二次飞扬，使除尘效率降低。因为烟速高的影响比烟速低的影响大，所以整体效率是下降的。

⑥ 漏风。处于负压运行的电除尘器，由于制作、安装、灰斗排灰、电晕支吊等原因，总有漏风存在。漏风会造成粉尘二次飞扬，同时会降低烟气温度，可能导致结露甚至腐蚀。

电除尘器能否高效运行，与值班人员能否认真操作、调整，以及能否严格执行运行规程与定期工作制度密切相关。值班人员应根据表计指示、锅炉负荷、煤种和烟尘情况进行相应的调整。如果锅炉负荷高、煤质差、灰分大，第一电场火花出现频繁，应适当调低供电参数，将二、三电场尽量保持高参数运行。当锅炉负荷不高、煤质较好、灰分较低时，电场有相应的余度，可采用低参数供电；或在确保首末电场投运下，停止中间电场运行，以达到节电的目的。对于高低压控制系统，应采用微机控制，一方面有利于参数自动调整，另一方面有利于节电。

三、电除尘器的停运

根据锅炉停止运行时间长短或电除尘器有无检修工作的不同，电除尘器的停运分为正常停运和临时停运两种方式。

1. 电除尘器正常停运

电除尘器正常停运应在停炉过程中煤、油混烧且排烟温度降至 100℃时进行。

停运前应先将输出电流、电压调至最小，然后按电场顺序停止向各电场的电极供电。电除尘器停运后，切断各单元高压整流柜电源，并将各振打装置改为连续振打方式。锅炉熄火后，应保持吸风机运行 30 min 以上，将除尘器内烟气全部抽尽，然后停止引风机、振打装置和卸灰机继续运行一定时间，待灰斗积灰排净，根据实际情况停止振打装置、卸灰机和灰斗加热装置。

2. 电除尘器临时停运

锅炉停炉时间不长，而且电除尘设备无检修工作时，可采取临时停运方式，使电除尘器处于待运行状态。其操作要求是：先将输出电流、电压调至最小，然后按电场顺序停止向各电场的电极供电，保留振打装置和加热系统继续运行。

四、电除尘器的故障处理

锅炉运行时如发生电除尘器故障，在不影响设备安全的前提下，应尽量保留烟气通道的作用，并根据要求进行相应处理。两台电除尘器运行时，如同时故障或所有电场同时失电，且由于外界负荷需要，一时不能停炉检修，但仍可作为烟气通道时，应及时排除故障，恢复除尘器的正常运行。如短时间内故障，无法排除，则应尽快将锅炉改为全烧油或煤油混烧，以减少对引风机叶片的磨损；但必须尽快修复，否则申请停炉处理。一台电除尘器运行，另一台维修，且进出口烟气挡板关闭时，如发生运行的电除尘器故障跳闸，只能作烟气通道时，则应尽快将锅炉改为全烧油，并尽快修复除尘器，否则申请停炉处理。

第六节　除渣除灰系统运行

除灰除渣系统是电站锅炉不可缺少的组成部分。随着锅炉容量的增大，产生的灰渣量也相应增多，因此，保证除灰除渣系统的安全运行，开展灰渣的综合利用，以及使灰渣处理达到环保的要求，是目前火力发电厂灰渣处理的重要问题。

从锅炉排出的灰渣是由炉底排出的粗灰和由省煤器、空气预热器、电除尘器捕集到的细灰组成，各部分所占的比例大体如图 5－6 所示。

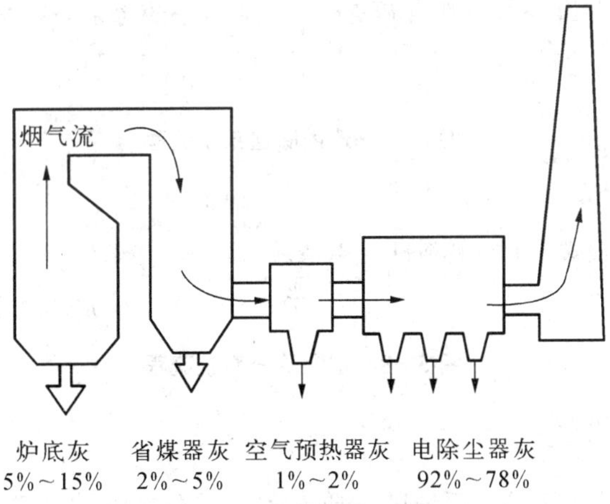

图 5－6　燃煤锅炉灰渣分布概况

锅炉的灰渣处理方式，应根据锅炉设备的特点和当地的条件来选择。表 5－3 列出了锅炉几种典型的除灰除渣和灰渣输送方式。

表 5－3　锅炉的典型除灰除渣和输送方式

<table>
<tr><th>方式
系统</th><th>除灰、除渣方式</th><th colspan="2">灰渣输送方式</th></tr>
<tr><td rowspan="2">除渣系统</td><td>连续除渣</td><td colspan="2" rowspan="2">渣浆输送或用卡车、皮带输送机等机械方式输送</td></tr>
<tr><td>定期除渣</td></tr>
<tr><td rowspan="6">除灰系统</td><td rowspan="2">水力除灰</td><td rowspan="2">灰浆输送</td><td>低浓度输送</td></tr>
<tr><td>高浓度输送</td></tr>
<tr><td rowspan="4">气力除灰</td><td rowspan="3">干灰输送</td><td>正压输送</td></tr>
<tr><td>负压输送</td></tr>
<tr><td>负压、正压联合输送</td></tr>
<tr><td colspan="2">气力—水力联合输送</td></tr>
</table>

一、锅炉除渣系统运行

炉底灰渣的清除按工作方式可分为连续除渣和定期除渣两种：① 连续除渣系统。连续除渣系统一般采用捞渣机除渣的方式。炉膛内的灰渣落入冷灰斗后，进入冷却水封槽，渣一边冷却，一边沉入充满水的捞渣机上部。落在捞渣机上的灰渣因冷却而被粒化，并被捞渣机的链条刮板带出炉外，落到碎渣机中。渣块经碎渣机粉碎后直接掉入渣沟，与喷嘴来的冲灰水混合，并被冲至灰渣泵的缓冲池内，然后灰渣泵通过灰管送至储渣场或综合利用系统。其流程如图 5－7。② 定期除渣系统。定期除渣系统是借助于炉底下部的水浸式渣斗，使炉渣熄火脆裂，再由碎渣机将粗渣粉碎，并定期用灰渣泵（或喷射泵、重型离心泵）将其送入渣场或脱水槽。其流程如图 5－8。

炉渣 → 水封槽 → 捞渣机 → 碎渣机 → 缓冲池 → 灰渣泵 → 渣场
（冲灰水 → 缓冲池）

图 5－7　连续除渣系统流程

炉渣 → 水浸式渣斗 → 碎渣机 → 灰渣泵 → 渣场
灰渣泵 → 脱水槽 → 皮带输送机 → 渣场

图 5－8　定期除渣系统流程

（一）连续除渣系统的运行

捞渣机和碎渣机是连续除渣系统的主要设备。只有这两种设备运行和维护良好，连续除渣系统的运行才能得到保障。下面主要介绍捞渣机和碎渣机的运行和维护。

1. 捞渣机的运行和维护

捞渣机原则上应在锅炉点火前投运，并在空载下低速启动；而后持续运行，直到灰渣负荷中断。只要有灰渣流出，就不能停运，并要根据灰渣量的多少，调节刮板运行速度，使刮板上的灰渣刮到斜坡时，不能出现灰渣满溢落回糟里的现象。

捞渣机在启动前，应对设备进行一次认真详细检查。检查内容包括：

① 灰坑门开启成垂直位置，并围成方框，下部浸入水中形成水封。

② 刮渣机壳体完整无泄漏，链条松紧适度，刮板良好。

③ 各传动设备的润滑油质、油位合格，冷却水系统已投入，有关连锁装置处于规定位置。

④ 由于捞渣机工作环境较为恶劣，故许多电器设备应有必要的防水装置，以免运行中发生故障。

锅炉正常运行时，应保持炉底水封正常。为使炉渣能充分被粒化，炉底补水门的开度应根据机组负荷及时调整，使溢水箱温度控制在 55～60℃。捞渣机运行时应定期检查灰坑水封、溢流箱水位是否正常；检查捞渣机的链条、刮板、传动装置、电动机、齿轮箱等运行情况是否良好。如发现刮板变形、损坏或链条严重磨损、节距伸长、与错轮啮合不佳、有脱键危险时，应及时通知检修处理。锅炉运行中，如捞渣机发生故障需短时间抢修，可关闭所有灰坑门，以形成临时炉底存渣，捞渣机可通过下部滑轨拉出抢修，但时间一般不超过 2 h。

2. 碎渣机的运行与维护

燃料在锅炉内燃烧后，会形成大小不等的灰渣。如直接排入渣沟或用渣泵输送，容易造成渣沟堵塞或渣泵故障。故要采用碎渣机，将大块焦渣先进行破碎，然后再进行输送。

在捞渣机、碎渣机配套使用的除渣系统中，捞渣机与碎渣机相互间的运行应设置连锁：当碎渣机因故停运时，捞渣机联动停运，以免大量渣块落下堆积在碎渣机内无法排出；在启动捞渣机、碎渣机时，应先启动碎渣机，后启动捞渣机。

碎渣机由于其工作环境恶劣，应配有必要的保护装置。如遇到渣块卡住，应将电动机自动反转数周后再改为正转，使渣块顺利排出。此外，碎渣机的电动机应装遮棚，以免被灰水淋浇。

碎渣机正常运行时，应定期检查转动部分的声音、振动、轴承温度等是否正常。由于碎渣机齿轮箱的油质易被乳化，故除了检查齿轮箱油位外，更应注意其油质的好坏，以便及时发现异常情况，进行分析处理。

碎渣机一旦因故停运，应尽快修复。如短时间无法修复时，则应采取临时措施，如组织人工除渣等，使除渣系统运行不中断。

（二）定期除渣系统的运行

目前，电厂普遍采用的是定期除渣系统。该系统是以水浸式渣斗为主的湿式除渣装置。此系统可采用全封闭的管道输送，故能大大净化环境。定期排渣的间隔时间，一般根据各具体设备和渣量多少而定。渣斗下面装有碎渣机将粗渣粉碎，然后通过渣泵送往渣池。

水浸式渣斗投运前，应保证渣斗本体完整，无泄漏，排渣闸门、观察窗、溢流装置、渣斗冲洗喷嘴、冷却水供水装置、水密封、密封挡板等完整良好；碎渣机盘动灵活，轴承及减速机油位正常、润滑良好，有阀门挡板的要在投入位置。

锅炉投粉数小时后，按除渣程序进行除渣。当除渣程序不能进行时，要手动操作，其步骤与自动程序相同。具体步骤如下：

① 投入各灰渣沟激流喷嘴，并使碎渣机轴封水压正常。

② 关闭水冲洗至灰渣沟的闸门，启动冲渣泵并维持出口水压正常，供给排渣小室稀释水，撹动渣斗灰渣。此时排渣闸门自动开启，并进行排渣。

③ 随后冲洗渣斗，碎渣机自动停止。一斗排渣完后，闸门关闭，另一斗开始排渣。

渣斗在排渣时，两只渣斗（通常成 w 形布置）只能依次进行。排渣时，很有可能发生渣块在排渣口引起堵塞而影响排渣。当排渣口堵塞后，压力水无法冲通时应打开除渣门进行除渣。在打开除渣门前应注意观察，只有在渣斗内水渣面低于除渣门下沿时，方准打开除渣门进行除渣。

除渣系统运行中，应注意保证水冷系统和溢流水工作正常，且水温不大于 60℃。如发生高水位溢流，则应查明原因，并作相应处理。水封槽在运行中要定期冲洗与排污，以保证渣斗和炉底的密封性能良好。

有的除渣系统采用水力输灰器来输送炉渣。水力输灰器结构简单，使用方便，但效率较差，目前使用不多。采用脱水槽方式虽然系统较复杂，但却为渣的综合利用和冲渣水的循环使用，提供了良好的条件，因此该方式正在逐步被采用。

二、锅炉除灰系统运行

锅炉的除灰方式有两种：一是水力除灰，二是气力除灰。

（一）水力除灰

水力除灰系统是以水为介质输送灰渣的系统。

在水力除灰系统中，灰的输送是主要的环节。灰的输送方式按输送的灰水比例分，可分为低浓度输灰方式和高浓度输灰方式两种。

1. 低浓度输灰方式

低浓度输灰方式输送灰浆的灰水比为 10%～15%。灰浆泵是其主要输送设备，如图 5－9所示。该系统流程是：电除尘器、预热器、省煤器下部灰斗的细灰经冲灰器流入灰沟到灰浆池，再由灰浆泵经压力输送管道输送至灰场。

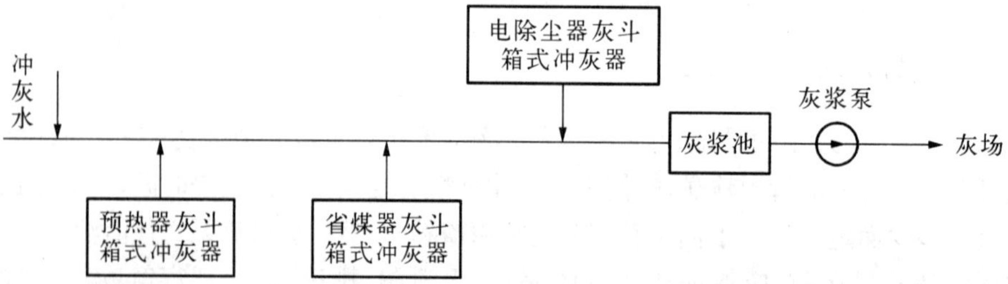

图 5－9　低浓度水力除灰系统流程图

2. 高浓度输灰方式

高浓度输灰方式是在低浓度输灰方式的基础上发展而来的，其流程如图 5－10 所示。

低浓度灰浆由灰渣泵打入浓缩池(或浓缩机)中,制成灰水比为50%～60%的高浓度灰浆,用油隔离泵,或水隔离泵,或柱塞泵送往灰场。该系统最大的特点是:可重复利用除灰水,环境污染较轻。

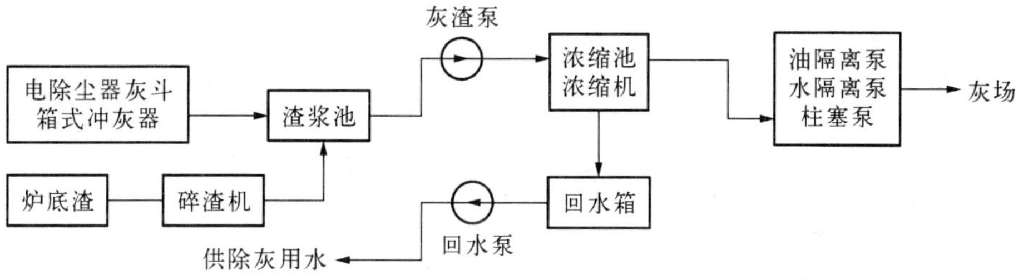

图5-10　高浓度水力除灰系统流程图

(二) 气力除灰

气力除灰系统是用空气作为介质来输送细灰的系统。气力除灰不需要冲灰水源,不改变灰的特性,既节约能源,也为灰的综合利用提供了有利条件。因而,在新建的机组中得到广泛的应用。同时,很多过去投产使用水力除灰方式的锅炉机组,也较多改为气力除灰方式。

气力除灰系统有正压输送、负压输送、负压-正压联合输送、空气斜槽-气力提升泵输送等方式。以下主要介绍正压和负压输送的气力除灰系统的运行和维护知识。

1. 正压输灰系统运行

目前正压输灰系统广泛采用的主要设备是仓式气力输送泵(简称仓泵)。下面就以仓式气力输送泵式正压输灰系统为例介绍正压输灰系统运行与维护的知识。

仓式气力输送泵式正压输灰系统是利用压缩空气,使仓式气力输送泵内的灰与空气混合,并吹入输送管道,直接排入灰库。其流程是:从干式除尘器分离下来的灰,经螺旋输粉机或给料机,进入仓泵,用压缩空气将缸体内的灰吹到灰库内。刚刚吹入灰库的灰的气流,由于突然扩容,速度急剧降低,大部分灰粒从气流中分离出来,并降落到灰库内,只有少部分很细的灰粒,随气流进入压力式布袋收尘器,并被捕集下来,剩余的较清洁的空气排入大气。

仓式气力输送泵式正压输灰系统的特点是:输送距离长(50～2 000 m),输送出力高(100 t/h范围内),运动部件少,运行可靠。但由于压力较高,故对配套设备要求相应提高。运行不当或维修不及时,将会造成环境污染。

(1) 启动条件

正压输灰系统启动前,应对系统及所属设备进行仔细的检查,使各设备具备以下启动条件:

① 输灰管道要畅通。

② 各气灰分离器的挡板要正常。

③ 气源压力处于规定的数值。

④ 空气净化室过滤网要清洁、完整、无堵塞,空压机完好,油质、油位处在正常值。

⑤ 仓泵缸体完整、内部无杂物。

⑥ 各阀门的动作到位、灵活、无异常。

⑦ 仓泵控制箱转换开关指示正确。

⑧ 各吹堵阀在关闭位置，吹堵总门开启。

⑨ 控制盘上的进料阀、透气阀、进气阀开关在关闭位置。

⑩ 各设备已置于启动前状态。

(2) 启动

① 正压输灰系统的程控启动。干燥器在输灰系统投运前 12 h 已投入且运行正常。启动空压机，将所有仓泵切换开关切至遥控位置。选择灰去灰库开关的走向。启动库顶风机。按下仓泵运行启动按钮，输灰系统开始工作。其输灰过程分为四个阶段：

a. 进料阶段。仓泵进料阀开启，煤灰物料在仓泵容器中不断积累，料满或达到设定间隔时间，关闭进料阀进入下一阶段。

b. 进气加压阶段。仓泵进料阀、出料阀关闭，过气阀开启，压缩空气通过底部的流化盘进入仓泵，在仓泵内加压，使灰流化。当泵内压力上升到设定压力高限时，高压开关动作，过渡到下一阶段。

c. 排放阶段。仓泵进料阀关，出料阀、进气阀开。仓泵积累的灰，被压缩空气以连续浓相(较浓状态)形式输送至灰库，直到泵内压力降至设定的低限值时，进入下一阶段。

d. 吹扫阶段。清扫仓泵和管道中的残灰，当压力下降到一定值时，自动关闭进气阀，接着开始重复上述过程，进行连续除灰。

② 正压输灰系统的手动启动(以双仓泵系统为例)。控制盘送电，开关打至手动，启动空压机。当空气压力达到规定值时，对输灰管进行吹扫。输灰管畅通后，再对仓泵进行两次吹扫。开启一仓泵进料阀，依次启动螺旋输送机、饲料机、锁气器，投入连锁。开启除灰闸板阀，检查下灰及输灰情况。当料位指示发出信号后，开启另一仓进行装灰。当输灰空气压力上升至规定值时，开启进气阀进行输灰。此时，注意进气管压力、输灰管压力及压差变化，防止堵管。待压力下降到一定值时，表示该仓泵粉尘已吹扫完毕，可关闭进气阀，停止输灰。然后开启进料阀重新装灰，延时一段时间可开启另一仓泵的进气阀输灰。两仓泵按上述过程依次连续除灰。

仓泵运行时，应经常检查泵体压力、压缩空气压力、进灰及出灰情况和程控运行情况等。经常监视输灰管压力的变化，发现压力异常变化时，应及时分析。如果发生堵灰情况，应及时进行吹扫。定期检查系统和设备是否有漏灰、漏气、漏油现象，如发现，应及时处理，以免污染环境。

仓泵或所属系统发生故障时，应将除灰方式切换至备用系统运行。

(3) 停运

经现场检查确认灰斗内的灰已出空，方可停用输灰系统。正压输灰系统的停用方法有两种：一种是仓泵停止运行，其他辅助设备继续运行；另一种是输灰系统所有设备全部停止运行。

① 仓泵停止运行，其他辅助设备继续运行时的，正压输灰系统的停运。每组仓泵已完成一个运行循环，并吹扫完毕后，按下该组仓泵的停止按钮，该组仓泵便停止运行。但此

时，进灰阀手动闸门不关闭。若因一组仓泵设备需停运检修，除要停止该仓泵运行外，还应关闭该组仓泵的各仓泵手动进料闸板阀，关闭压缩空气至该组仓泵全部进入流化盘手动门，并维持所有干燥器运行，维持一台空压机运行，保持压缩空气压力处于规定值。

② 输灰系统所有设备全部停止运行时的正压输灰系统的停运。电除尘器已停运，且电除尘器加热和振打仍在运行；经现场检查确认所有电除尘器灰斗内的灰已全部清除，且仓泵内的灰已全部除空，并进行了吹扫；仓泵的手动进料阀闸板门、气动进料门、出料门和进风门都已关闭，此时，停止仓泵运行。

若灰库继续出灰，此时应保留一台空压机运行，维持一定气压，供灰库气化用气。若灰库已出灰完毕或不出灰，此时应停止空压机运行。

除灰系统停用时间不超过三天时，维持两台或两台以上干燥器运行。停用时间在三天以上时，停止干燥器运行，并切断系统动力设备电源。

2. 负压气力输灰系统运行

负压气力输灰系统是利用负压风机产生系统负压将飞灰抽至灰库的设备系统。其最佳负压为 6.1×10^4 Pa，风量约 53 m^3/min。其工作过程是：负压气力输灰系统利用负压风机的抽吸作用，使输灰系统内产生一定负压。当灰斗内的干灰通过物料输送阀落入受灰器内时，与吸入受灰器的空气混合，并一起吸入管道。经气粉分离器分离后的干灰落入灰库，清洁空气则通过负压风机重返大气。

负压输灰系统特点：一是基建费用较低；二是由于其泄漏只发生在系统内部，所以运行比较清洁；三是能较好地将干灰集中，方便进行处理或综合利用。

负压输灰系统启动前，也应对系统及所属设备进行全面的检查。要求输灰管道畅通、各气灰分离器的挡板正常、气源压力处于规定值、布袋过滤器无阻塞现象、抽气设备已置于启动前状态等。

负压输灰系统的投运基本上以程控为主，手操控制一般用于处理个别灰斗堵塞等故障情况时。

负压输灰系统运行时，省煤器、空气预热器、电除尘器各电场灰斗依次按顺序排灰，管路每切换一次前，都要进行“吹扫”。

第七节　锅炉吹灰

锅炉水冷壁结渣或积灰，将使锅炉蒸发量降低，炉膛出口烟温升高。而锅炉炉膛出口烟温升高，又会引起过热汽温和再热汽温升高，同时，过热器和再热器的管壁温度也会升高。如果水冷壁由于焦渣和积灰的原因，造成严重结渣，将严重影响锅炉的工作安全。此外，当水冷壁管屏各管或各管屏间，由于积灰或结渣，造成吸热量严重不均时，还会导致水冷壁管壁超温爆管。

锅炉对流受热面管束积灰，将使过热汽温、再热汽温降低，并使排烟温度升高，排烟热损失增加。如果产生局部积灰，就会使过热器、再热器的热偏差增大，影响过热器、再热器的安全。同时，积灰还会增加管束的通风阻力，使引风机的电耗增加，严重时将限制锅炉出力。

由此可见，根据锅炉受热面不同的工作状况及其积灰、结渣的可能程度，装设适量的吹灰器、拟定合理的吹灰程序，是保证锅炉受热面安全运行的重要前提。

一、锅炉吹灰的分类和工作原理

1. 分类

根据锅炉吹灰介质的不同，可以把锅炉吹灰分成三种方法：

(1) 蒸汽吹灰

它使用的吹灰介质是过热蒸汽或饱和蒸汽。大型电站锅炉大都使用过热蒸汽作为吹灰介质，尤其是使用再热器进口处的中间再热蒸汽最多。因为该处蒸汽的压力和温度能较好地满足吹灰蒸汽参数的要求，使吹灰设备的制造和使用比较经济和安全。而对于较小容量的锅炉则可以采用饱和蒸汽作吹灰蒸汽，在一定程度上虽能对积灰起到疏松作用，但其蒸汽湿度较大。

(2) 压缩空气吹灰

这种方法不会增加烟气中水蒸气的含量，对低温受热面的腐蚀不会加重，但它需要设置压力较高的压缩空气系统，投资费用较大，因此在电站锅炉中很少采用。

(3) 水吹灰

这种方法一般采用排污水作为吹灰介质。排污水吹灰，又称高压疏水吹灰。它是利用锅炉的排污水在通过喷嘴后，因压力发生骤降，使水滴大量汽化，容量和流速增大。当汽流或水滴高速射到受热面上的灰渣时，起到吹灰和碎渣的作用。这种方式以往多用于水冷壁吹灰，在吹扫过程中，总会有部分水滴冲击或飞溅到管子上，使管子遭受侵蚀，并会引起管壁温度发生剧烈的变化。因此，除燃用结渣严重煤种的锅炉以外，一般很少采用这种方法对锅炉水冷壁进行吹灰。

无论哪种吹灰方法，锅炉都是通过吹灰器来实现吹灰的。

锅炉吹灰器的作用是清除受热面的结渣和积灰，维持受热面清洁，以保证锅炉的安全经济运行。

2. 原理

吹灰器的种类很多，按其结构特性的不同，可以分为简单喷嘴式、固定回转式、伸缩式（又分为短伸缩型吹灰器和长伸缩型吹灰器）及摆动式等。

各种吹灰器的吹灰原理是相似的，都是利用吹灰介质在吹灰器喷嘴出口处所形成的高速射流，冲刷受热面上的积灰和焦渣。当汽流（或气、水流）的冲击力大于灰粒与灰粒之间或灰粒（焦渣）与受热面之间的粘着力时，灰粒（或焦渣）便脱落，其中小颗粒被烟气带走，大块渣或灰则沉落至灰斗或烟道。

燃煤锅炉一般在炉膛水冷壁的四周布置有数量较多的短伸缩式炉室吹灰器，用以清除水冷壁受热面上的灰渣；在烟道内的各受热面部位，布置有长伸缩式烟道或预热器吹灰器用来清除折焰角、过热器、再热器、省煤器及空气预热器等部位的灰渣。

二、蒸汽吹灰系统运行

目前，电站锅炉大都采用再热蒸汽作为吹灰介质进行吹灰，下面就蒸汽吹灰的运行知识进行介绍。

1. 吹灰前的准备

吹灰前，应对所属系统及设备进行全面检查。内容主要包括：与吹灰有关的调节控制系统各设备均应校验正常，并已置于投运前状态；有关热工仪表、信号及报警装置已投入运行；各吹灰器在退出位置；吹灰总门、吹灰调节门在关闭位置。

在进行吹灰操作前，应先通知有关岗位值班员，做好相应安全措施和参数调整工作，适当增大炉膛负压。吹灰过程中应注意各段汽温的变化，以免由于灰渣脱落，造成局部吸热量发生较大变化，而导致汽温波动。吹灰时严禁进行打渣、除灰和启停制粉系统等操作，严禁打开检查孔观察炉内燃烧情况。

2. 吹灰条件

锅炉吹灰应具备如下条件：

① 锅炉运行工况正常；

② 引风机有足够充裕量；

③ 锅炉燃烧及各参数稳定，且无其他重大操作；

④ 锅炉负荷不低于规定值(要求负荷一般不低于 70%MCR)，以防将炉火吹灭。

3. 吹灰操作

(1) 吹灰操作方式

吹灰操作一般采用程控方式进行。在打开吹灰总门后应检查自动调压装置工作正常，并对所属系统进行充分疏水、暖管。暖管结束后，程控系统开始进行吹灰操作。吹灰器程控又分为全程控和部分程控。全程控即所有吹灰器及其相关电动阀门都按顺序全部投入程控，程控系统一旦启动，各吹灰器和电动阀门自动投入工作。部分程控即按需要将部分吹灰器及其相关的电动阀门投入程控。

(2) 吹灰顺序

锅炉受热面吹灰的顺序一般为：预热器→炉膛→烟道→预热器。炉膛的吹灰一般是从上到下逐对进行。烟道吹灰按烟气流向逐对进行，不准颠倒，以防吹落的灰粒再次附在清洁受热面上。空气预热器吹灰可两台同时进行。吹灰结束后，程控系统应自动泄压，操作人员要实地检查吹灰器处在退足位置。

(3) 注意事项

吹灰过程中应保持炉膛负压及蒸汽压力符合要求。蒸汽压力过低或无蒸汽时，严禁进行吹灰操作，以避免烧坏吹灰器。进行手操吹灰时，每次投入的吹灰器台数一般不超过两台，以防锅炉燃烧工况及蒸汽参数产生较大的扰动。

吹灰周期一般按锅炉燃用煤种及受热面的积灰情况而定。目前，各电厂大多实行每班一次的方式，以便于操作和管理。

第八节　控制循环锅炉炉水循环泵运行

控制循环泵是控制循环锅炉的重要辅助设备，其安全性将直接影响锅炉汽水系统的安全。本节以某 1 025 t/h 控制循环锅炉的控制循环泵为例，介绍其运行知识。

一、炉水循环泵的启动

（一）启动前的准备

当锅炉机组准备启动进水前，首先要对炉水循环泵和电动机腔室充水、排空气。为了保证电动机的安全运行，每次向电动机腔室充水前，必须对管道进行冲洗排放，直至冲洗干净，并在水质经化学人员取样分析合格后，方能向电动机腔室充水。

（二）启动条件

控制循环泵启动前，应具备以下条件：

① 按锅炉运行规定，对汽水系统进行全面检查。当达到锅炉进水条件后，将汽包水位进至＋200 mm，然后停止进水。

② 确认炉水循环泵有足够的净正吸入压头，对泵壳进行排空气。

③ 锅炉进水时，炉水循环泵电动机应保持连续充水。

④ 检查整个高压回路系统，无漏泄现象。

⑤ 当锅炉充满水后，检查电动机绕组的绝缘应符合要求。当电动机内的水温为 20℃时，应测量电动机的绝缘值，其值应大于 200 MΩ，经确认后，可送上工作电源。

⑥ 高压冷却器和隔热体的二次水流量应大于 8.1～11 m^3/h。

⑦ 开启泵的出口阀，检查电动机内腔温度，其值应小于 55℃。检查泵壳与炉水间的温差，其值应小于 56℃。

⑧ 炉水循环泵电动机无异常情况。

（三）启动程序

控制循环锅炉炉水循环泵启动，应按以下程序进行：

① 合上炉水循环泵的操作开关，启动炉水循环泵。炉水循环泵运行 5 s 后，立即停止泵的运行(这叫“点动泵”)。由于电动机转到全速大约需 1 s，如果启动 5 s 后，电动机仍不旋转，应立即按下停止按钮，且在 20 min 内不准再次启动泵。在此冷却期间，应查找启动失败的原因，并予纠正。

② 隔 15 min 后，再次启动电动机，使炉水泵转 5 s。在转动期间需进行下列检查：电动机的电流；泵的差压，其值应大于 0.29 MPa，如果差压不升高，说明泵旋转错误，应立即停泵。这是因为推力轴承设计时有固定的旋转方向，如果长时间反向转动，会造成轴承的

损坏。

判断泵旋转方向的方法如下：

a. 启动电动机数分钟，观察输入功率和电流。若电动机反转，则输入功率与规定值不符，可能高于或低于规定值，还会出现特殊的噪声、振动和低压头等不正常现象。

b. 关闭出口阀，启动电动机 1 min 后测量闭路压头和电流，判断测量值是否与正常值相同。若出现明显的压头低、电流高的现象，则说明电动机反转，应更正电机接线，并开启出口阀。

③ 暂停 15 min 后，再次启动电动机，并运行 20 min，在此期间应完成下列检查：

a. 用振动表，分几次测量电动机的振动值，其振动值应小于 0.04 mm。

b. 泵和电动机应无摩擦声，轴承声音正常。

c. 电动机的内腔温度应小于 55℃。

d. 分几次检查并记录电动机的电流值和电压值。

e. 检查一次冷却水的温度是否正常。

f. 检查电动机法兰、一次冷却水管路及冷却器，都应无泄漏。

需要指出的是，对于大修后的炉水循环泵，首次启动时应按上述操作顺序进行。如果是正常备用泵启动，可在确认启动条件成立的情况下，按如下方式进行：

(1) 冷态启动

① 启动电动机。

② 按炉水循环泵的启动要求和项目进行检查。

③ 当炉水所含杂质的浓度达到允许值时，可停止对炉水循环泵电动机的清洗。

(2) 热态启动

在锅炉已带压力的情况下，启动炉水循环泵时，必须使泵在热备用状态下进行。在进行启动前全面检查之后，应按如下步骤进行启动：

① 打开出口旁路阀，预热泵壳；

② 启动电动机；

③ 关闭旁路阀。

二、炉水循环泵运行的监视指标

炉水循环泵在正常运行时，应监视以下指标：

① 炉水循环泵电动机充水温度不低于 20℃；

② 二次冷却水流量为 8.1～11 m^3/h；

③ 二次冷却水温度不超过 30～35℃；

④ 炉水循环泵及电动机的振动值不超过 0.04 mm；

⑤ 泵壳与炉水的温度差小于 56℃；

⑥ 炉水循环泵进、出口压差大于 0.11 MPa；

⑦ 炉水循环泵电动机的电流值不超过额定值。

三、炉水循环泵运行的注意事项

① 为了确保炉水循环泵电动机冷却水的质量不受污染，在下列情况下，炉水循环泵电动机要连续进行充一次水：

a. 锅炉酸洗或水洗时；

b. 电动机一次冷却水有泄漏时；

c. 电动机温度高时；

d. 炉水太脏时。

遇有上述情况，必须对炉水循环泵电动机进行连续充水，使有适量的高压冷却水经轴颈的间隙不断逸出，以防酸液、不合格的炉水及炉水沉淀物等进入电动机中。

锅炉正常运行时，炉水循环泵电动机和外置冷却器，均处于锅炉的高压状态下。因此，一次冷却水必须切至高压水源，并将高压冷却水水源充压到炉水循环泵电动机充水隔绝门前，以保证锅炉可随时投用。

② 当炉水循环泵电动机法兰及一次水阀门、管路有泄漏时，泵侧的高温高压炉水将经轴颈间隙倒入电机中，电动机的温度就会不正常地升高，严重时电动机会很快烧坏。这时在进行炉水循环泵电动机一次水充水时，要注意充水一次水压力必须高于锅炉的汽包压力，方能进行充水。若发现一次充水装置跳闸时，应迅速关闭电动机的充水隔绝门，防止高温高压炉水倒回至低温电机腔内（虽有逆止阀，但应注意，有时逆止阀会失灵或发生泄漏）。

③ 二次冷却水必须保持充足。炉水循环泵正常运行中，电动机温度通常不会超过40℃。倘若外置冷却器的二次冷却水流量不足，电动机的温度就会升高，此时，如没有采取及时、有效的措施，电动机就有可能烧坏。因此，锅炉运行中炉水循环泵的二次冷却水必须保持正常供水，在二次冷却水源发生故障时，备用水源应立即自动投入供水。所以，备用水源的联动装置应定期进行试验，确保可靠备用。

④ 一台炉水循环泵运行可带60%MCR负荷，两台炉水循环泵运行可带100%MCR负荷。在点火初期，炉水温度变化较快，为了使泵壳温度和炉水温度之差不大于56℃，在点火初期，炉水循环泵应轮换运行。在锅炉冷态下启动炉水循环泵，电动机电流将接近规定值。但随着锅炉汽温汽压的升高，电动机电流会逐渐减小。因此，锅炉在冷态下，可输入两台或三台炉水循环泵运行，以减少炉水循环泵的轮换启动次数。

⑤ 炉水循环泵须联动保护。当A泵跳闸时须连锁启动B泵，B泵跳闸时须连锁启动C泵，而C泵跳闸时须连锁启动A泵。当两台泵运行时锅炉可带100%负荷，当其中一台跳闸，2 s内须启动备用泵；如5 s内备用泵未启动，则保护系统须发信号至自动调节装置，将锅炉负荷减至50%。当运行泵全部跳闸时，5 s内将同时向三台泵发启动指令，若5 s内没有一台泵启动，保护系统将发出“炉水循环不正常”的信号并动作，MFT使锅炉紧急停炉。

⑥ 炉水循环泵的跳闸保护。炉水循环泵运行中电机腔室温度大于55℃时将发出报警，大于60℃时炉水循环泵将跳闸。

⑦ 备用炉水循环泵的保护。在运行中，炉水循环泵靠电动机下端的推力盘辅助叶轮旋转产生动力，使电动机腔室内的高压冷却水“强制循环”，然后再通过冷却器内的低压冷却水带走热量。备用炉水循环泵的电动机虽是静止的，但电动机冷却器的冷却水仍照常投入，电动机腔室内的热量也是靠冷却器内的冷却水带走的，所以，运行中一定要对备用炉水循环泵电动机冷却器的冷却水流量严加监视，防止发生断水。备用中的炉水循环泵，电动机腔室内的温度一般比运行泵要高 5～10℃。其原因为电动机停转后，其内部工质流量减少所致。

四、炉水循环泵的正常停运

1. 正常停运

① 将电动机操作开关置于“停止”位置(炉水循环泵的惰转时间约为 25 s)；

② 炉水循环泵停运后，继续保持二次冷却水的正常运行，并监视高压冷却器及隔热器来的二次冷却水的温度应不超过规定值。如发现电动机温度不正常升高时，应查明原因，及时处理。

2. 启停的注意事项

① 炉水循环泵严禁在电动机异常、锅炉无水或汽包发生低水位时启动。

② 只有在炉水循环泵电动机充水、汽包水位达＋200 mm、电动机绝缘合格等三个条件同时满足时，电动机才能送电。这样，可防止电动机误启动。

③ 锅炉停炉放水时，停止炉水循环泵电动机后应立即将炉水循环泵电动机停电。这样，可以防止锅炉放尽炉水后电动机误启动，损坏电动机。

④ 炉水循环泵在电动机腔室温度小于 10℃时，不准启动。

⑤ 炉水循环泵不可两台同时启动。

⑥ 炉水循环泵启动时，其启动时间不得超过 5 s。

⑦ 炉水循环泵停止运行后，再次启动时需要间隔 15 min 后才能进行。

⑧ 在锅炉热态时，炉水循环泵热态启动，应检查泵壳与下降管中的炉水温度差，其值不超过 56℃。

⑨ 为减少三台炉水循环泵泵壳温差，锅炉在启动过程中，三台泵可轮换使用。

⑩ 炉水循环泵运行中，应检查温度补偿门，正常应置于常开位置。

⑪ 如锅炉停炉，炉水循环泵长期停用，而且承受低温时，必须做好电动机的防冻措施。

⑫ 炉水循环泵启动，遇到下列情况时，应立即停止运行：

a. 汽包水位降至－200 mm 以下，且电流摆动时；

b. 电动机的腔温不正常地升高到报警温度，且无下降趋势时；

c. 炉水循环泵启动时，发生启动时间超限；

d. 电动机发生短路或电流突然上升时；

e. 炉水循环泵在高压回路中，发生无法控制的漏泄时；

f. 振动值超过 0.12～0.15 mm 时。

第九节 电站锅炉脱硫脱硝

随着我国对环境保护越来越重视，对电站锅炉的运行也提出了更高的要求。不但要求锅炉能够安全经济地运行，而且污染物的排放要符合标准。电站锅炉的脱硫脱销系统就是减少锅炉烟气污染的重要手段。

一、脱硫系统运行

（一）脱硫原理

锅炉引风机排出的原烟气由增压风机或直接导入脱硫系统，一般通过 GGH（气气加热器），进行热交换后烟气进入吸收塔。在吸收塔内，原烟气自下而上通过塔身，与喷淋系统喷出的雾状石灰石浆液逆流混合，脱硫后的净烟气经喷淋系统上部的除雾器除去烟气所携带的雾滴后排出吸收塔，再次进入 GGH，经 GGH 加热升温后从烟囱排出。而吸收 SO_2 后的浆液落入吸收塔底部，通过脱硫循环浆液泵与补充的石灰石浆液从吸收塔上部的喷淋系统喷出，洗涤烟气中的 SO_2。洗涤后的浆液再次落入吸收塔底部，就这样周而复始循环。其中，混合浆液由外置的氧化风机供给空气使亚硫酸根氧化成石膏，石膏浆液经脱水系统脱水后成为固体石膏粉末排出。

（二）脱硫系统的启动条件

启动脱硫系统时，应注意以下事项：

① 因脱硫系统运行由专业的脱硫运行人员负责，故在机组启动中，锅炉运行人员只要根据机组负荷、锅炉排烟温度等情况及时通知脱硫运行人员启动烟气脱硫系统（FGD）即可。

② 锅炉启动中，当机组负荷达到脱硫系统的有关辅助系统的操作规定值（例如机组规定是大于或等于 25％MCR）时，具体负责人（例如值长，下同）才能通知脱硫运行人员进行脱硫系统有关辅助系统的操作。

当机组负荷达到烟气脱硫系统（FGD）的启动负荷（例如机组规定是大于或等于 30％MCR）时、并且机组已稳定运行、锅炉除尘器已全部投用、排烟温度正常，负责人才能通知脱硫运行人员启动 FGD。

当机组负荷达到关闭脱硫旁路挡板的负荷（例如机组规定是大于或等于 50％MCR）时，负责人才能通知脱硫运行人员关闭脱硫旁路挡板，锅炉全烟气进入脱硫系统。

③ 如果脱硫系统没有增压风机，脱硫系统启动时，应首先打开旁路挡板，使烟气不经脱硫系统直接排向烟囱；然后，依据机组负荷、原烟气温度，并且有负责人指令，才能启动脱硫系统。

④ 如果脱硫系统既没有增压风机又没有旁路挡板，则锅炉启动时全烟气便进入脱硫系

统，因此脱硫运行应根据烟气中的 SO_2 含量、机组负荷和负责人的指令，及时启动脱硫循环浆液系统。

（三）脱硫系统运行时，锅炉运行注意事项

脱硫系统运行对锅炉的安全运行会产生一定的影响，所以当脱硫系统投入运行时，要加强对锅炉的监视，其注意事项如下：

① 加强引风机进、出口烟压、电流及炉膛负压的监视。

② 应加强锅炉排烟温度的监视，防止超过脱硫系统跳闸烟温规定值。

③ 一旦脱硫系统运行中发生故障，脱硫运行应及时开启烟气旁路挡板（有烟气旁路挡板的），确保锅炉安全运行。如脱硫旁路挡板未能及时开启，锅炉运行应使用炉侧的手操紧急快开阀开启旁路挡板，确保烟气正常排出。如旁路不能及时开启或不能开足，锅炉运行人员必须迅速减负荷，以满足烟气通流要求。

如机组无烟气旁路挡板，当脱硫系统在运行中发生故障时，应根据故障的大小程度和运行规程，采取正确故障处理方法。

④ 脱硫系统运行中有故障，造成炉膛压力高并达到炉膛压力保护动作值，则 MFT。锅炉按 MFT 动作处理。当 MFT 拒动，锅炉运行应手动紧急停炉，确保人身、设备安全。

（四）脱硫系统的停运条件

当脱硫系统满足以下条件时，才能停止其运行：

① 当机组负荷达到开启脱硫系统旁路挡板的负荷（例如有的是小于或等于 50%MCR）时，脱硫运行人员开启旁路挡板，逐渐停运脱硫系统。

② 当机组负荷达到停运 FGD 的负荷（例如有的是小于或等于 30%MCR）时，停运 FGD。

③ 脱硫系统如无增压风机，当机组负荷达到开启旁路挡板的负荷（例如有的是小于或等于 50%MCR）时，脱硫运行人员应开启旁路挡板，逐渐停运脱硫系统。

④ 脱硫系统无增压风机且无旁路挡板，脱硫运行人员应根据烟气中 SO_2 的含量和机组负荷，随锅炉同步停运脱硫系统。

二、脱硝系统（SCR）运行

（一）脱硝原理

燃煤在燃烧过程中，NO_x 的生成主要有三种形式：热力型、燃料型、瞬态型。热力型指在高温条件下，空气中的 N_2 与 O_2 结合燃烧生成以 NO 为主的 NO_x，其总反应式为：$N_2 + O_2 \rightarrow 2NO$；$NO + O_2 \rightarrow NO_2$；燃料型指燃料中的氮化合物在燃烧过程中氧化反应而生成的 NO_x；瞬态性 NO_x 形成机理比较复杂，此类 NO_x 生成量 $<1\%$。

烟气中 NO_x 主要由 NO、NO_2、N_2O 组成，其中 NO 的含量大约在 95%左右，NO_2、N_2O

占5%；热力型 NO_x<20%～30%，燃料型 NO_x>60%～80%，瞬态型 NO_x<1%。

常用脱除 NO_x 方法有：

1. 燃烧控制

由氮氧化物（NO_x）形成原因可知，对 NO_x 的形成起决定作用的是燃烧区域的温度和过量空气量。低 NO_x 燃烧技术就是通过控制燃烧区域的温度和空气量，以达到阻止 NO_x 生成及降低其排放的目的。对低 NO_x 燃烧技术的要求是，在降低 NO_x 的同时，使锅炉燃烧稳定，且飞灰含碳量不能超标。目前常用的方法有：

① 燃烧优化；

② 空气分级燃烧技术；

③ 燃料分级燃烧技术；

④ 烟气再循环技术。

由于低 NO_x 燃烧技术降低 NO_x 的排放是比较低的（一般在50%以下），因此，当 NO_x 的排放标准要求比较严格时，就要考虑采用燃烧后的烟气处理技术来降低 NO_x 的排放量。需要结合烟气净化技术来进一步控制氮氧化物（NO_x）排放。

2. 烟气脱氮

在烟气净化技术上控制氮氧化物（NO_x）排放，目前主要有三种方法：

① 选择性非催化还原法 SNCR（SELECTIVE NON CATALYTIC REDUCTION PROCESS）；

② 选择性催化还原 SCR（SELECTIVE CATALYTIC REDUCTION PROCESS）法；

③ 电子束照射法（可同时脱硫）。

选择性催化还原 SCR、选择性非催化还原 SNCR 等技术已商业化。其关键技术是：催化剂的设计制造和使氨气能够在烟道内均匀分布的烟道设计。

烟气脱氮方法可分成干法和湿法两类：干法有选择性催化还原（SCR）、选择性非催化还原（SNCR）、非选择性催化还原（NSCR）、分子筛、活性炭吸附法、等离子体法及联合脱硫脱氮方法等。湿法有分别采用水、酸、减液吸收法，氧化吸收法和吸收还原法等。在这些方法中用的比较多的是选择性催化还原（SCR）和非选择性催化还原（NSCR）。SNCR 的主要优点是技术含量低和运行费用低；缺点是对温度依赖性强，脱氮率只有30%～50%。实际工程中应用最多的是 SCR。在欧洲 SCR 装置得到了成功的应用，其 NO_x 的脱除率达到80%～90%。目前，日本、美国也将 SCR 技术作为主要的电厂控制 NO_x 技术，因此 SCR 方法已成为目前国内外电站脱氮主流技术。在现有的众多的烟气脱氮技术中，SCR 是应用最成功的方法，其技术成熟，脱氮效率高，因而得到广泛的应用。开发和研究烟气脱氮领域，主要就是开发和研究 SCR 系统。

如采用选择性非催化烟气喷氨脱硝法（SNCR），虽然投资少，运行费用也低，但此方法反应温度范围狭窄，对炉膛温度要求比较高，对于煤种和负荷变化的适应性很差，运行困难，因而在全世界范围内采用此方法的也很少。

电晕放电等离子体和烟气同时脱硫脱硝技术，由于目前都还在进一步研究中，离大规模的工业应用还有些距离。

对于目前燃煤电站安装 SCR 系统，主要的投资费用有：

① SCR 反应器。

② SCR 催化剂。

③ 氨的成本与喷射量。主要的运行费用是催化剂的保养、维护和更换，以及氨的成本和 SCR 系统的电耗等。昂贵的催化剂是 SCR 高额费用的主要因素。

SCR 的反应原理：选择性催化还原烟气脱氮法（SCR）是国际上应用最多，技术最成熟的一项烟气脱氮技术。其主要反应是在一定的温度和催化剂的作用下，氨气与烟气中的 NO_x反应生成对空气无害的氮气和水汽，主要反应式如下：

$$4NO + 4NH_3 + O_2 \xrightarrow[160—590℃]{Catalyst} 4N_2 + 6H_2O$$

$$2NO_2 + 4NH_3 + O_2 \xrightarrow[160—590℃]{Catalyst} 3N_2 + 6H_2O$$

$$NO + NO_2 + 2NH_3 \xrightarrow[160—590℃]{Catalyst} 3N_2 + 3H_2O$$

由于在锅炉烟气中还有 SO_2等气体存在，SCR 反应的催化剂通常对 SO_2等的部分氧化起到一定作用，根据下式：

$$SO_2 + \frac{1}{2}O_2 = SO_3$$

反应生成的 SO_3在进一步同 SCR 反应中未反应的氨反应，生成硫酸氨和硫酸氢铵。

$$2NH_3 + SO_3 + H_2O = (NH_4)_2SO_4$$

$$NH_3 + SO_3 + H_2O = NH_4HSO_4$$

而 NH_4HSO_4是一种粘性很大的物质，会附着在催化剂上，隔绝催化剂与烟气，就会使反应无法进行。而 NH_4HSO_4的分解温度为 230℃，因此，反应的温度一定要大于 230℃，一般在 300℃以上。若燃料为天然气等含硫量特别低的燃料，反应温度可稍低。同时，催化剂能够长期承受的温度不得高于 400℃，超过该限值，会导致催化剂烧结。因此，SCR 最佳的反应温度为 300～400℃，脱氮装置一般布置在省煤器出口和空预器进口之间。

（二）脱硝系统启动前的检查和启动

1. 启动前检查

完成连锁控制系统试验并确认合格（如回路试验、顺序试验、报警试验和连锁试验）。进出口烟道和脱硝系统反应器内部应干净无杂物。关闭所有人孔和检修孔。

2. 脱硝系统的启动

检查确认烟气分析仪已投入运行。机组负荷达到规定值（例如有的机组是 40%MCR）及以上。锅炉启动后，观察烟气温度和燃烧工况，确认脱硝装置温升符合要求。启动稀释风机，确认稀释空气总量超过规定值（例如有的机组是 5 300 N·m^3/h）（空气量在调试时已设定好，一般不要轻易改变）。启动液氨蒸发系统，确认氨气压力达到规定值（例如有的机组是 0.2 MPa），调节阀已投自动。在以下条件都满足时，打开缓冲罐出口截止门和氨切断阀，当脱硝装置进口烟气温度大于规定值(例如有的机组是304℃),氨设备和所有仪表均已投入运行。通过手动调节流量控制阀,为氨/空气混合器供应氨气,注意控制氨气/空气混合气中氨气体积比不大于规定值(例如有的机组是5%),并将氨/空气混合气通向氨喷射格栅。增加氨流量以达到设定的脱硝率,然后将氨流量控制器切换到"自动"模式,确认脱硝系统运行稳定。喷氨时,若脱硝系统出口 NO_x 显示值无变化或明显不准,应及时联系处理,暂停喷氨。

(三)脱硝系统的运行维护

检查反应器压差应在规定范围内。检查脱硝系统进、出口温度,NO_x 及 O_2 浓度,氨流量及其供应压力和稀释空气流量等参数均应正常。定期就地检查是否有氨、稀释空气、仪用气或其他相关流体发生泄漏现象。喷氨装置的报警及连锁装置均应正常。

(四)脱硝系统的停运

1. 正常停机

脱硝系统正常停机的步骤如下:

① 当机组负荷达到规定值(例如有的机组是≤50%MCR)时,联系停止氨气供应。

② 将氨流量控制器从"自动"切换到"手动",并关闭氨流量控制阀、关闭氨切断阀。

③ 保持稀释风机一直运行,供应空气对混合器进行吹扫,防止发生爆炸。

2. 紧急停机

脱硝系统紧急停机的步骤如下:

① 通过手动或自动关闭氨切断阀,停止供氨,从而达到脱硝系统的紧急停机。

② 保持稀释风机一直运行,供应空气对混合器进行吹扫,防止发生爆炸。

(五)安全注意事项

停运脱硝系统时,应注意以下事项:

① 氨站系统为液氨存储及产生氨气辅助系统。由于氨具有一定的毒性,而且氨气在15%~27%浓度下遇持续明火具有爆炸性,因此氨站操作应严格遵循操作规程。一旦发生泄漏应及时切断液氨供应,对泄露点用水喷淋,并向上级领导汇报。

② 锅炉启动后应监视反应器的温升速度,冷态启动时不应超过5℃/min。同时,氨气的投入也对温度有要求,反应器的设计工作温度应在允许范围内,只能承受5 h以内最高450℃短期烟气冲击,因此如启动温升过快或温度超过410℃时应及时要求锅炉调节燃烧。

喷氨后应注意监视反应器入口的氨气浓度情况,氨气浓度不应大于5%。因此在DCS中会按最大喷氨量计算出最小稀释风量,并在运行中监视稀释风量的变化,当接近最小风量时,系统会报警。此时应及时检查稀释风机及稀释风管道是否存在堵塞,如稀释风量低于最小风量,系统将关闭供氨电动截止门。

③ 运行中如发生氨气泄漏,应及时采取措施切断液氨、气氨来源,并向泄漏点喷水稀释、吸收氨气,待泄漏消除后方可重新投入运行。

④ 停运脱硝装置时,切断氨气后一定要保持稀释风机运行,继续对混合器进行吹扫,防止发生爆炸。

第十节　循环流化床锅炉物料循环和石灰石系统运行

物料循环系统和石灰石系统是循环流化床锅炉两个非常重要的系统，它直接影响锅炉燃烧、传热和运行的稳定。

一、循环流化床锅炉物料循环系统运行

物料循环系统是循环流化床锅炉独有的系统，其作用是将烟气携带的大量物料分离下来，并返送回炉内形成循环燃烧。

（一）物料循环系统运行应具备的条件

物料循环系统是循环流化床锅炉一个非常重要的系统，它直接影响锅炉燃烧、传热和运行的稳定。物料循环系统运行必须具备以下条件：

（1）保证物料高效分离

无论锅炉是高负荷运行，还是低负荷运行，系统中的分离器均应有较高的分离效率，能使烟气中的固体物料被捕捉下来，从而减小飞灰量，降低尾部受热面的磨损，降低机械不完全燃烧热损失。

（2）稳定回料

炉膛内物料的流化状态、燃烧和传热，都与回料有关。要保证锅炉安全稳定运行，达到较高的燃烧效率和额定出力，就必须保持一定的回料量及回料的连续稳定。

（3）防止炉内烟气由回料系统窜入分离器

由于物料通过立管和回料阀由低压部位送入炉膛下部的高压部位，因此，该系统必须有足够的压头克服这个压差。

（4）回料量应连续并可调

调节回料量可以控制炉内燃烧的过程，改变炉内物料的浓度，从而控制炉内传热，以适应锅炉负荷及参数变化的需要。

（二）物料循环系统设备

循环流化床锅炉物料循环系统设备，主要包括物料分离器、立管和回料阀三部分。

1. 物料分离器

循环流化床锅炉物料循环，根据其分离器布置位置不同，分为内循环、夹道循环和外循环三种。有时为了达到一定的分离效率和循环倍率，满足锅炉运行调整的需要，可以同时采用两种分离循环方法，组成两级物料分离循环系统。

（1）内循环分离器

所谓内循环分离就是指分离器布置在锅炉炉膛内，绝大多数物料在被流化上升的过程

中由分离器捕捉分离下来，落回炉膛下部燃烧。采用内循环方法的物料分离器主要有异型槽钢分离器和旋涡内分离器。

异型槽钢分离器结构简单、易布置、省掉了回料阀等装置，而且运行中不需要操作；但由于异型槽钢分离器直接布置在炉膛内，环境温度高，物料冲刷磨损严重。为避免分离器烧坏变形和减少磨损，一般采用优质耐热钢材制成。另外，该分离器分离效率不太高，目前仅应用于 60 t/h 以下的循环流化床锅炉上。

旋涡分离器是由膜式水冷壁构成，为炉室的一部分。该分离器有三个分离室，因此又称做三旋涡室分离器。第一分离室为主旋涡室，大部分固体颗粒在此被分离后，经回料道返回密相床；第二分离室叫端部旋涡室，能分离较细粒子使之经回料道而返回密相床；第三分离室为主旋涡室串接的旋涡室，它能有效地降低主旋涡室分离出来的粒子的二次夹带。该分离器由于端部旋涡室的存在，使粒径小于 50 μm 的粒子得以分离，分离效率提高。该分离器由于和炉膛一体分为三个分室，制造工艺比较复杂，对中小型锅炉采用比较适宜。目前，该种分离器用在 65 t/h 的锅炉上，它是我国自行开发和研制的物料分离设备。

(2) 夹道循环分离器

夹道循环分离器不像内循环分离器那样布置在炉膛内，也不同外循环分离器那样布置在炉膛外，而是介于两者之间布置于炉膛出口的水平烟道内。如图 5－11 所示。分离器分离下来的物料经炉膛中间水冷壁和后墙水冷壁的夹道返送回燃烧室内。采用夹道循环的分离器主要有百叶窗分离器和平面流分离器两种型式。这两种分离器均属于惯性分离器。

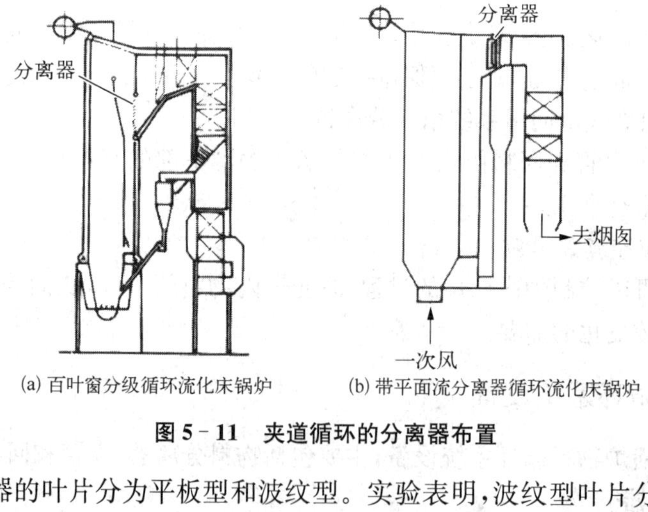

图 5－11　夹道循环的分离器布置

百叶窗分离器的叶片分为平板型和波纹型。实验表明，波纹型叶片分离效率高于平板型。因此，目前采用百叶窗分离器的 35 t/h、75 t/h、220 t/h 的循环流化床锅炉均是波纹型叶片。由于百叶窗分离器布置于炉膛出口，温度在 850℃左右，属于高温分离。因此，为了降低物料对叶片的磨损，分离器叶片一般由碳化硅或其他高温耐火材料制成。根据锅炉容量的大小以及固/气比的不同，叶片宽窄、叶片间距和倾角都会有所变化。

平面流分离器布置于炉膛出口水平烟道处，属于惯性高温分离器。该分离器由许多耐火材料制成的异型砖砌筑而成。基于气-固两相流经过分离器通道时为二元流动，因此称做平面流分离器。目前平面流分离器已应用在容量为 35 t/h、75 t/h 的电站循环流化床锅炉上。

该分离器主要特点是：

① 平面流分离器所采用的耐火材料必须具有耐磨耐高温性质，而且浇筑成形后的异型砖需要打磨，去掉棱刺、磨光平面。

② 由于该分离器砌筑于水平烟道内，对于砌筑工艺要求较高，并需使用特制的粘合剂砌筑，以防止分离器在锅炉运行中倒塌。

③ 烟气流速、固-气比和物料特性等因素对分离器效率影响较大。一般固-气比越大，分离效率越高。烟气流速可选择在 15～20 m/s 范围内较适宜。

④ 该分离器烟气阻力小，一般压降为 30～50 mmH_2O。

总之，百叶窗分离器和平面流分离器属于惯性高温分离，结构比较简单，布置于炉膛出口水平烟道内，对常规的Ⅱ型锅炉的总体结构设计不需做大的变动，而且采用这两种分离器对于循环流化床锅炉大型化非常有利。但以上两种分离设备均存在分离效率低等不足因素，因此常常与其他类型的分离器配合使用，或在系统上采取措施，以满足锅炉对物料循环系统的技术要求。

(3) 炉外循环分离器

炉外循环就是分离器布置于炉膛外部，回料立管和回料阀均在炉外。虽然个别循环流化床锅炉在炉外物料循环系统中，采用过高温电除尘和布袋除尘设备代替分离器分离物料，但由于体积太大，造价昂贵等原因已不再使用。目前普遍采用的是与常规旋风分离器技术有所不同的、适用于循环流化床锅炉物料分离的旋风分离器。旋风分离器的工作原理比较简单，一定速度的烟气携带物料沿切线方向进入分离器后，在分离器内做旋转运动，固体颗粒在离心力和重力作用下被分离下来，落入料仓或立管，经回料阀返回炉膛。

旋风分离器的特点是分离效率高，特别是对细小颗粒的分离效率远远高于惯性分离器，因此，绝大多数循环流化床锅炉采用旋风分离设备作为物料分离器。但是，该分离器体积比较庞大，采用炉外循环分离器的锅炉，厂房占地面积较大。另外，大容量的锅炉因受分离器直径限制，往往需要布置几台分离器。如 220 t/h 锅炉布置两台旋风分离器，440 t/h 锅炉布置两台或三台更大直径的分离器。分离器根据工作条件，分为高温烟气旋风分离器和中温烟气旋风分离器。

高温旋风分离器通过较短的烟道与炉膛连接。根据锅炉结构差异及分离器台数的多少，有的布置于炉室后侧，有的布置于前墙或侧墙，但布置于炉后者较多。由于高温旋风分离器内烟气物料温度高(一般在 800～850℃左右)，甚至在分离器内继续燃烧，所以分离器内衬需用高温耐火材料，并且外设保温层隔热。高温烟气旋风分离器耐火材料用量较大，内衬较厚(80 mm 以上)，所以热惯性大，启动时间增长。有的高温烟气旋风分离器采用水冷或汽冷式的，虽然基本解决了热惯性大的问题，但制造工艺较复杂。

所谓中温烟气旋风分离器，就是指分离器入口的烟气温度稍低，一般不高于 600℃。中温烟气旋风分离器和高温烟气旋风分离器相比，有如下特点：

① 由于入口烟气温度相对低些，烟气总容积相对降低，因而，旋风分离器尺寸可以减小；加之烟气颗粒浓度降低，可以提高分离器的分离效率。

② 由于分离器温度降低，可以采用较薄的保温层，以缩短锅炉的启停时间，并在保温相同的条件下，减少散热损失。

③ 采用中温分离，分离器内不会发生燃烧，也不会超温结焦。

④ 中温分离对保温材料的耐高温要求降低，从而可以降低成本。

⑤ 采用中温分离器分离下来的物料温度较低，这对抑制炉床超温，防止炉床发生结渣，对负荷调整都有利。

采用中温分离最大的缺点是：由于中温分离器不像高温分离器那样，布置于过热器前面，而是布置于过热器后面，但因为过热器所处的烟气含物料量较大，固体颗粒也较粗，故增加了过热器的磨损，影响锅炉的安全运行。所以，中温分离一般应用于低倍率循环流化床锅炉上，并且要对分离器前受热面采取有效的防磨措施，以提高其使用寿命。

目前，高温烟气旋风分离器，由于技术成熟、分离效率高，而得到普遍采用。国外95%以上的循环流化床锅炉都采用高温烟气旋风分离器，我国循环流化床锅炉也越来越多地使用高温烟气旋风分离器，特别是近几年来，投产的75 t/h及以上的循环硫化床锅炉，无一例外地使用了高温烟气旋风分离器。因此，本节内容主要介绍高温烟气旋风分离器的相关知识。

2. 回料立管

通常把分离器与回料阀之间的回料管称做回料立管（简称立管），也称做竖管或料腿。立管的作用是输送物料、系统密封、产生一定的压头，以及防止回料风或炉膛烟气从分离器下部进入分离器。同时，还与回料阀配合，使物料能够由低压处向高压的炉膛连续稳定地输送。采用物料内循环和夹道循环方式的部分锅炉，是以回料夹道达到立管的回料作用。

由于回料阀的特性不同，对立管要求也不尽相同，因此立管的设计和运行是根据回料阀的技术要求来确定的。

立管的有效压头和管内物料流动状态对设计非常重要，立管的高度和管径等参数，都要以此来确定。

3. 回料阀

回料阀是循环流化床锅炉物料循环系统的又一重要设备，它的作用是保证物料循环系统的运行安全。

回料阀分为机械阀和非机械阀两种。对于高温分离方式，由于循环物料温度一般在800～850℃，金属机械阀常常被烧红，形成过热、卡涩，磨损也比较严重。因此，目前除鲁奇型锅炉回料分配阀采用机械阀式以外，其他普遍使用非机械回料阀。非机械式回料阀没有机械运动部件，靠回料风气力输送物料，运行中主要靠改变通气量调节回料量。其结构简单，运行可靠，便于自动控制。

非机械式回料阀种类较多，使用较多的有L型阀、U型阀、V型阀和H型阀。这些阀的名称是根据阀的结构与某些英文字母比较相像而得来的，如L型阀的结构形状与字母L很相似。图5-12、图5-13所示为几种结构型式的非机械阀。

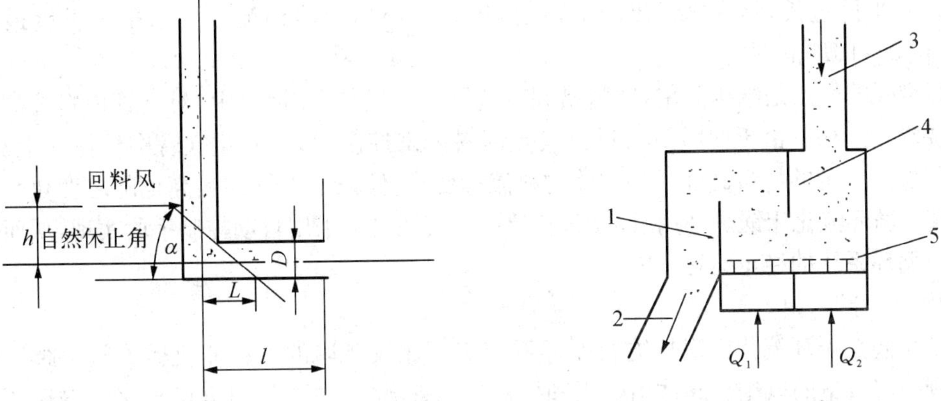

(a) L型阀　　(b) U型阀

图 5-12　回料阀的结构示意图(Ⅰ)

1—挡板　2—回料管　3—立管　4—隔板　5—风帽

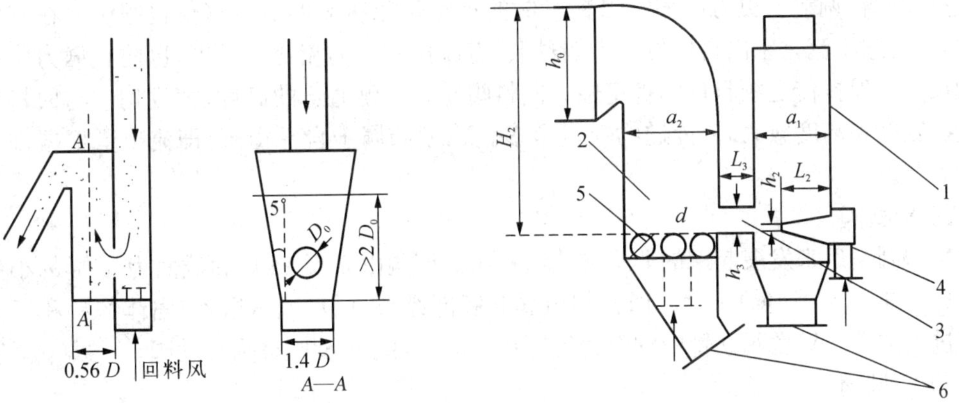

(a) V型阀　　(b) H型阀

图 5-13　回料阀的结构示意图(Ⅱ)

1—物料进给段　2—物料返回段　3—物料流量控制段　4—流量控制风喷射装置
5—回料风布风装置　6—排灰口

① L 型阀

L 型阀是最简单的一种非机械式回料阀，如图 5-12(a)所示。它由直角弯管、垂直管和水平管组成。L 型阀的垂直段与分离器连接，水平段与炉膛相连。回料风充气点以上为立管，以下为阀体，一定温度和压力的回料风由充气点进入阀体，推动物料返回炉膛，调节回料风可以控制回料量的多少。由于 L 型阀立管内物料为移动床流动，立管必须有一定的高度。因此，回料风的充气点位置即不能太高，也不宜过低。一般充气点至水平段中心线高度为 $h=(2\sim4)D^*$，以保证一定的有效压头。另外，L 型阀水平段长度也有一定的要求。最小长度应保证不产生自流，最小值应大于不自流时的底边的 2 倍，

* D 为回料管的直径。

即 $2L$。若水平的管路太长，必然增加阻力，极限值时物料不向炉内流动而向上返回分离器内。水平段过长，阀内物料流动不稳定，忽大忽小形成浪涌流动。水平段长度最大值 l_{max}应在 8～10D 范围内。

L 型阀的优点是结构简单，回料量调节范围宽。但是，在运行中，对立管内料位高度的监测要求较严格。由于回料量通过充气点回料风来控制，为了防止立管中气体向上流动，就必须保持一定的物料高度。如固体物料流量变化，保证不串气的料高也随之变化。采用 L 型阀的循环流化床锅炉，应装设立管料位计。其回料量采用自动控制手段实现，从而保证了物料循环系统的稳定运行。

② U 型阀

U 型阀是循环流化床锅炉物料循环系统应用比较普遍的一种非机械式阀。阀的底部布置有一定数量的风帽。阀体由隔板和挡板分成三部分，如图 5-10(b)所示。隔板的右侧与立管连通，左侧为上升段，两侧之间的长方型孔口使物料通过。U 型阀实际上是一个小流化床。回料风一般由下部两个小风室通过流化风帽进入阀体内。运行中，通过调整回料风量，就可调整回料量。

U 型阀在调节上更为可靠。出料一侧的小流化床所需的流化气体也很少。在它的设计中，应注意小流化床出料口位置不能过低，需保持一定的流化床高度，以防止压力脉动时炉烟反串和保持传送物料量的稳定性。回料阀左右两侧通道的高度、宽度均应与回料量成正比。宽度和高度愈大时，传送物料量愈多。U 型阀属于自平衡阀，即流出量根据进入量自动调节。

③ V 型阀

V 型阀是后来发展起来的非机械式回料阀。该阀由立管、孔口和截面为 V 形的小流化床组成。如图 5-13(a)所示。回料阀由立管底部经布风板、风帽送入，固体物料和气体经孔口进入炉膛。V 型阀立管中物料为流态化流动，因此 V 型阀称为自动阀。

④ H 型阀

随着循环流化床锅炉技术的发展，回料阀的性能不断改善，种类也不断增多，以上介绍的仅是其中应用较普遍的三种。近几年我国也自行开发研制出一种新型非机械回料阀，如图 5-13(b)所示。由于该阀结构形似 H 形，因此称做 H 型阀。H 型阀将物料流量的控制风和返送物料的回料风分开，通过调节两股风的流量，来调节回料量和控制阀内的温度，避免阀内因局部温度过高而产生结焦，提高了回料阀的工作可靠性。该阀具备了 L 型阀和 U 型阀的优点。但 H 型阀对材质和制造工艺要求较高，相对造价偏高，结构也较复杂。

非机械式回料阀在运行中，经常发生的故障是阀内结焦。这主要是物料中可燃的成分在阀内燃烧所致。因此，对于回料风的给入方式及其风量的调整，应十分注意。如果回料风控制得好，就可以解决阀内结焦的问题。

（三）回料系统运行

在循环流化床锅炉启动中，当床温达到规定值（例如有的循环流化床锅炉是 650～700℃）以上时，回料系统便可投入运行。在这之前，锅炉只是处在鼓泡床运行工况。

回料系统回料器投入后，随着负荷增大，风速增加，物料循环量增大，稀相区温度升高，燃烧区充满炉膛，锅炉便进入循环流化燃烧工况。

回料器最初投入时，应采取脉冲回料的方式，以防止启动过程中，回料立管积累的物料突然大量进入床层，造成床温突降或突升，甚至造成熄火或结焦。

回料系统投入的具体步骤为：点火前，在回料器中放入一定高度的物料，封堵回料器，防止烟气短路；当床温达到规定值（例如有的循环流化床锅炉是650～700℃）以上时，开始启动回料器，脉冲回料；当检查发现回料器中细煤过多时，应及时通过排料管排料；在回料引起床温快速上升时，要及时加大风量抑制，调节回料风到适当位置，建立自动回料。

二、循环流化床锅炉石灰石系统运行

循环流化床锅炉石灰石给料系统是由石灰石粉库、石灰石输送风机、石灰石计量给料机、电加热器、石灰石仓和落料管组成。石灰石由石灰石仓通过落料管落下，然后通过电动密封插板门进入到石灰石计量给料机。石灰石通过石灰石计量给料机进入中间料仓后，通过可控式旋转给料阀和喷射式给料器进入石灰石输送管道。

（一）石灰石给料系统运行条件

石灰石给料系统运行应具备以下条件：

① 石灰石品质应符合规定；

② 石灰石仓料位应指示正确；

③ 气化风机应投入；

④ 加热器工作应正常；

⑤ 输石风机、旋转给料阀、石灰石计量给料机应符合启动条件。

（二）石灰石给料系统的启动

石灰石给料系统启动步骤如下：

① 开启输石风机出口门、排空门、联络门；

② 启动输石风机，开启石灰石入炉插板阀，调整输送风量；

③ 开启旋转给料阀；

④ 启动石灰石计量给料机；

⑤ 开启石灰石电动插板阀；

⑥ 确认石灰石粉连续不断进入炉膛，检查喷射器正常。

三、石灰石给料系统的停运

石灰石给料系统停止运行的步骤如下：

① 关闭石灰石电动插板阀；

② 停止石灰石计量给料机；

③ 停止旋转给料阀，待中间料罐、输送管内无料后停止输石风机；

④ 关闭石灰石入炉插板阀。

复习思考题

1. 转动机械试运的基本要求是什么?
2. 遇有哪些情况应立即停止辅机运行?
3. 简述几种主要辅机的定期切换操作。
4. 分析运行中的回转式空气预热器易出现的问题及处理方法。
5. 简述制粉系统的启动程序,分析制粉系统运行中监视的项目主要有哪些。
6. 直吹式制粉系统是如何调节煤粉细度的?分析煤粉细度的变化对锅炉的安全经济运行有何影响。
7. 简述中间储仓式制粉系统的运行调节方法。
8. 简述自吹式制粉系统的停运步骤。
9. 轴流式风机的常用调节方式有哪些?分析其优缺点。
10. 简述电除尘器投用运行的注意事项。
11. 锅炉吹灰的目的是什么?锅炉吹灰的注意事项是什么?
12. 简述控制循环锅炉炉水循环泵启停的注意事项。
13. 简述电站锅炉脱硫原理及脱硫系统运行时锅炉运行的注意事项。
14. 简述电站锅炉脱硝原理及脱硝系统运行的安全注意事项。
15. 分析循环流化床锅炉物料循环系统必须具备的条件。
16. 分析循环硫化床锅炉回料系统投入的具体步骤。

第六章　电站锅炉事故处理

火电厂事故有相当一部分是由锅炉发生事故引起的。统计表明，锅炉方面的事故约占火电厂事故停运总小时数的一半。因此，为了提高电厂的效益，必须努力提高锅炉运行的可靠性，尽可能减少事故。

锅炉发生事故的原因很多，有的是设备设计、制造、安装和检测等方面的质量存在问题，有的是锅炉运行人员的技术不熟练、疏忽大意，或对事故发生时的判断错误导致操作错误等造成的。由此可见，锅炉运行人员的责任是积极预防事故，确保锅炉能安全稳定运行。

电站锅炉一般均配备有效完善的连锁、保护装置及计算机控制系统，对运行中的常见事故或故障能够自动进行处理，这是电站锅炉的一大特点。但是锅炉连锁、保护装置会出现失灵或失效的情况，这就需要锅炉运行人员迅速进行现场处理。此外，计算机或连锁、保护装置处理事故的过程极快，而锅炉运行人员有时很难在极短的时间内找出故障的原因，这就需要锅炉运行人员根据事故前、后的运行情况，进行全面分析，迅速查明根源，及时进行处理。

第一节　锅炉事故分级及现场处理原则

一、事故种类

锅炉事故按原因来分，一般可分为设备事故和人员责任事故。

设备事故包括两种。一种是锅炉设备本身发生故障，丧失运行能力。另一种是由于电网系统、电厂用电系统、热工控制系统、压缩空气系统及发电机、汽轮机等设备故障或连锁、保护装置误动，造成锅炉局部或全部丧失运行能力。

人员责任事故按事故性质可分为责任性事故和技术性事故两种。责任性事故是由于锅炉运行人员监视疏忽、错误操作，或未经全面分析便草率作出错误判断导致错误处理造成的事故。技术性事故是由于锅炉运行人员对设备特性不掌握、操作规程不熟悉或操作技能不熟练导致操作错误而造成的事故。因此，对于责任性事故，应着重加强对锅炉运行人员的责任性教育，而对于技术性事故，则应从加强技术培训着手，提高操作人员的技术水平。

根据事故发生的特点及规律，锅炉事故又可分为突发性事故、频发性事故及季节性事故等。对于频发性事故和季节性事故，各级技术部门应及时制订出切实可行的预防措施。

二、事故分级

根据国务院《特种设备安全监察条例》的规定，锅炉等特种设备事故按事故产生后果的严重程度不同，分为特别重大事故、重大事故、较人事故和 般事故四个级别。

1. 特别重大事故

有下列情形之一的，为特别重大事故：

① 造成 30 人以上死亡，或者 100 人以上重伤（包括急性工业中毒，下同），或者 1 亿元以上直接经济损失的。

② 600 MW 以上锅炉发生爆炸的。

2. 重大事故

有下列情形之一的，为重大事故：

① 造成 10 人以上 30 人以下死亡，或者 50 人以上 100 人以下重伤，或者 5 000 万元以上 1 亿元以下直接经济损失的。

② 600 MW 以上锅炉因安全故障，中断运行 240 h 以上的。

3. 较大事故

有下列情形之一的，为较大事故：

① 造成 3 人以上 10 人以下死亡，或者 10 人以上 50 人以下重伤，或者 1 000 万元以上 5 000万元以下直接经济损失的。

② 锅炉发生爆炸的。

4. 一般事故

造成 3 人以下死亡，或者 10 人以下重伤，或者 1 万元以上 1 000 万元以下直接经济损失的。

三、事故报告

事故发生后，必须立即报告。

按照国务院《特种设备安全监察条例》的规定，发生特别重大事故必须报告国务院，由国务院或者国务院授权有关部门组织事故调查组进行调查。发生重大事故必须报国务院特种设备安全监督管理部门，由国务院特种设备安全监督管理部门会同有关部门组织事故调查组进行调查。发生较大事故必须报省、自治区、直辖市特种设备安全监督管理部门，由省、自治区、直辖市特种设备安全监督管理部门组织事故调查组进行调查。发生一般事故必须报市特种设备安全监督管理部门，由市特种设备安全监督管理部门会同有关部门组织事故调查组进行调查。

本章所说的电站锅炉"事故"，包含锅炉发生的"故障"，是从企业的安全管理考虑的，并非指国务院《特种设备安全监察条例》所确定的事故级别。所说的"事故处理"，所指也包含"故障处理"；因这些故障如果处理不及时或处理不好，必然会引起事故，甚至发生重大事故。为了引起对这些故障的高度警觉，加强对锅炉操作人员的安全教育，我们还是按照通常的说法，在叙述上把锅炉故障也称为事故。

锅炉事故发生后，现场有关人员应当立即向值长报告，由值长负责向相关部门报告。

凡发生人身伤亡，锅炉主辅设备停运、锅炉出力降低，锅炉系统承压管道、容器爆破等事故的，当班值长必须立即向电力调度机构、本企业负责人和上一级电力主管部门报告。事故发生 4 h 后，单位负责人或事故调查组应书面报告至上一级电力主管部门。

事故报告应当包括以下内容：

① 事故发生的时间、地点；

② 事故发生的概况，包括简要经过、现场破坏情况、已经造成或者可能造成的伤亡和涉险人数、初步估计的直接经济损失、初步确定的事故等级、初步判断的事故原因；

③ 已经采取的措施，其他必须报告的情况；

④ 报告人姓名、联系电话等。

四、事故现场处理的原则

发生事故时，锅炉运行人员应沉着冷静，对机组工况进行全面分析，迅速找出故障点和事故根源，判断故障的性质和影响范围并进行正确、迅速的处理。事故处理中应遵循如下原则：

① 尽快消除事故根源，迅速隔绝和解除故障点对人身和设备的威胁，防止事故蔓延和扩大。

② 在确保人身和设备不受损害的前提下，尽可能保持和恢复锅炉机组的正常运行，其中包括尽量发挥正常运行设备的最大出力和对部分设备的负荷进行必要的调整和转移，以满足系统负荷的需要。只有在锅炉确已全部丧失运行能力、运行条件或继续运行将对人身或设备的安全构成威胁时才停止锅炉的运行。

③ 发生事故后如有关连锁、保护装置未能按规定要求动作，锅炉运行人员应立即用手操作使其动作，以免造成设备损坏。

④ 锅炉由于连锁或保护动作而骤减负荷或紧急停用时，应迅速查明事故原因，设法消除故障后方可恢复机组的正常运行。凡发生跳闸的设备，在未查明原因前，不可盲目将其恢复运行。

⑤ 发生事故后，应设法保护厂用电源，立即采取一切可行的办法，限制事故范围，防止事故扩大，消除事故根本原因，在保证人身和设备安全的前提下，保持或恢复机组正常运行。

⑥ 在事故及故障的处理过程中，达紧急停炉规定时，应立即紧急停炉；辅机达紧急停运规定时，须立即停运该辅机。

五、事故现场处理的组织

① 事故发生后，各岗位应在值长、机组长（单元长或班长）的统一指挥下，互通情况、密切配合，及时将故障情况和采取的措施逐级汇报，使主要岗位的值班人员能及时掌握事故的动态，做好事故处理工作和防止事故蔓延、扩大。

② 发生事故时，尚未受到影响的值班人员，应坚守岗位严阵以待；与运行无关的一切人员均应远离事故现场。协助处理事故的人员不可擅自进行操作；操作必须在当班值长、机组长（单元长或班长）指挥下，以当班值班人员为主进行。

③ 在事故现场的各级领导及专业人员，应根据现场实际情况给予必要的指导，所发的各项指令必须通过值长下达给值班人员。值班人员对于值长、机组长（单元长或班长）的命令，除对人身及设备有直接危害的，均应坚决执行。

④ 事故处理过程中，应暂停交接班工作。接班人员应在上一班值长、机组长（单元长或班长）的统一指挥下进行协助处理。待故障处理结束后，方可进行交接班工作。

⑤ 事故处理结束后，各岗位值班人员均应将事故发生的原因、情况、时间、地点及处理经过等作详细记录，以便进行总结和分析。

第二节　链条炉常见事故的现场处理

链条炉的常见事故主要有以下几种：锅炉满水与缺水、水位计损坏、汽水共腾、受热面损坏、蒸汽管道及给水管道损坏、锅炉水冲击、燃烧室堆火、锅炉结焦、负荷骤减、炉排故障等。本节以 35 t/h 抛煤机链条炉为例，对链条炉常见事故的现场处理进行介绍。

一、锅炉水位事故

链条锅炉水位事故包括锅炉满水和锅炉缺水两种。

1. 锅炉满水

锅炉满水是指锅炉在运行中发生的锅炉汽包水位高于规定的最高水位，且水位计已无读数。

(1) 现象

发生锅炉满水时出现的主要现象有：汽包水位高于正常水位；电接点水位计高水位指示灯全亮；水位警报器鸣叫，高水位信号灯闪光；给水流量不正常地大于蒸汽流量；过热蒸汽温度下降。严重满水时，过热蒸汽温度下降较快，蒸汽管道内发出水冲击声、法兰处冒汽。

(2) 原因

锅炉发生满水的主要原因有：给水调节装置发生故障；水位计、给水流量和蒸汽流量指示不正确，导致运行人员判断错误，发生操作错误；给水压力突然增加或锅炉负荷下降后没有及时调整给水，致使锅炉汽包水位过高；锅炉运行人员疏忽大意对水位监视不够，调整不及时或误操作。

(3) 处理方法

锅炉发生满水的处理方法如下：

① 当锅炉汽压及给水压力正常，而汽包水位超过正常水位时，首先应对各水位计冲洗对照，验证低置水位计的准确性；其次要减少锅炉给水，如水位继续上升，则应开启事故放

水门和排污门进行放水，在放水过程中应注意汽包水位的出现；然后根据汽温下降情况关小或关闭减温水门，必要时开启过热器和蒸汽管道疏水门，并通知汽轮机运行人员开启有关蒸汽管道疏水门。

② 如锅炉水位已超过汽包上部可见水位线时，按锅炉满水紧急停炉的规定，应立即停炉，并通知汽轮机运行人员；停止锅炉上水，开启省煤器再循环门；加强锅炉放水，注意水位的出现。故障消除后，应对设备进行全面详细检查，做好记录并向值长汇报，水位可见时请示尽快恢复锅炉运行。在停炉过程中，如水位重新在汽包水位计中出现，蒸汽温度又未明显降低时，可维持锅炉继续运行并尽快使水位恢复正常。

2. 锅炉缺水

锅炉缺水是指汽包水位低于规定的最低水位，且水位计已无读数。

(1) 现象

锅炉发生缺水时出现的主要现象有：汽包水位低于正常水位；电接点水位计低水位指示灯全亮；水位警报器鸣叫，低水位信号灯闪光；过热蒸汽温度升高；给水流量不正常地小于蒸汽流量(炉管爆破时则相反)。

(2) 原因

锅炉发生缺水的主要原因有：给水自动装置失灵；水位计、蒸汽流量表或给水流量表指示不正确，导致锅炉运行人员判断失误而造成操作错误；锅炉负荷突然增加；给水压力下降；锅炉排污管道、阀门泄漏，排污量过大；水冷壁、省煤器管破裂；锅炉运行人员疏忽大意，对水位监视不够或调整不及时、误操作等。

(3) 处理方法

锅炉发生缺水的处理方法如下：

① 当锅炉汽压、给水压力正常，而汽包水位低于正常水位时，首先要验证低置水位计是否正确；若因给水自动调整失灵而使水位降低时，应手动开大调整门，增加给水；若经上述处理后汽包水位仍有下降，且降至－100 mm 时，除应继续增加锅炉给水外，还须关闭所有的排污门，必要时降低锅炉负荷；如汽包水位继续下降，且在汽包水位计中消失时，必须立即停炉，关闭过热蒸汽门，继续向锅炉进水。

② 如果由于运行人员疏忽大意，未能及时发现水位在汽包水位计中消失，依照低置水位计的指示确认为缺水时，须立即停炉，关闭过热蒸汽门及给水门，进行汽包水位计叫水；若经叫水后，在汽包水位计中出现水位时可增加锅炉给水，并注意恢复至正常水位；若经叫水后，未能在汽包水位计中出现水位时，应严禁继续向炉内进水。

③ 当给水压力下降时，应立即联系给水泵值班人员，提高给水压力。如果给水压力迟迟不能恢复，且汽包水位继续下降时，应降低锅炉蒸发量，维持水位。禁止用增加锅炉蒸发量的方法，提高汽包水位。

二、汽包水位计损坏

汽包水位计损坏是指一台或全部水位计损坏，当汽包水位计损坏时，应采取如下措施：

① 立即将损坏的水位计解列，关闭水门及汽门，开启放水门。

② 如汽包水位计损坏一台，则用另一台汽包水位计监视水位，并采取措施修复损坏的水位计。

③ 如汽包水位计全部损坏，且需继续在短时间内运行，则应立即检查给水自动调节系统动作是否可靠，水位警报器是否完好，两台低置水位计指示是否正确，并且在 4 h 内是否与汽包水位计的指示对照过。如答案均是肯定的，此时，应保持锅炉负荷稳定，继续在短时间内运行，并采取措施尽快修复。

④ 如给水自动调节系统或水位警报器不够可靠，在汽包水位计全部损坏时，只允许在可靠的低置水位计的指示下，维持锅炉运行 20 min。

⑤ 如汽包水位计全部损坏，且低置水位计运行不可靠时，应立即停炉。

三、汽水共腾

汽水共腾是指汽包中的水和蒸汽无明显确定的分界面。

(1) 现象

产生汽水共腾时出现的主要现象有：蒸汽和炉水的含盐量增大；汽包水位发生剧烈波动，严重时汽包水位计内看不清水位；过热蒸汽温度急剧下降；汽水共腾严重时，蒸汽管道内发生水冲击，法兰处冒汽。

(2) 原因

产生汽水共腾的主要原因有：炉水质量不合标准，悬浮物或含盐量过大；没有按规定进行排污；水位过高，负荷突然增加。

(3) 处理方法

汽水共腾的处理方法如下：

① 首先进行水位计对照冲洗，如判断为汽水共腾，应立即汇报。

② 保持低水位运行，适当降低锅炉蒸发量，并保持稳定。

③ 开大连续排污门，必要时适当开启事故放水门或其他排污门。

④ 停止加药。

⑤ 开启过热器疏水和蒸汽管道疏水，并通知汽轮机运行人员开启有关疏水门。

⑥ 通知化学值班人员取样化验，采取措施改善炉水质量，在炉水质量未改善之前，不允许增加锅炉负荷。

⑦ 故障消除后应冲洗汽包水位计。

⑧ 若采取以上措施仍然无效，应请示停炉。

四、受热面损坏

链条炉受热面损坏包括水冷壁管损坏、省煤器管损坏和过热器管损坏三种。

1. 水冷壁管损坏

水冷壁管损坏是锅炉受热面损坏事故之一。水冷壁管损坏是指因水冷壁管的泄漏或爆破而被迫停止锅炉运行的事故。

(1) 现象

发生水冷壁管损坏时出现的主要现象有：汽包水位下降；炉膛有异声；蒸汽压力下降；给水流量不正常地大于蒸汽流量；排烟温度降低；轻微泄漏时，蒸汽有喷出的响声；爆破时有显著的响声；燃烧室内负压变正，并从炉内喷出烟气；锅炉燃烧不稳或造成灭火；引风机电流不正常增大。

(2) 原因

水冷壁管发生损坏的主要原因有：锅炉给水质量不合格，炉水处理方法不正确，化学监督不严格，未按规定排污，致使管内结垢发生腐蚀；由于在检修或安装时，管子被杂物堵塞致使水循环不良，引起管壁过热；管子材质不合格，制造有缺陷，安装不当，焊接质量不合格；后部耐火砖及焦块脱落砸坏水冷壁，或者煤中石头太多，致使后部水冷壁被撞击严重；点火升压速度过快，受热不均；长时间低负荷运行以及排污量过大，致使水循环被破坏；汽包或联箱的支吊架装置安装不正确，影响管子的自由膨胀，致使胀口松动产生裂纹。

(3) 处理方法

水冷壁管发生损坏的处理方法如下：

① 如果水冷壁爆破，不能维持汽包正常水位时，应立即停炉，保留引风机继续运行，排除炉内的烟气和蒸汽。

② 关闭锅炉过热蒸汽门。

③ 适当增加锅炉给水。

④ 如损坏非常严重，致使锅炉汽压迅速降低，给水消耗过多，经增加给水仍看不见汽包水位计中的水位时，应停止给水。

⑤ 待故障炉内的蒸汽基本消除后，方可停引风机。

⑥ 处理过程中，必须注意运行锅炉的给水情况，如因增加给水，仍无法保证运行锅炉的正常水位，应减少或停止故障锅炉的给水。

⑦ 如水冷壁损坏不大，水量损失不多，可适当降低锅炉蒸发量，维持短时间运行，申请停炉。

2. 省煤器管损坏

省煤器管损坏是锅炉受热面损坏事故之一。省煤器管损坏是指因省煤器管的泄漏或爆破而被迫停止锅炉运行的事故。

(1) 现象

发生省煤器管损坏时出现的主要现象有：给水流量不正常地大于蒸汽流量，汽包水位下降；省煤器和空气预热器后的烟气温度下降或两侧烟气温差增大；烟气阻力增加，引风机电流增大；省煤器烟道有异声；省煤器烟道的不严密处向外冒汽，严重时下部烟道漏水，炉墙有渗水现象等。

(2) 原因

省煤器管发生损坏的主要原因有：飞灰磨损；给水质量不合格，造成管壁腐蚀；焊接质量不好，或管子有缺陷；管子被杂物堵塞，或点火、停炉时未按要求开、关再循环门，从而引起管子过热。

(3) 处理方法

省煤器管损坏的处理方法如下：

① 如损坏严重，汽包水位不能维持，应立即停炉。

② 停炉后，应立即关闭锅炉过热蒸汽门，并关闭所有的放水门，引风机继续运行，排除蒸汽和烟气。

③ 停炉后，为维持汽包水位，可继续向锅炉上水。当损坏非常严重时，禁止开启省煤器与汽包的再循环门。

④ 如果损坏轻微，应增加锅炉给水，维持汽包正常水位，适当降低锅炉蒸发量，申请停炉。

3. 过热器管损坏

过热器管损坏是锅炉受热面损坏事故之一。过热器管损坏是指因过热器管的泄漏或爆破而被迫停止锅炉运行的事故。

(1) 现象

发生过热器管损坏时出现的主要现象有：蒸汽流量不正常地小于给水流量；锅炉汽压下降；燃烧室负压不正常地减小或变成正压，损坏严重时在不严密处向外喷汽或冒烟；过热器后烟气温度下降或两侧烟气温差增大；爆破时有明显的响声；过热器附近有异声；过热蒸汽温度发生变化；损坏严重时，引风机电流增大。

(2) 原因

过热器管发生损坏的主要原因有：化学监督不严，过热蒸汽品质不合格，过热器管内有结垢，检修时又未彻底清除，引起管壁温度升高而过热；过热器内蒸汽分配不均，或有杂物堵塞而被过热烧坏；在点火升压或停炉过程中，过热器通汽量不足而被过热烧坏；减温器管泄漏，在过热器蛇形管内产生水塞；由于结焦或受热不均使部分管子过热烧坏；过热器管材质不合格，制造有缺陷，安装不正确，焊接不合格；由于运行工况或煤种改变，引起蒸汽温度升高，又未及时调整处理；管道材料蠕胀或被飞灰磨损。

(3) 处理方法

过热器管发生损坏的处理方法如下：

① 过热器管损坏严重时，必须立即停炉，以防止从损坏的过热器管中喷出蒸汽，吹损邻近的过热器管，扩大事故。

② 如发现过热器管损坏轻微，可适当降低锅炉的蒸发量，在短时间内尚可继续运行，同时申请停炉进行检修。

③ 停炉要关闭过热蒸汽门，保留引风机运行，以排除炉内的烟气和蒸汽。

五、蒸汽管道及给水管道损坏

蒸汽管道及给水管道损坏是锅炉汽水系统发生的一种常见故障，蒸汽管道及给水管道损坏的表现是泄露或爆破。

(1) 现象

发生蒸汽管道及给水管道损坏时出现的主要现象有：管道泄漏时发生响声，保温层潮湿或漏水；管道爆破，发出明显的响声并喷出汽水；工质流量发生变化；蒸汽压力或给水压力下降。

（2）原因

蒸汽管道及给水管道损坏的主要原因有：管道材质不合格，制造有缺陷，安装不当，焊接质量不合格；管道支吊架装置安装不正确，影响管道的自由膨胀；蒸汽管道长期超温运行，蠕胀超过标准或运行时间过久，金属强度降低；锅炉点火时，蒸汽管道暖管不充分，产生严重的水冲击；给水质量差，造成严重腐蚀以及局部冲刷使管壁变薄；给水系统运行不正常，压力波动过大造成水冲击或振动。

（3）处理方法

蒸汽管道及给水管道损坏的处理方法如下：

① 如给水管道损坏轻微，能够保持锅炉汽包正常水位，且不致很快扩大事故，可维持短时间运行，但应尽快停炉处理。

② 如给水管道爆破，或故障加剧，威胁设备安全时，则应立即停炉。

③ 如蒸汽管道损坏轻微，不致很快扩大事故时，可维持短时间运行，尽快将故障管道与系统解列，然后停炉处理。

④ 若蒸汽管道损坏故障加剧，威胁到人身及设备安全时，应立即停炉。

⑤ 如锅炉蒸汽管道爆破，无法维持汽轮机所需蒸汽压力，威胁人身及设备安全时，应立即停炉。

六、锅炉汽水管道水冲击

在承压部件和压力管道中，当流体的流速和压力发生急剧变化，引起设备或管道发生突发性或周期性振动的现象称为水冲击。

（1）现象

发生水冲击时出现的主要现象有：给水管道水冲击时，给水压力不稳；蒸汽管道水冲击时，蒸汽压力不稳；管道内有水冲击声，严重时管道振动；省煤器发生水冲击时，省煤器附近有水冲击声。

（2）原因

发生水冲击的主要原因有：给水压力或给水温度发生剧烈变化；给水管道逆止门动作不正常；给水管道、省煤器没有排尽空气或给水流量忽大忽小；减温器通水量过大，致使减温水未被汽化；冷炉上水过快，水温超过规定值；锅炉点火时，蒸汽管道暖管不充分，疏水未被排尽；蒸汽温度过低或蒸汽带水。

（3）处理方法

发生水冲击的处理方法如下：

① 当给水管道发生水冲击时，应适当地关小控制给水的阀门。

② 如锅炉给水门后的给水管道发生水冲击时，可以关闭给水门，开启再循环门，而后再缓慢开启给水门。

③ 如减温器发生水冲击时，可关闭减温器的入口门，而后再缓慢开启。若不能解除时，

可暂时停止减温器使用,但应特别注意过热蒸汽温度的变化,不能超过额定值。

④ 如蒸汽管道发生水冲击时,必须关闭减温水门,开启过热器及蒸汽管道的疏水门。

⑤ 锅炉并列运行发生水冲击时,应停止并列。

⑥ 省煤器发生水冲击时,应适当延长点火时间,并增加上水、放水次数。

⑦ 汽水管道发生水冲击时,应检查支吊架的情况,及时消除发现的问题。

七、燃烧室堆火

燃烧室堆火大多发生在火床两侧,多数为脱火而致。

(1) 现象

发生燃烧室堆火时出现的主要现象有:给煤量增加而汽压下降;有大量未燃尽的煤被排出火床;火床煤层有突出增厚的部位,燃烧不稳,火焰呈暗色,有脱火现象。

(2) 原因

发生燃烧室堆火的主要原因有:在炉墙两侧飞灰喷嘴和人孔门处的温度偏低,不易引燃;煤质差、煤的燃点高,煤中含水分过大、石块多等,造成引燃困难;炉排速度偏快,造成脱火;火焰前移、送风温度低,风量不足或风量过大;抛煤机故障,造成故障侧漏风过多;煤质变化,没有及时调整等。

(3) 处理方法

发生燃烧室堆火的处理方法如下:

① 若因煤质和设备本身有问题而引起的,应适当降低炉排速度,调整风量,采用拨火的补救办法维持燃烧,必要时可加木材帮助引燃。

② 如煤含石块过多,应按规定配煤。

③ 若抛煤机存有缺陷而发生故障,应及时进行调整和修理。

八、锅炉结焦

锅炉结焦严重影响着锅炉的安全运行。

(1) 现象

发生锅炉结焦时出现的主要现象有:排烟温度及过热蒸汽温度升高;过热器处结焦,燃烧室负压变小,引风机前负压增大;水冷壁结焦严重时,锅炉蒸发量降低。

(2) 原因

发生锅炉结焦的主要原因有:煤灰熔点低;燃烧室负压过大,燃烧室温度过高;火焰偏后或偏前,燃烧工况不佳等,这些都会引起锅炉结焦。

(3) 处理方法

发生锅炉结焦的处理方法如下:

① 及时清除结焦,防止结成大块。

② 调整火焰中心位置,适当增加过剩空气量。

③ 在燃烧室不易清除的位置结焦时，为维持锅炉继续运行，应适当降低锅炉蒸发量。

九、负荷骤减

负荷骤减是指由于电网或机组本身的故障引起的锅炉蒸发量的突然降低。

(1) 现象

发生负荷骤减时出现的主要现象有：锅炉汽压急剧升高；蒸汽流量减少；过热蒸汽温度升高；汽包水位瞬间下降后又上升；负荷骤减严重时，汽包安全阀和过热器安全阀动作。

(2) 处理方法

发生负荷骤减的处理方法如下：

① 立即减少给煤量，同时调节风量，直到锅炉负荷和给煤量相匹配。

② 根据汽包水位计、蒸汽流量表和给水流量表的指示，保持汽包水位略低于正常水位。

③ 根据过热蒸汽温度的降低情况，关小减温水门，必要时开启过热器疏水门。

④ 若锅炉压力超过安全阀的动作压力而安全阀尚未动作时，应立即手动开启安全阀或对空排气门进行降压。

⑤ 若锅炉安全阀已动作，锅炉汽压已降到工作压力下而不能回座时，应采取措施，使其恢复原位。

十、炉排故障

炉排是链条炉重要的辅助设备，炉排发生故障后，直接影响锅炉的燃烧稳定。

(1) 现象

炉排发生故障时出现的主要现象有：炉排电动机电流增大；减速机构或炉排有异声；炉排卡住，保险销切断或保险离合器动作。

(2) 原因

炉排发生故障的主要原因有：炉条或夹板脱落卡住炉排；煤中有杂物；炉排横梁或大轴弯曲，造成轴与轴承磨损；炉排链子太松或与主轴齿轮啮合不良；检修质量不合格，炉排跑偏；燃烧调整不当，造成炉排过热烧坏或被大焦块卡住。

(3) 处理方法

炉排发生故障的处理方法如下：

① 立即切断电源进行检查。

② 如是电源或电机故障，应联系电气值班人员处理。

③ 如是炉排被卡住，应停止其运行，查明故障原因，予以消除。

④ 如炉排启动后，仍出现被卡，要检查炉排安全弹簧的压紧程度，如有松动要适当拧紧，再进行启动；如经上述处理后，炉排故障仍未消除，则应停炉。

第三节　煤粉汽包锅炉常见事故的现场处理

煤粉汽包锅炉的常见事故主要有以下几种：主燃料跳闸(MFT)动作、故障减负荷(RB)动作、负荷骤减、炉膛压力异常、锅炉灭火、汽包水位计爆破、锅炉水位事故、蒸汽管道或给水管道损坏、锅炉超压、蒸汽温度异常、烟道二次燃烧、锅炉受热面的损坏和结焦、锅炉水冲击、汽水共腾、单台给水泵跳闸等。本节以某300 MW控制循环锅炉为例，对煤粉汽包锅炉常见事故的处理方法进行介绍。

一、主燃料跳闸(MFT)动作

主燃料跳闸(MFT)动作，虽然对锅炉是非常重要的一项保护措施，但其跳闸是因机组、设备等发生故障而造成的，如处理不及时，可能会造成锅炉本体及其辅助设备的损坏，所以，当发生跳闸后，必须立即查找原因，迅速排除故障。

(1) 现象

发生主燃料跳闸(MFT)动作时出现的主要现象有：锅炉熄火，MFT动作报警；供油快关阀关闭，回油快关阀按设计动作，关闭全部油角阀，退出全部油枪；运行的给煤机和磨煤机全部跳闸；运行的一次风机全部跳闸；过热器减温水、再热器减温水关闭；汽轮机、发电机跳闸；吹灰器全停。

(2) 原因

发生主燃料跳闸(MFT)动作的主要原因有：机组、设备故障或误操作导致主保护动作；热工元件故障或保护装置误动作；锅炉主保护或机组连锁保护动作。

(3) 处理方法

发生主燃料跳闸(MFT)动作的处理方法如下：

① 检查所有燃料是否切除、连锁动作是否正常，如果动作不正常，要立即手动操作。

② 调整给水流量，维持汽包水位正常。

③ 调整适当的风量和炉膛负压，对锅炉进行吹扫5 min。

④ 查明MFT动作原因，待故障消除后，方可重新点火。

⑤ 如MFT动作的故障短时间难以消除时，则按正常停炉后的操作规定执行。

二、故障减负荷(RB)动作

故障减负荷(RB)动作，虽然对锅炉也是一项非常重要的保护措施，但其跳闸是因机组主要辅助设备发生故障而造成的，如处理不及时，可能会造成辅助设备的损坏。所以，当发生跳闸后，必须立即查找原因，迅速排除故障。

(1) 现象

发生故障减负荷(RB)动作时出现的主要现象有：RUN BACK动作报警；过热蒸汽流量下降；过热蒸汽和再热蒸汽温度、压力下降；引起RUN BACK动作的跳闸设备报警。

(2) 原因

发生故障减负荷(RB)动作的主要原因有：两台送风机运行时，其中一台跳闸；两台引风机运行时，其中一台跳闸；两台一次风机运行时，其中一台跳闸；两台汽动给水泵运行时，其中一台跳闸，且电动给水泵未联动；三台炉水循环泵运行时，其中两台跳闸；四台磨煤机运行时，其中两台跳闸。

(3) 处理方法

发生故障减负荷(RB)动作的处理方法如下：

① 自动进行燃料选择切换，否则应人工操作。

② 由上而下减少燃料，直到减至50%的燃料量。

③ 根据需要投油助燃。

④ 检查给水自动调节是否正常，如不正常，则手动调整，维持汽包水位正常。

⑤ 尽量维持汽温、汽压。

⑥ 尽快查明故障原因，迅速排除故障，重新恢复锅炉负荷。

三、负荷骤减

负荷骤减是指由于电网或机组本身的故障，引起锅炉的蒸发量突然地降低。

(1) 现象

发生负荷骤减时出现的主要现象有：汽压急剧升高，蒸汽流量急剧减小，发电机负荷下降；汽包水位先下降，后上升，汽温升高；负荷骤减严重时，发生动力泄放阀和安全门动作；再热器管壁温度上升。

(2) 原因

发生负荷骤减的主要原因是：电网系统发生故障；汽轮机或发电机发生故障。

(3) 处理方法

发生负荷骤减时应采取的措施如下：

① 突甩部分负荷时，应及时停止部分制粉系统运行。可根据燃烧情况进行投油助燃，尽量保持燃烧稳定。

② 维持好炉膛负压、汽包水位，严格控制汽温。

③ 开启向空排汽门或动力泄放阀，维持过热蒸汽压力。

④ 加强锅炉汽压变化的监视与调整，当压力超过安全门动作压力而安全门拒动，且高压旁路、低压旁路无法打开时，应紧急停炉；若高压旁路、低压旁路打开后，汽压仍继续上升而安全门拒动，应立即投油，并停止全部制粉系统运行。

⑤ 若甩负荷到零，则应停止所有制粉系统，投油维持燃烧。待故障消除后，恢复正常运行；如故障不能消除，则请示值长停炉。

四、炉膛压力异常

煤粉汽包锅炉炉膛压力异常包括炉膛压力高和炉膛压力低两种。

1. 炉膛压力高

(1) 现象

发生炉膛压力高时出现的主要现象有：炉膛压力高信号报警；炉膛负压表指示偏正；炉膛不严密处烟气外冒；当炉膛压力升高至锅炉发生 MFT 动作值时，MFT 动作。

(2) 原因

发生炉膛压力高的主要原因有：单台引风机故障跳闸；炉膛负压自动装置失灵；引风机入口、出口挡板或烟道内烟气挡板被误关；燃烧工况恶化；炉内承压部件严重爆破。

(3) 处理方法

发生炉膛压力高的处理方法如下：

① 调节引风机出力，维持炉膛负压正常。如果自动调节失灵，应切换成手动调节。

② 投油助燃，调整燃烧工况，稳定锅炉负荷。

③ 将被误关的挡板及时恢复原位。

④ 如果因引风机出力不够引起的炉膛压力高，应适当降低锅炉出力，保证炉膛压力在允许范围内。

⑤ 如果发生 MFT 动作，按发生 MFT 动作后的有关规定处理。

2. 炉膛压力低

(1) 现象

发生炉膛压力低时出现的主要现象有：炉膛压力低信号报警；炉膛压力表指示向负值偏转；当炉膛压力降低至锅炉发生 MFT 动作值时，MFT 动作。

(2) 原因

发生炉膛压力低的主要原因有：单台送风机故障跳闸，引风机未能及时跟踪调整；炉膛负压自动调节失灵；送风机入口、出口挡板或风道挡板被误关；二次风调节挡板失灵或误关；锅炉燃烧工况恶化或锅炉灭火。

(3) 处理方法

发生炉膛压力低的处理方法如下：

① 调节引风机出力，维持炉膛负压正常。如自动调节失灵，应切换成手动调节。

② 可投油助燃，调整燃烧工况，稳定锅炉负荷。

③ 将被误关的挡板及时恢复原位。

④ 如发生 MFT 动作，按发生 MFT 动作后的有关规定处理。

五、锅炉灭火

锅炉灭火是锅炉的常见故障。锅炉灭火时，锅炉的烟、风、粉系统会发生一系列的连锁反应，引发炉膛压力的巨幅波动和负荷的扰动，严重时会引发炉膛爆燃等重大事故。所以，必须从技术和管理上防止发生锅炉灭火事故。

(1) 现象

发生锅炉灭火时出现的主要现象有：炉膛压力突然大幅度减小，一次风压、二次风压同时降低；火焰监视器显示无火焰；各层燃烧器的火焰检测均消失；发生 MFT 动作报警；汽温、汽压、过热蒸汽流量迅速下降；汽包水位剧烈变化。

(2) 原因

发生锅炉灭火的主要原因有：运行中的送风机、引风机、一次风机等故障跳闸，或发生锅炉跳闸保护动作；低负荷时，风煤配比严重失调；低负荷时煤质变差、煤粉过粗，使燃烧工况恶化；燃烧不稳定时未能及时投油助燃；燃烧器运行方式不合理；低负荷时，炉膛吹灰或水冷壁爆管，将火焰吹灭；水冷壁吹灰不及时，造成大面积落焦；燃油时，油系统故障或进油电磁阀被误关；厂用电中断或发生 MFT 误动。

(3) 处理方法

发生锅炉灭火的处理方法如下：

① 发生 MFT 动作的，按 MFT 动作后的有关规定处理。

② 查明原因并消除故障后，重新点火启动。

③ 锅炉灭火后，严禁解除灭火保护，严禁用爆燃法点炉。

六、汽包水位计爆破

汽包水位计爆破是指一台或全部水位计爆破。

(1) 现象

发生汽包水位计爆破时出现的主要现象有：爆破侧水位计有泄漏声，并有汽水喷出；汽包压力、过热蒸汽压力不正常地降低。

(2) 原因

发生汽包水位计爆破的主要原因有：冲洗水位计时，冲洗方法不正确；水位计表面温度突然变化；安装或材料质量不合格。

(3) 处理方法

发生汽包水位计爆破的处理方法如下：

① 立即解列该水位计，开启疏水门。

② 组织相关人员，尽快修复该水位计。

③ 如果两只汽包水位计都损坏，但给水自动正常、且电接点水位计和 CRT 上水位指示可靠正常，则锅炉可继续维持运行一段时间。

④ 如果给水自动调节不可靠，应请示停炉。

⑤ 当所有水位计损坏时，必须立即紧急停炉。

⑥ 任一汽包水位计损坏时，必须切换机组运行方式，稳定锅炉负荷。

七、锅炉水位事故

煤粉汽包锅炉水位事故包括锅炉满水和锅炉缺水两种。

1. 锅炉满水

锅炉满水是指汽包水位高于规定的最高水位，且水位计已无读数。

(1) 现象

发生锅炉满水出现的主要现象有：所有水位计指示超过正常指示值，发出“汽包水位高”报警；给水流量不正常地大于蒸汽流量；水位高Ⅲ值时，经延时，发生 MFT 动作；严重满水时，过热蒸汽温度急剧下降，过热蒸汽管内可能发生水冲击，管道剧烈振动。

(2) 原因

发生锅炉满水的主要原因有：给水自动装置或调速装置失灵；给水泵发生故障导致转速不正常地升高；手动控制时，操作不当或由于水位、水汽流量指示不正确，使锅炉运行人员产生错误判断及错误操作；当负荷及汽压变化过大时，没有及时调整汽包水位。

(3) 处理方法

发生锅炉满水的处理方法如下：

① 当水位高Ⅰ值时，若因为是给水自动失灵，应立即将自动控制换成手动操作，并降低给水泵转速。

② 若给水泵转速调节失灵，应立即停运汽动给水泵，启动电动给水泵控制调节给水量。

③ 水位高Ⅱ值时，汽包事故放水门自动开启，否则应手动开启，下降至Ⅰ值时关闭。

④ 水位高Ⅲ值时，MFT 动作停炉，然后按 MFT 动作后的有关规定进行处理。处理过程中，应密切注意汽温的变化。停炉后继续放水至正常水位，同时应查明原因并在消除故障后重新点火。

2. 锅炉缺水

锅炉缺水是指汽包水位低于规定的最低水位，且水位计已无读数。

(1) 现象

发生锅炉缺水的主要现象有：所有水位计指示均低于正常指示值，发出“汽包水位低”信号报警；给水流量不正常地小于蒸汽流量(炉管爆破时例外)；严重缺水时，过热蒸汽温度升高；水位低Ⅲ值时，经延时，发生 MFT 动作。

(2) 原因

发生锅炉缺水的主要原因有：给水自动装置或调速装置失灵；给水泵发生故障导致转速不正常地降低；手动控制时，操作不当或由于水位、水汽流量指示不正确，导致锅炉运行人员产生错误判断及错误操作；负荷和汽压变化过大，没有及时调整汽包水位；给水压力低或水冷壁、省煤器等系统泄漏严重。

(3) 处理方法

发生锅炉缺水的处理方法如下：

① 水位低Ⅰ值时，若因给水自动控制系统失灵，应立即将自动控制切换成手动操作，并增加给水泵转速。

② 若因为给水泵转速调节失灵，应立即停运汽动给水泵，启动电动给水泵控制调节给水量。

③ 停止连排(连续排污)。如定排(定期排污)此时运行，应停止其运行。

④ 水位低Ⅲ值时，发生 MFT 动作，按 MFT 动作后的有关规定进行处理。

⑤ 当汽包水位在各水位计中全部消失，且消失时间超过规定时间，这时，严禁向锅炉进水。

八、受热面损坏

煤粉汽包锅炉受热面损坏包括水冷壁管损坏、省煤器管损坏、过热器管损坏和再热器管损坏四种。

1. 水冷壁管损坏

水冷壁管损坏是锅炉受热面损坏事故之一，是指因水冷壁管的泄漏或爆破而被迫停止锅炉运行的事故。

(1) 现象

发生水冷壁管损坏时常会出现如下现象：炉膛内有异声，炉膛压力增高且不稳定；炉膛不严密处向外冒烟，严重时燃烧不稳或造成灭火；炉膛两侧烟温差增大且烟温降低，汽温、汽压、蒸汽流量下降；汽包水位下降，给水流量不正常地大于蒸汽流量；引风机投入自动运行时，引风机电流上升。

(2) 原因

发生水冷壁管损坏的主要原因有：锅炉给水的水质长期不合格，管内结垢腐蚀管道；管材质量不合格或焊接不合格；管内有杂物，使部分管壁经常超温；运行中发生汽包缺水，又处理不当；吹灰器或燃烧器安装角度不合格，又调整不当，水冷壁长时间受冲刷；长时间低负荷运行或定期排污门泄漏，破坏了水循环，导致水冷壁管泄漏；炉膛有大焦块脱落或除焦时将管子砸破。

(3) 处理方法

发生水冷壁管损坏的处理方法如下：

① 如损坏不严重，应降压、降负荷运行，并申请停炉。

② 如损坏严重，无法保持汽包正常水位时，应紧急停炉。

③ 停炉后应尽可能继续进水(严重缺水除外)，维持汽包水位。若水位不能维持，应停止给水。

④ 严禁开启省煤器再循环门。

⑤ 停炉后应保留一台引风机运行，以排除炉内蒸汽。

2. 省煤器管损坏

省煤器管损坏是锅炉受热面损坏事故之一，是因省煤器管的泄漏或爆破而发生的被迫停止锅炉运行的事故。

(1) 现象

发生省煤器管损坏时，常会出现如下现象：汽包水位下降，给水流量不正常地大于蒸汽流量；省煤器损坏处有响声，省煤器灰斗有滴水或湿灰现象；省煤器后两侧烟气温度偏差增大，损坏一侧的排烟温度下降；空气预热器两侧出口风温差值增大；引风机投入自动运行时，引风机电流上升。

(2) 原因

发生省煤器管损坏的主要原因有：锅炉给水的水质不合格，致使管子内部结垢腐蚀管道；飞灰长期磨损管道；吹灰器安装不合格或吹灰器未及时退出，吹坏省煤器管；管子材质不合格或焊接不合格；尾部烟道发生二次燃烧，造成省煤器管过热；启、停过程中，未开省煤器再循环门而导致省煤器管过热。

(3) 处理方法

发生省煤器管损坏的处理方法如下：

① 如损坏不严重，应降压、降负荷运行，并申请停炉。

② 如损坏严重，无法维持汽包正常水位时，应紧急停炉。

③ 停炉后保留一台引风机运行，以排除炉内蒸汽。

④ 严禁开启省煤器再循环门。

3. 过热器管损坏

过热器管损坏是锅炉受热面损坏事故之一，是因过热器管的泄漏或爆破而发生的被迫停止锅炉运行的事故。

(1) 现象

发生过热器管损坏时，常会出现如下现象：损坏处有异声，炉膛压力增高且不稳定；蒸汽压力下降，蒸汽流量不正常地小于给水流量；损坏一侧的烟温下降，两侧烟温温差增大；引风机投入自动运行时，引风机电流上升。

(2) 原因

发生过热器管损坏的主要原因有：管内结垢，管道受到腐蚀；烟气高温腐蚀或飞灰磨损管道；吹灰器安装或操作不当，损坏过热器管；管子材质不合格或焊接质量不合格；过热器管壁长期超温运行受损。

(3) 处理方法

发生过热器管损坏的处理方法如下：

① 如损坏不严重，应降压、降负荷运行，并申请停炉。

② 如损坏严重，无法维持汽包正常水位时，应紧急停炉。

③ 停炉后保持一台引风机运行，以排除炉内蒸汽。

4. 再热器管损坏

再热器管损坏是锅炉受热面损坏事故之一，是因再热器管的泄漏或爆破而发生的被迫停止锅炉运行的事故。

(1) 现象

发生再热器管损坏时，常会出现如下现象：损坏处有异声，炉膛压力增高且不稳定；再热蒸汽压力下降，在负荷不变的情况下，过热蒸汽流量增加；损坏侧烟温下降，两侧烟温温差增大；引风机投入自动运行时，引风机电流上升。

(2) 原因

发生再热器管损坏的主要原因有：管内结垢、管道腐蚀；管壁积灰、结渣造成管道超温；管子材质不合格或焊接质量不合格；启、停炉过程中，高压旁路、低压旁路使用不当，未能保护好再热器；吹灰器安装、操作不当，损坏再热器；运行调整不当，再热器管壁长期超温而损坏。

(3) 处理方法

发生再热器管损坏的处理方法如下：

① 如损坏不严重，应降压、降负荷运行，并申请停炉；

② 如损坏严重，无法维持汽包正常水位时，应紧急停炉；

③ 停炉后保持一台引风机运行，以排除炉内蒸汽。

九、蒸汽管道或给水管道损坏

蒸汽管道或给水管道损坏是锅炉汽水系统发生的一种常见故障，其表现为管道发生泄漏和爆破。

(1) 现象

发生蒸汽管道或给水管道损坏时，常出现的主要现象有：损坏处的保温层潮湿、渗水、漏汽、漏水，并有泄漏声；管道爆破时有较大的响声，同时有汽、水喷出，有时支吊架也有损坏；蒸汽或给水压力、流量变化异常。

(2) 原因

发生蒸汽管道或给水管道损坏的主要原因有：材质及制造、安装、焊接质量不合格，膨胀受限制；长期超压、超温运行，管道的受冲刷部位（如弯头、孔板附近）管壁减薄，使强度降低；锅炉点火过程暖管和疏水不充分，造成严重水冲击；锅炉给水的水质不合格，造成管子内壁腐蚀；运行中介质流量、温度、压力发生大幅度变化，致使管道发生疲劳损坏。

(3) 处理方法

发生蒸汽或给水管道损坏的处理方法如下：

① 若管道损坏不严重，则应调整锅炉各参数，适当降低锅炉负荷，申请停炉检修。

② 加强损坏处周围的安全措施，防止汽水喷出伤人。

③ 密切注意损坏部件的发展趋势，做好事故预案。

④ 若管道严重损坏，应紧急停炉。

⑤ 停炉后，应尽快地将故障管段与系统解列。

十、锅炉超压

锅炉超压运行时会引起承压部件的许用应力降低，影响承压部件的使用寿命；严重超压或瞬间压力突变时，则会引起承压部件爆破而损坏设备，发生事故。为此，锅炉应保持在额定压力或低于额定压力下运行，绝对禁止超压运行。

(1) 现象

锅炉发生超压时，常出现的主要现象有：汽压急剧上升，超过许可工作压力，压力表指针超红线；发出超压报警信号，超压连锁保护装置动作；蒸汽温度升高，蒸汽流量减少。

(2) 原因

锅炉发生超压的主要原因有：锅炉负荷骤减；燃烧自动控制失调；制粉系统发生异常；高压旁路、低压旁路投入不成功；安全阀不能开启，排汽能力不足；压力表管道发生堵塞、冻结或失效损坏；超压连锁保护装置失效。

(3) 处理方法

锅炉发生超压的处理方法如下：

① 立即采取降压措施，迅速停止部分制粉系统运行，以减弱燃烧。

② 手动开启放气阀或安全阀，根据燃烧情况投油助燃。

③ 加大给水，同时加强排污。

④ 联系汽轮机运行人员开启高压旁路、低压旁路。

⑤ 如果安全阀失灵或全部压力表损坏，应紧急停炉，待故障消除后重新启动。

⑥ 当压力超过安全门动作压力，而安全门拒动时，应立即紧急停炉，同时采取相应措施进行降压，但严禁降压速度过快。

⑦ 严密监视汽包水位及蒸汽温度，必要时应切换成手动操作进行调节。

⑧ 停炉后应对锅炉进行内、外部检验，消除锅炉严重超压的成因。

十一、过热蒸汽、再热蒸汽温度异常

在锅炉正常运行中，如果汽温过高，则金属强度降低，设备使用寿命缩短；如果汽温过低，则不仅降低了机组的循环热效率，而且还会使汽轮机最后几级蒸汽湿度增加，造成叶片侵蚀，严重时将发生水冲击。因此，锅炉应保持在额定温度运行。

(1) 现象

蒸汽温度异常时，常出现的主要现象有：蒸汽温度超出规定值；蒸汽温度越限报警。

(2) 原因

蒸汽温度出现异常的主要原因有：蒸汽温度自动控制失灵；蒸汽温度表失灵；运行人员操作调整不当；减温器发生故障；机组负荷变化太大，没有及时调整蒸汽温度；锅炉燃烧工况变化较大，没有及时调整蒸汽温度；锅炉受热面泄漏。

(3) 处理方法

发生蒸汽温度异常的处理方法如下：

① 立即切除汽温自动装置，改用手动操作，将汽温控制在允许范围内。

② 调整燃烧工况，保证燃烧稳定。

③ 根据汽温变化情况，可增加或降低机组运行负荷。

④ 认真分析检查各仪表参数变化情况，查明汽温异常原因，并作相应的处理。

⑤ 经过调整及处理，蒸汽温度仍不能恢复正常时，则应汇报值长，申请停炉。

十二、烟道二次燃烧

烟道二次燃烧是指在锅炉尾部烟道内，积存的燃料和空气的混合物达到一定数量并被引燃时，所造成的急剧、不可控制的燃烧。烟道二次燃烧严重威胁锅炉的安全运行。

(1) 现象

发生烟道二次燃烧时，常出现的主要现象有：排烟温度不正常地升高；烟道内烟温急剧上升，烟囱冒黑烟，氧量降低，在烟道不严密处有烟、火冒出；炉膛压力增高，烟道负压不稳；若空气预热器发生二次燃烧，其电流不正常的摆动，空气预热器外壳发热或被烧红。

(2) 原因

发生烟道二次燃烧的主要原因有：锅炉长时间燃烧的煤粉太粗、氧量太低或油燃烧器雾化不好，导致燃烧不完全，使未燃尽的燃料积存在尾部烟道；锅炉长期低负荷运行，燃烧调整不好，烟气速度低，使烟道内积存了未燃尽的燃料；锅炉启、停时燃烧调整不当，使可燃物积存在烟道内。

(3) 处理方法

发生烟道二次燃烧的处理方法如下：

① 发现排烟温度不正常地升高，应立即报告值长，查明原因。

② 立即调整燃烧和锅炉负荷，采取蒸汽吹灰等措施，降低烟气温度。

③ 若排烟温度超过规定值时，应紧急停炉，停止送、引风机运行，并关闭所有的风门挡板和烟气挡板，密闭炉膛和烟道。

④ 利用蒸汽吹灰进行灭火。

⑤ 若省煤器处发生二次燃烧，应停炉后保持少量进水，冷却省煤器。

⑥ 若空气预热器发生再燃烧，停炉后，空气预热器要继续运行，投入蒸汽吹灰，必要时应用冲洗水灭火。

⑦ 待烟道内各段烟温正常后，方可打开检查孔门检查；确认无火源后，启动一侧引风机、送风机，进行通风和吹扫，并加强监视。

⑧ 检查烟道，待烟温正常，设备又未损坏时，请示值长重新启动锅炉。

十三、锅炉受热面结焦

锅炉受热面结焦，严重影响锅炉的安全经济运行。

(1) 现象

锅炉受热面结焦时，常出现的主要现象有：水冷壁结焦时，过热蒸汽、再热蒸汽温度会不正常地升高；过热器、再热器受热面结焦时，过热蒸汽、再热蒸汽温度会不正常地降低；锅炉排烟温度不正常地升高；当有焦渣脱落时，炉膛压力变化较大，影响燃烧的稳定性。

(2) 原因

发生锅炉受热面结焦的主要原因有：燃煤中的灰分熔点低；火焰中心偏斜；锅炉长时间超负荷运行。

(3) 处理方法

发生锅炉受热面结焦的处理方法如下：

① 调整燃烧，避免火焰中心发生偏斜。

② 更换煤种，选用灰熔点较高的煤种。

③ 适当降低锅炉运行负荷。

④ 加强对炉内结焦情况的监视，如果结焦严重，申请停炉。

十四、锅炉汽水管道水冲击

在承压部件和压力管道中，当流体的流速和压力发生急剧变化时，引起设备或管道发生突发性或周期性振动的现象称为水冲击。

(1) 现象

锅炉汽水管道发生水冲击时，常出现的主要现象有：发生水冲击后，流体的压力、流量大幅度波动；有水击声，管道发生振动，水冲击严重时支吊架损坏；当汽包严重满水时，过热器会发生水冲击，过热器及后面部件内的工质温度明显下降。

(2) 原因

发生水冲击的主要原因有：锅炉给水管道或省煤器充水时未能排尽空气；蒸汽管道通流前暖管不充分，疏水未能排尽或操作过快；锅炉热态启动时，由于在省煤器、冷渣斗内的工质处于汽化状态，这时如果锅炉进水量大，管内工质的压力、流量、温度会发生剧烈变化，从而产生水冲击；如果管内蒸汽温度突降，或汽包严重满水也会造成水冲击。

(3) 处理方法

发生水冲击的处理方法如下：

① 给水管道或省煤器发生水冲击时，应适当降低给水流量、充分暖管、排尽空气，直至恢复正常。

② 蒸汽管道通入蒸汽充压发生水冲击时，应降低蒸汽流量、充分暖管、疏水，待水冲击消失后，方可逐步增加流量。

③ 锅炉热态启动或停炉后进水时，如省煤器、冷渣斗处发生水冲击，应迅速降低给水流量；热态启动进水过程中，待锅炉本体各点工质温度均低于饱和温度后，方可增大给水流量。

④ 由于汽包严重满水而造成水冲击时，应根据汽温变化情况进行处理；并及时恢复汽包水位正常；如果发生 MFT 动作，按锅炉 MFT 动作处理。

⑤ 汽水管道内的水冲击消失后，应及时检查设备及支吊架等是否有损坏。

十五、汽水共腾

汽水共腾是指汽包中发生的水和蒸汽无明显确定的分界面的现象。

(1) 现象

发生汽水共腾时出现的主要现象有：蒸汽和炉水的含盐量增大；汽包水位发生急剧波动，水位计内看不清水位；过热蒸汽温度急剧下降；汽水共腾严重时，蒸汽管道内发生水冲击，法兰处冒汽。

(2) 原因

发生汽水共腾的主要原因有：给水或炉水的水质不合格；锅炉负荷骤增或汽压急剧下降；没有按规定进行排污；有油进入汽水系统。

(3) 处理方法

发生汽水共腾的处理方法如下：

① 降低且稳定锅炉负荷。

② 开大连排，加强定排，降低汽包水位至正常值。

③ 关闭减温水，必要时打开过热器疏水，严密监视汽温变化。

④ 通知化学水处理人员，停止加药，加强炉水化验，在炉水质量未改善之前，不允许增加锅炉负荷。

故障消除后应冲洗汽包水位计。若采取以上措施仍无效时，应请示停炉。

十六、单台给水泵跳闸

两台或两台以上的给水泵并列运行时，如果其中一台跳闸，称为单台给水泵跳闸。

(1) 现象

发生单台给水泵跳闸时，常出现的主要现象有：跳闸给水泵电流指示到零；给水压力、给水流量下降；汽包水位下降，过热蒸汽、再热蒸汽温度上升。

(2) 原因

发生单台给水泵跳闸的主要原因有：给水泵驱动装置保护动作；给水泵发生机械故障；给水泵润滑油系统发生故障；误动给水泵事故按钮。

(3) 处理方法

单台给水泵跳闸的处理方法如下：

① 如两台汽动给水泵并列运行，应立即启动备用泵，调整给水流量。

② 如锅炉 RB 动作，由 RB 动作的程序自动处理；自动处理结束后，方可人为干预。如 RB 拒动，则立即按 RB 动作的程序用手动操作来处理。

③ 如两台电动给水泵并列运行，要立即解除给水自动控制，抢修故障泵或启动备用泵。

④ 增大另一台给水泵出力，根据汽包水位，降低锅炉运行负荷。

⑤ 若启动给水泵未成功，应立即投油助燃，将机组负荷降至 50%运行。

⑥ 将汽包水位、汽温控制在规定范围内。

⑦ 如由于汽包水位低引起锅炉 MFT 动作，按 MFT 动作处理；在重新启动，向锅炉进水时，应小流量缓慢进水。

⑧ 联系检修，待故障消除后，方可投入运行。

第四节　超临界直流锅炉常见事故的现场处理

超临界直流锅炉的常见事故主要有以下几种：主燃料跳闸(MFT)动作、故障减负荷(RB)动作、锅炉过热蒸汽压力异常、锅炉过热蒸汽温度异常、锅炉再热蒸汽压力异常、锅炉再热蒸汽温度异常、锅炉给水流量低、锅炉启动分离器温度高、受热面损坏、尾部烟道二次燃烧、锅炉结焦、过热器管壁和再热器管壁超温等。本节以某 600 MW 超临界直流锅炉为例，对超临界直流锅炉常见事故的处理方法进行介绍。

一、主燃料跳闸(MFT)动作

主燃料跳闸(MFT)动作，对锅炉是一项非常重要的保护措施。这种跳闸是因机组、设备等发生故障而造成的。所以，发生跳闸后，必须立即查找原因，迅速排除故障。

(1) 现象

主燃料跳闸(MFT)动作时，常出现的主要现象有：事故报警器发出警报，FSSS 显示 MFT 首出原因；相应设备、阀门动作；机组负荷到零；炉膛灭火，火焰监视器看不到火焰；炉膛负压、烟道各点负压增大。

(2) 原因

发生主燃料跳闸(MFT)动作的主要原因有：手动 MFT；机组、设备故障或误操作导致主保护动作；热工元件故障或保护误动作；锅炉主保护或机组连锁保护动作。

(3) 处理方法

发生主燃料跳闸(MFT)动作的处理方法如下：

① 检查所有运行的磨煤机、给煤机、一次风机、密封风机是否跳闸，检查燃油快速关断阀、各油角阀是否关闭，一级减温水、二级减温水电动门、事故减温水电动门是否关闭。如果上述设备和阀门不联动，要用手动操作使其动作。

② 检查所有运行的汽动给水泵是否跳闸，电动给水泵是否自行启动，否则应手动操作；并保持适当的给水流量对锅炉进水。

③ 检查炉膛负压自动监控装置是否正常。如不正常应解除自动，用手动操作进行调节，防止炉膛负压超限引起送风机、引风机跳闸；如果由于送风机、引风机跳闸，引发主燃料跳闸(MFT)动作，则应立即采用自然通风。

④ 锅炉过热蒸汽压力超过 PCV 阀动作值时，如 PCV 阀不动作，要用手动起跳 PCV 阀泄压。

⑤ 调整合适的风量和炉膛负压进行炉膛吹扫。炉膛吹扫完毕，应复位跳闸设备。

⑥ 加强监视锅炉排烟温度和热风温度，防止尾部受热面再燃烧。

⑦ 配合有关人员查找 MFT 动作原因，排除故障后做好再次启动的准备。

⑧ 如短时间内锅炉不具备再次启动条件，则按正常停炉处理。

二、故障减负荷(RB)动作

故障减负荷(RB)动作，对锅炉是一项非常重要的保护措施。这种跳闸是因机组、设备等发生故障而造成的。所以，当发生跳闸后，必须立即查找原因，迅速排除故障。

(1) 现象

发生故障减负荷(RB)动作时出现的主要现象有：RB 动作报警；故障跳闸设备指示闪烁；部分制粉系统跳闸；机组负荷快速降到 50%。

(2) 原因

发生故障减负荷(RB)动作的主要原因有：两台汽泵运行，其中一台跳闸；两台送风机运行，其中一台跳闸；两台引风机运行，其中一台跳闸；两台一次风机运行，其中一台跳闸；两台空气预热器运行，其中一台跳闸；五台磨煤机运行，其中两台跳闸。

(3) 处理方法

发生故障减负荷(RB)动作的处理方法如下：

① RB动作后(一次风机跳闸除外),投入跳闸磨煤机消防蒸汽,并检查一次风机的工作情况;如一次风机未发生喘振,应尽快用手动减小两台一次风机的出力,将一次风压调至正常值后投入自动控制。如一次风机已发生喘振但仍能维持磨煤机运行时,应监视一次风机工作情况,在煤水比、水冷壁温度及中间点温度稳定后,再用手动减小两台一次风机的出力,逐渐消除一次风机的喘振,最终保持两台一次风机出力基本一致,然后投入自动控制。

② 严密监视水冷壁温度变化情况。

③ 一台汽动给水泵RB动作后,应严密监视燃料量、给水量、煤水比的变化情况。如无异常,可不对燃料和给水进行人为干预;根据温度变化情况,适当调整给煤量维持水冷壁和中间点温度稳定。

④ 送、引风机RB动作后,必须严密监视炉膛负压,并检查跳闸风机的有关风门、挡板的关闭情况。如未连锁关闭,则应立即用手动关闭。

⑤ 一次风机RB动作后,应严密监视运行磨煤机的工作情况,并检查跳闸的一次风机的出口挡板关闭情况。如未连锁关闭,则应立即用手动关闭。

⑥ 在机组负荷、燃料、给水均降至RB动作的设定值后,RB自动复位;在RB动作过程中,应根据过热蒸汽压力的变化,进行定压/滑压运行方式的切换。

⑦ 解除RB,将煤水比调至适当值,调整过热蒸汽温度、再热蒸汽温度,调整过热蒸汽压力,投入机组协调控制方式。

⑧ 尽快启动跳闸磨煤机,以防止磨煤机内的存煤发生自燃而发生制粉系统爆炸。

⑨ 一台空气预热器跳闸,对应侧的风机也联跳,则应按一台一次风机RB逻辑动作处理。

三、锅炉过热蒸汽压力异常

锅炉过热蒸汽压力异常是指过热蒸汽压力突然升高或降低,过热蒸汽压力超限。

(1) 现象

发生锅炉过热蒸汽压力异常时,常出现的现象主要有:过热蒸汽压力偏离当前负荷对应的正常值;过热蒸汽沿流程温度异常;当过热蒸汽压力偏高时,会发出过热蒸汽安全门动作信号和警报;过热蒸汽安全门及汽轮机高压旁路处有泄漏声,高旁(高压旁路)减温器温度过高或高旁减温水门开启;如果过热蒸汽系统泄漏,则四管泄漏监测装置发出警报,就地也可听到泄漏声;过热蒸汽流量可能不正常地低于给水流量。

(2) 原因

发生锅炉过热蒸汽压力异常的主要原因有:锅炉燃烧调整不当或过热蒸汽压力自动调整装置失灵;过热蒸汽安全门、PCV阀误动启座或严重内漏造成过热蒸汽压力低;高压旁路误开或严重内漏造成过热蒸汽压力低;高压自动过热蒸汽门或高压调节门发生故障,导致其不正常开大或关小;过热蒸汽系统严重泄漏。

(3) 处理方法

发生锅炉过热蒸汽压力异常的处理方法如下:

① 加强燃烧调整或将过热蒸汽压力切换成手动操作调整,保持过热蒸汽压力正常。

② 如PCV阀误动启座，应立即用手动强制回座。当强制回座无效或严重内漏无法恢复正常，应请示停炉。

③ 如汽轮机高压旁路误开造成过热蒸汽压力低，应立即用手动进行关闭。当手动关闭无效时，应采取措施强制关闭，然后查找原因进行处理。如果高压旁路就地强制关闭无效或内漏严重无法处理，应请示停炉。

④ 如高压自动过热蒸汽门或高压调节门发生故障，应进行检修处理。

⑤ 如过热蒸汽系统严重泄漏，则按“过热器损坏”的原则进行处理。

四、锅炉过热蒸汽温度异常

锅炉过热蒸汽温度异常是指过热蒸汽温度突然升高或降低，过热蒸汽温度超过设定的标准。

(1) 现象

锅炉过热蒸汽温度发生异常时，常出现的主要现象有：报警装置发出过热蒸汽温度过高或过低的警报；减温水自动调节门不正常地开大或关小。

(2) 原因

锅炉过热蒸汽温度发生异常的主要原因有：煤水比严重失调；过热蒸汽温度自动跟踪装置或手动调节不及时；炉膛工况发生大幅度扰动；给水系统发生故障；炉膛严重结焦或积灰；在炉膛结焦和积灰严重的情况下进行吹灰；煤质严重偏离设计值；减温水阀门发生故障；过热蒸汽系统受热面或管道发生泄漏等。

(3) 处理方法

锅炉过热蒸汽温度发生异常的处理方法如下：

① 如因机组协调控制装置发生故障造成煤水比失调，应立即解除协调控制，根据当前负荷调整燃料量或给水量。为防止系统扰动加剧，当煤水比失调时，应尽量避免同时调整给煤量和给水量，当煤水比调整相对稳定后，再进一步调整负荷。

② 当炉膛工况发生大幅度扰动(如发生故障减负荷RB，或一套以上制粉系统发生跳闸)，而机组控制系统在协调状态下工作，且过热蒸汽温度用自动控制方式时，应密切监视机组协调和过热蒸汽温度自动控制的工作状况，尽量不要手动干预。当机组协调和过热蒸汽温度自动工作不正常时，应果断地将协调和过热蒸汽温度自动切为手动进行操作调整。

③ 当给水系统发生故障(如一台给水泵跳闸、高压加热器解列)，而机组控制系统在协调控制状态下工作，过热蒸汽温度在自动控制状态时，应密切监视协调和过热蒸汽温度自动控制的工作状况，尽量不要用手动干预。当协调控制装置或过热蒸汽温度自动控制装置工作不正常时，应果断地将协调控制装置和过热蒸汽温度自动控制，切换成用手动进行操作调整。

④ 当炉膛严重结焦和积灰造成过热蒸汽温度异常时，应及时进行炉膛和受热面吹灰；当吹灰器不能正常投入或吹灰器投入后仍不能清除结焦和积灰时，可对中间点温度进行修正或将给水自动控制切换成用手动操作控制；如经过吹灰和调整仍不能使过热蒸汽温度恢

复正常，并且受热面金属温度超温，应申请停炉。

⑤ 如在炉膛结焦或积灰严重的情况下进行吹灰，应密切监视受热面温度的变化和自动跟踪情况，必要时可适当降低过热蒸汽温度设定值，防止过热蒸汽温度超温。过热蒸汽温度自动控制系统不正常时，应将其切换成用手动进行操作调整。

⑥ 当煤质发生变化时，应根据情况制定相应的燃煤混烧措施，对燃烧情况进行调整。

⑦ 当减温水阀门发生故障时，应将相应的减温水调节门由自动切换成用手动操作，并适当降低过热蒸汽温度，必要时可对中间点温度进行修正，或将给水自动控制切换成用手动操作控制，适当降低锅炉负荷的变化速度，防止过热蒸汽超温，及时对故障的减温水阀门进行检修处理。

⑧ 当过热蒸汽系统受热面或管道发生泄漏时，应及时停炉处理。在特殊情况下，即在省级调度认为暂时不宜停炉的维持运行期间，如协调装置和过热蒸汽温度自动控制装置不能正常工作时，应将其切换成用手动操作调整，并适当降低过热蒸汽温度。如受热面或管道泄漏严重，造成过热蒸汽温度和受热面金属温度严重超温，经调整无效，应立即停止锅炉运行。

⑨ 经处理后，如过热蒸汽温度和压力仍无法控制，应请示停炉。

五、锅炉再热蒸汽压力异常

锅炉再热蒸汽压力异常是指再热蒸汽压力突然升高或降低，再热蒸汽压力超过设定值的现象。

（1）现象

锅炉再热蒸汽压力发生异常时，常出现的主要现象有：再热蒸汽压力偏离当前负荷对应的正常值；再热蒸汽沿程温度异常；当再热蒸汽压力异常偏高时，发出再热蒸汽安全门动作信号和警报；再热蒸汽安全门、高压旁路、低压旁路内漏，就地有泄漏声，且减温器后温度升高或减温水调节门开启；再热蒸汽系统泄漏，四管泄漏监测装置发出警报。

（2）原因

锅炉再热蒸汽压力发生异常的主要原因有：再热器安全门误动起跳（启座）或内漏造成再热器压力低；低压旁路误开或严重内漏造成再热蒸汽压力低；高压旁路误开或严重内漏造成再热蒸汽压力高；中压缸调节门或过热蒸汽阀门发生故障，中压自动过热蒸汽阀门或调节门关小或关闭造成再热蒸汽压力高；再热蒸汽系统严重泄漏；回热抽汽系统异常。

（3）处理方法

锅炉再热蒸汽压力发生异常的处理方法如下：

① 当再热器安全门误动启座时，应立即查找原因进行处理；如果再热器安全门无法关闭或严重内漏无法恢复正常，应请示停炉处理。

② 如果低压旁路误开，应立即手动关闭。手动关闭无效应实行强制关闭，然后查找原因进行处理。如果低压旁路就地强制关闭无效或内漏严重无法处理，应请示停炉处理。

③ 如果高压旁路误开，应立即手动关闭。手动关闭无效应到实地强制关闭，然后查找

原因进行处理。如果高压旁路就地强制关闭无效或内漏严重无法处理,应请示停炉处理。

④ 当中压调门或过热蒸汽门发生故障时,应进行检修处理。

⑤ 当再热器系统泄漏时,按"再热器损坏"进行处理。

⑥ 当回热抽汽系统异常时,按"加热器故障"进行处理。

六、锅炉再热蒸汽温度异常

锅炉再热蒸汽温度异常是指再热蒸汽温度突然升高或降低;再热蒸汽温度超限。

(1) 现象

锅炉再热蒸汽温度发生异常时,常出现的主要现象有:报警装置发出再热蒸汽温度过高或过低警报;减温水调节门不正常地开大或关小。

(2) 原因

锅炉再热蒸汽温度发生异常的主要原因有:炉膛工况发生大幅度扰动,再热蒸汽自动控制装置失灵或手动调节不及时;炉膛严重结焦或积灰;在炉膛结焦和积灰严重情况下进行吹灰;煤质大幅偏离设计值;减温水阀门发生故障;喷燃器损坏、风门挡板损坏或炉膛配风不合理。

(3) 处理方法

锅炉再热蒸汽温度发生异常的处理方法如下:

① 当炉膛工况发生大幅度扰动时(如发生 RB 或一套以上制粉系统发生跳闸),如再热蒸汽温度在自动控制方式下运行,应密切监视自动控制的工作状况,尽量不要用手动干预。当再热蒸汽温度自动工作不正常时,应果断地将再热蒸汽温度自动控制切换成手动操作调整。

② 当炉膛严重结焦和积灰造成再热蒸汽温度异常时,应及时进行炉膛和受热面吹灰。当吹灰器不能正常投入或吹灰器投入后仍不能清除结焦和积灰时,在减温水调节门全开或全关后,经过燃烧调整仍不能使再热蒸汽温度恢复正常,并且受热面金属温度超温,应申请停炉处理。

③ 如在炉膛结焦和积灰严重的情况下进行吹灰,应密切监视受热面温度的变化和再热蒸汽温度自动跟踪情况,必要时可适当降低再热蒸汽温度设定值,防止再热蒸汽温度超限。如再热蒸汽温度自动跟踪装置不正常时,应将其切换成手动操作进行调整。

④ 当煤质发生变化时,应根据情况制定相应的燃煤混烧措施,对燃烧进行及时调整。

⑤ 当燃烧器摆动机构或减温水阀门发生故障时,应将再热蒸汽温度自动控制切换成手动操作进行调整,并适当降低再热蒸汽温度设定值。适当降低负荷变化速度,防止再热蒸汽超温。及时对发生故障的燃烧器摆动机构、减温水阀门进行检修处理。

⑥ 如喷燃器损坏、风门挡板损坏造成炉膛配风不合理,应及时对损坏的喷燃器和风门挡板进行修理,调整炉膛配风;在故障设备修理结束之前,应适当降低再热蒸汽温度设定值,适当降低负荷变化速度,防止再热蒸汽温度超温。

⑦ 如配风不合理时,应对炉膛配风进行调整。

⑧ 如经过处理,蒸汽参数仍无法控制,应申请停炉。

七、锅炉给水流量低

锅炉给水流量低是指锅炉给水流量低于与锅炉负荷相匹配的给水流量。

(1) 现象

发生锅炉给水流量低时出现的主要现象有：给水流量降低，给水压力降低；过热蒸汽流量及机组负荷下降；锅炉受热面工质温度上升；给水流量低报警装置、过热蒸汽温度超限报警装置等发出警报。

(2) 原因

锅炉发生给水流量低的主要原因有：给水泵发生跳闸，锅炉给水自动跟踪不良或运行给水泵出力不能满足当前给水流量；给水管道、高压加热器严重泄漏；给水阀门发生故障；给水自动调节装置失灵；机组负荷骤减或其他原因导致汽动给水泵汽源压力下降或中断。

(3) 处理方法

锅炉发生给水流量低的处理方法如下：

① 如负荷高于满负荷的 50%，给水泵发生跳闸且 RB 动作，应密切监视给水自动装置的工作状况，尽量不要用手动进行干预。如自动装置失灵，则应果断地将自动控制切换成手动操作，将运行给水泵流量加至最大，同时降低制粉系统出力或停止部分制粉系统，启动电动给水泵，尽量满足电网负荷。如负荷低于满负荷的 50%，给水泵发生跳闸且自动装置失灵时，应立即将给水自动切换成手动操作，将运行泵给水流量增加至跳闸前的给水流量。

② 当给水管道发生泄漏时，如给水能保证锅炉安全运行，应根据情况适当降低负荷运行，并调整煤水比至正常，然后请示停炉处理。如高压加热器泄漏，应立即切除其运行，并根据给水温度降低的情况，逐渐降低给水流量；当给水管道或高压加热器发生严重泄漏，威胁设备及人身安全时，应立即停止锅炉运行。

③ 当给水阀门发生故障时，如给水流量高于最低给水流量的保护动作值，应立即将负荷降低至对应给水流量负荷，待机组运行稳定后，进行检修处理。运行中，如无法对发生故障的阀门进行处理，应请示停炉处理。

④ 当给水自动装置工作不正常时，应立即将给水自动切换成手动操作，调节给水泵转速，维持给水流量，联系热工人员进行处理。

⑤ 当机组负荷骤减或其他原因导致汽动给水泵汽源压力下降或中断时，给水流量未达到最低给水流量的保护动作值时，应立即启动电动给水泵给水，或恢复厂用汽压力；同时迅速调整给水流量或减少燃料量，维持煤水比正常，确保锅炉沿程温度正常。当给水流量低于最低给水流量的保护动作值，中间点温度达到保护动作值时，如 MFT 保护拒动或锅炉受热面严重超温，应立即用手动锅炉 MFT。

八、锅炉启动分离器温度超限

锅炉启动分离器温度超限是指启动分离器温度超过正常的温度范围。

(1) 现象

发生锅炉启动分离器温度超限时,常出现的主要现象有:报警装置发出启动分离器温度超限警报;启动分离器温度高于保护动作值,MFT 动作。

(2) 原因

发生锅炉启动分离器温度超限的主要原因有:机组协调运行不正常,手动调整不及时造成煤水比严重失调;给水泵跳闸或其他原因造成 RB 动作,自动跟踪装置失灵,或手动操作调整不及时造成煤水比严重失调;机组升、降负荷速度过快,自动跟踪装置失灵或手动操作调整不及时;投入油枪数量过多、过快;炉膛严重结焦、积灰、煤质严重偏离设计值、燃烧系统非正常工况运行。

(3) 处理方法

锅炉启动分离器温度超限的处理方法如下:

① 当发生机组协调故障造成煤水比失调时,应立即解除协调,根据启动分离器温度上升速度和当前负荷,迅速降低燃料量或增加给水量。为防止系统扰动加剧,当煤水比失调后,应尽量避免同时调整煤量和水量;当煤水比调整相对稳定后,再进一步调整负荷。

② 当给水泵跳闸或其他原因造成 RB 动作时,应立即解除自动调节,迅速将燃料量降低至 RB 动作的规定值;在启动分离器温度开始降低时,再逐渐减少给水流量至燃料对应值。

③ 如机组升、降负荷速度过快,应适当将升、降负荷速度降低。为防止启动分离器温度超限,应加强监视启动分离器温度变化,并控制燃料增加和降低的速度。如大范围升、降负荷,应分阶段进行调整,在受热面和启动分离器温度相对稳定后,再进行下一阶段的调整。

④ 在锅炉启动过程中,如由于制粉系统跳闸等原因需要投入油枪时,应注意油枪投入的速度不能过快,防止启动分离器温度超限。

⑤ 当炉膛严重结焦、积灰时,应及时清理炉膛和受热面的结焦和积灰,对中间点温度进行修正或将给水控制切换成手动操作控制。

⑥ 当燃煤发生变化时,应制定对应的燃烧措施。

⑦ 当燃烧系统非正常工况运行时,应加强燃烧调整,及时恢复制粉系统的正常运行。

九、受热面损坏

超临界直流锅炉受热面损坏包括水冷壁损坏、省煤器损坏、过热器损坏和再热器损坏四种。

1. 水冷壁损坏

(1) 现象

发生水冷壁损坏时出现的主要现象有:检测四管泄漏的报警装置发出警报;实地检查,能听到炉膛内有异声;如果水冷壁外漏,能看到泄漏处冒汽、冒水;给水流量不正常地大于蒸汽流量,机组负荷降低;泄漏点后沿程工质温度升高,过热蒸汽减温水调节门不正常地开大;如水冷壁严重损坏时,可能造成燃烧不稳,引风机电流增大和电除尘器工作不正常,特别严重时可能造成炉膛灭火;除灰管道、空气预热器可能堵灰。

（2）原因

发生水冷壁损坏的主要原因有：水冷壁管材质量存在缺陷或在后期的制造、安装不合格；锅炉给水的水质长期不合格或局部热负荷过高，使水冷壁管内结垢严重，造成管材腐蚀减薄或超温爆管；部分水冷壁管内存在杂物堵塞、水冷壁管缩孔不当、水冷壁管焊口错位、水动力工况不正常等原因造成管内工质流量低；喷燃器损坏、配风不合理、炉膛严重结焦等原因造成炉膛局部热负荷高，从而使部分水冷壁管内工质流量与管外热负荷不适应，造成管壁超温爆管；炉膛内热负荷不均或水动力工况不正常，造成水冷壁管间温差过大；炉膛膨胀受阻，锅炉冷却和升温速度过快；水冷壁吹灰器位置不正确，吹坏管壁；当炉膛内有大块焦渣脱落时，砸坏水冷壁管或炉膛发生严重爆炸，使水冷壁管损坏。

（3）处理方法

发生水冷壁损坏的处理方法如下：

① 水冷壁损坏不严重时，给水流量能够满足机组负荷的需要，各水冷壁金属温度不超温，管间温差在允许范围，应加强监视各受热面沿程温度和水冷壁金属温度，及时汇报，并密切关注损坏情况的发展，必要时降低机组负荷运行，做好申请停炉准备。

② 在水冷壁损坏处增设围栏并悬挂标示牌，防止汽水喷出伤人。

③ 若水冷壁损坏严重，泄露点后工质温度急剧升高或管间温度偏差超过允许值，无法维持正常运行时，应立即用手动操作锅炉 MFT。

④ 加强巡视检查，防止电除尘积灰，防止灰斗、管道及空气预热器堵灰等。

⑤ 停炉后，应保持引风机运行。当不再有汽水喷出时，再停止引风机运行。

2. 省煤器损坏

（1）现象

发生省煤器损坏时出现的主要现象有：检测四管泄漏的报警装置发出警报；实地检查能听到省煤器损坏部位有异声；如果损坏严重，省煤器灰斗不严密处冒汽、冒水；省煤器、空气预热器、电除尘器灰斗、输灰管道可能堵灰，空气预热器可能积灰，电除尘器工作可能不正常；给水流量不正常地大于蒸汽流量，机组负荷降低；损坏点后沿程工质温度升高，减温水调节门不正常地开大。

（2）原因

发生省煤器损坏的主要原因有：省煤器管材质量存在缺陷或后期的制造、安装不合格；省煤器管外壁磨损爆管；锅炉给水的水质长期不合格，管子内部发生腐蚀使管壁减薄造成爆管；省煤器处发生再燃烧，造成省煤器管超温损坏；省煤器吹灰器位置不正确，吹坏管壁。

（3）处理方法

发生省煤器损坏的处理方法如下：

① 省煤器损坏不严重时，给水流量能够满足机组负荷的需要，水冷壁金属温度不超温，应加强监视各受热面沿程温度，及时汇报，并密切关注损坏情况的发展，必要时降低机组负荷运行，做好申请停炉准备。

② 在省煤器人孔、灰斗处增设围栏并悬挂标示牌，防止汽水喷出伤人。

③ 若损坏严重，泄露点后工质温度急剧升高，无法维持正常运行时，应立即用手动操作锅炉 MFT。

④ 加强监视除灰系统和空气预热器的工作情况。

⑤ 停炉后，应保持引风机运行。当不再有汽水喷出时，再停止引风机运行。

3. 过热器损坏

(1) 现象

发生过热器损坏时，常出现的主要现象有：检测四管泄漏的报警装置发出警报；实地检查能听到过热器损坏部位有异声；电除尘器工作可能不正常，除灰系统、空气预热器可能堵灰；过热蒸汽压力降低；蒸汽流量不正常地小于给水流量，机组负荷降低；损坏点后沿程工质温度升高，减温水调节门不正常地开大。

(2) 原因

发生过热器损坏的主要原因有：过热器管材质量存在缺陷或后期的制造、安装不合格；过热器管外壁磨损减薄发生爆管；蒸汽品质长期不合格，管内积盐造成管材长期超温爆管；过热器产生热偏差，部分过热器管长期超温爆管；过热器管内有杂物堵塞或焊口错位造成蒸汽流量低，超温爆管；过热蒸汽温度自动跟踪装置失灵或过热器长期超温运行；运行调整不当造成过热器进水或过热器严重超温；过热器吹灰器位置不正确，吹坏管壁。

(3) 处理方法

发生过热器损坏的处理方法如下：

① 过热器损坏不严重时，泄漏点后沿程工质温度能维持正常运行，应及时向值长报告，并关注损坏情况的发展，必要时降低机组负荷运行，做好申请停炉准备。

② 在泄漏点人孔、检查孔处增设围栏并悬挂标示牌，防止蒸汽喷出伤人。

③ 如过热器损坏严重，泄露点后工质温度急剧升高，无法维持正常运行或过热器金属温度严重超过允许温度，应立即停炉处理。

④ 加强监视除灰系统和空气预热器的工作情况。

⑤ 停炉后，应保持引风机运行。当不再有蒸汽喷出时，再停止引风机运行。

4. 再热器损坏

(1) 现象

发生再热器损坏时出现的主要现象有：检测四管泄漏的报警装置发出警报；实地检查能听到再热器泄露部位有异声；电除尘器工作可能不正常，除灰系统、空气预热器可能堵灰；再热蒸汽压力下降，机组负荷降低；损坏点后沿程工质温度升高。

(2) 原因

发生再热器损坏的主要原因有：再热器管材质量存在缺陷或后期的制造、安装不合格；再热器管壁磨损减薄爆管；蒸汽品质长期不合格，管内积盐造成管材长期超温运行发生爆管；炉膛热负荷不均，再热器产生热偏差，部分再热器管长期超温运行发生爆管；再热器管内有杂物堵塞或焊口错位，造成蒸汽通流量低，超温造成爆管；再热蒸汽温度自动跟踪装置失灵或再热器长期超温运行，超温造成爆管；减温水使用不当，造成再热器进水或再热器严重超温；锅炉启动期间再热器干烧，烟气温度超过再热器管材许可温度造成损坏；再热器吹灰器位置不正确，吹坏管壁。

(3) 处理方法

发生再热器损坏的处理方法如下：

① 再热器损坏不严重时，即损坏点后沿程工质温度能维持正常运行，应及时汇报，并关注泄漏情况的发展，必要时降低机组负荷运行。同时，做好申请停炉准备。

② 在泄漏点人孔、检查孔处增设围栏并悬挂标示牌，防止蒸汽喷出伤人。

③ 再热器如损坏严重，泄露点后工质温度急剧升高，无法维持正常运行或金属温度严重超过允许温度，应立即停炉处理。

④ 加强监视除灰系统和空气预热器的工作情况。

⑤ 停炉后，应保持引风机运行。当不再有蒸汽喷出时，再停止引风机运行。

十、尾部烟道二次燃烧

（1）现象

发生尾部烟道二次燃烧时，常出现的主要现象有：空气预热器入口烟气温度或排烟温度急剧升高超过正常值；热风温度急剧升高超过正常值；炉膛负压急剧波动；若空气预热器发生二次燃烧，空气预热器发出热点监测警报，空气预热器入口烟气温度和出口热风温度差值降低，严重时甚至为负值，空气预热器电流不正常地摆动；若省煤器发生再燃烧，省煤器出口给水温度不正常地升高；再燃烧点附近人孔、检查孔、吹灰孔等不严密处向外冒烟，烟道、省煤器或空气预热器灰斗、空气预热器壳体可能会发生过热甚至烧红，再燃烧点附近有较强的热辐射感。

（2）原因

发生尾部烟道二次燃烧的主要原因有：煤粉细度过粗、煤粉均匀度差、炉膛配风不合理、喷燃器损坏、炉膛氧量过低、省煤器和空气预热器灰斗堵塞发现不及时、省煤器和空气预热器长期不吹灰等，造成尾部烟道积聚煤粉；锅炉启动时，燃油时间过长并且油枪雾化不好、油枪配风不合理、省煤器和空气预热器长时间不吹灰等，造成尾部受热面积聚油垢；锅炉长时间煤油混烧或部分油枪内漏发现不及时，油枪雾化不好，造成尾部烟道油垢粘连，煤粉大量沉积；锅炉停炉前没有对受热面进行全面吹灰；锅炉烟风挡板关闭不严密，造成停炉后烟道内有空气流通。

（3）处理方法

发生尾部烟道二次燃烧的处理方法如下：

① 锅炉运行中，如发生尾部烟道二次燃烧，应立即停止锅炉运行，停止送风机、引风机运行并关闭所有烟风挡板；密闭炉膛和烟道；用蒸汽吹灰器进行灭火。

② 如果省煤器位置发生再燃烧，应启动给水泵，用适量流量的水进行冷却。

③ 如果空气预热器再燃烧，而空气预热器能正常运行时，则要提升扇形密封板，进行检修，缩回所有密封装置，保持空气预热器正常运行。如空气预热器发生卡涩，主驱动马达和辅助驱动马达跳闸，除提升扇形密封板、进行检修、缩回所有密封装置外，应投入空气预热器盘车，投入空气预热器蒸汽吹灰进行灭火，必要时投入空气预热器消防水进行灭火。

④ 当各人孔和检查孔不再有烟气和火星冒出时，停止蒸汽吹灰或停用消防水，检查确认再燃烧熄灭后，开启烟道排水门，排尽烟道内的积水，开启烟风挡板进行通风冷却。

⑤ 炉膛经过全面冷却后，要进入再燃烧处检查，确认设备无损坏，并将受热面积聚的可

燃物彻底清理干净后，方可重新启动锅炉。

十一、锅炉结焦

(1) 现象

锅炉发生结焦时出现的主要现象有：锅炉水冷壁、喷燃器、冷灰斗等处有焦渣聚集；锅炉中间点温度、过热器出口或沿程蒸汽温度、再热器出口或沿程蒸汽温度不正常；过热器减温水调节门或再热器减温水调节门开度不正常；喷燃器结焦严重可能造成燃烧不稳，受热面金属温度偏差增大；碎渣机出渣量增大，且碎渣机驱动电机电流超过正常值；冷灰斗可能堵渣。

(2) 原因

锅炉发生结焦的主要原因有：煤质发生变化；锅炉长时间超出力运行；炉膛配风不合理或喷燃器损坏造成火焰贴壁；磨煤机出口温度过高、一次风量过低、煤粉调整过细造成着火点提前；制粉系统运行方式不合理造成局部热负荷过高；运行中氧量设置过低；水冷壁吹灰长期不能投入或吹灰参数设置不当。

(3) 处理方法

锅炉发生结焦的处理方法如下：

① 如因煤质发生变化造成的，应制定相应的燃烧调整措施，防止锅炉结焦。

② 锅炉应控制在额定出力以下运行。如果炉膛结焦严重，通过吹灰和调整燃烧仍然不能改善，应降低锅炉出力运行。

③ 保持合理的一次风、二次风配比，维持喷燃器出口的二次风强度。喷燃器损坏应及时修理，防止火焰贴壁造成结焦。

④ 保持磨煤机出口的正常温度、一次风量和煤粉细度。如果喷燃器附近结焦严重，可适当降低磨煤机出口温度、适当增加一次风量和适当降低煤粉细度，将着火点适当延后。

⑤ 维持制粉系统的正常运行方式，根据情况调整配风和各磨煤机的负荷分配。如果通过加强吹灰和调整后仍有结焦增加，则应降低锅炉出力运行。

⑥ 锅炉结焦严重时，可适当增加喷燃器的配风，降低燃尽风量并增加整体炉膛的过量空气系数。

⑦ 水冷壁吹灰器应按要求正常投入，炉膛结焦严重时应适当提高吹灰频率。

十二、过热器管壁和再热器管壁超温

(1) 现象

过热器管壁、再热器管壁发生超温时，常出现的主要现象有：过热器管壁、再热器管壁金属温度高于正常值；过热器管壁、再热器管壁金属温度存在偏差。

(2) 原因

过热器管壁、再热器管壁发生超温的主要原因有：制粉系统运行方式不合理、炉膛热负荷不均、部分吹灰器损坏，炉膛严重结焦；过热器管内、再热器管内结垢；过热器管内、再热器管内有杂物堵塞或焊口错位造成蒸汽通流量低；过热器管内、再热器管内蒸汽温度超温运行；炉膛出口烟温偏差大。

(3) 处理方法

过热器管壁、再热器管壁发生超温的处理方法如下：

① 尽量维持制粉系统的正常运行方式。如部分制粉系统因检修不能投入运行时，应通过调整配风和各制粉系统的出力，使炉膛热负荷趋于均匀。经过调整仍不能使金属温度降至正常值以下时，应降低过热蒸汽、再热蒸汽温度进行运行。

② 加强吹灰。如吹灰器损坏，应及时修理，然后投入运行。

③ 加强化学监督，保证给水和蒸汽品质。

④ 如部分过热器管壁、再热器管壁超温，则应在适当降低蒸汽温度下运行，并在锅炉停炉后，安排割管检查。

⑤ 如蒸汽温度自动调整跟踪装置失灵，应查找原因，并对温度进行及时调整和设置。此前，可适当降低机组升、降负荷速度或将自动切换成手动进行操作。

第五节　循环流化床锅炉常见事故的现场处理

目前国内运行的循环流化床锅炉，主要是处于亚临界及以下压力的锅炉，其汽水系统和煤粉汽包锅炉基本一致，事故处理可参照煤粉汽包炉，本节仅就循环流化床锅炉常见事故的处理方法进行介绍。循环流化床锅炉的常见事故主要有主燃料跳闸(MFT)动作、床面结焦、返料器堵塞、床温异常、床压异常、给煤中断、流化不良、冷渣器故障等。

一、主燃料跳闸(MFT)动作

主燃料跳闸(MFT)动作，对锅炉是一项非常重要的保护措施，其跳闸是因机组、设备等发生故障而造成的。所以，当发生跳闸后，必须立即查找原因，迅速排除故障。

(1) 现象

发生主燃料跳闸(MFT)动作时，常出现的主要现象有：锅炉 MFT 动作报警；正在运行的所有给煤机发生跳闸，电流到零；石灰石系统给料机跳闸；燃油速断阀、油角阀全部关闭；汽温、汽压下降；床温、床压下降。

(2) 原因

发生主燃料跳闸(MFT)动作的主要原因有：手动 MFT；机组、设备发生故障或误操作，导致主保护动作；热工元件发生故障或保护误动作；锅炉主保护或机组连锁保护动作。

(3) 处理方法

发生主燃料跳闸(MFT)动作的处理方法如下：

① 锅炉发生 MFT 动作后，应立即检查联动项目动作是否正常，如不正常，应手动干预。

② 调整汽包水位至正常值，并加强对汽压、汽温、床温、床压的监视。

③ 调整适量的风量和炉膛负压,对锅炉进行吹扫 5 min。

④ 迅速查明锅炉跳闸的原因,做好重新启动的准备工作。

⑤ 如果在短时间内无法消除故障,应按正常停炉处理。

二、床面结焦

(1) 现象

床面发生结焦时出现的主要现象有:一个或几个床压测点指示值波动很大;局部或整体床温异常偏高,一个或几个床温指示值与平均值相差较大;床面结焦严重时,床压快速降低,风室压力异常增大。

(2) 原因

床面发生结焦的主要原因有:锅炉床温长时间过高或床料熔点过低;停炉过程中,燃料未完全燃烧,析出焦油造成低温结焦;锅炉运行中,风、煤配比长时间不当;布风板、风帽堵塞过多,未及时发现;有耐火材料等杂物留在炉内或返料器内,造成局部流化不良;油枪运行状态不好,造成局部热负荷过高;流化风量过小,低于最低流化风量;床料过少、过细,长时间超温造成结焦;床料过粗,造成床面流化不均;油煤混烧时间过长或油枪雾化不良;返料不正常造成大量塌灰。

(3) 处理方法

床面发生结焦的处理方法如下:

① 适当增加一次风量。

② 加强排渣,加大床料置换,在允许范围内降低床压,把流化不好的床料及时排出。

③ 适当降低床温,特别是在启动过程中,投煤时应防止床温急剧上升,若出现燃烧剧烈,应加大流化风量。

④ 调整一次风、二次风量配比和给煤量,防止燃烧缺氧。

⑤ 如炉内长时间流化不良,应及时设法改善。

⑥ 经调整后,炉内流化不良仍无改善,应请示停炉。

三、返料器堵塞

(1) 现象

返料器发生堵塞时出现的主要现象有:旋风筒料位上升,返料阀压差、密度上升;返料阀中灰的温度降低,风室风量降低,风压上升;旋风分离器上、下壁温差增大,旋风筒出口烟温上升;床温上升,床压下降。

(2) 原因

返料器发生堵塞的主要原因有:返料阀风量或风压不足;旋风筒保温、防磨材料脱落;返料阀两侧风室风帽堵塞,返料器充气口松动,风口堵塞;返料阀回料立管内结渣。

(3) 处理方法

返料器发生堵塞的处理方法如下:

① 增加返料器流化风量，提高流化风压，必要时启动备用高压流化风机。

② 对流化风量和返料风量反复进行加减，加强返料器内的扰动，先加返料风量，再加立管流化风量。

③ 适当降低流化风量，改善入炉煤的颗粒大小。

④ 若处理无效，且堵塞越发严重，应报告值长，申请停炉。

四、床温异常

（1）现象

发生床温异常时出现的主要现象有：报警装置发出床温高或低报警，床温低时易使燃烧不稳，炉膛负压波动大；床温高时使床料结渣，引起流化不良，严重时会造成大面积结焦。

（2）原因

发生床温异常的主要原因有：床温热电偶测量发生故障；给煤机工作不正常，给煤颗粒过大或过细；返料系统堵塞；一次风、二次风配比失调；床压过高或过低；布风板风帽损坏。

（3）处理方法

发生床温异常的处理方法如下：

① 检查床温热电偶工作是否正常。如热电偶发生故障，应加强监视，联系热工人员及时处理。

② 检查给煤机运行及控制是否正常。如不正常，应及时调整。

③ 床温高时，应适当减少给煤量，加大一次风量；床温低时，则应适当增加给煤量，减小一次风量。但一次风量的改变必须保证床层有良好的流化状态。

④ 如果床温过高，可增大石灰石供给和停运冷渣器，增加床料量以降低床温，直到床温开始下降为止。如果床温过低，可减小石灰石供给，提高冷渣器转速，降低床料量，以提高床温，直到床温开始上升为止。

⑤ 调节入炉煤的颗粒大小。

⑥ 检查返料系统的运行状态是否正常。

⑦ 合理配风，调整一次风、二次风量比例。

⑧ 调整床压。

⑨ 经过处理仍无效时，可适当改变锅炉负荷运行。床温达到 MFT 保护动作值时，MFT 保护动作。如保护拒动，则用手动 MFT。

五、床压异常

（1）现象

发生床压异常的主要现象有：报警装置发出床压高或低的报警；风室压力相应增大或减小；冷渣器排渣量不正常地增加或减少；一次风机入口挡板开度相应增大或减小。

(2) 原因

发生床压异常的主要原因有：床压测量发生故障；冷渣器发生故障，排渣量过小或过大；锅炉增减负荷过快或煤质变化过大；一次风量不正常；炉膛床料泄漏；返料不正常。

(3) 处理方法

发生床压异常的处理方法如下：

① 检查床压测点，若有故障，联系热工及时消除。

② 如果床压高，要加大冷渣器排渣量，停止向炉内加床料或石灰石；床压过高，应适当加大流化风量，根据床压带负荷，减煤投油。

③ 如果床压低，要减少或停止冷渣器排渣量，适当减少流化风量，必要时，加大石灰石供给量或适当向炉内加床料。

④ 若因炉膛床料泄漏引起，则按压火处理，待消除泄漏点后重新启动。

⑤ 当返料不正常引起床压异常，应调整返料阀风量，调整返料量。如果调整无效，床压持续快速下降，应立即停炉。

六、给煤中断

(1) 现象

发生给煤中断时出现的主要现象有：给煤量显示为零；DCS 发出故障报警；烟气氧量急剧升高；炉膛负压增大；床温、汽温、汽压急剧下降，机组负荷明显下降；汽包水位波动；燃烧不稳，床温、床压分布不均，投油不及时锅炉发生 MFT 动作。

(2) 原因

发生给煤中断的主要原因有：给煤机断电；给煤机发生故障；落煤管堵塞；煤仓空仓；MFT 保护动作。

(3) 处理方法

发生给煤中断的处理方法如下：

① 根据情况降低锅炉负荷，尽快恢复给煤。若是落煤管堵塞，应及时进行疏通。若是给煤机发生故障，应立即停止给煤机运行，同时关闭给煤机出、入口门；及时迅速降低锅炉各路风量，根据情况及时投入油枪助燃，稳定床温，维持氧量；及时解列减温水，防止过热蒸汽温度过低。

② 若是电气发生故障，待恢复供电后，再恢复锅炉运行。

③ 若是主连锁动作，则按紧急停炉处理。在处理过程中，应特别加强对床温、床压的控制和监视；若原因不明，短时不具备恢复条件时，按正常停炉处理。

七、流化不良

(1) 现象

发生流化不良时出现的主要现象有：床温分布不均，床压及床层密度变化大；风室风压不稳，炉膛负压波动大；NO_x、CO 和 SO_2 排放值变化大；汽温、汽压降低，蒸汽流量下降。

（2）原因

发生流化不良的主要原因有：床料过多或过少；风量过高或过低；炉内耐火防磨材料脱落；风帽堵塞；风机发生故障或风门误动，锅炉运行人员误操作；排渣、返料系统出现故障；局部结渣或升降负荷过快；物料颗粒粒径过粗或过细。

（3）处理方法

发生流化不良的处理方法如下：

① 调整流化风量和风压，可暂时增加一次风量。

② 调整该区域煤或石灰石的给送量。

③ 加强排渣或尽快置换床料。

④ 上述处理无效时，应申请停炉。

八、冷渣器故障

冷渣器故障主要包括冷渣器进渣不畅、冷渣器内走渣不畅、冷渣器排渣不畅和冷渣器进渣管自流。

1. 冷渣器进渣不畅

（1）现象

冷渣器发生进渣不畅时出现的主要现象有：

① 选择室床温变化异常：当选择室床温较高时，开启进渣管风门，选择室床温仍然下降；当投运备用冷渣器时，并开启进渣管风门后，选择室床温无变化或变化小。

② 冷渣器床压变化异常：当旋转排渣阀运行时，床压降低；当旋转排渣阀未运行时，床压无变化。

③ 进渣管温度变化异常：当进渣管温度较高时，开启进渣管风门，进渣管温度仍然下降；当投运备用冷渣器时，并开启进渣管风门后，进渣管温度无变化或变化小。

④ 冷渣器返风管温度降低；排渣温度降低，排渣量少或无渣；就地放渣，渣量少或无渣。

（2）处理方法

冷渣器发生进渣不畅的处理方法如下：

① 当发现进渣不畅时，首先应缓慢开大进渣风（流化风）调整门。然后，观察进渣管温度、选择室床温度、床压是否有升高现象，若有升高现象则说明正在进渣。此时，还应加强监视进渣管风压变化的频率，若压力变化频繁说明已经进渣。

② 若正常调整流化风不能使其进渣，应关严冷渣器进渣风调整门，用压缩空气进行脉动式间断吹扫；进渣后关闭压缩空气吹扫门，缓慢开大进渣风调整门，调整冷渣器床压，使其保持在正常范围内。

③ 用压缩空气吹扫时，应防止大量进渣，以免造成选择室流化不良而引起结焦；进渣后应及时调整进渣风调整门开度，保持冷渣器床压在正常范围内。

④ 敲击进渣风管，进行疏通。

2. 冷渣器内走渣不畅

（1）现象

冷渣器内发生走渣不畅时，常出现的主要现象有：所堵仓室的风量降低；所堵仓室的床压升高、床温下降；未堵塞仓室的床压下降，排渣温度下降；泵排渣量减少或无渣排出。

（2）处理方法

冷渣器内发生走渣不畅的处理方法如下：

① 当发现冷渣器各室床压分布不均时，应及时停止进渣，并防止渣自流。

② 加大选择室的流化风量，观察床压升高的情况，以判断堵塞情况。如果选择室床压随风压升高而升高，可以判断发生了堵渣。否则应联系热工人员吹扫测点及进行校验。

③ 如果发生堵塞，可以提高一次风压，将选择室和冷却室风门反复快速开关进行吹扫。经吹扫无效时，应进行冷渣器掏渣疏通。

3. 冷渣器排渣不畅

（1）现象

冷渣器发生排渣不畅时出现的主要现象有：冷渣器各室床压缓慢升高；排渣温度下降，泵排渣量减少或无渣排出。

（2）原因

冷渣器发生排渣不畅的主要原因有：下渣管堵塞；旋转阀发生故障；缓冲仓发生堵塞；冷渣器各室有堵塞现象。

（3）处理方法

冷渣器发生排渣不畅的处理方法如下：

① 当发现排渣不畅时，应立即进行检查。当发生严重卡堵或链条掉落时，应及时联系检修处理。

② 如果旋转阀正常，就地放渣却无渣，可判断是缓冲仓堵塞，这时应立即对缓冲仓进行敲打，同时联系检修清理。

③ 如果就地放渣时无渣排出，敲打缓冲仓发现为空仓时，如旋转阀转动正常，可以判断是下渣管堵塞，这时可以采取敲打旋转阀以上的下渣管。

④ 如果经上述处理无效时，可停止此冷渣器运行，进行下渣管疏通。

4. 冷渣器进渣管自流

（1）现象

冷渣器进渣管发生自流时出现的主要现象有：关闭进渣风后，冷渣器各仓室床温、床压不下降，甚至仍有上升趋势；排渣温度不变或上升；进渣管及返料管各自的温度不变甚至上升。

（2）处理方法

冷渣器进渣管发生自流的处理方法如下：

① 当发生自流后，应立即关严进渣管各风门，同时适当提高流化风量。

② 加大选择室流化风量，提高选择室内床料的流化质量。

③ 若排渣温度升高，可加大冷却室风量，以冷却床料；若排渣温度正常时，应增加旋转阀转速，加大排渣量；若排渣温度高于规定值或排渣泵有缺陷，应立即开启事故放渣阀，就地直排。

第六节　锅炉辅机常见事故的现场处理

锅炉辅机是锅炉的重要组成部分，辅机的安全经济运行直接影响锅炉的安全性和经济性。所以锅炉辅机在正常运行过程中，锅炉运行人员必须尽量预防、减少辅机事故的发生；一旦辅机发生事故，必须能够迅速正确处理，确保锅炉安全、经济、稳定运行。

锅炉辅机常见故障主要包括空气预热器故障、风机故障、制粉系统故障和炉水循环泵跳闸等。

一、空气预热器故障

空气预热器故障主要包括空气预热器动、静部分卡涩，单台空气预热器跳闸、空气预热器轴承温度过高等。

1. 空气预热器动、静部分卡涩

(1) 现象

空气预热器动、静部分发生卡涩时，常出现的主要现象有：空气预热器电流摆动大；空气预热器转动时有磨擦声或撞击声；严重卡涩时，空气预热器跳闸，电流表指示为零；炉膛负压稍有变化，热风温度下降，排烟温度上升。

(2) 原因

空气预热器动、静部分发生卡涩的主要原因有：空气预热器自密封装置失控；空气预热器动、静之间有异物；空气预热器跳闸时间较长且入口烟温过高。

(3) 处理方法

空气预热器动、静部分发生卡涩的处理方法如下：

① 降低锅炉负荷运行，切除空气预热器自密封调节装置，联系热工人员检查空气预热器自密封调节装置，待故障排除后投入运行。

② 若动、静部分发生磨擦时，在短时间内可将驱动装置切换至辅助马达慢速运行方式，并需控制保持空气预热器入口烟温正常。

③ 若空气预热器内动、静部分摩擦较大或有异物卡涩，应迅速降低锅炉负荷运行，关闭相应的烟气挡板，监视排烟温度，不让烟温超过规定值。

④ 联系检修人员排除故障，若短时间内故障无法排除，又无法进行人工盘车，应请示停炉。

2. 单台空气预热器跳闸

(1) 现象

单台空气预热器发生跳闸时，常出现的主要现象有：空气预热器跳闸发出报警信号；跳闸空气预热器电流指示为零；跳闸侧一次风温、二次风温下降，排烟温度上升；跳闸侧烟气入口挡板自动关闭，炉膛压力增大；同侧的风机可能跳闸；锅炉有 RB 连锁保护的，锅炉发出 RB 动作报警。

(2) 原因

单台空气预热器发生跳闸的主要原因有：空气预热器由于机械变形而引起摩擦卡涩、电流过大；空气预热器轴承或减速器损坏；空气预热器主电机发生故障跳闸；热工、电气回路出现故障。

(3) 处理方法

单台空气预热器发生跳闸的处理方法如下：

① 启动辅助电机，并复位跳闸的主电机。若辅助电机启动失败，应立即进行手动盘车，并通知检修人员尽快消除故障，恢复电机运行。

② 检查故障侧烟气入口挡板是否自动关闭，如未自动关闭，应用手动关闭。

③ 锅炉燃烧不稳时应投入油枪助燃。

④ 若短时间内不能恢复电机运行，则应减小锅炉负荷，并停止故障侧的风机运行，关闭该侧风烟挡板，待空气预热器入口烟温降到规定值以下后，停止运行，进行手动盘车。

⑤ 如果空气预热器在运行中突然停转，应在热端扇形板提升到"紧急提升"位置后，启动辅助电机。若其电流仍指示正常，说明是主电机故障；如辅助电机电流不正常，说明是减速机故障。空气预热器停转时，如能用手动盘转一周以上，可以对主电机或辅助电机强行合闸，如转子能连续运转时，应将吹灰器投入运行，直至传热面上无沉积物；若空气预热器无法盘动，则应在关闭烟道、风道所有挡板后，设法打开有关人孔门，降低烟气温度，并迅速通知检修人员抢修。

⑥ 如锅炉 RB 动作，由 RB 动作的程序自动处理。如 RB 拒动，则应立即按 RB 动作的程序，用手动操作处理。并应查清跳闸原因，联系检修人员，待故障排除后，投入运行。

3. 空气预热器轴承温度超限

(1) 现象

空气预热器轴承发生温度超限时出现的主要现象有：导向轴承或支撑轴承润滑油温度上升速度较快；轴承温度超限报警装置发出报警；空气预热器电流增大。

(2) 原因

空气预热器轴承发生温度超限的主要原因有：润滑油质量不合格；冷却水量不足或中断；润滑油系统漏油，油位过低；油管或滤网发生堵塞，油流不畅通；润滑油泵故障，油压太低。

(3) 处理方法

空气预热器轴承发生温度超限的处理方法如下：

① 如果是润滑油质量不合格，应换上合格的润滑油。

② 如果是冷却水不畅通，应尽快设法疏通。

③ 如果是油滤网堵塞严重，应进行更换和清理。

④ 如果是润滑油泵故障或油管发生堵塞，应立即停止油泵运行，通知检修人员尽快修复或更换新油泵。

二、风机故障

风机故障主要包括风机喘振、风机振动、风机轴承温度升高过快、风机动(导)叶调整失灵、风机润滑油或液压油油压下降、单台风机跳闸等。

1. 风机喘振

风机喘振是风机流量减少到一定程度时所发生的一种非正常工况下的振动。喘振对于风机有着很严重的危害。

(1) 现象

风机发生喘振时出现的主要现象有：风压、流量突然大幅度下降；发生喘振的风机电流大幅度减小，炉膛压力发生大幅度变化；风机喘振故障报警装置发出警报；风机振动增大，运转声变粗，出口风压降低；燃烧工况不稳定。

(2) 原因

风机发生喘振的主要原因有：动(导)叶调节过大，落入喘振区；风道阻力过大；落入喘振区。

(3) 处理方法

风机发生喘振的处理方法如下：

① 当风机运行接近喘振区时，动(导)叶不得开大；发生喘振时，应立即关小动(导)叶开度。

② 采取相应措施，降低风机出口风道阻力，如适当开大二次风门等，并按规定限制动(导)叶开度。

③ 当风量降低时，应相应降低燃料量和锅炉负荷，保持合适的风煤比。

2. 风机振动

(1) 现象

风机发生振动时出现的主要现象有：风机台板及轴承振动大；振动强烈时发出异声；风机运行电流摆动。

(2) 原因

风机发生振动的主要原因有：轴承磨损，间隙增大；叶轮磨损严重，动平衡被破坏；风机或电机地脚螺丝松动或螺栓断裂；润滑油系统发生故障，造成轴承损坏。

(3) 处理方法

风机发生振动的处理方法如下：

① 当风机振动超限时，应联系值长降低风机出力运行，并通知检修人员查明原因。在此期间，应有专人监视振动的发展变化趋势，并及时报告值长。

② 如果是风机油系统发生故障，则应尽快查明原因，恢复油系统的正常运行。如果轴承温度超过规定值时，则应停止风机运行。

③ 风机振动剧烈时，应立即停止风机运行。

④ 在处理风机振动时，如不停炉，应落实好风机停电和烟道烟气隔绝的安全措施。

3. 风机轴承温度升高过快

(1) 现象

风机轴承发生温度升高过快的主要现象有：轴承温度上升速度过快；轴承温度超限报

警装置发出报警。

（2）原因

风机轴承发生温度升高过快的主要原因有：润滑油系统发生故障；润滑油质量不合格，油箱油位过低；轴承振动超限；轴承冷却水量少或中断，使冷油器工作系统失常；轴承损坏。

（3）处理方法

风机轴承发生温度升高过快的处理方法如下：

① 若润滑油油压低，则可调节恒压阀或清洗、更换滤油器滤网，使油压恢复正常。

② 若油质不合格，则应联系检修人员更换合格的油质。

③ 若冷油器发生故障，则应联系检修人员检修，使其尽快恢复正常。

④ 若轴承损坏，则应及时汇报，并严密监视轴承温度升高的情况，并采取相应降温措施。

⑤ 如轴承温度超限，则应立即停止风机运行。

4. 风机动(导)叶调整失灵

（1）现象

发生风机动(导)叶调整失灵时，常出现的主要现象有：炉膛负压或氧量或一次风压发生不正常的变化，炉膛负压或氧量或一次风压自动调整失灵；手动调节动(导)叶时，风量、风压无变化。

（2）原因

发生风机动(导)叶调整失灵的主要原因有：液压油油压过低或缺少润滑油脂；液压缸损坏；伺服电机发生故障或失去电源。

（3）处理方法

发生风机动(导)叶调整失灵的处理方法如下：

① 启动备用油泵或调整恒压阀使油压恢复正常。

② 当液压缸损坏时，应尽可能维持负荷稳定，并汇报值长。

③ 当伺服电机发生故障或失去电源时，应将伺服电机运行方式从自动挡切换成“手动”挡，并联系热工人员处理。

④ 如缺少润滑油脂，则应加入润滑油脂。

5. 风机润滑油压或液压油压下降

（1）原因

产生风机润滑油压或液压油压下降的主要原因有：过滤器堵塞；油系统漏油；油温过高；油泵发生故障；溢油阀损坏；冷油器泄漏。

（2）处理方法

产生风机润滑油压或液压油压下降的处理方法如下：

① 更换备用过滤器，清理污染的过滤器。

② 更换油封，拧紧管道松动的螺栓。

③ 投入备用冷却器，检查冷却器的脏污程度并进行清理。

④ 检查油箱油位，检查油泵出力是否正常。

⑤ 更换或重新调整溢油阀。

6. 单台风机跳闸

(1) 现象

单台风机发生跳闸时，常出现的主要现象有："风机跳闸"信号报警装置发出警报；跳闸风机电流为零；炉膛负压、氧量或一次风压不正常地发生变化；锅炉有 RB 连锁保护的，会发出 RB 动作警报。

(2) 原因

单台风机发生跳闸的主要原因有：电机保护动作；风机润滑油油压低或风机轴承温度超限，风机所在的该段厂用电失电；误动风机的事故按钮等。

(3) 处理方法

单台风机发生跳闸的处理方法如下：

① 单台风机发生跳闸后，如未发现异常现象，应立即抢合一次；若抢合不成功，将开关复位，关闭其挡板及动(导)叶。

② 另一台风机要置最大负荷运行。

③ 降低锅炉负荷运行，根据燃烧情况及时投油助燃。

④ 将汽温、汽压、汽包水位(煤水比)控制在允许范围内。

⑤ 关闭跳闸制粉系统相关的风门及挡板。

⑥ 查明跳闸原因，待故障消除后可重新启动。

⑦ 如锅炉 RB 动作，由 RB 动作的程序自动处理。如 RB 拒动，则应立即按 RB 动作的程序用手动操作处理；查清跳闸原因，联系检修人员，待故障排除后再投入运行。

三、制粉系统故障

制粉系统故障主要包括磨煤机爆炸、磨煤机着火、磨煤机堵煤、给煤机断煤等。

1. 磨煤机爆炸

(1) 现象

磨煤机发生爆炸时出现的主要现象有：磨煤机有爆炸响声，风粉混合物喷出；磨煤机风压剧烈摆动，炉膛负压波动较大；锅炉负荷下降；爆炸严重时锅炉灭火。

(2) 原因

磨煤机发生爆炸的主要原因有：磨煤机局部积粉自燃；煤粉过细且水分过低；磨煤机出口温度过高；磨煤机断煤；煤中含有油质；有外来火源。

(3) 处理方法

磨煤机发生爆炸的处理方法如下：

① 立即停止磨煤机、给煤机运行。

② 关闭磨煤机冷、热风门档板，并关闭磨煤机出口门和密封风门，投入消防蒸汽。

③ 如果锅炉燃烧不稳，应立即投油助燃，并增加其他磨煤机出力。

④ 启动备用磨煤机，维持锅炉负荷。

⑤ 对制粉系统全面检查，防止设备着火。

⑥ 查明原因,消除火源,通知相关人员检查处理。

2. 磨煤机着火

(1) 现象

磨煤机发生着火时出现的主要现象有:磨煤机出口温度迅速升高;磨煤机磨碗的上、下压差大幅度晃动;磨煤机电流增大、电流表指针摆动;煤粉管道外部热辐射增大或有烧红的现象。

(2) 原因

磨煤机发生着火的主要原因有:磨煤机局部积粉自燃;煤粉过细且水分过低;磨煤机出口温度过高;磨煤机断煤;煤中含有油质;有外来火源。

(3) 处理方法

磨煤机发生着火的处理方法如下:

① 立即通入该磨煤机的消防蒸汽;

② 迅速开大冷风调整门,关小热风调整门,待冷风调整门全开后,关闭热风调整门。

③ 将给煤机自动控制切换到用手动操作,继续给煤,但注意不能使磨煤机超载。

④ 启动备用磨煤机。

⑤ 待故障磨煤机正常后,关闭消防蒸汽,按照正常程序停止该磨煤机。

⑥ 通知检修人员对该磨煤机进行检查处理。

3. 磨煤机堵煤

(1) 现象

磨煤机发生堵煤时出现的主要现象有:磨煤机出口温度下降;磨煤机电流上升;一次风量降低;磨煤机进、出口压差增大。

(2) 原因

磨煤机发生堵煤的主要原因有:给煤量过大;原煤水分大;热风温度低;一次风量不足;煤质变化时,调整不及时。

(3) 处理方法

磨煤机发生堵煤的处理方法如下:

① 立即解除给煤机自动控制,迅速减小给煤至最小量。

② 立即开大磨煤机的冷、热风调整门,提高一次风量。

③ 如上述处理无效时,则立即停运磨煤机。

④ 启动备用制粉系统。

⑤ 密切监视机组负荷、汽压、汽温等相关参数的变化。

⑥ 在处理过程中应适当降低机组负荷,防止出现超温、过负荷现象的发生。

4. 给煤机断煤

(1) 现象

给煤机发生断煤时出现的主要现象有:给煤机断煤信号报警装置发出警报;磨煤机出口一次风温升高;锅炉炉膛出口氧量值增大,过热蒸汽压力下降;磨煤机振动增大或磨煤机保护动作,磨煤机跳闸;磨煤机入口一次风量上升,风压降低;磨煤机出口一次风压上升。

(2) 原因

给煤机发生断煤的主要原因有：给煤机转速过低；给煤机跳闸；给煤机下煤管或原煤仓落煤管堵塞；煤闸板发生故障或原煤仓断煤。

(3) 处理方法

给煤机发生断煤的处理方法如下：

① 若给煤机转速过低造成断煤，应立即提高给煤机转速进行补煤。

② 若给煤机跳闸，在磨煤机保护未动作之前，给煤机可强行合闸一次；如合闸不成功，应增加其他磨煤机负荷，并投入备用磨煤机运行。

③ 如煤闸板发生故障或煤管堵塞，应迅速停止所对应的磨煤机运行，待故障消除后，再重新启动磨煤机。

④ 在处理给煤机断煤过程中，应关小磨煤机热风调整门，开大冷风调整门，保证磨煤机出口温度不超过限值。

⑤ 如原煤仓断煤，原煤水分过大或煤中“三块”(木块、石块、铁块)等杂物引起煤管堵塞而造成给煤机断煤时，应立即停止磨煤机运行，并通知检修人员进行处理。

四、炉水循环泵跳闸

(1) 现象

炉水循环泵发生跳闸时出现的主要现象有：“炉水循环泵跳闸”信号报警装置发出警报；跳闸炉水循环泵电流为零；汽包水位不正常地变化。

(2) 原因

炉水循环泵发生跳闸的主要原因有：炉水循环泵保护动作：冷却水流量太低；炉水循环泵的出口门没有开启；电机腔室温度过高；炉水循环泵进、出口压差低；电机保护动作。

(3) 处理方法

炉水循环泵发生跳闸的处理方法如下：

① 当一台炉水循环泵运行、两台炉水循环泵备用时，应自动启动一台备用炉水循环泵。炉水循环泵自动启动后，应检查其运行是否正常。若自动启动失败，则按锅炉 MFT 动作处理。

② 当两台炉水循环泵运行，一台炉水循环泵备用时，若锅炉负荷小于 60% BMCR，则备用炉水循环泵不会自动启动，这时应立即手动启动，并检查其运行是否正常；当锅炉负荷大于或等于 60%BMCR 时，备用炉水循环泵会自动启动，这时应检查其运行是否正常。

③ 三台炉水循环泵全部跳闸后，则按锅炉 MFT 动作处理。

④ 当炉水循环泵跳闸后，必须维持炉水循环泵及其电机的闭式冷水系统和充水系统正常运行，并要监视电机腔室的温度，使其不能超限。

复习思考题

1. 锅炉主燃料跳闸(MFT)动作常会出现的现象有哪些?原因是什么?
2. 锅炉发生故障减负荷(RB)动作的原因有哪些?如何进行处理?
3. 锅炉发生满水时常会出现的现象有哪些?如何进行处理?
4. 锅炉发生缺水时常会出现的现象有哪些?在实际运行中,如何防止锅炉缺水?
5. 锅炉发生超压的原因有哪些?如何防止锅炉超压运行?
6. 为防止锅炉发生“四管泄露”,应采取哪些技术措施?
7. 处理锅炉汽水共腾、水冲击事故(故障)的操作步骤有哪些?
8. 锅炉发生烟道二次燃烧时常会出现的现象有哪些?防止锅炉烟道发生二次燃烧的技术措施有哪些?
9. 锅炉发生熄(灭)火的原因有哪些?在实际运行中,如何防止锅炉熄(灭)火?
10. 锅炉蒸汽温度发生异常的原因有哪些?
11. 锅炉受热面发生结焦,应如何进行处理?
12. 超临界锅炉发生给水流量低的原因有哪些?如何进行处理?
13. 简述煤粉汽包炉单台给水泵发生跳闸故障的现象、原因和处理方法。
14. 简述煤粉炉给煤机断煤、磨煤机堵塞的现象、原因和处理方法。
15. 循环流化床锅炉发生床温过高或过低时常出现的现象有哪些?
16. 循环流化床锅炉发生床面结焦的原因有哪些?应如何进行处理?
17. 循环流化床锅炉发生流化不良,其处理步骤有哪些?
18. 循环流化床锅炉冷渣器故障的种类有哪些?如何进行处理?

附　　录

附录1　特种设备安全监察条例

（国务院令　第373号）

（2003年3月11日中华人民共和国国务院令第373号公布　根据2009年1月24日《国务院关于修改〈特种设备安全监察条例〉的决定》修订）

第一章　总　　则

第一条　为了加强特种设备的安全监察，防止和减少事故，保障人民群众生命和财产安全，促进经济发展，制定本条例。

第二条　本条例所称特种设备是指涉及生命安全、危险性较大的锅炉、压力容器（含气瓶，下同）、压力管道、电梯、起重机械、客运索道、大型游乐设施和场（厂）内专用机动车辆。

前款特种设备的目录由国务院负责特种设备安全监督管理的部门（以下简称国务院特种设备安全监督管理部门）制订，报国务院批准后执行。

第三条　特种设备的生产（含设计、制造、安装、改造、维修，下同）、使用、检验检测及其监督检查，应当遵守本条例，但本条例另有规定的除外。

军事装备、核设施、航空航天器、铁路机车、海上设施和船舶以及矿山井下使用的特种设备、民用机场专用设备的安全监察不适用本条例。

房屋建筑工地和市政工程工地用起重机械、场（厂）内专用机动车辆的安装、使用的监督管理，由建设行政主管部门依照有关法律、法规的规定执行。

第四条　国务院特种设备安全监督管理部门负责全国特种设备的安全监察工作，县以上地方负责特种设备安全监督管理的部门对本行政区域内特种设备实施安全监察（以下统称特种设备安全监督管理部门）。

第五条　特种设备生产、使用单位应当建立健全特种设备安全、节能管理制度和岗位安全、节能责任制度。

特种设备生产、使用单位的主要负责人应当对本单位特种设备的安全和节能全面负责。

特种设备生产、使用单位和特种设备检验检测机构，应当接受特种设备安全监督管理部门依法进行的特种设备安全监察。

第六条　特种设备检验检测机构，应当依照本条例规定，进行检验检测工作，对其检验检测结果、鉴定结论承担法律责任。

第七条 县级以上地方人民政府应当督促、支持特种设备安全监督管理部门依法履行安全监察职责，对特种设备安全监察中存在的重大问题及时予以协调、解决。

第八条 国家鼓励推行科学的管理方法，采用先进技术，提高特种设备安全性能和管理水平，增强特种设备生产、使用单位防范事故的能力，对取得显著成绩的单位和个人，给予奖励。

国家鼓励特种设备节能技术的研究、开发、示范和推广，促进特种设备节能技术创新和应用。

特种设备生产、使用单位和特种设备检验检测机构，应当保证必要的安全和节能投入。

国家鼓励实行特种设备责任保险制度，提高事故赔付能力。

第九条 任何单位和个人对违反本条例规定的行为，有权向特种设备安全监督管理部门和行政监察等有关部门举报。

特种设备安全监督管理部门应当建立特种设备安全监察举报制度，公布举报电话、信箱或者电子邮件地址，受理对特种设备生产、使用和检验检测违法行为的举报，并及时予以处理。

特种设备安全监督管理部门和行政监察等有关部门应当为举报人保密，并按照国家有关规定给予奖励。

第二章 特种设备的生产

第十条 特种设备生产单位，应当依照本条例规定以及国务院特种设备安全监督管理部门制订并公布的安全技术规范（以下简称安全技术规范）的要求，进行生产活动。

特种设备生产单位对其生产的特种设备的安全性能和能效指标负责，不得生产不符合安全性能要求和能效指标的特种设备，不得生产国家产业政策明令淘汰的特种设备。

第十一条 压力容器的设计单位应当经国务院特种设备安全监督管理部门许可，方可从事压力容器的设计活动。

压力容器的设计单位应当具备下列条件：

（一）有与压力容器设计相适应的设计人员、设计审核人员；

（二）有与压力容器设计相适应的场所和设备；

（三）有与压力容器设计相适应的健全的管理制度和责任制度。

第十二条 锅炉、压力容器中的气瓶（以下简称气瓶）、氧舱和客运索道、大型游乐设施以及高耗能特种设备的设计文件，应当经国务院特种设备安全监督管理部门核准的检验检测机构鉴定，方可用于制造。

第十三条 按照安全技术规范的要求，应当进行型式试验的特种设备产品、部件或者试制特种设备新产品、新部件、新材料，必须进行型式试验和能效测试。

第十四条 锅炉、压力容器、电梯、起重机械、客运索道、大型游乐设施及其安全附件、安全保护装置的制造、安装、改造单位，以及压力管道用管子、管件、阀门、法兰、补偿器、安全保护装置等（以下简称压力管道元件）的制造单位和场（厂）内专用机动车辆的制造、改造单位，应当经国务院特种设备安全监督管理部门许可，方可从事相应的活动。

前款特种设备的制造、安装、改造单位应当具备下列条件：

（一）有与特种设备制造、安装、改造相适应的专业技术人员和技术工人；

（二）有与特种设备制造、安装、改造相适应的生产条件和检测手段；

（三）有健全的质量管理制度和责任制度。

第十五条　特种设备出厂时，应当附有安全技术规范要求的设计文件、产品质量合格证明、安装及使用维修说明、监督检验证明等文件。

第十六条　锅炉、压力容器、电梯、起重机械、客运索道、大型游乐设施、场（厂）内专用机动车辆的维修单位，应当有与特种设备维修相适应的专业技术人员和技术工人以及必要的检测手段，并经省、自治区、直辖市特种设备安全监督管理部门许可，方可从事相应的维修活动。

第十七条　锅炉、压力容器、起重机械、客运索道、大型游乐设施的安装、改造、维修以及场（厂）内专用机动车辆的改造、维修，必须由依照本条例取得许可的单位进行。

电梯的安装、改造、维修，必须由电梯制造单位或者其通过合同委托、同意的依照本条例取得许可的单位进行。电梯制造单位对电梯质量以及安全运行涉及的质量问题负责。

特种设备安装、改造、维修的施工单位应当在施工前将拟进行的特种设备安装、改造、维修情况书面告知直辖市或者设区的市的特种设备安全监督管理部门，告知后即可施工。

第十八条　电梯井道的土建工程必须符合建筑工程质量要求。电梯安装施工过程中，电梯安装单位应当遵守施工现场的安全生产要求，落实现场安全防护措施。电梯安装施工过程中，施工现场的安全生产监督，由有关部门依照有关法律、行政法规的规定执行。

电梯安装施工过程中，电梯安装单位应当服从建筑施工总承包单位对施工现场的安全生产管理，并订立合同，明确各自的安全责任。

第十九条　电梯的制造、安装、改造和维修活动，必须严格遵守安全技术规范的要求。电梯制造单位委托或者同意其他单位进行电梯安装、改造、维修活动的，应当对其安装、改造、维修活动进行安全指导和监控。电梯的安装、改造、维修活动结束后，电梯制造单位应当按照安全技术规范的要求对电梯进行校验和调试，并对校验和调试的结果负责。

第二十条　锅炉、压力容器、电梯、起重机械、客运索道、大型游乐设施的安装、改造、维修以及场（厂）内专用机动车辆的改造、维修竣工后，安装、改造、维修的施工单位应当在验收后30日内将有关技术资料移交使用单位，高耗能特种设备还应当按照安全技术规范的要求提交能效测试报告。使用单位应当将其存入该特种设备的安全技术档案。

第二十一条　锅炉、压力容器、压力管道元件、起重机械、大型游乐设施的制造过程和锅炉、压力容器、电梯、起重机械、客运索道、大型游乐设施的安装、改造、重大维修过程，必须经国务院特种设备安全监督管理部门核准的检验检测机构按照安全技术规范的要求进行监督检验；未经监督检验合格的不得出厂或者交付使用。

第二十二条　移动式压力容器、气瓶充装单位应当经省、自治区、直辖市的特种设备安全监督管理部门许可，方可从事充装活动。

充装单位应当具备下列条件：

（一）有与充装和管理相适应的管理人员和技术人员；

（二）有与充装和管理相适应的充装设备、检测手段、场地厂房、器具、安全设施；

（三）有健全的充装管理制度、责任制度、紧急处理措施。

气瓶充装单位应当向气体使用者提供符合安全技术规范要求的气瓶，对使用者进行气瓶安全使用指导，并按照安全技术规范的要求办理气瓶使用登记，提出气瓶的定期检验要求。

第三章　特种设备的使用

第二十三条　特种设备使用单位，应当严格执行本条例和有关安全生产的法律、行政法规的规定，保证特种设备的安全使用。

第二十四条　特种设备使用单位应当使用符合安全技术规范要求的特种设备。特种设备投入使用前，使用单位应当核对其是否附有本条例第十五条规定的相关文件。

第二十五条　特种设备在投入使用前或者投入使用后30日内，特种设备使用单位应当向直辖市或者设区的市的特种设备安全监督管理部门登记。登记标志应当置于或者附着于该特种设备的显著位置。

第二十六条　特种设备使用单位应当建立特种设备安全技术档案。安全技术档案应当包括以下内容：

（一）特种设备的设计文件、制造单位、产品质量合格证明、使用维护说明等文件以及安装技术文件和资料；

（二）特种设备的定期检验和定期自行检查的记录；

（三）特种设备的日常使用状况记录；

（四）特种设备及其安全附件、安全保护装置、测量调控装置及有关附属仪器仪表的日常维护保养记录；

（五）特种设备运行故障和事故记录；

（六）高耗能特种设备的能效测试报告、能耗状况记录以及节能改造技术资料。

第二十七条　特种设备使用单位应当对在用特种设备进行经常性日常维护保养，并定期自行检查。

特种设备使用单位对在用特种设备应当至少每月进行一次自行检查，并作出记录。特种设备使用单位在对在用特种设备进行自行检查和日常维护保养时发现异常情况的，应当及时处理。

特种设备使用单位应当对在用特种设备的安全附件、安全保护装置、测量调控装置及有关附属仪器仪表进行定期校验、检修，并作出记录。

锅炉使用单位应当按照安全技术规范的要求进行锅炉水(介)质处理，并接受特种设备检验检测机构实施的水(介)质处理定期检验。

从事锅炉清洗的单位，应当按照安全技术规范的要求进行锅炉清洗，并接受特种设备检验检测机构实施的锅炉清洗过程监督检验。

第二十八条　特种设备使用单位应当按照安全技术规范的定期检验要求，在安全检验合格有效期届满前1个月向特种设备检验检测机构提出定期检验要求。

检验检测机构接到定期检验要求后，应当按照安全技术规范的要求及时进行安全性能检验和能效测试。

未经定期检验或者检验不合格的特种设备，不得继续使用。

第二十九条　特种设备出现故障或者发生异常情况，使用单位应当对其进行全面检查，消除事故隐患后，方可重新投入使用。

特种设备不符合能效指标的，特种设备使用单位应当采取相应措施进行整改。

第三十条　特种设备存在严重事故隐患，无改造、维修价值，或者超过安全技术规范规定使用年限，特种设备使用单位应当及时予以报废，并应当向原登记的特种设备安全监督管理部门办理注销。

第三十一条　电梯的日常维护保养必须由依照本条例取得许可的安装、改造、维修单位或者电梯制造单位进行。

电梯应当至少每15日进行一次清洁、润滑、调整和检查。

第三十二条　电梯的日常维护保养单位应当在维护保养中严格执行国家安全技术规范的要求，保证其维护保养的电梯的安全技术性能，并负责落实现场安全防护措施，保证施工安全。

电梯的日常维护保养单位，应当对其维护保养的电梯的安全性能负责。接到故障通知后，应当立即赶赴现场，并采取必要的应急救援措施。

第三十三条　电梯、客运索道、大型游乐设施等为公众提供服务的特种设备运营使用单位，应当设置特种设备安全管理机构或者配备专职的安全管理人员；其他特种设备使用单位，应当根据情况设置特种设备安全管理机构或者配备专职、兼职的安全管理人员。

特种设备的安全管理人员应当对特种设备使用状况进行经常性检查，发现问题的应当立即处理；情况紧急时，可以决定停止使用特种设备并及时报告本单位有关负责人。

第三十四条　客运索道、大型游乐设施的运营使用单位在客运索道、大型游乐设施每日投入使用前，应当进行试运行和例行安全检查，并对安全装置进行检查确认。

电梯、客运索道、大型游乐设施的运营使用单位应当将电梯、客运索道、大型游乐设施的安全注意事项和警示标志置于易于为乘客注意的显著位置。

第三十五条　客运索道、大型游乐设施的运营使用单位的主要负责人应当熟悉客运索道、大型游乐设施的相关安全知识，并全面负责客运索道、大型游乐设施的安全使用。

客运索道、大型游乐设施的运营使用单位的主要负责人至少应当每月召开一次会议，督促、检查客运索道、大型游乐设施的安全使用工作。

客运索道、大型游乐设施的运营使用单位，应当结合本单位的实际情况，配备相应数量的营救装备和急救物品。

第三十六条　电梯、客运索道、大型游乐设施的乘客应当遵守使用安全注意事项的要求，服从有关工作人员的指挥。

第三十七条　电梯投入使用后，电梯制造单位应当对其制造的电梯的安全运行情况进行跟踪调查和了解，对电梯的日常维护保养单位或者电梯的使用单位在安全运行方面存在的问题，提出改进建议，并提供必要的技术帮助。发现电梯存在严重事故隐患的，应当及时向特种设备安全监督管理部门报告。电梯制造单位对调查和了解的情况，应当作出记录。

第三十八条　锅炉、压力容器、电梯、起重机械、客运索道、大型游乐设施、场（厂）内专用机动车辆的作业人员及其相关管理人员（以下统称特种设备作业人员），应当按照国家有关规定经特种设备安全监督管理部门考核合格，取得国家统一格式的特种作业人员证书，方可从事相应的作业或者管理工作。

第三十九条 特种设备使用单位应当对特种设备作业人员进行特种设备安全、节能教育和培训，保证特种设备作业人员具备必要的特种设备安全、节能知识。

特种设备作业人员在作业中应当严格执行特种设备的操作规程和有关的安全规章制度。

第四十条 特种设备作业人员在作业过程中发现事故隐患或者其他不安全因素，应当立即向现场安全管理人员和单位有关负责人报告。

第四章 检验检测

第四十一条 从事本条例规定的监督检验、定期检验、型式试验以及专门为特种设备生产、使用、检验检测提供无损检测服务的特种设备检验检测机构，应当经国务院特种设备安全监督管理部门核准。

特种设备使用单位设立的特种设备检验检测机构，经国务院特种设备安全监督管理部门核准，负责本单位核准范围内的特种设备定期检验工作。

第四十二条 特种设备检验检测机构，应当具备下列条件：

（一）有与所从事的检验检测工作相适应的检验检测人员；

（二）有与所从事的检验检测工作相适应的检验检测仪器和设备；

（三）有健全的检验检测管理制度、检验检测责任制度。

第四十三条 特种设备的监督检验、定期检验、型式试验和无损检测应当由依照本条例经核准的特种设备检验检测机构进行。

特种设备检验检测工作应当符合安全技术规范的要求。

第四十四条 从事本条例规定的监督检验、定期检验、型式试验和无损检测的特种设备检验检测人员应当经国务院特种设备安全监督管理部门组织考核合格，取得检验检测人员证书，方可从事检验检测工作。

检验检测人员从事检验检测工作，必须在特种设备检验检测机构执业，但不得同时在两个以上检验检测机构中执业。

第四十五条 特种设备检验检测机构和检验检测人员进行特种设备检验检测，应当遵循诚信原则和方便企业的原则，为特种设备生产、使用单位提供可靠、便捷的检验检测服务。

特种设备检验检测机构和检验检测人员对涉及的被检验检测单位的商业秘密，负有保密义务。

第四十六条 特种设备检验检测机构和检验检测人员应当客观、公正、及时地出具检验检测结果、鉴定结论。检验检测结果、鉴定结论经检验检测人员签字后，由检验检测机构负责人签署。

特种设备检验检测机构和检验检测人员对检验检测结果、鉴定结论负责。

国务院特种设备安全监督管理部门应当组织对特种设备检验检测机构的检验检测结果、鉴定结论进行监督抽查。县以上地方负责特种设备安全监督管理的部门在本行政区域内也可以组织监督抽查，但是要防止重复抽查。监督抽查结果应当向社会公布。

第四十七条　特种设备检验检测机构和检验检测人员不得从事特种设备的生产、销售，不得以其名义推荐或者监制、监销特种设备。

第四十八条　特种设备检验检测机构进行特种设备检验检测，发现严重事故隐患或者能耗严重超标的，应当及时告知特种设备使用单位，并立即向特种设备安全监督管理部门报告。

第四十九条　特种设备检验检测机构和检验检测人员利用检验检测工作故意刁难特种设备生产、使用单位，特种设备生产、使用单位有权向特种设备安全监督管理部门投诉，接到投诉的特种设备安全监督管理部门应当及时进行调查处理。

第五章　监督检查

第五十条　特种设备安全监督管理部门依照本条例规定，对特种设备生产、使用单位和检验检测机构实施安全监察。

对学校、幼儿园以及车站、客运码头、商场、体育场馆、展览馆、公园等公众聚集场所的特种设备，特种设备安全监督管理部门应当实施重点安全监察。

第五十一条　特种设备安全监督管理部门根据举报或者取得的涉嫌违法证据，对涉嫌违反本条例规定的行为进行查处时，可以行使下列职权：

（一）向特种设备生产、使用单位和检验检测机构的法定代表人、主要负责人和其他有关人员调查、了解与涉嫌从事违反本条例的生产、使用、检验检测有关的情况；

（二）查阅、复制特种设备生产、使用单位和检验检测机构的有关合同、发票、账簿以及其他有关资料；

（三）对有证据表明不符合安全技术规范要求的或者有其他严重事故隐患、能耗严重超标的特种设备，予以查封或者扣押。

第五十二条　依照本条例规定实施许可、核准、登记的特种设备安全监督管理部门，应当严格依照本条例规定条件和安全技术规范要求对有关事项进行审查；不符合本条例规定条件和安全技术规范要求的，不得许可、核准、登记；在申请办理许可、核准期间，特种设备安全监督管理部门发现申请人未经许可从事特种设备相应活动或者伪造许可、核准证书的，不予受理或者不予许可、核准，并在1年内不再受理其新的许可、核准申请。

未依法取得许可、核准、登记的单位擅自从事特种设备的生产、使用或者检验检测活动的，特种设备安全监督管理部门应当依法予以处理。

违反本条例规定，被依法撤销许可的，自撤销许可之日起3年内，特种设备安全监督管理部门不予受理其新的许可申请。

第五十三条　特种设备安全监督管理部门在办理本条例规定的有关行政审批事项时，其受理、审查、许可、核准的程序必须公开，并应当自受理申请之日起30日内，作出许可、核准或者不予许可、核准的决定；不予许可、核准的，应当书面向申请人说明理由。

第五十四条　地方各级特种设备安全监督管理部门不得以任何形式进行地方保护和地区封锁，不得对已经依照本条例规定在其他地方取得许可的特种设备生产单位重复进行许可，也不得要求对依照本条例规定在其他地方检验检测合格的特种设备，重复进行检验检测。

第五十五条 特种设备安全监督管理部门的安全监察人员（以下简称特种设备安全监察人员）应当熟悉相关法律、法规、规章和安全技术规范，具有相应的专业知识和工作经验，并经国务院特种设备安全监督管理部门考核，取得特种设备安全监察人员证书。

特种设备安全监察人员应当忠于职守、坚持原则、秉公执法。

第五十六条 特种设备安全监督管理部门对特种设备生产、使用单位和检验检测机构实施安全监察时，应当有两名以上特种设备安全监察人员参加，并出示有效的特种设备安全监察人员证件。

第五十七条 特种设备安全监督管理部门对特种设备生产、使用单位和检验检测机构实施安全监察，应当对每次安全监察的内容、发现的问题及处理情况，作出记录，并由参加安全监察的特种设备安全监察人员和被检查单位的有关负责人签字后归档。被检查单位的有关负责人拒绝签字的，特种设备安全监察人员应当将情况记录在案。

第五十八条 特种设备安全监督管理部门对特种设备生产、使用单位和检验检测机构进行安全监察时，发现有违反本条例规定和安全技术规范要求的行为或者在用的特种设备存在事故隐患、不符合能效指标的，应当以书面形式发出特种设备安全监察指令，责令有关单位及时采取措施，予以改正或者消除事故隐患。紧急情况下需要采取紧急处置措施的，应当随后补发书面通知。

第五十九条 特种设备安全监督管理部门对特种设备生产、使用单位和检验检测机构进行安全监察，发现重大违法行为或者严重事故隐患时，应当在采取必要措施的同时，及时向上级特种设备安全监督管理部门报告。接到报告的特种设备安全监督管理部门应当采取必要措施，及时予以处理。

对违法行为、严重事故隐患或者不符合能效指标的处理需要当地人民政府和有关部门的支持、配合时，特种设备安全监督管理部门应当报告当地人民政府，并通知其他有关部门。当地人民政府和其他有关部门应当采取必要措施，及时予以处理。

第六十条 国务院特种设备安全监督管理部门和省、自治区、直辖市特种设备安全监督管理部门应当定期向社会公布特种设备安全以及能效状况。

公布特种设备安全以及能效状况，应当包括下列内容：

（一）特种设备质量安全状况；

（二）特种设备事故的情况、特点、原因分析、防范对策；

（三）特种设备能效状况；

（四）其他需要公布的情况。

第六章　事故预防和调查处理

第六十一条 有下列情形之一的，为特别重大事故：

（一）特种设备事故造成30人以上死亡，或者100人以上重伤（包括急性工业中毒，下同），或者1亿元以上直接经济损失的；

（二）600兆瓦以上锅炉爆炸的；

（三）压力容器、压力管道有毒介质泄漏，造成15万人以上转移的；

（四）客运索道、大型游乐设施高空滞留100人以上并且时间在48 h以上的。

第六十二条　有下列情形之一的，为重大事故：

（一）特种设备事故造成10人以上30人以下死亡，或者50人以上100人以下重伤，或者5 000万元以上1亿元以下直接经济损失的；

（二）600兆瓦以上锅炉因安全故障中断运行240 h以上的；

（三）压力容器、压力管道有毒介质泄漏，造成5万人以上15万人以下转移的；

（四）客运索道、大型游乐设施高空滞留100人以上并且时间在24 h以上48 h以下的。

第六十三条　有下列情形之一的，为较大事故：

（一）特种设备事故造成3人以上10人以下死亡，或者10人以上50人以下重伤，或者1 000万元以上5 000万元以下直接经济损失的；

（二）锅炉、压力容器、压力管道爆炸的；

（三）压力容器、压力管道有毒介质泄漏，造成1万人以上5万人以下转移的；

（四）起重机械整体倾覆的；

（五）客运索道、大型游乐设施高空滞留人员12 h以上的。

第六十四条　有下列情形之一的，为一般事故：

（一）特种设备事故造成3人以下死亡，或者10人以下重伤，或者1万元以上1 000万元以下直接经济损失的；

（二）压力容器、压力管道有毒介质泄漏，造成500人以上1万人以下转移的；

（三）电梯轿厢滞留人员2 h以上的；

（四）起重机械主要受力结构件折断或者起升机构坠落的；

（五）客运索道高空滞留人员3.5 h以上12 h以下的；

（六）大型游乐设施高空滞留人员1 h以上12 h以下的。

除前款规定外，国务院特种设备安全监督管理部门可以对一般事故的其他情形做出补充规定。

第六十五条　特种设备安全监督管理部门应当制定特种设备应急预案。特种设备使用单位应当制定事故应急专项预案，并定期进行事故应急演练。

压力容器、压力管道发生爆炸或者泄漏，在抢险救援时应当区分介质特性，严格按照相关预案规定程序处理，防止二次爆炸。

第六十六条　特种设备事故发生后，事故发生单位应当立即启动事故应急预案，组织抢救，防止事故扩大，减少人员伤亡和财产损失，并及时向事故发生地县以上特种设备安全监督管理部门和有关部门报告。

县以上特种设备安全监督管理部门接到事故报告，应当尽快核实有关情况，立即向所在地人民政府报告，并逐级上报事故情况。必要时，特种设备安全监督管理部门可以越级上报事故情况。对特别重大事故、重大事故，国务院特种设备安全监督管理部门应当立即报告国务院并通报国务院安全生产监督管理部门等有关部门。

第六十七条　特别重大事故由国务院或者国务院授权有关部门组织事故调查组进行调查。

重大事故由国务院特种设备安全监督管理部门会同有关部门组织事故调查组进行

调查。

较大事故由省、自治区、直辖市特种设备安全监督管理部门会同有关部门组织事故调查组进行调查。

一般事故由设区的市的特种设备安全监督管理部门会同有关部门组织事故调查组进行调查。

第六十八条 事故调查报告应当由负责组织事故调查的特种设备安全监督管理部门的所在地人民政府批复，并报上一级特种设备安全监督管理部门备案。

有关机关应当按照批复，依照法律、行政法规规定的权限和程序，对事故责任单位和有关人员进行行政处罚，对负有事故责任的国家工作人员进行处分。

第六十九条 特种设备安全监督管理部门应当在有关地方人民政府的领导下，组织开展特种设备事故调查处理工作。

有关地方人民政府应当支持、配合上级人民政府或者特种设备安全监督管理部门的事故调查处理工作，并提供必要的便利条件。

第七十条 特种设备安全监督管理部门应当对发生事故的原因进行分析，并根据特种设备的管理和技术特点、事故情况对相关安全技术规范进行评估；需要制定或者修订相关安全技术规范的，应当及时制定或者修订。

第七十一条 本章所称的“以上”包括本数，所称的“以下”不包括本数。

第七章 法律责任

第七十二条 未经许可，擅自从事压力容器设计活动的，由特种设备安全监督管理部门予以取缔，处5万元以上20万元以下罚款；有违法所得的，没收违法所得；触犯刑律的，对负有责任的主管人员和其他直接责任人员依照刑法关于非法经营罪或者其他罪的规定，依法追究刑事责任。

第七十三条 锅炉、气瓶、氧舱和客运索道、大型游乐设施以及高耗能特种设备的设计文件，未经国务院特种设备安全监督管理部门核准的检验检测机构鉴定，擅自用于制造的，由特种设备安全监督管理部门责令改正，没收非法制造的产品，处5万元以上20万元以下罚款；触犯刑律的，对负有责任的主管人员和其他直接责任人员依照刑法关于生产、销售伪劣产品罪、非法经营罪或者其他罪的规定，依法追究刑事责任。

第七十四条 按照安全技术规范的要求应当进行型式试验的特种设备产品、部件或者试制特种设备新产品、新部件，未进行整机或者部件型式试验的，由特种设备安全监督管理部门责令限期改正；逾期未改正的，处2万元以上10万元以下罚款。

第七十五条 未经许可，擅自从事锅炉、压力容器、电梯、起重机械、客运索道、大型游乐设施、场(厂)内专用机动车辆及其安全附件、安全保护装置的制造、安装、改造以及压力管道元件的制造活动的，由特种设备安全监督管理部门予以取缔，没收非法制造的产品，已经实施安装、改造的，责令恢复原状或者责令限期由取得许可的单位重新安装、改造，处10万元以上50万元以下罚款；触犯刑律的，对负有责任的主管人员和其他直接责任人员依照刑法关于生产、销售伪劣产品罪、非法经营罪、重大责任事故罪或者其他罪的规定，依法追究刑事责任。

第七十六条　特种设备出厂时，未按照安全技术规范的要求附有设计文件、产品质量合格证明、安装及使用维修说明、监督检验证明等文件的，由特种设备安全监督管理部门责令改正；情节严重的，责令停止生产、销售，处违法生产、销售货值金额30%以下罚款；有违法所得的，没收违法所得。

第七十七条　未经许可，擅自从事锅炉、压力容器、电梯、起重机械、客运索道、大型游乐设施、场（厂）内专用机动车辆的维修或者日常维护保养的，由特种设备安全监督管理部门予以取缔，处1万元以上5万元以下罚款；有违法所得的，没收违法所得；触犯刑律的，对负有责任的主管人员和其他直接责任人员依照刑法关于非法经营罪、重大责任事故罪或者其他罪的规定，依法追究刑事责任。

第七十八条　锅炉、压力容器、电梯、起重机械、客运索道、大型游乐设施的安装、改造、维修的施工单位以及场（厂）内专用机动车辆的改造、维修单位，在施工前未将拟进行的特种设备安装、改造、维修情况书面告知直辖市或者设区的市的特种设备安全监督管理部门即行施工的，或者在验收后30日内未将有关技术资料移交锅炉、压力容器、电梯、起重机械、客运索道、大型游乐设施的使用单位的，由特种设备安全监督管理部门责令限期改正；逾期未改正的，处2 000元以上1万元以下罚款。

第七十九条　锅炉、压力容器、压力管道元件、起重机械、大型游乐设施的制造过程和锅炉、压力容器、电梯、起重机械、客运索道、大型游乐设施的安装、改造、重大维修过程，以及锅炉清洗过程，未经国务院特种设备安全监督管理部门核准的检验检测机构按照安全技术规范的要求进行监督检验的，由特种设备安全监督管理部门责令改正，已经出厂的，没收违法生产、销售的产品，已经实施安装、改造、重大维修或者清洗的，责令限期进行监督检验，处5万元以上20万元以下罚款；有违法所得的，没收违法所得；情节严重的，撤销制造、安装、改造或者维修单位已经取得的许可，并由工商行政管理部门吊销其营业执照；触犯刑律的，对负有责任的主管人员和其他直接责任人员依照刑法关于生产、销售伪劣产品罪或者其他罪的规定，依法追究刑事责任。

第八十条　未经许可，擅自从事移动式压力容器或者气瓶充装活动的，由特种设备安全监督管理部门予以取缔，没收违法充装的气瓶，处10万元以上50万元以下罚款；有违法所得的，没收违法所得；触犯刑律的，对负有责任的主管人员和其他直接责任人员依照刑法关于非法经营罪或者其他罪的规定，依法追究刑事责任。

移动式压力容器、气瓶充装单位未按照安全技术规范的要求进行充装活动的，由特种设备安全监督管理部门责令改正，处2万元以上10万元以下罚款；情节严重的，撤销其充装资格。

第八十一条　电梯制造单位有下列情形之一的，由特种设备安全监督管理部门责令限期改正；逾期未改正的，予以通报批评：

（一）未依照本条例第十九条的规定对电梯进行校验、调试的；

（二）对电梯的安全运行情况进行跟踪调查和了解时，发现存在严重事故隐患，未及时向特种设备安全监督管理部门报告的。

第八十二条　已经取得许可、核准的特种设备生产单位、检验检测机构有下列行为之一的，由特种设备安全监督管理部门责令改正，处2万元以上10万元以下罚款；情节严重的，撤销其相应资格：

（一）未按照安全技术规范的要求办理许可证变更手续的；

（二）不再符合本条例规定或者安全技术规范要求的条件，继续从事特种设备生产、检验检测的；

（三）未依照本条例规定或者安全技术规范要求进行特种设备生产、检验检测的；

（四）伪造、变造、出租、出借、转让许可证书或者监督检验报告的。

第八十三条 特种设备使用单位有下列情形之一的，由特种设备安全监督管理部门责令限期改正；逾期未改正的，处 2 000 元以上 2 万元以下罚款；情节严重的，责令停止使用或者停产停业整顿：

（一）特种设备投入使用前或者投入使用后 30 日内，未向特种设备安全监督管理部门登记，擅自将其投入使用的；

（二）未依照本条例第二十六条的规定，建立特种设备安全技术档案的；

（三）未依照本条例第二十七条的规定，对在用特种设备进行经常性日常维护保养和定期自行检查的，或者对在用特种设备的安全附件、安全保护装置、测量调控装置及有关附属仪器仪表进行定期校验、检修，并作出记录的；

（四）未按照安全技术规范的定期检验要求，在安全检验合格有效期届满前 1 个月向特种设备检验检测机构提出定期检验要求的；

（五）使用未经定期检验或者检验不合格的特种设备的；

（六）特种设备出现故障或者发生异常情况，未对其进行全面检查、消除事故隐患，继续投入使用的；

（七）未制定特种设备事故应急专项预案的；

（八）未依照本条例第三十一条第二款的规定，对电梯进行清洁、润滑、调整和检查的；

（九）未按照安全技术规范要求进行锅炉水（介）质处理的；

（十）特种设备不符合能效指标，未及时采取相应措施进行整改的。

特种设备使用单位使用未取得生产许可的单位生产的特种设备或者将非承压锅炉、非压力容器作为承压锅炉、压力容器使用的，由特种设备安全监督管理部门责令停止使用，予以没收，处 2 万元以上 10 万元以下罚款。

第八十四条 特种设备存在严重事故隐患，无改造、维修价值，或者超过安全技术规范规定的使用年限，特种设备使用单位未予以报废，并向原登记的特种设备安全监督管理部门办理注销的，由特种设备安全监督管理部门责令限期改正；逾期未改正的，处 5 万元以上 20 万元以下罚款。

第八十五条 电梯、客运索道、大型游乐设施的运营使用单位有下列情形之一的，由特种设备安全监督管理部门责令限期改正；逾期未改正的，责令停止使用或者停产停业整顿，处 1 万元以上 5 万元以下罚款：

（一）客运索道、大型游乐设施每日投入使用前，未进行试运行和例行安全检查，并对安全装置进行检查确认的；

（二）未将电梯、客运索道、大型游乐设施的安全注意事项和警示标志置于易于为乘客注意的显著位置的。

第八十六条　特种设备使用单位有下列情形之一的，由特种设备安全监督管理部门责令限期改正；逾期未改正的，责令停止使用或者停产停业整顿，处 2 000 元以上 2 万元以下罚款：

（一）未依照本条例规定设置特种设备安全管理机构或者配备专职、兼职的安全管理人员的；

（二）从事特种设备作业的人员，未取得相应特种作业人员证书，上岗作业的；

（三）未对特种设备作业人员进行特种设备安全教育和培训的。

第八十七条　发生特种设备事故，有下列情形之一的，对单位，由特种设备安全监督管理部门处 5 万元以上 20 万元以下罚款；对主要负责人，由特种设备安全监督管理部门处 4 000元以上 2 万元以下罚款；属于国家工作人员的，依法给予处分；触犯刑律的，依照刑法关于重大责任事故罪或者其他罪的规定，依法追究刑事责任：

（一）特种设备使用单位的主要负责人在本单位发生特种设备事故时，不立即组织抢救或者在事故调查处理期间擅离职守或者逃匿的；

（二）特种设备使用单位的主要负责人对特种设备事故隐瞒不报、谎报或者拖延不报的。

第八十八条　对事故发生负有责任的单位，由特种设备安全监督管理部门依照下列规定处以罚款：

（一）发生一般事故的，处 10 万元以上 20 万元以下罚款；

（二）发生较大事故的，处 20 万元以上 50 万元以下罚款；

（三）发生重大事故的，处 50 万元以上 200 万元以下罚款。

第八十九条　对事故发生负有责任的单位的主要负责人未依法履行职责，导致事故发生的，由特种设备安全监督管理部门依照下列规定处以罚款；属于国家工作人员的，并依法给予处分；触犯刑律的，依照刑法关于重大责任事故罪或者其他罪的规定，依法追究刑事责任：

（一）发生一般事故的，处上一年年收入 30%的罚款；

（二）发生较大事故的，处上一年年收入 40%的罚款；

（三）发生重大事故的，处上一年年收入 60%的罚款。

第九十条　特种设备作业人员违反特种设备的操作规程和有关的安全规章制度操作，或者在作业过程中发现事故隐患或者其他不安全因素，未立即向现场安全管理人员和单位有关负责人报告的，由特种设备使用单位给予批评教育、处分；情节严重的，撤销特种设备作业人员资格；触犯刑律的，依照刑法关于重大责任事故罪或者其他罪的规定，依法追究刑事责任。

第九十一条　未经核准，擅自从事本条例所规定的监督检验、定期检验、型式试验以及无损检测等检验检测活动的，由特种设备安全监督管理部门予以取缔，处 5 万元以上 20 万元以下罚款；有违法所得的，没收违法所得；触犯刑律的，对负有责任的主管人员和其他直接责任人员依照刑法关于非法经营罪或者其他罪的规定，依法追究刑事责任。

第九十二条　特种设备检验检测机构，有下列情形之一的，由特种设备安全监督管理部门处 2 万元以上 10 万元以下罚款；情节严重的，撤销其检验检测资格：

（一）聘用未经特种设备安全监督管理部门组织考核合格并取得检验检测人员证书的人员，从事相关检验检测工作的；

（二）在进行特种设备检验检测中，发现严重事故隐患或者能耗严重超标，未及时告知特种设备使用单位，并立即向特种设备安全监督管理部门报告的。

第九十二条 特种设备检验检测机构和检验检测人员，出具虚假的检验检测结果、鉴定结论或者检验检测结果、鉴定结论严重失实的，由特种设备安全监督管理部门对检验检测机构没收违法所得，处5万元以上20万元以下罚款，情节严重的，撤销其检验检测资格；对检验检测人员处5 000元以上5万元以下罚款，情节严重的，撤销其检验检测资格，触犯刑律的，依照刑法关于中介组织人员提供虚假证明文件罪、中介组织人员出具证明文件重大失实罪或者其他罪的规定，依法追究刑事责任。

特种设备检验检测机构和检验检测人员，出具虚假的检验检测结果、鉴定结论或者检验检测结果、鉴定结论严重失实，造成损害的，应当承担赔偿责任。

第九十四条 特种设备检验检测机构或者检验检测人员从事特种设备的生产、销售，或者以其名义推荐或者监制、监销特种设备的，由特种设备安全监督管理部门撤销特种设备检验检测机构和检验检测人员的资格，处5万元以上20万元以下罚款；有违法所得的，没收违法所得。

第九十五条 特种设备检验检测机构和检验检测人员利用检验检测工作故意刁难特种设备生产、使用单位，由特种设备安全监督管理部门责令改正；拒不改正的，撤销其检验检测资格。

第九十六条 检验检测人员，从事检验检测工作，不在特种设备检验检测机构执业或者同时在两个以上检验检测机构中执业的，由特种设备安全监督管理部门责令改正，情节严重的，给予停止执业6个月以上2年以下的处罚；有违法所得的，没收违法所得。

第九十七条 特种设备安全监督管理部门及其特种设备安全监察人员，有下列违法行为之一的，对直接负责的主管人员和其他直接责任人员，依法给予降级或者撤职的处分；触犯刑律的，依照刑法关于受贿罪、滥用职权罪、玩忽职守罪或者其他罪的规定，依法追究刑事责任：

（一）不按照本条例规定的条件和安全技术规范要求，实施许可、核准、登记的；

（二）发现未经许可、核准、登记擅自从事特种设备的生产、使用或者检验检测活动不予取缔或者不依法予以处理的；

（三）发现特种设备生产、使用单位不再具备本条例规定的条件而不撤销其原许可，或者发现特种设备生产、使用违法行为不予查处的；

（四）发现特种设备检验检测机构不再具备本条例规定的条件而不撤销其原核准，或者对其出具虚假的检验检测结果、鉴定结论或者检验检测结果、鉴定结论严重失实的行为不予查处的；

（五）对依照本条例规定在其他地方取得许可的特种设备生产单位重复进行许可，或者对依照本条例规定在其他地方检验检测合格的特种设备，重复进行检验检测的；

（六）发现有违反本条例和安全技术规范的行为或者在用的特种设备存在严重事故隐患，不立即处理的；

（七）发现重大的违法行为或者严重事故隐患，未及时向上级特种设备安全监督管理部门报告，或者接到报告的特种设备安全监督管理部门不立即处理的；

（八）迟报、漏报、瞒报或者谎报事故的；

（九）妨碍事故救援或者事故调查处理的。

第九十八条　特种设备的生产、使用单位或者检验检测机构，拒不接受特种设备安全监督管理部门依法实施的安全监察的，由特种设备安全监督管理部门责令限期改正；逾期未改正的，责令停产停业整顿，处2万元以上10万元以下罚款；触犯刑律的，依照刑法关于妨害公务罪或者其他罪的规定，依法追究刑事责任。

特种设备生产、使用单位擅自动用、调换、转移、损毁被查封、扣押的特种设备或者其主要部件的，由特种设备安全监督管理部门责令改正，处5万元以上20万元以下罚款；情节严重的，撤销其相应资格。

第八章　附　　则

第九十九条　本条例下列用语的含义是：

（一）锅炉，是指利用各种燃料、电或者其他能源，将所盛装的液体加热到一定的参数，并对外输出热能的设备，其范围规定为容积大于或者等于30 L的承压蒸汽锅炉；出口水压大于或者等于0.1 MPa（表压），且额定功率大于或者等于0.1 MW的承压热水锅炉；有机热载体锅炉。

（二）压力容器，是指盛装气体或者液体，承载一定压力的密闭设备，其范围规定为最高工作压力大于或者等于0.1 MPa（表压），且压力与容积的乘积大于或者等于2.5 MPa・L的气体、液化气体和最高工作温度高于或者等于标准沸点的液体的固定式容器和移动式容器；盛装公称工作压力大于或者等于0.2 MPa（表压），且压力与容积的乘积大于或者等于1.0 MPa・L的气体、液化气体和标准沸点等于或者低于60℃液体的气瓶；氧舱等。

（三）压力管道，是指利用一定的压力，用于输送气体或者液体的管状设备，其范围规定为最高工作压力大于或者等于0.1 MPa（表压）的气体、液化气体、蒸汽介质或者可燃、易爆、有毒、有腐蚀性、最高工作温度高于或者等于标准沸点的液体介质，且公称直径大于25 mm的管道。

（四）电梯，是指动力驱动，利用沿刚性导轨运行的箱体或者沿固定线路运行的梯级（踏步），进行升降或者平行运送人、货物的机电设备，包括载人（货）电梯、自动扶梯、自动人行道等。

（五）起重机械，是指用于垂直升降或者垂直升降并水平移动重物的机电设备，其范围规定为额定起重量大于或者等于0.5 t的升降机；额定起重量大于或者等于1 t，且提升高度大于或者等于2 m的起重机和承重形式固定的电动葫芦等。

（六）客运索道，是指动力驱动，利用柔性绳索牵引箱体等运载工具运送人员的机电设备，包括客运架空索道、客运缆车、客运拖牵索道等。

（七）大型游乐设施，是指用于经营目的，承载乘客游乐的设施，其范围规定为设计最大运行线速度大于或者等于2 m/s，或者运行高度距地面高于或者等于2 m的载人大型游乐设施。

（八）场（厂）内专用机动车辆，是指除道路交通、农用车辆以外仅在工厂厂区、旅游景区、游乐场所等特定区域使用的专用机动车辆。

特种设备包括其所用的材料、附属的安全附件、安全保护装置和与安全保护装置相关的设施。

第一百条 压力管道设计、安装、使用的安全监督管理办法由国务院另行制定。

第一百零一条 国务院特种设备安全监督管理部门可以授权省、自治区、直辖市特种设备安全监督管理部门负责本条例规定的特种设备行政许可工作，具体办法由国务院特种设备安全监督管理部门制定。

第一百零二条 特种设备行政许可、检验检测，应当按照国家有关规定收取费用。

第一百零三条 本条例自2003年6月1日起施行。1982年2月6日国务院发布的《锅炉压力容器安全监察暂行条例》同时废止。

附录2 特种设备作业人员监督管理办法

（国家质检总局令 第140号）

（2005年1月10日国家质量监督检验检疫总局令第70号公布，根据2011年5月3日《国家质量监督检验检疫总局关于修改〈特种设备作业人员监督管理办法〉的决定》修订）

第一章 总 则

第一条 为了加强特种设备作业人员监督管理工作，规范作业人员考核发证程序，保障特种设备安全运行，根据《中华人民共和国行政许可法》、《特种设备安全监察条例》和《国务院对确需保留的行政审批项目设定行政许可的决定》，制定本办法。

第二条 锅炉、压力容器（含气瓶）、压力管道、电梯、起重机械、客运索道、大型游乐设施、场（厂）内专用机动车辆等特种设备的作业人员及其相关管理人员统称特种设备作业人员。特种设备作业人员作业种类与项目目录由国家质量监督检验检疫总局统一发布。

从事特种设备作业的人员应当按照本办法的规定，经考核合格取得《特种设备作业人员证》，方可从事相应的作业或者管理工作。

第三条 国家质量监督检验检疫总局（以下简称国家质检总局）负责全国特种设备作业人员的监督管理，县以上质量技术监督部门负责本辖区内的特种设备作业人员的监督管理。

第四条 申请《特种设备作业人员证》的人员，应当首先向省级质量技术监督部门指定的特种设备作业人员考试机构（以下简称考试机构）报名参加考试。

对特种设备作业人员数量较少不需要在各省、自治区、直辖市设立考试机构的，由国家质检总局指定考试机构。

第五条 特种设备生产、使用单位（以下统称用人单位）应当聘（雇）用取得《特种设备作业人员证》的人员从事相关管理和作业工作，并对作业人员进行严格管理。

特种设备作业人员应当持证上岗，按章操作，发现隐患及时处置或者报告。

第二章 考试和审核发证程序

第六条 特种设备作业人员考核发证工作由县以上质量技术监督部门分级负责。省级质量技术监督部门决定具体的发证分级范围，负责对考核发证工作的日常监督管理。

申请人经指定的考试机构考试合格的，持考试合格凭证向考试场所所在地的发证部门申请办理《特种设备作业人员证》。

第七条 特种设备作业人员考试机构应当具备相应的场所、设备、师资、监考人员以及健全的考试管理制度等必备条件和能力，经发证部门批准，方可承担考试工作。

发证部门应当对考试机构进行监督，发现问题及时处理。

第八条 特种设备作业人员考试和审核发证程序包括：考试报名、考试、领证申请、受理、审核、发证。

第九条 发证部门和考试机构应当在办公处所公布本办法、考试和审核发证程序、考试作业人员种类、报考具体条件、收费依据和标准、考试机构名称及地点、考试计划等事项。其中，考试报名时间、考试科目、考试地点、考试时间等具体考试计划事项，应当在举行考试之日2个月前公布。

有条件的应当在有关网站、新闻媒体上公布。

第十条 申请《特种设备作业人员证》的人员应当符合下列条件：

（一）年龄在18周岁以上；

（二）身体健康并满足申请从事的作业种类对身体的特殊要求；

（三）有与申请作业种类相适应的文化程度；

（四）具有相应的安全技术知识与技能；

（五）符合安全技术规范规定的其他要求。

作业人员的具体条件应当按照相关安全技术规范的规定执行。

第十一条 用人单位应当对作业人员进行安全教育和培训，保证特种设备作业人员具备必要的特种设备安全作业知识、作业技能和及时进行知识更新。作业人员未能参加用人单位培训的，可以选择专业培训机构进行培训。

作业人员培训的内容按照国家质检总局制定的相关作业人员培训考核大纲等安全技术规范执行。

第十二条 符合条件的申请人员应当向考试机构提交有关证明材料，报名参加考试。

第十三条 考试机构应当制订和认真落实特种设备作业人员的考试组织工作的各项规章制度，严格按照公开、公正、公平的原则，组织实施特种设备作业人员的考试，确保考试工作质量。

第十四条 考试结束后，考试机构应当在20个工作日内将考试结果告知申请人，并公布考试成绩。

第十五条 考试合格的人员，凭考试结果通知单和其他相关证明材料，向发证部门申请办理《特种设备作业人员证》。

第十六条 发证部门应当在5个工作日内对报送材料进行审查，或者告知申请人补正申请材料，并作出是否受理的决定。能够当场审查的，应当当场办理。

第十七条 对同意受理的申请，发证部门应当在20个工作日内完成审核批准手续。准予发证的，在10个工作日内向申请人颁发《特种设备作业人员证》；不予发证的，应当书面说明理由。

第十八条 特种设备作业人员考核发证工作遵循便民、公开、高效的原则。为方便申请人办理考核发证事项，发证部门可以将受理和发放证书的地点设在考试报名地点，并在报名考试时委托考试机构对申请人是否符合报考条件进行审查，考试合格后发证部门可以直接办理受理手续和审核、发证事项。

第三章 证书使用及监督管理

第十九条 持有《特种设备作业人员证》的人员，必须经用人单位的法定代表人（负责人)或者其授权人雇(聘)用后,方可在许可的项目范围内作业。

第二十条　用人单位应当加强对特种设备作业现场和作业人员的管理,履行下列义务:

(一) 制订特种设备操作规程和有关安全管理制度;

(二) 聘用持证作业人员,并建立特种设备作业人员管理档案;

(三) 对作业人员进行安全教育和培训;

(四) 确保持证上岗和按章操作;

(五) 提供必要的安全作业条件;

(六) 其他规定的义务。

用人单位可以指定一名本单位管理人员作为特种设备安全管理负责人,具体负责前款规定的相关工作。

第二十一条　特种设备作业人员应当遵守以下规定:

(一) 作业时随身携带证件,并自觉接受用人单位的安全管理和质量技术监督部门的监督检查;

(二) 积极参加特种设备安全教育和安全技术培训;

(三) 严格执行特种设备操作规程和有关安全规章制度;

(四) 拒绝违章指挥;

(五) 发现事故隐患或者不安全因素应当立即向现场管理人员和单位有关负责人报告;

(六) 其他有关规定。

第二十二条　《特种设备作业人员证》每4年复审一次。持证人员应当在复审期届满3个月前,向发证部门提出复审申请。对持证人员在4年内符合有关安全技术规范规定的不间断作业要求和安全、节能教育培训要求,且无违章操作或者管理等不良记录、未造成事故的,发证部门应当按照有关安全技术规范的规定准予复审合格,并在证书正本上加盖发证部门复审合格章。

复审不合格、逾期未复审的,其《特种设备作业人员证》予以注销。

第二十三条　有下列情形之一的,应当撤销《特种设备作业人员证》:

(一) 持证作业人员以考试作弊或者以其他欺骗方式取得《特种设备作业人员证》的;

(二) 持证作业人员违反特种设备的操作规程和有关的安全规章制度操作,情节严重的;

(三) 持证作业人员在作业过程中发现事故隐患或者其他不安全因素未立即报告,情节严重的;

(四) 考试机构或者发证部门工作人员滥用职权、玩忽职守、违反法定程序或者超越发证范围考核发证的;

(五) 依法可以撤销的其他情形。

违反前款第(一)项规定的,持证人3年内不得再次申请《特种设备作业人员证》。

第二十四条　《特种设备作业人员证》遗失或者损毁的,持证人应当及时报告发证部门,并在当地媒体予以公告。查证属实的,由发证部门补办证书。

第二十五条　任何单位和个人不得非法印制、伪造、涂改、倒卖、出租或者出借《特种设备作业人员证》。

第二十六条 各级质量技术监督部门应当对特种设备作业活动进行监督检查,查处违法作业行为。

第二十七条 发证部门应当加强对考试机构的监督管理,及时纠正违规行为,必要时应当派人现场监督考试的有关活动。

第二十八条 发证部门要建立特种设备作业人员监督管理档案,记录考核发证、复审和监督检查的情况。发证、复审及监督检查情况要定期向社会公布。

发证部门应当在发证或者复审合格后20个工作日内,将特种设备作业人员相关信息录入国家质检总局特种设备作业人员公示查询系统。

第二十九条 特种设备作业人员考试报名、考试、领证申请、受理、审核、发证等环节的具体规定,以及考试机构的设立、《特种设备作业人员证》的注销和复审等事项,按照国家质检总局制定的特种设备作业人员考核规则等安全技术规范执行。

第四章 罚 则

第三十条 申请人隐瞒有关情况或者提供虚假材料申请《特种设备作业人员证》的,不予受理或者不予批准发证,并在1年内不得再次申请《特种设备作业人员证》。

第三十一条 有下列情形之一的,责令用人单位改正,并处1 000元以上3万元以下罚款:

(一)违章指挥特种设备作业的;

(二)作业人员违反特种设备的操作规程和有关的安全规章制度操作,或者在作业过程中发现事故隐患或者其他不安全因素未立即向现场管理人员和单位有关负责人报告,用人单位未给予批评教育或者处分的。

第三十二条 非法印制、伪造、涂改、倒卖、出租、出借《特种设备作业人员证》,或者使用非法印制、伪造、涂改、倒卖、出租、出借《特种设备作业人员证》的,处1 000元以下罚款;构成犯罪的,依法追究刑事责任。

第三十三条 发证部门未按规定程序组织考试和审核发证,或者发证部门未对考试机构严格监督管理影响特种设备作业人员考试质量的,由上一级发证部门责令整改;情节严重的,其负责的特种设备作业人员的考核工作由上一级发证部门组织实施。

第三十四条 考试机构未按规定程序组织考试工作,责令整改;情节严重的,暂停或者撤销其批准。

第三十五条 发证部门或者考试机构工作人员滥用职权、玩忽职守、以权谋私的,应当依法给予行政处分;构成犯罪的,依法追究刑事责任。

第三十六条 特种设备作业人员未取得《特种设备作业人员证》上岗作业,或者用人单位未对特种设备作业人员进行安全教育和培训的,按照《特种设备安全监察条例》第八十六条的规定对用人单位予以处罚。

第五章 附 则

第三十七条 《特种设备作业人员证》的格式、印制等事项由国家质检总局统一规定。

第三十八条　考试收费按照财政和价格主管部门的规定执行。省级质量技术监督部门负责对本辖区内《特种设备作业人员证》考试收费工作进行监督检查，并按有关规定通报相关部门。

第三十九条　本办法不适用于从事房屋建筑工地和市政工程工地起重机械、场（厂）内专用机动车辆作业及其相关管理的人员。

第四十条　本办法由国家质检总局负责解释。

第四十一条　本办法自 2005 年 7 月 1 日起施行。原有规定与本办法要求不一致的，以本办法为准。

附录3 特种设备事故报告和调查处理规定

（国家质检总局令 第115号）

第一章 总 则

第一条 为了规范特种设备事故报告和调查处理工作，及时准确查清事故原因，严格追究事故责任，防止和减少同类事故重复发生，根据《特种设备安全监察条例》和《生产安全事故报告和调查处理条例》，制定本规定。

第二条 特种设备制造、安装、改造、维修、使用（含移动式压力容器、气瓶充装）、检验检测活动中发生的特种设备事故，其报告、调查和处理工作适用本规定。

第三条 国家质量监督检验检疫总局（以下简称国家质检总局）主管全国特种设备事故报告、调查和处理工作，县以上地方质量技术监督部门负责本行政区域内的特种设备事故报告、调查和处理工作。

第四条 事故报告应当及时、准确、完整，任何单位和个人对事故不得迟报、漏报、谎报或者瞒报。

事故调查和处理工作必须坚持实事求是、客观公正、尊重科学的原则，及时、准确地查清事故经过、事故原因和事故损失，查明事故性质，认定事故责任，提出处理和整改措施，并对事故责任单位和责任人员依法追究责任。

第五条 任何单位和个人不得阻挠和干涉特种设备事故报告、调查和处理工作。

对事故报告、调查和处理中的违法行为，任何单位和个人有权向各级质量技术监督部门或者有关部门举报。接到举报的部门应当依法及时处理。

第二章 事故定义、分级和界定

第六条 本规定所称特种设备事故，是指因特种设备的不安全状态或者相关人员的不安全行为，在特种设备制造、安装、改造、维修、使用（含移动式压力容器、气瓶充装）、检验检测活动中造成的人员伤亡、财产损失、特种设备严重损坏或者中断运行、人员滞留、人员转移等突发事件。

第七条 按照《特种设备安全监察条例》的规定，特种设备事故分为特别重大事故、重大事故、较大事故和一般事故。

第八条 下列情形不属于特种设备事故：

（一）因自然灾害、战争等不可抗力引发的；

（二）通过人为破坏或者利用特种设备等方式实施违法犯罪活动或者自杀的；

（三）特种设备作业人员、检验检测人员因劳动保护措施缺失或者保护不当而发生坠落、中毒、窒息等情形的。

第九条　因交通事故、火灾事故引发的与特种设备相关的事故，由质量技术监督部门配合有关部门进行调查处理。经调查，该事故的发生与特种设备本身或者相关作业人员无关的，不作为特种设备事故。

非承压锅炉、非压力容器发生事故，不属于特种设备事故。但经本级人民政府指定，质量技术监督部门可以参照本规定组织进行事故调查处理。

房屋建筑工地和市政工程工地用的起重机械、场(厂)内专用机动车辆，在其安装、使用过程中发生的事故，不属于质量技术监督部门组织调查处理的特种设备事故。

第三章　事故报告

第十条　发生特种设备事故后，事故现场有关人员应当立即向事故发生单位负责人报告；事故发生单位的负责人接到报告后，应当于1 h内向事故发生地的县以上质量技术监督部门和有关部门报告。

情况紧急时，事故现场有关人员可以直接向事故发生地的县以上质量技术监督部门报告。

第十一条　接到事故报告的质量技术监督部门，应当尽快核实有关情况，依照《特种设备安全监察条例》的规定，立即向本级人民政府报告，并逐级报告上级质量技术监督部门直至国家质检总局。质量技术监督部门每级上报的时间不得超过2 h。必要时，可以越级上报事故情况。

对于特别重大事故、重大事故，由国家质检总局报告国务院并通报国务院安全生产监督管理等有关部门。对较大事故、一般事故，由接到事故报告的质量技术监督部门及时通报同级有关部门。

对事故发生地与事故发生单位所在地不在同一行政区域的，事故发生地质量技术监督部门应当及时通知事故发生单位所在地质量技术监督部门。事故发生单位所在地质量技术监督部门应当做好事故调查处理的相关配合工作。

第十二条　报告事故应当包括以下内容：

(一) 事故发生的时间、地点、单位概况以及特种设备种类；

(二) 事故发生初步情况，包括事故简要经过、现场破坏情况、已经造成或者可能造成的伤亡和涉险人数、初步估计的直接经济损失、初步确定的事故等级、初步判断的事故原因；

(三) 已经采取的措施；

(四) 报告人姓名、联系电话；

(五) 其他有必要报告的情况。

第十三条　质量技术监督部门逐级报告事故情况，应当采用传真或者电子邮件的方式进行快报，并在发送传真或者电子邮件后予以电话确认。

特殊情况下可以直接采用电话方式报告事故情况，但应当在24 h内补报文字材料。

第十四条　报告事故后出现新情况的，以及对事故情况尚未报告清楚的，应当及时逐级续报。

续报内容应当包括：事故发生单位详细情况、事故详细经过、设备失效形式和损坏程度、事故伤亡或者涉险人数变化情况、直接经济损失、防止发生次生灾害的应急处置措施和其他有必要报告的情况等。

自事故发生之日起30日内，事故伤亡人数发生变化的，有关单位应当在发生变化的当日及时补报或者续报。

第十五条 事故发生单位的负责人接到事故报告后，应当立即启动事故应急预案，采取有效措施，组织抢救，防止事故扩大，减少人员伤亡和财产损失。

质量技术监督部门接到事故报告后，应当按照特种设备事故应急预案的分工，在当地人民政府的领导下积极组织开展事故应急救援工作。

第十六条 对本规定第八条、第九条规定的情形，各级质量技术监督部门应当作为特种设备相关事故信息予以收集，并参照本规定逐级上报直至国家质检总局。

第十七条 各级质量技术监督部门应当建立特种设备应急值班制度，向社会公布值班电话，受理事故报告和事故举报。

第四章 事故调查

第十八条 发生特种设备事故后，事故发生单位及其人员应当妥善保护事故现场以及相关证据，及时收集、整理有关资料，为事故调查做好准备；必要时，应当对设备、场地、资料进行封存，由专人看管。

因抢救人员、防止事故扩大以及疏通交通等原因，需要移动事故现场物件的，负责移动的单位或者相关人员应当做出标志，绘制现场简图并做出书面记录，妥善保存现场重要痕迹、物证。有条件的，应当现场制作视听资料。

事故调查期间，任何单位和个人不得擅自移动事故相关设备，不得毁灭相关资料、伪造或者故意破坏事故现场。

第十九条 质量技术监督部门接到事故报告后，经现场初步判断，发现不属于或者无法确定为特种设备事故的，应当及时报告本级人民政府，由本级人民政府或者其授权或者委托的部门组织事故调查组进行调查。

第二十条 依照《特种设备安全监察条例》的规定，特种设备事故分别由以下部门组织调查：

（一）特别重大事故由国务院或者国务院授权的部门组织事故调查组进行调查；

（二）重大事故由国家质检总局会同有关部门组织事故调查组进行调查；

（三）较大事故由事故发生地省级质量技术监督部门会同省级有关部门组织事故调查组进行调查；

（四）一般事故由事故发生地设区的市级质量技术监督部门会同市级有关部门组织事故调查组进行调查。

根据事故调查处理工作的需要，负责组织事故调查的质量技术监督部门可以依法提请事故发生地人民政府及有关部门派员参加事故调查。

负责组织事故调查的质量技术监督部门应当将事故调查组的组成情况及时报告本级人民政府。

第二十一条 根据事故发生情况，上级质量技术监督部门可以派员指导下级质量技术监督部门开展事故调查处理工作。

自事故发生之日起30日内，因伤亡人数变化导致事故等级发生变化的，依照规定应当由上级质量技术监督部门组织调查的，上级质量技术监督部门可以会同本级有关部门组织事故调查组进行调查，也可以派员指导下级部门继续进行事故调查。

第二十二条　事故调查组成员应当具有特种设备事故调查所需要的知识和专长，与事故发生单位及相关人员不存在任何利害关系。事故调查组组长由负责事故调查的质量技术监督部门负责人担任。

必要时，事故调查组可以聘请有关专家参与事故调查；所聘请的专家应当具备5年以上特种设备安全监督管理、生产、检验检测或者科研教学工作经验。设区的市级以上质量技术监督部门可以根据事故调查的需要，组建特种设备事故调查专家库。

根据事故的具体情况，事故调查组可以内设管理组、技术组、综合组，分别承担管理原因调查、技术原因调查、综合协调等工作。

第二十三条　事故调查组应当履行下列职责：

（一）查清事故发生前的特种设备状况；

（二）查明事故经过、人员伤亡、特种设备损坏、经济损失情况以及其他后果；

（三）分析事故原因；

（四）认定事故性质和事故责任；

（五）提出对事故责任者的处理建议；

（六）提出防范事故发生和整改措施的建议；

（七）提交事故调查报告。

第二十四条　事故调查组成员在事故调查工作中应当诚信公正、恪尽职守，遵守事故调查组的纪律，遵守相关秘密规定。

在事故调查期间，未经负责组织事故调查的质量技术监督部门和本级人民政府批准，参与事故调查、技术鉴定、损失评估等有关人员不得擅自泄露有关事故信息。

第二十五条　对无重大社会影响、无人员伤亡、事故原因明晰的特种设备事故，事故调查工作可以按照有关规定适用简易程序；在负责事故调查的质量技术监督部门商同级有关部门，并报同级政府批准后，由质量技术监督部门单独进行调查。

第二十六条　事故调查组可以委托具有国家规定资质的技术机构或者直接组织专家进行技术鉴定。接受委托的技术机构或者专家应当出具技术鉴定报告，并对其结论负责。

第二十七条　事故调查组认为需要对特种设备事故进行直接经济损失评估的，可以委托具有国家规定资质的评估机构进行。

直接经济损失包括人身伤亡所支出的费用、财产损失价值、应急救援费用、善后处理费用。

接受委托的单位应当按照相关规定和标准进行评估，出具评估报告，对其结论负责。

第二十八条　事故调查组有权向有关单位和个人了解与事故有关的情况，并要求其提供相关文件、资料。有关单位和个人不得拒绝，并应当如实提供特种设备及事故相关的情况或者资料，回答事故调查组的询问，对所提供情况的真实性负责。

事故发生单位的负责人和有关人员在事故调查期间不得擅离职守，应当随时接受事故调查组的询问，如实提供有关情况或者资料。

第二十九条 事故调查组应当查明引发事故的直接原因和间接原因,并根据对事故发生的影响程度认定事故发生的主要原因和次要原因。

第三十条 事故调查组根据事故的主要原因和次要原因,判定事故性质,认定事故责任。

事故调查组根据当事人行为与特种设备事故之间的因果关系以及在特种设备事故中的影响程度,认定当事人所负的责任。当事人所负的责任分为全部责任、主要责任和次要责任。

当事人伪造或者故意破坏事故现场、毁灭证据、未及时报告事故等,致使事故责任无法认定的,应当承担全部责任。

第三十一条 事故调查组应当向组织事故调查的质量技术监督部门提交事故调查报告。事故调查报告应当包括下列内容:

(一)事故发生单位情况;

(二)事故发生经过和事故救援情况;

(三)事故造成的人员伤亡、设备损坏程度和直接经济损失;

(四)事故发生的原因和事故性质;

(五)事故责任的认定以及对事故责任者的处理建议;

(六)事故防范和整改措施;

(七)有关证据材料。

事故调查报告应当经事故调查组全体成员签字。事故调查组成员有不同意见的,可以提交个人签名的书面材料,附在事故调查报告内。

第三十二条 特种设备事故调查应当自事故发生之日起60日内结束。特殊情况下,经负责组织调查的质量技术监督部门批准,事故调查期限可以适当延长,但延长的期限最长不超过60日。

技术鉴定时间不计入调查期限。

因事故抢险救灾无法进行事故现场勘察的,事故调查期限从具备现场勘察条件之日起计算。

第三十三条 事故调查中发现涉嫌犯罪的,负责组织事故调查的质量技术监督部门商有关部门和事故发生地人民政府后,应当按照有关规定及时将有关材料移送司法机关处理。

第五章 事故处理

第三十四条 依照《特种设备安全监察条例》的规定,省级质量技术监督部门组织的事故调查,其事故调查报告报省级人民政府批复,并报国家质检总局备案;市级质量技术监督部门组织的事故调查,其事故调查报告报市级人民政府批复,并报省级质量技术监督部门备案。

国家质检总局组织的事故调查,事故调查报告的批复按照国务院有关规定执行。

第三十五条 组织事故调查的质量技术监督部门应当在接到批复之日起10日内,将事故调查报告及批复意见主送有关地方人民政府及其有关部门,送达事故发生单位、责任单位和责任人员，并抄送参加事故调查的有关部门和单位。

第三十六条　质量技术监督部门及有关部门应当按照批复，依照法律、行政法规规定的权限和程序，对事故责任单位和责任人员实施行政处罚，对负有事故责任的国家工作人员进行处分。

第三十七条　事故发生单位应当落实事故防范和整改措施。防范和整改措施的落实情况应当接受工会和职工的监督。

事故发生地质量技术监督部门应当对事故责任单位落实防范和整改措施的情况进行监督检查。

第三十八条　特别重大事故的调查处理情况由国务院或者国务院授权组织事故调查的部门向社会公布，特别重大事故以下等级的事故的调查处理情况由组织事故调查的质量技术监督部门向社会公布；依法应当保密的除外。

第三十九条　事故调查的有关资料应当由组织事故调查的质量技术监督部门立档永久保存。

立档保存的材料包括现场勘察笔录、技术鉴定报告、重大技术问题鉴定结论和检测检验报告、尸检报告、调查笔录、物证和证人证言、直接经济损失文件、相关图纸、视听资料、事故调查报告、事故批复文件等。

第四十条　组织事故调查的质量技术监督部门应当在接到事故调查报告批复之日起30日内撰写事故结案报告，并逐级上报直至国家质检总局。

上报事故结案报告，应当同时附事故档案副本或者复印件。

第四十一条　负责组织事故调查的质量技术监督部门应当根据事故原因对相关安全技术规范、标准进行评估；需要制定或者修订相关安全技术规范、标准的，应当及时报告上级部门提请制定或者修订。

第四十二条　各级质量技术监督部门应当定期对本行政区域特种设备事故的情况、特点、原因进行统计分析，根据特种设备的管理和技术特点、事故情况，研究制定有针对性的工作措施，防止和减少事故的发生。

第四十三条　省级质量技术监督部门应在每月25日前和每年12月25日前，将所辖区域本月、本年特种设备事故情况、结案批复情况及相关信息，以书面方式上报至国家质检总局。

第六章　法律责任

第四十四条　发生特种设备特别重大事故，依照《生产安全事故报告和调查处理条例》的有关规定实施行政处罚和处分；构成犯罪的，依法追究刑事责任。

第四十五条　发生特种设备重大事故及其以下等级事故的，依照《特种设备安全监察条例》的有关规定实施行政处罚和处分；构成犯罪的，依法追究刑事责任。

第四十六条　发生特种设备事故，有下列行为之一，构成犯罪的，依法追究刑事责任；构成有关法律法规规定的违法行为的，依法予以行政处罚；未构成有关法律法规规定的违法行为的，由质量技术监督部门等处以4 000元以上2万元以下的罚款：

（一）伪造或者故意破坏事故现场的；

（二）拒绝接受调查或者拒绝提供有关情况或者资料的；

（三）阻挠、干涉特种设备事故报告和调查处理工作的。

第七章　附　　则

第四十七条　本规定所涉及的事故报告、调查协调、统计分析等具体工作，负责组织事故调查的质量技术监督部门可以委托相关特种设备事故调查处理机构承担。

第四十八条　本规定由国家质检总局负责解释。

第四十九条　本规定自公布之日起施行，2001 年 9 月 17 日国家质检总局发布的《锅炉压力容器压力管道特种设备事故处理规定》同时废止。

附录 4　特种设备作业人员考核规则

（TSG Z6001—2005）

第一章　总　　则

第一条　为了规范特种设备作业人员考核工作，根据《特种设备作业人员监督管理办法》（以下简称《办法》），制定本规则。

第二条　本规则适用于《办法》所规定的特种设备作业人员的考核，考核工作包括考试、审核、发证和复审。

第三条　特种设备作业的考核工作由国家质量监督检验检疫总局（以下简称国家质检总局）和各级质量技术监督部门（以下简称发证部门）组织实施。对于数量较少的压力容器和压力管道带压密封、氧舱维护、长输管道安全管理、客运索道作业及管理、大型游乐设施安装作业及管理等作业人员的考试，由国家质检总局确定考试机构，其他特种作业人员的考试，由地方各级发证部门按照具体发证范围确定考试机构。

第四条　特种设备作业人员的考试包括理论知识考试和实际操作考试两个科目，均实行百分制，60 分合格。具体考试方式、内容、要求、作业级别、项目及范围，特种设备作业人员的具体自查报告要求，按照国家质检总局制定的相关作业人员考核大纲执行。

第二章　考试机构

第五条　考试机构应当满足下列条件：

（一）有常设的组织管理部门和固定的办公场所，专职人员不不于 3 人；

（二）具备满足考试的固定场所；

（三）具有满足与所承担考试项目相适应的设备及设施；

（四）具有满足考试需要的专、兼职监考、考评人员；

（五）具有健全的考场纪律、监考考评人员守则，保密制度、考试管理、档案管理、财务管理、应急预案等各项规章制度，并且有效实施。

本条第（二）、（三）项可以租赁。

第六条　考试机构的主要职责如下：

（一）审查特种设备作业人员考试申请材料；

（二）组织实施特种设备作业人员考试；

（三）具有满足与所承担考试项目相适应的设备及设施；

（四）具有满足考试需要的专、兼职监考、考评人员；

（五）具有健全的考场纪律、监考考评人员守则、保密制度、考试管理、档案管理、财务管理、应急预案等各项规章制度，并且有效实施。

本条第(二)、(三)项可以租赁。

(六) 公布、通知和上报考试结果；

(七) 建立特种设备作业人员考试管理档案；

(八) 根据申请人的委托向发证部门统一申请办理并且协助发放《特种设备作业人员证》；

(九) 根据申请人的委托向发证部门统一申请办理《特种设备作业人员证》的复审；

(十) 向国家质检总局或者发证部门提交年度工作总结及考试相关统计报表；

(十一) 国家质检总局或者发证部门委托或者交办的其他事项。

第七条 国家质检总局及各级发证部门根据考核范围和工作需要，按照统筹规划、合理布局的原则确定考试机构。

第八条 国家质检总局确定的考试机构由国家质检总局向社会公布，各级发证部门确定的考试机构由省、自治区、直辖市质量技术监督局向社会公布。

第三章 考核程序与要求

第九条 特种设备作业人员考试程序包括考试报名、申请材料审查、考试、考试成绩评定与通知。

第十条 报名参加特种设备作业人员考试的人员，应当向考试机构提交下列材料：

(一)《特种设备作业人员考试申请表》(见附件1,1份)；

(二) 身份证(复印件,1份)；

(三) 1寸正面免冠照片(2张)；

(四) 毕业证书(复印件)或者学历证明(1份)；

《特种设备作业人员考试申请表》由用人单位签署意见，明确申请人身体状况能够适应所申请考核作业项目的需要，经过安全教育和培训，有3个月以上申请项目的实习经历。

第十一条 考试机构应当在收到报名材料后15个工作日内完成对材料的审查。对符合要求的，通知申请人按时参加考试；对不符合要求的，通知申请人及时补正材料或者说明不符合要求的理由。

第十二条 考试机构应当根据各类特种设备作业人员考核大纲的要求组织命题。

第十三条 考试机构按照公布的考试科目、考试地点、考试时间组织考试。需要更改考试科目、考试地点、考试时间的，应当提前30日公布，并通知已申请考试的人员。

考试组织工作要严格执行保密、监考等各项规章制度，确保考试工作的公开、公正、公平、规范，确保考试工作的质量。

第十四条 考试机构应当在考试结束后的20个工作日内，完成考试成绩的评定，将考试结果报国家质检总局或者发证部门并且通知申请人。

第十五条 考试成绩有效期为1年。单项考试科目不合格者，1年内允许申请补考1次。两项均不合格或者补考仍不合格者，应当重新申请考试。

第十六条　考试机构应当将《特种设备作业人员考试申请表》、考试试卷、成绩汇总表、考场记录等存档。

第十七条　考试合格的人员，由考试机构向发证部门统一申请办理《特种设备作业人员证》，也可以由个人凭考试结果通知单和本规则第十条所列材料向发证部门申请办理。

参加国家质检总局确定的考试机构统一考试的，由考试机构或者考试合格人员向设备所在地的省级发证部门申请审核、发证。

第十八条　持《特种设备作业人员证》的人员，应当在期满3个月前，向发证部门提出复审申请，也可以将复审申请材料提交考试机构，由考试机构统一办理。

第十九条　申请复审时，持证人员应当提交以下材料：

（一）《特种设备作业人员复审申请表》（附件2，1份）；

（二）《特种设备作业人员证》（原件）。

《特种设备作业人员复审申请表》由用人单位签署意见，明确申请人身体状况能够适应所申请复审作业项目的需要，经过安全教育和培训，有无违规、违法等不良记录。

第二十条　复审时，满足以下所有要求的为复审合格：

（一）提交的复审申请资料真实齐全；

（二）男年龄不超过60周岁，女年龄不超过55周岁；

（三）在复审期限内中断所从事持证项目的作业时间不超过12个月（在相应考核大纲中另有规定的，从其规定）；

（四）没有造成事故的；

（五）符合相应作业人员考核大纲规定条件的。

第二十一条　发证部门应当在5个工作日内对复审材料进行审查，或者告知申请人补正申请材料，并且作出是否受理的决定。能够当场审查的，应当当场办理。

对同意受理的复审申请，发证部门应当在20个工作日内完成复审。合格的在证书上签章；不合格的，应当书面说明理由。

第二十二条　在有效期内无违规、违法等不良记录，并且按时参加安全培训的持证人员，可以申请延长下次复审期限，延长的复审期限不得超过4年。

第二十三条　复审不合格的持证人员应当重新参加考试。逾期未申请复审或重新考试不合格的，其《特种设备作业人员证》失效，由发证部门予以注销。

第四章　附　　则

第二十四条　用人单位应当加强对特种设备作业人员的管理，为特种设备作业人员的取证和复审提供客观真实的证明材料。

第二十五条　《特种设备作业人员证》的样式、证书编号方法由国家质检总局公布，证书由国家质检总局统一印制。

第二十六条　本规则由国家质检总局负责解释。

第二十七条　本规则自2005年9月16日起施行。原有规定与本规则不一致的地方，按本规则施行。

附件 1

特种设备作业人员考试申请表

申请人姓名		性　别	
通信地址			
文化程度		邮政编码	
身份证号		联系电话	
申请考核 作业种类		申请考核 作业项目	类别、级别
用人单位		单位联系人	
单位地址		联系电话	
是否委托考试机构办理取证手续：□是　　□否			
工作简历			
培训情况			
用人单位意见 （注）			（公章） 年　月　日
相关材料	□ 身份证（复印件，1 份） □ 1 寸正面免冠照片（2 张） □ 毕业证书（复印件）或者学历证明（1 份） □ 其他 声明：本人对所填写的内容和提交材料实质内容的真实性负责。 申请人（签字）：　　　　　　　　日期：		

注：用人单位应当明确申请人身体状况能够适应所申请考核作业项目的需要，经过安全教育和培训，有 3 个月以上申请项目的实习经历。

附件 2

特种设备作业人员复审申请表

<table>
<tr><td>申请人姓名</td><td></td><td>性　　别</td><td></td><td></td></tr>
<tr><td>文化程度</td><td></td><td>邮政编码</td><td></td><td></td></tr>
<tr><td>通信地址</td><td></td><td></td><td></td><td></td></tr>
<tr><td>身份证号</td><td></td><td>联系电话</td><td></td><td></td></tr>
<tr><td>申请考核
作业种类</td><td></td><td>申请考核
作业项目</td><td colspan="2">类别、级别</td></tr>
<tr><td>证书编号</td><td></td><td>发证日期</td><td colspan="2"></td></tr>
<tr><td colspan="5">是否申请延长下次复审期限：　□ 是　　□ 否
是否委托考试机构办理复审手续：　□ 是　　□ 否</td></tr>
<tr><td colspan="5">是否委托考试机构办理取证手续：□ 是　　□ 否</td></tr>
<tr><td>用人单位</td><td></td><td>单位联系人</td><td colspan="2"></td></tr>
<tr><td>单位地址</td><td></td><td>联系电话</td><td colspan="2"></td></tr>
<tr><td>工作简历</td><td colspan="4"></td></tr>
<tr><td>培训情况</td><td colspan="4"></td></tr>
<tr><td>用人单位意见(注)</td><td colspan="4">(公章)
年　月　日</td></tr>
<tr><td>复审材料</td><td colspan="4">□《特种设备作业人员证》(原件)
□其他
声明：本人对所填写的内容和所提交材料实质内容的真实性负责。
申请人(签字)：　　　　日期：</td></tr>
</table>

注：用人单位应当明确申请人身体状况能够适应所申请考核作业项目的需要，经过安全教育和培训，有无违规、违法等不良记录。

附录5 锅炉安全管理人员和操作人员考核大纲

第一条 为了规范锅炉安全管理人员和操作人虽的考核工作，根据《特种设备安全监察条例》、《特种设备作业人员监督管理办法》、《特种设备作业人员考核规则》，制定本大纲。

第二条 本大纲使用于《特种设备安全监察条例》规定范围内的锅炉安全管理人员和操作人员的考核。

第三条 锅炉安全管理人员是指锅炉使用单位负责在用锅炉运行安全管理工作的人员。

锅炉安全管理人员分为Ⅰ、Ⅱ级，其工作范围如下：

（一）Ⅰ级，额定工作压力小于3.8 MPa的蒸汽锅炉，以及热水锅炉、有机热载体锅炉等；

（二）Ⅱ级，额定工作压力大于或者等于3.8 MPa的蒸汽锅炉。

注1：Ⅱ级锅炉安全管理人员可以从事Ⅰ级锅炉安全管理人员的工作。

第四条 锅炉操作人员是指锅炉使用单位从事在用锅炉运行操作的人员。

锅炉操作人员分为Ⅰ、Ⅱ、Ⅲ级，其工作范围如下：

（一）Ⅰ级，额定工作压力小于或者等于0.4 MPa且额定蒸发量小于或者等于0.5 t/h的蒸汽锅炉，以及额定功率小于或者等于0.7 MW的热水锅炉、有机热载体锅炉；

（二）Ⅱ级，额定工作压力小于3.8 MPa的蒸汽锅炉，以及热水锅炉、有机热载体锅炉；

（三）Ⅲ级，额定工作压力大于或者等于3.8 MPa的蒸汽锅炉。

注2：Ⅲ级锅炉操作人员可以从事Ⅱ、Ⅰ级锅炉操作人员的工作，Ⅱ级锅炉操作人员可以从事Ⅰ级锅炉操作人员的工作。

注3：对于申请单一炉型(如有机热载体锅炉、立式手烧炉、余热锅炉、油田注汽炉等)的锅炉操作人员，其考核内容可以有所侧重，并且在其《特种设备作业人员证》上限定操作的炉型范围。

注4：对特种设备操作人员，可以在特种设备作业人员证书中的资格项目中注明其级别，表述为Ⅲ级(高级)、Ⅱ级(中级)、Ⅰ级(初级)。

第五条 锅炉安全管理人员和操作人员应当符合下列条件：

（一）年满18周岁；

（二）身体健康状况良好，能够适应锅炉管理或者操作的需要；

（三）锅炉安全管理人员具有锅炉运行或者相关管理工作经历，Ⅰ级锅炉安全管理人员具有高中以上(含高中)文化程度，Ⅱ级锅炉安全管理人员具有大专以上(含大专)文化程度；

（四）Ⅰ级锅炉操作人员和只操作工业锅炉的Ⅱ级锅炉操作人员具有初中以上(含初中)文化程度，操作工业锅炉以外的其他锅炉的Ⅱ级操作人员和Ⅲ级操作人员具有高中以上(含高中)文化程度。

第六条 锅炉安全管理人员的考试分为理论知识笔试和口试两部分。

理论知识笔试各部分知识所占比例如下：

（一）基础知识，占10%；

（二）专业知识，占35%；

（三）安全管理、法规知识，占40%；

（四）节能减排知识，占15%。

口试以安全、经济运行管理知识为主。

锅炉安全管理人员的考试内容见附件A。

第七条　锅炉操作人员考试内容，分理论知识考试和实际操作技能考试。理论知识考试应当采用机考化，实际操作技能考试应当在相应的锅炉模拟机上进行；在确保安全的基础上，只操作立式手烧炉的Ⅰ级锅炉操作人员的实际操作技能考试的部分项目可以在其锅炉上进行。

第八条　锅炉操作人员理论知识考试，各部分知识所占比例如下：

（一）基础知识，占10%；

（二）专业知识，占55%；

（三）安全管理、法规知识，占20%；

（四）节能减排知识，占15%。

第九条　锅炉操作人员实际操作考试，各部分操作所占比例如下：

（一）锅炉基本操作（含节能减排操作），占40%；

（二）锅炉故障应急处理操作，占60%；

注5：锅炉故障应急处理考试中只要有一题未达到合格要求，则实际操作考试评定为不通过。

第十条　锅炉操作人员理论知识考试、实际操作技能考试方法应当达到以下要求：

（一）试题在试题库内自动随机组卷出题；

（二）考试中自动限时计时；

（三）考试结果自动判卷评分（现场考试除外）；

（四）考试信息自动记录存档管理。

锅炉操作人员的考试内容见附件B。

第十一条　本大纲自2010年5月1日起施行。2001年6月22日国家质检总局发布的《锅炉司炉人员考核管理规定》（国质检[2001]38号）和2006年4月19日国家质检总局颁布的《锅炉安全管理人员考核大纲》（TSG G6001—2006）同时废止。

附件 A

锅炉安全管理人员考试内容

A1 基础知识

A1.1 物理化学知识

A1.1.1 压力、温度、介质性质、热胀冷缩等；

A1.1.2 氧化物、酸、碱、盐、浓度、溶解度、电解与电离等。

A1.2 工程热力学(注 A)

A1.2.1 气体状态参数、理想气体状态方程；

A1.2.2 功、热、焓、熵等基本概念；

A1.2.3 热力学第一定律和热力循环。

A1.3 流体力学、传热学知识

A1.3.1 流速、流量、流动阻力、伯努利方程(注 A)；

A1.3.2 导热、对流、辐射的概念；

A1.3.3 传热基本规律。

A1.4 燃料与燃烧知识

A1.4.1 燃料的成分和特性；

A1.4.2 燃料的燃烧过程与特点；

A1.4.3 燃烧的理论空气量、过剩(量)空气系数、燃烧产物、烟气量(注 A)。

A1.5 金属材料知识

A1.5.1 材料机械性能基本知识；

A1.5.2 锅炉常用材料及其标准；

A1.5.3 金属材料的组织结构(注 A)。

A1.5.4 电厂金属监督(注 A)

A1.6 焊接、热处理与无损检测知识(注 A)

A1.6.1 焊接管理的基本要求及常用的焊接方法；

A1.6.2 常用的热处理方法；

A1.6.3 常用无损检测方法(射线、超声波、磁粉、渗透)。

A2 专业知识

A2.1 专业基础知识

A2.1.1 锅炉的分类及其主要参数；

A2.1.2 锅炉热效率及热损失；

A2.1.3 锅炉水循环原理及其故障；

A2.1.4 锅炉空气动力场(注 A)。

A2.2 锅炉结构与系统

A2.2.1 锅炉结构的基本要求；

A2.2.2 锅炉主要受压部件及其作用；

A2.2.3 锅炉结构图、锅炉热力系统图(注 A)；

A2.2.4　锅炉的汽、水流程(注 A)；
A2.2.5　过热蒸汽的减温方法、作用，减温器类型、减温系统(注 A)；
A2.2.6　特殊的炉型机构及其系统。
A2.3　燃烧方式与设备
A2.3.1　层状燃烧；
A2.3.2　流化床燃烧；
A2.3.3　室燃(油、气、水煤浆、煤粉)；
A2.3.4　电加热设备。
A2.4　主要安全附件与仪表
A2.4.1　安全阀；
A2.4.2　压力测量装置；
A2.4.3　水位测量装置；
A2.4.4　排污和放水装置；
A2.4.5　温度测量仪表；
A2.4.6　自动控制与保护装置；
A2.4.7　氧量计(注 A)。
A2.5　附属设备与管道
A2.5.1　燃料供给设备及其相应管道；
A2.5.2　通风与空气预热设备；
A2.5.3　烟气净化装置与除渣设备；
A2.5.4　给水设备；
A2.5.5　吹灰设备(注 A)；
A2.5.6　锅炉范围内的管道、分汽(水)缸。
A2.6　锅炉水处理
A2.6.1　锅炉用水基本要求；
A2.6.2　工业锅炉水质标准；
A2.6.3　电站锅炉水汽质量标准(注 A)；
A2.6.4　水垢的形成与危害；
A2.6.5　锅炉水处理方法；
A2.6.6　锅炉给水除氧；
A2.6.7　锅炉化学清洗；
A2.6.8　电厂化学监督(注 A)。
A2.7　运行与维护保养
A2.7.1　工业锅炉运行与维护保养；
A2.7.2　有机热载体锅炉运行与维护保养；
A2.7.3　电站锅炉运行与维护保养(注 A)；
A2.7.4　锅炉常见缺陷及其对策；
A2.7.5　锅炉常见故障、事故的原因、处理及其预防；

A2.7.6　定压运行与滑压运行(注 A)；

A2.7.7　氮氧化物控制(注 A)；

A2.7.8　煤种变化对锅炉燃烧的影响。

A3　安全管理、法规知识

A3.1　锅炉管理要求

A3.1.1　锅炉使用登记；

A3.1.2　锅炉档案管理；

A3.1.3　锅炉操作与水处理作业人员；

A3.1.4　锅炉安全管理制度与记录；

A3.1.5　水(介)质管理；

A3.1.6　锅炉设计、制造、安装、改造、维修；

A3.1.7　锅炉检验分类、报检与准备；

A3.1.8　作业安全；

A3.1.9　锅炉房安全；

A3.1.10　进口锅炉管理。

A3.2　锅炉故障、事故应急处理与预防要求

A3.2.1　事故分类；

A3.2.2　事故应急措施和救援预案的编制及其演练；

A3.2.3　事故报告、事故现场处理方法；

A3.2.4　事故调查与处理。

A3.3　相关法律、法规、安全技术规范

A3.3.1　中华人民共和国节约能源法；

A3.3.2　特种设备安全监察条例；

A3.3.3　特种设备作业人员监督管理办法；

A3.3.4　蒸汽锅炉安全技术监察规程；

A3.3.5　热水锅炉安全技术监察规程；

A3.3.6　有机热载体炉安全技术监察规程；

A3.3.7　特种设备作业人员考核规则；

A3.3.8　锅炉压力容器制造监督管理办法；

A3.3.9　锅炉安装改造单位监督检验规则；

A3.3.10　锅炉压力容器使用登记管理办法；

A3.3.11　锅炉定期检验规则；

A3.3.12　锅炉水(介)质处理监督管理规则；

A3.3.13　锅炉水(介)质处理检验规则；

A3.3.14　锅炉化学清洗规则。

A3.4　锅炉使用单位及其作业人员可能涉及的行政责任、刑事责任和民事责任

A4　节能减排知识

A4.1　节能知识

A4.1.1　锅炉经济运行指标和能效指标；
A4.1.2　锅炉的各项热损失及减少热损失的对策；
A4.1.3　节水、节电、节约燃料技术措施；
A4.1.4　操作对节能的影响。
A4.2　减排知识
A4.2.1　锅炉大气污染物排放控制指标；
A4.2.2　锅炉烟气净化技术；
A4.2.3　锅炉噪声的控制；
A4.2.4　锅炉灰、渣及排污水的综合利用(注 A)；
A4.2.5　供热系统余热回收利用技术。

A5　锅炉安全管理人员口试

A5.1　本单位锅炉基本情况与安全管理概况；
A5.2　锅炉安全管理人员职责及其法律责任；
A5.3　锅炉技术档案的管理；
A5.4　锅炉房安全管理制度的制定；
A5.5　锅炉操作与水(介)质处理作业人员的管理；
A5.6　锅炉相关记录的管理；
A5.7　锅炉经济运行的管理；
A5.8　锅炉水(介)质管理；
A5.9　锅炉维修保养的管理；
A5.10　锅炉安装、改造、修理的管理；
A5.11　结合本单位实际制定应急预案；
A5.12　锅炉事故上报及其应急处置；
A5.13　锅炉检验的管理；
A5.14　电站锅炉金属监督管理(注 A)。

注 A：不适用于Ⅰ级锅炉安全管理人员。

附件 B

锅炉操作人员考试内容

B1　基础知识

B1.1　压力、温度、介质性质、热胀冷缩等

B1.2　流体力学、传热学知识(注 B-1)

B1.2.1　导热、对流、辐射的概念；

B1.2.2　传热基本规律。

B1.3　燃料与燃烧知识(注 B-1)

B1.3.1　燃料的成分和特性；

B1.3.2　燃料的燃烧过程及特点；

B1.3.3　燃烧的理论空气量、过剩(量)空气系数、燃烧产物、烟气量(注 B-2)。

B1.4　钢材的机械性能基本知识(注 B-1)

B2　专业知识

B2.1　专业基础知识

B2.1.1　锅炉的分类及主要参数；

B2.1.2　锅炉热效率及热损失(注 B-1)；

B2.1.3　锅炉水循环原理及故障(注 B-1)。

B2.2　锅炉结构及其系统

B2.2.1　锅炉结构；

B2.2.2　锅炉主要受压部件及其作用(注 B-1)；

B2.2.3　锅炉结构图、锅炉热力系统图(注 B-2)；

B2.2.4　锅炉的汽、水流程(注 B-2)；

B2.2.5　过热蒸汽的减温方法、作用，减温器类型、减温系统(注 B-2)；

B2.2.6　特殊的炉型结构及系统。

B2.3　燃烧方式与设备

B2.3.1　层状燃烧；

B2.3.2　流化床燃烧(注 B-1)；

B2.3.3　室燃(油、气、水煤浆、煤粉)；

B2.3.4　电加热设备。

B2.4　主要安全附件与仪表的作用及操作要求

B2.4.1　安全阀；

B2.4.2　压力测量装置；

B2.4.3　水位测量装置；

B2.4.4　排污与防水装置；

B2.4.5　温度测量仪表；

B2.4.6　自动控制与保护装置；

B2.4.7　氧量计(注 B-2)。

B2.5　辅助设备与管道
B2.5.1　燃料供给设备及相应管道；
B2.5.2　通风及其空气预热设备(注B-2,只针对空气预热设备)；
B2.5.3　烟气净化装置及除渣设备；
B2.5.4　给水设备；
B2.5.5　吹灰设备(注B-2)；
B2.5.6　锅炉范围内的管道、分汽(水或者油)缸。
B2.6　锅炉水(介)质处理
B2.6.1　锅炉用水基本要求,有机热载体锅炉油品知识；
B2.6.2　工业锅炉水质(有机热载体)标准；
B2.6.3　电站锅炉水汽质量标准(注B-2)；
B2.6.4　水垢的形成与危害；
B2.6.5　锅炉水处理方法；
B2.6.6　锅炉给水除氧(注B-2)。
B2.6.7　锅炉化学清洗。
B2.7　运行与维护保养
B2.7.1　锅炉运行前的检查准备、点火、升温升压、运行调节、停炉等操作；
B2.7.2　锅炉辅机的操作；
B2.7.3　锅炉与辅机的维护保养；
B2.7.4　锅炉常见缺陷与危害；
B2.7.5　锅炉常见故障、事故的原因、处理及预防；
B2.7.6　锅炉巡检要求；
B2.7.7　燃烧调整(注B-2)；
B2.7.8　定压运行与滑压运行(注B-2)；
B2.7.9　锅筒壁温差控制(注B-2)；
B2.7.10　锅炉负压、汽温、汽压、水位控制(注B-2)；
B2.7.11　氮氧化物控制(注B-2)；
B2.7.12　影响燃烧的主要因素,各因素对锅炉燃烧的影响(注B-2)；
B2.7.13　锅炉启动过程中热膨胀的监控(注B-2)；
B2.7.14　循环流化床锅炉循环停滞的处理(注B-2)；
B2.7.15　受热面的安全运行(注B-2)；
B2.7.16　风机抢风、失速、喘振的处理(注B-2)；
B2.7.17　炉底水封破坏的判断与处理(注B-2)；
B2.7.18　锅炉结渣的处理(注B-2)。

B3　安全管理、法规知识

B3.1　锅炉管理要求
B3.1.1　锅炉使用登记；
B3.1.2　锅炉操作人员的管理；

B3.1.3　锅炉安全管理制度与记录；
B3.1.4　水汽、有机热载体品质；
B3.1.5　锅炉检验分类与配合；
B3.1.6　作业安全；
B3.1.7　锅炉房安全。
B3.2　锅炉故障、事故应急处理与预防的要求
B3.2.1　事故分类；
B3.2.2　事故应急措施和救援预案；
B3.2.3　事故报告、事故现场处理方法。
B3.3　相关法律、法规、安全技术规范
B3.3.1　中华人民共和国节约能源法；
B3.3.2　特种设备安全监察条例；
B3.3.3　特种设备作业人员监督管理办法；
B3.3.4　蒸汽锅炉安全技术监察规程；
B3.3.5　热水锅炉安全技术监察规程；
B3.3.6　有机热载体炉安全技术监察规程；
B3.3.7　特种设备作业人员考核规则；
B3.3.8　锅炉压力容器使用登记管理办法；
B3.3.9　锅炉定期检验规则；
B3.3.10　锅炉水(介)质处理监督管理规则。
B3.4　锅炉使用单位及其作业人员可能涉及的行政责任、刑事责任和民事责任

B4　节能减排知识

B4.1　节能知识
B4.1.1　锅炉经济运行指标和效能测试(注 B-1)；
B4.1.2　锅炉各项热损失及其影响因素(注 B-1)；
B4.1.3　节水、节电、节约燃料技术与操作。
B4.2　减排知识
B4.2.1　锅炉大气污染物排放控制指标；
B4.2.2　锅炉烟气净化装置及其操作(注 B-2)；
B4.2.3　锅炉噪声的控制(注 B-1)；
B4.2.4　供热系统余热回收利用技术。

B5　实际操作考核

B5.1　锅炉基本操作(含节能减排操作)
B5.1.1　锅炉点火；
B5.1.2　锅炉升温升压；
B5.1.3　锅炉送汽、并汽(炉)；
B5.1.4　锅炉运行参数及燃烧调节；
B5.1.5　锅炉停炉(正常停炉、压火停炉和紧急停炉)；

B5.1.6　安全附件操作(水位表冲洗,压力表三通旋塞操作,安全阀的手动排放、自动排放);

B5.1.7　连锁保护装置检查(点火程序控制、熄火保护、低压保护、风压保护、低水位连锁、超压连锁、检漏器连锁保护等);

B5.1.8　锅炉排污;

B5.1.9　制粉系统的启动、停止与调整(注 B-2);

B5.1.10　烟气净化系统投用和退出(注 B-2);

B5.1.11　辅机定期切换(注 B-2)。

B5.2　锅炉应急处理操作

B5.2.1　锅炉缺水;

B5.2.2　锅炉满水;

B5.2.3　锅炉超压;

B5.2.4　锅炉爆管;

B5.2.5　锅炉汽水共腾;

B5.2.6　锅炉汽水冲击;

B5.2.7　锅炉二次燃烧;

B5.2.8　热水锅炉超温、汽化,有机热载体炉超温、进出口压差过小等;

B5.2.9　主燃料跳闸(MFT)动作、故障减负荷(RB)动作(注 B-2);

B5.2.10　给煤机断煤(注 B-2);

B5.2.11　磨煤机赌塞(注 B-2);

B5.2.12　单台给水泵故障(注 B-2)。

注 B-1:不适用于Ⅰ级锅炉操作人员。

注 B-2:不适用于Ⅰ、Ⅱ级锅炉操作人员。

相关规章和规范历次制(修)订情况

1.《关于蒸汽锅炉司炉工人的安全技术管理试行办法》(1962 年 10 月 4 日劳动部公布)。

2.《锅炉司炉工人安全技术考核管埋办法》(劳动人事部劳人锅[1986]2 号,1986 年 2 月 27 日颁布,1987 年 1 月 1 日实施,2001 年 10 月 1 日废止)。

3.《锅炉司炉人员考核管理规定》(国家质检总局国质检[2001]38 号,2001 年 6 月 22 日发布,2010 年 4 月 1 日废止)。

4.《特种设备作业人员监督管理办法》(国家质检总局令第 70 号,2005 年 1 月 10 日公布,2005 年 7 月 1 日施行)。

5.《特种设备作业人员考核规则》(TSG Z6001—2005,2005 年 9 月 16 日国家质检总局颁布并施行)。

6.《锅炉安全管理人员考核大纲》(TSG G6001—2006,2006 年 4 月 19 日国家质检总局颁布,2006 年 7 月 1 日施行,2010 年 4 月 1 日废止)。

参 考 文 献

[1] 林志宏等. 工业锅炉节能技术与管理. 北京：中国计量出版社，2008

[2] 贾振航等. 企业节能技术. 北京：化学工业出版社，2006

[3] 广路等. 锅炉运行与操作指南. 北京：机械工业出版社，2006

[4] 岑可法等. 循环流化床锅炉理论、设计及运行. 北京：中国电力出版社，1998

[5] 屈卫东等. 循环流化床锅炉设备及运行. 郑州：河南科学技术出版社，2002

[6] 姜锡伦，屈卫东. 锅炉设备及运行. 北京：中国电力出版社，2005

[7] 金维强. 大型锅炉运行. 北京：中国电力出版社，1998

[8] 黄新元. 电站锅炉运行与调整. 北京：中国电力出版社，2002

[9] 朱全利. 国产 600 MW 超临界火力发电机组技术丛书，锅炉设备及系统. 北京：中国电力出版社，2006

[10] 张磊、李广华. 超超临界火电机组丛书，锅炉设备及运行. 北京：中国电力出版社，2007

[11] 华东六省一市电机（电力）工程学会. 锅炉设备及其系统. 北京：中国电力出版社，2000

[12] 李秀忠. 锅炉设备与安全技术. 上海：上海科学普及出版社，2004

[13] 党黎军. 循环流化床锅炉的启动调试与安全运行. 北京：中国电力出版社，2002

[14] 杨建华. 循环流化床锅炉设备及运行. 北京：中国电力出版社，2005

[15] 周俊虎等. 低 NO_x 煤粉燃烧器技术的研究进展与前景展望. 热力发电厂，2005

[16] 樊泉桂. 超临界和超超临界锅炉煤粉燃烧新技术分析. 电力设备，2006

[17] 国家质量监督检验检疫总局颁布. 蒸汽锅炉安全技术监察规程，1996